Springer
Berlin
Heidelberg
New York
Barcelona
Hongkong
London
Mailand
Paris
Singapur
Tokio

Mitglieder des Wissenschaftlichen Beirats der Bundesregierung Globale Umweltveränderungen

(Stand: 30. September 2000)

Prof. Dr. Friedrich O. Beese
Agronom: Direktor des Instituts für Bodenkunde und Waldernährung der Universität Göttingen

Prof. Dr. Klaus Fraedrich
Meteorologe: Meteorologisches Institut der Universität Hamburg

Prof. Dr. Paul Klemmer
Ökonom: Präsident des Rheinisch-Westfälischen Instituts für Wirtschaftsforschung, Essen

Prof. Dr. Dr. Juliane Kokott (Stellvertretende Vorsitzende)
Juristin: Lehrstuhl für Völkerrecht, Internationales Wirtschaftsrecht und Europarecht der Universit St. Gallen, Schweiz

Prof. Dr. Lenelis Kruse-Graumann
Psychologin: Schwerpunkt „Ökologische Psychologie" der Fernuniversität Hagen

Prof. Dr. Christine Neumann
Ärztin: Lehrstuhl für Dermatologie und Venerologie, Universitätshautklinik Göttingen

Prof. Dr. Ortwin Renn
Soziologe: Akademie für Technikfolgenabschätzung in Baden-Württemberg, Stuttgart

Prof. Dr. Hans-Joachim Schellnhuber (Vorsitzender)
Physiker: Direktor des Potsdam-Instituts für Klimafolgenforschung

Prof. Dr. Ernst-Detlef Schulze
Botaniker: Direktor am Max-Planck-Institut für Biogeochemie, Jena

Prof. Dr. Max Tilzer
Limnologe: Lehrstuhl für aquatische Ökologie, Universität Konstanz

Prof. Dr. Paul Velsinger
Ökonom: Leiter des Fachgebiets Raumwirtschaftspolitik der Universität Dortmund

Prof. Dr. Horst Zimmermann
Ökonom: Leiter der Abteilung für Finanzwissenschaft der Universität Marburg

Wissenschaftlicher Beirat der Bundesregierung
Globale Umweltveränderungen

Welt im Wandel:
Neue Strukturen globaler Umweltpolitik

mit 8 Schwarzweißabbildungen

Springer

WISSENSCHAFTLICHER BEIRAT DER BUNDESREGIERUNG
GLOBALE UMWELTVERÄNDERUNGEN (WBGU)
Geschäftsstelle am Alfred-Wegener-Institut
für Polar- und Meeresforschung
Columbusstraße
D-27568 Bremerhaven
Deutschland

http://www.wbgu.de

Redaktionsschluss: 30.9.2000

Die Deutsche Bibliothek - CIP-Einheitsaufnahme
Welt im Wandel: Neue Strukturen globaler Umweltpolitik / Wissenschaftlicher Beirat der Bundesregierung Globale Umweltveränderungen.-Berlin ; Heidelberg ; New York ; Barcelona ; Hongkong ; London ; Mailand ; Paris ; Singapur ; Tokio : Springer, 2001
(Jahresgutachten ... / Wissenschaftlicher Beirat der Bundesregierung
Globale Umweltveränderungen ; 2000)

ISBN 978-3-642-52303-8   ISBN 978-3-642-56500-7 (eBook)
DOI 10.1007/978-3-642-56500-7

Dieses Werk ist urheberrechtlich geschützt. Die dadurch begründeten Rechte, insbesondere die der Übersetzung, des Nachdrucks, des Vortrags, der Entnahme von Abbildungen und Tabellen, der Funksendung, der Mikroverfilmung oder der Vervielfältigung auf anderen Wegen und der Speicherung in Datenverarbeitungsanlagen, bleiben, auch bei nur auszugsweiser Verwertung, vorbehalten. Eine Vervielfältigung dieses Werkes oder von Teilen dieses Werkes ist auch im Einzelfall nur in den Grenzen der gesetzlichen Bestimmungen des Urheberrechtsgesetzes der Bundesrepublik Deutschland vom 9. September 1965 in der jeweils geltenden Fassung zulässig. Sie ist grundsätzlich vergütungspflichtig. Zuwiderhandlungen unterliegen den Strafbestimmungen des Urheberrechtgesetzes.
Springer-Verlag ist ein Unternehmen der Fachverlagsgruppe BertelsmannSpringer.
Springer-Verlag Berlin Heidelberg New York a member of BertelsmannSpringer Science+Business Media GmbH.
© Springer-Verlag Berlin Heidelberg 2001
Softcover reprint of the hardcover 1st edition 2001
Die Wiedergabe von Gebrauchsnamen, Handelsnamen, Warenbezeichnungen usw. in diesem Werk berechtigt auch ohne besondere Kennzeichnung nicht zu der Annahme, dass solche Namen im Sinne der Warenzeichen- und Markenschutz-Gesetzgebung als frei zu betrachten wären und daher von jedermann benutzt werden dürften.

Umschlaggestaltung: Erich Kirchner, Heidelberg unter Verwendung folgender Abbildungen:
Vereinte Nationen, 5.COP UNFCCC, Fahnen (Presse- und Informationsamt der Bundesregierung), Executivdirector UNEP, Verhandlungen (IISD/Leila Mead)

Satz: Digitale Druckvorlage der Autoren
SPIN: 10789591   32/3130xz   Gedruckt auf säurefreiem Papier

Danksagung

Die Erstellung dieses Gutachtens wäre ohne die engagierte und unermüdliche Arbeit der Mitarbeiterinnen und Mitarbeiter der Geschäftsstelle und der Beiratsmitglieder nicht möglich gewesen. Ihnen gilt der besondere Dank des Beirats.

Zum wissenschaftlichen Stab gehörten während der Arbeiten an diesem Gutachten:

Prof. Dr. Meinhard Schulz-Baldes (Geschäftsführer, Geschäftsstelle Bremerhaven), Dr. Carsten Loose (Stellvertretender Geschäftsführer, Geschäftsstelle Bremerhaven), Dr. Frank Biermann, LL.M. (Geschäftsstelle Bremerhaven), Dr. Arthur Block (Potsdam-Institut für Klimafolgenforschung), Dr. Astrid Bracher (Alfred-Wegener-Institut für Polar- und Meeresforschung, Bremerhaven), Dipl.-Geogr. Gerald Busch (Universität Göttingen), Dipl.-Psych. Swantje Eigner (Fernuniversität Hagen), Ref.-jur. Cosima Erben (Universität St. Gallen), Dipl.-Ing. Mark Fleischhauer (Universität Dortmund), Dr. Georg Heiss (Geschäftsstelle Bremerhaven), Dr. Dirk Hilmes (Universitäts-Hautklinik Göttingen), Andreas Klinke, M.A. (Akademie für Technikfolgenabschätzung Stuttgart), Dr. Jacques Léonardi (Universität Hamburg), Dr. Roger Lienenkamp (Universität Dortmund), Dipl.-Volksw. Thilo Pahl (Universität Marburg), Dr. Benno Pilardeaux (Geschäftsstelle Bremerhaven), Dipl.-Geoökol. Christiane Ploetz (Max-Planck-Institut für Biogeochemie, Jena), Ass.-jur. Kaija Seiler, LL.M. University of Washington (Universität St. Gallen), Dr. Rüdiger Wink (Universität Bochum).

Danken möchte der Beirat insbesondere auch Vesna Karic-Fazlic und Ursula Liebert (Geschäftsstelle Bremerhaven) für die Sicherstellung eines reibungslosen organisatorischen und logistischen Ablaufs in der Zeit der Erstellung des Gutachtens sowie Martina Schneider-Kremer, M.A. (Geschäftsstelle Bremerhaven) für die Koordination der Textverarbeitung und umfangreiche redaktionelle Arbeiten.

Des Weiteren dankt der Beirat den externen Gutachtern für die Zuarbeit und wertvolle Hilfe. Im einzelnen flossen folgende Gutachten und Stellungnahmen in das Jahresgutachten ein:

Prof. Dr. Alfred Endres, Dipl.-Ing. agr. M. Finus, A. Brüschke, G. Debray, Fernuniversität Hagen, FB Wirtschaftswissenschaften: Ansätze zur Herbeiführung von Verhandlungslösungen im Bereich globaler Umweltpolitik.

PD Dr. Cord Jakobeit, Gesellschaft für Entwicklungs- und Umweltforschung b. R.: Innovative Finanzierungsmechanismen zur Finanzierung globaler Umweltaufgaben: Analyse und Handlungsempfehlungen.

Stefan Kuhn, ICLEI Europasekretariat Freiburg: Auswertung der Agenda 21: Lokale Agenda 21.

Dr. Sebastian Oberthür, Ecologic – Gesellschaft für Internationale und Europäische Umweltforschung, Berlin: Reform des internationalen Institutionensystems in der globalen Umweltpolitik.

Danken möchte der Beirat auch Dr. Jürgen Ritterhoff, Aktionskonferenz Nordsee e. V. Bremen, Frau Dr. Gudrun Henne, Berlin, sowie Herrn Dr. Hans Payer, Germanischer Lloyd, Hamburg, die durch Hinweise und Beratung der Arbeit am Gutachten wertvolle Dienste erwiesen haben.

Zu guter Letzt gebührt den Gesprächspartnern des Beirats während der Studienreise in die USA vom 19. bis 26. Februar 1999 der persönliche Dank des Beirats. Viele Experten aus Politik, Verwaltung und Wissenschaft haben für den Beirat Führungen, Vorträge und Präsentationen vorbereitet und standen für Diskussionen und Gespräche zur Verfügung:

Adnan Amin: UNEP-Regionalbüro Nordamerika; Ray Ankers, Präsident: World Environment Center; Botschafter Bagher Asadi, Iran; Peter Backlund: Harvard University; Prof. Scott Barrett: Paul H. Nitze School of International Studies (SAIS); Dr. R. Bierbaum: Office of Science and Technology Policy (OSTP); Prof. Dr. Edith Brown Weiss: Georgetown University Law School; Dr. Wolfgang Burhenne: The World Conservation Union (IUCN); Brian T. Castelli, Chief of Staff Energy Efficiency and Renewable Energy: Department of Energy (DOE); James Connell: Office of German Affairs, Department of State (DOS); John Cusack, Präsident: Innovest Corporation; Robert Dahlberg: American Council on Germany; Untergeneralsekretär Nitin Desai, Leiter Abteilung für wirtschaftliche und soziale Fragen: Generalsekretariat der Vereinten Nationen; JoAnne DiSano, Direktorin: UN-Generalsekretariat; Felix Dodds, Leiter: United Nations Environment and Development Steering Committee; Andrea Durbin:Friends of the Earth; Christopher Flavin: World Watch Institute; Susan R. Fletcher, Senior Analyst in International Environmental Policy: Congressional Research Service (CRS); Louise Fréchette, stellvertretende UN-Generalsekretärin; Bryan Hannegan, Congressional Research Fellow; A. George Furth: Office of Environmental Policy, Bureau of Oceans, Environment and Science, Department of State (DOS); Ian Johnson: World Bank; Lisa Jordan: Bank Information Center; Botschafter Dr. Dieter Kastrup, Leiter: Ständige Vertretung Deutschlands in New York; Dr. Inge Kaul, Leiterin Office of Development Studies: UNDP; Kenneth King: Global Environment Facility (GEF); Dr. Kramer, Wissenschaftsreferent: Botschaft Washington; BR Krapp: Ständige Vertretung Deutschlands in New York; Gesandter Martin Lutz, Leiter der Wirtschaftsabteilung: Ständigen Vertretung in New York; Dr. Mauch, Direktor: Deutsches Historisches Instituts (DHI); Christopher J. Miller, Professional Staff Member: US Senate Committee on Environment and Public Works; Hemanta Mishra: Global Environment Facility (GEF); Sascha Müller-Kraenner, Direktor: Heinrich Böll Foundation; Shirley J. Neff, Staff Economics: US Senate Committee on Energy and Natural Resources; A. P. Etanomare Osio, Gesandter: Nigeria; Danielle Parris, Senior Adviser von Frank E. Loy (stellv. Außenminister); Prof. E. A. Parsons: Harvard University; Nigel Purvis, Senior Adviser von Frank E. Loy (stellv. Außenminister); Frank Rittner: Global Environment Facility (GEF); Espen Roenneberg: UN-Generalsekretariat. Büro für Angelegenheiten kleiner Inselstaaten; Kenneth Ruffing: Commission on Sustainable Development (CSD); Helmut Schaffer, Deutscher Exekutivdirektor: World Bank; Stephen Seidel, Deputy Director: Office of Atmospheric Programs, Environmental Protection Agency (EPA); Rashid Shaikh: New York Academy of Sciences; Dr. Michael M. Simpson, Specialist in Environmental Technologies: Congressional Research Service (CRS); Trigg Talley, Deputy Office Director: Office of Environmental Policy, Bureau of Oceans, Environment and Science (OES), Department of State (DOS); Prof. Dr. Klaus Töpfer, Exekutivdirektor: UN-Umweltprogramm; Marc Uzan: Reinventing Bretton Woods Committee; Frederick van Bolhuis: World Bank; Nicholas van Praag: World Bank; Prof. Dr. Konrad von Moltke, Direktor des Environmental Studies Program am Dartmouth College; Robert Watson: World Bank; Susan Wickwire: Office of Environmental Policy, Bureau of Oceans, Environment and Science, Department of State (DOS); Herr Wollin, Mitarbeiter des Wissenschaftsreferenten: Botschaft Washington.

Inhaltsübersicht

Danksagung V

Inhaltsübersicht VII

Inhaltsverzeichnis IX

Kästen XIV

Tabellen XV

Abbildungen XVI

Akronyme XVII

Zusammenfassung für Entscheidungsträger 1

A	**Wer steuert das Raumschiff Erde?** 11	
B	**Ausgangslage: Globale Umwelttrends** 19	
B 1	Syndrome des Globalen Wandels 21	
B 2	Die globalen Umweltprobleme 24	
B 3	Zusammenhänge zwischen den globalen Umweltproblemen 54	
B 4	Zwischenstaatliche Akteure für eine nachhaltige Entwicklung 63	
C	**Institutionelle Defizite und Lösungswege** 71	
C 1	Institutionen und Organisationen 73	
C 2	Die Rolle von Institutionen für Problemdefinition und Vorverhandlungen 74	
C 3	Institutionalisierung und Regimedynamik 82	
C 4	Wege zur besseren Kontrolle der Umsetzung internationaler Vereinbarungen 95	
C 5	Lokale und nationale Umsetzung: Bildungspolitik und LOKALE AGENDA 21 105	
D	**Institutionelle Wechselwirkungen** 111	
D 1	Umwelt und Ansätze einer internationalen Handelsordnung 113	
D 2	Wechselwirkung mit Finanzinstitutionen 121	
D 3	Wechselwirkungen mit Entwicklungsinstitutionen: Bezüge des UNDP zur Umweltpolitik 127	
E	**Globale Umweltpolitik: Bewertung, Organisation und Finanzierung** 131	
E 1	Bewertung von Umweltproblemen 133	
E 2	Reform des Organisationengefüges globaler Umweltpolitik 138	
E 3	Aufbringung und Verwendung von Finanzmitteln in der globalen Umweltpolitik 148	

F	**Reformansätze und Vision einer Neustrukturierung: Die Earth Alliance**	**175**
F 1	Ein Beitrag für die Rio+10-Konferenz	177
F 2	Earth Assessment: Ethische Autorität und wissenschaftliche Kompetenz bei der Bewertung von Umweltproblemen	179
F 3	Earth Organization: Integration globaler Umweltpolitik	181
F 4	Earth Funding: Finanzierung globaler Umweltpolitik	186
G	**Literatur**	**189**
H	**Glossar**	**203**
I	**Der Wissenschaftliche Beirat der Bundesregierung Globale Umweltveränderungen**	**209**
J	**Index**	**215**

Inhaltsverzeichnis

Danksagung   V

Inhaltsübersicht   VII

Inhaltsverzeichnis   IX

Kästen   XIV

Tabellen   XV

Abbildungen   XVI

Akronyme   XVII

Zusammenfassung für Entscheidungsträger   1

A	**Wer steuert das Raumschiff Erde?** 11	
B	**Ausgangslage: Globale Umwelttrends** 19	
B 1	**Syndrome des Globalen Wandels** 21	
B 2	**Die globalen Umweltprobleme** 24	
B 2.1	Klimawandel 24	
B 2.1.1	Ursachen 25	
B 2.1.2	Handlungsbedarf 25	
B 2.1.3	Institutionelle Regelungen 26	
B 2.1.3.1	Vorbeugung 26	
B 2.1.3.2	Anpassung 27	
B 2.1.3.3	Nachsorge 27	
B 2.2	Globale Umweltwirkungen von Chemikalien: stratosphärischer Ozonabbau und persistente organische Schadstoffe 28	
B 2.2.1	Ursachen und Handlungsbedarf 29	
B 2.2.2	Institutionelle Regelungen 31	
B 2.2.2.1	Vorbeugung 31	
B 2.2.2.2	Anpassung 31	
B 2.2.2.3	Nachsorge 31	
B 2.3	Gefährdung der Weltmeere 31	
B 2.3.1	Ursachen 33	
B 2.3.2	Handlungsbedarf 33	
B 2.3.3	Institutionelle Regelungen 35	
B 2.3.3.1	Vorbeugung 35	
B 2.3.3.2	Anpassung 36	
B 2.3.3.3	Nachsorge 36	

B 2.4	Verlust biologischer Vielfalt und Entwaldung	37
B 2.4.1	Ursachen	37
B 2.4.2	Handlungsbedarf	38
B 2.4.3	Institutionelle Regelungen	40
B 2.4.3.1	Vorbeugung	40
B 2.4.3.2	Anpassung und Nachsorge	42
B 2.5	Bodendegradation	42
B 2.5.1	Ursachen	43
B 2.5.2	Handlungsbedarf	43
B 2.5.3	Institutionelle Regelungen	44
B 2.5.3.1	Vorbeugung	44
B 2.5.3.2	Anpassung und Nachsorge	46
B 2.6	Süßwasserverknappung und -verschmutzung	46
B 2.6.1	Ursachen	47
B 2.6.2	Handlungsbedarf	47
B 2.6.3	Institutionelle Regelungen	49
B 2.6.3.1	Vorbeugung	49
B 2.6.3.2	Anpassung	50
B 2.6.3.3	Nachsorge	50
B 2.7	Regimerelevante Eigenschaften der globalen Umweltprobleme	50
B 3	**Zusammenhänge zwischen den globalen Umweltproblemen**	**54**
B 3.1	Gemeinsame Ursachen	54
B 3.2	Wechselwirkungen zwischen den globalen Umweltproblemen	55
B 3.2.1	Überblick	55
B 3.2.2	Beispiele für Wechselwirkungen	56
B 3.2.2.1	Klimawandel und Verlust biologischer Vielfalt bzw. Entwaldung	56
B 3.2.2.2	Klimawandel und Bodendegradation	58
B 3.2.2.3	Klimawandel und stratosphärischer Ozonabbau	60
B 3.3	Konsequenzen für die institutionelle Ausgestaltung globaler Umweltpolitik	60
B 4	**Zwischenstaatliche Akteure für eine nachhaltige Entwicklung**	**63**
B 4.1	Relevante UN-Sonderorganisationen	63
B 4.2	Relevante UN-Spezialorgane	64
B 4.3	Die UN-Kommission für nachhaltige Entwicklung	65
B 4.4	Relevante Konventionen	65
B 4.5	Relevante Finanzierungsorgane	68
C	**Institutionelle Defizite und Lösungswege**	**71**
C 1	**Institutionen und Organisationen**	**73**
C 2	**Die Rolle von Institutionen für Problemdefinition und Vorverhandlungen**	**74**
C 2.1	Einleitung	74
C 2.2	Problemdefinition und Vorverhandlungsphase in der Ozonpolitik	74
C 2.2.1	Das Ozonproblem auf der internationalen und nationalen Agenda	74
C 2.2.2	Rolle von Institutionen und Organisationen	75
C 2.3	Problemdefinition und Vorverhandlungsphase in der Klimapolitik	76
C 2.3.1	Das Klimaproblem auf der internationalen und nationalen Agenda	76
C 2.3.2	Rolle von Institutionen und Organisationen	78
C 2.4	Problemdefinition und Vorverhandlungsphase in der Bodenpolitik	78
C 2.4.1	Der Bodenschutz auf der nationalen und internationalen Agenda	78
C 2.4.2	Rolle von Institutionen und Organisationen	80
C 2.5	Handlungs- und Forschungsempfehlungen	80

C 3	**Institutionalisierung und Regimedynamik** 82	
C 3.1	Einleitung 82	
C 3.2	Institutionalisierung und Regimedynamik beim Ozon 82	
C 3.2.1	Verlauf der Institutionalisierung 82	
C 3.2.2	Wirkungen des spezifischen institutionellen Designs 82	
C 3.3	Institutionalisierung und Regimedynamik beim Meeresschutz 84	
C 3.3.1	Verlauf der Institutionalisierung 84	
C 3.3.2	Wirkungen des spezifischen institutionellen Designs 84	
C 3.4	Institutionalisierung und Regimedynamik bei biologischer Vielfalt 86	
C 3.4.1	Verlauf der Institutionalisierung 86	
C 3.4.2	Wirkungen des spezifischen institutionellen Designs 87	
C 3.5	Alternative Pfade: Internationale Zusammenarbeit privater Akteure 88	
C 3.6	Lehren aus der Spieltheorie für internationale Verhandlungen 89	
C 3.6.1	Einführung in die Theorie der Spiele 89	
C 3.6.2	Strategische Gestaltung von Verhandlungen 90	
C 3.6.3	Strategische Gestaltung der Verhandlungsinhalte 91	
C 3.6.4	Ausblick 92	
C 3.7	Handlungs- und Forschungsempfehlungen 93	
C 4	**Wege zur besseren Kontrolle der Umsetzung internationaler Vereinbarungen** 95	
C 4.1	Einleitung 95	
C 4.2	Die Kontrolle der Umsetzung in den Institutionen zu grenzüberschreitenden Wasserressourcen in Nordamerika 95	
C 4.2.1	Ausgangslage 95	
C 4.2.2	Kontrolle der Umsetzung der Vereinbarungen 95	
C 4.3	Die Kontrolle der Umsetzung in der Bekämpfung von Bodendegradation in Trockengebieten 96	
C 4.3.1	Einleitung 96	
C 4.3.2	Kontrolle der Umsetzung der Vereinbarungen 97	
C 4.4	Die Kontrolle der Umsetzung in der Klimapolitik 98	
C 4.4.1	Einleitung 98	
C 4.4.2	Kontrolle der Umsetzung der Vereinbarungen 99	
C 4.5	Handlungs- und Forschungsempfehlungen 100	
C 4.5.1	Verfahren zur Sammlung von Informationen über den Stand der Umsetzung 100	
C 4.5.2	Verfahren zur Bewertung der Berichte sowie zum Beschluss internationaler Reaktionen auf Umsetzungsdefizite 102	
C 4.5.3	Instrumente zur Reaktion auf festgestellte Schwierigkeiten und Umsetzungsdefizite 103	
C 5	**Lokale und nationale Umsetzung: Bildungspolitik und LOKALE AGENDA 21** 105	
C 5.1	Einleitung 105	
C 5.2	Lernen für eine nachhaltige Entwicklung – Kenntnisstand und weitere Aktivitäten 105	
C 5.2.1	Initiativen der CSD 105	
C 5.2.2	Nationale Aktivitäten zur Bildung für eine nachhaltige Entwicklung 106	
C 5.3	Erfolgreiche Agenda-21-Aktivitäten 108	
C 5.4	Handlungs- und Forschungsempfehlungen 109	

D	**Institutionelle Wechselwirkungen** 111	
D 1	**Umwelt und Ansätze einer internationalen Handelsordnung** 113	
D 1.1	Globalisierungsprozesse – die Millenniumsherausforderung internationaler Umweltpolitik 113	
D 1.2	Die WTO und ihr Verhältnis zu internationalen Umweltstandards 114	
D 2	**Wechselwirkung mit Finanzinstitutionen** 121	
D 2.1	Die Bedeutung der Weltbank-Gruppe für die globale Umweltpolitik 121	
D 2.2	Interdependenzen zwischen IWF und globaler Umweltpolitik 123	
D 3	**Wechselwirkungen mit Entwicklungsinstitutionen: Bezüge des UNDP zur Umweltpolitik** 127	
D 3.1	Aktivitäten des UNDP zum Umweltschutz 127	
D 3.2	Reformansätze bei UNDP 127	
D 3.3	Stärkung des UNDP als Finanzierungs- und Koordinierungsorgan 128	
E	**Globale Umweltpolitik: Bewertung, Organisation und Finanzierung** 131	
E 1	**Bewertung von Umweltproblemen** 133	
E 1.1	Einleitung 133	
E 1.2	Unabhängige Instanz für Bewertung und Frühwarnung 133	
E 1.3	Die Rolle wissenschaftlicher Politikberatung 134	
E 1.3.1	Erfahrungen mit dem IPCC 134	
E 1.3.2	Unterstützung globaler Umweltpolitik durch wissenschaftliche Panels 135	
E 1.4	Die Rolle der CSD 136	
E 1.5	Handlungsempfehlungen zur Bewertung globaler Umweltprobleme 137	
E 2	**Reform des Organisationengefüges globaler Umweltpolitik** 138	
E 2.1	Einleitung 138	
E 2.2	Funktionen einer Neustrukturierung 139	
E 2.3	Neustrukturierung des Organisationengefüges 141	
E 2.3.1	Stufe 1: Kooperation verbessern 141	
E 2.3.2	Stufe 2: Koordinierende Dachorganisation mit eigenständigen Ausschüssen einrichten 144	
E 2.3.3	Stufe 3: Zentralisierung und Zusammenführung unter einer Organisation? 145	
E 2.4	Handlungs- und Forschungsempfehlungen zur Organisation globaler Umweltpolitik 146	
E 3	**Aufbringung und Verwendung von Finanzmitteln in der globalen Umweltpolitik** 148	
E 3.1	Der Stellenwert des Finanzaspekts 148	
E 3.2	Innovative Finanzierungsansätze 150	
E 3.2.1	Einleitung 150	
E 3.2.2	Direkte Zuweisung von Finanzmitteln aus dem nationalen Steueraufkommen 151	
E 3.2.3	Konzepte zur Erhebung von Entgelten für die Nutzung globaler Gemeinschaftsgüter 152	
E 3.2.3.1	Der Grundgedanke der Nutzungsentgelte 152	
E 3.2.3.2	Nutzung des Luftraums 153	
E 3.2.3.3	Nutzung der Meere 156	
E 3.2.3.4	Nutzung des geostationären Orbits 159	
E 3.2.4	Entgelte für Nutzungsverzichtserklärungen 160	
E 3.2.5	Versicherungen und Kompensationslösungen für regionale Schäden aufgrund globaler Umweltveränderungen 161	

E 3.2.6	Weitere Finanzierungsmechanismen 162	
E 3.2.6.1	Devisen-Umsatzsteuer ("Tobin-Steuer") 162	
E 3.2.6.2	Umweltlotterien 163	
E 3.3	Einbeziehung privater Akteure in die Finanzierung 164	
E 3.4	Die Effizienz der Mittelverwendung 165	
E 3.4.1	Die Fragestellung 165	
E 3.4.2	Die Rolle der Abstimmungs- und Entscheidungsverfahren am Beispiel der GEF 167	
E 3.4.3	Ein Determinantensystem zur Beurteilung der Effizienz der Mittelverwendung 168	
E 3.4.3.1	Zur Bedeutung einer Analyse der Verwendungseffizienz öffentlicher Mittel 168	
E 3.4.3.2	Die Determinanten im einzelnen 169	
E 3.4.4	Beispielhafte Ableitung von Hypothesen und Empfehlungen zu den Determinanten 171	
E 3.4.5	Effizienzanalyse nichtkommerzieller nationaler Umwelt- und Entwicklungsfonds 172	
E 3.5	Fazit 174	

F   **Reformansätze und Vision einer Neustrukturierung: Die Earth Alliance**   **175**

F 1   **Ein Beitrag für die Rio+10-Konferenz**   **177**

F 2   **Earth Assessment: Ethische Autorität und wissenschaftliche Kompetenz bei der Bewertung von Umweltproblemen**   **179**
- F 2.1   Einrichtung eines Erd-Rates   179
- F 2.2   Stärkung wissenschaftlicher Politikberatung   179
- F 2.3   CSD als Diskussionsforum   180

F 3   **Earth Organization: Integration globaler Umweltpolitik**   **181**
- F 3.1   Wege zur Schaffung einer Internationalen Umweltorganisation   181
  - F 3.1.1   Einleitung   181
  - F 3.1.2   Drei Stufen zur Reform   182
  - F 3.1.3   Konkrete Umsetzung einer Strukturreform   183
- F 3.2   Sektoraler Handlungsbedarf bei Umweltregimen   183

F 4   **Earth Funding: Finanzierung globaler Umweltpolitik**   **186**
- F 4.1   Steigerung der Effizienz multilateraler Organisationen   186
- F 4.2   Entgelte für die Nutzung globaler Gemeinschaftsgüter   187
- F 4.3   Vernetzung mit nationalen und privaten Finanzierungsinstrumenten   188
- F 4.4   Momentum der Rio+10-Konferenz nutzen   188

G   **Literatur**   **189**

H   **Glossar**   **203**

I   **Der Wissenschaftliche Beirat der Bundesregierung Globale Umweltveränderungen**   **209**

J   **Index**   **215**

Kästen

Kasten B 2.2-1	Persistente organische Schadstoffe	29
Kasten B 2.3-1	Doppelhüllenschiffe als Vorsorgemaßnahme gegen Ölverschmutzung	36
Kasten C 2.3-1	Unterschiede in der Verhandlungsposition von Nationen beim Klimaschutz am Beispiel der Waldnutzung	77
Kasten C 4.4-1	Erfüllungskontrolle in der Ozonpolitik	101
Kasten C 5.3-1	Beispielhafte Bottom-up-Projekte zur Implementierung einer nachhaltigen Wasserversorgung	109
Kasten D 1.2-1	Artikel XX des GATT-Abkommens	114
Kasten D 1.2-2	Die WTO-Ministerkonferenz in Seattle – Eine Bewertung aus umweltpolitischer Sicht	116
Kasten D 1.2-3	Beispiel aus der Fachliteratur für eine denkbare Ausgestaltung eines Auslegungsbeschlusses der WTO-Ministerkonferenz zu Handel und Umwelt	120
Kasten E 2.3-1	Die "Töpfer Task Force"	143
Kasten E 3.2-1	Die Nutzung genetischer Ressourcen der Hohen See	157

Tabellen

Tab. B 1-1	Die 16 Syndrome des Globalen Wandels	22
Tab. B 2.1-1	Ursachen, Handlungsbedarf und notwendige institutionelle Regelungen beim Klimawandel	26
Tab. B 2.2-1	Ursachen, Handlungsbedarf und notwendige institutionelle Regelungen bei den globalen Umweltauswirkungen von Chemikalien	30
Tab. B 2.3-1	Ursachen, Handlungsbedarf und notwendige institutionelle Regelungen bei der Gefährdung der Weltmeere	34
Tab. B 2.4-1	Ursachen, Handlungsbedarf und notwendige institutionelle Regelungen bei dem Verlust biologischer Vielfalt und der Entwaldung	39
Tab. B 2.5-1	Ursachen, Handlungsbedarf und notwendige institutionelle Regelungen bei der Bodendegradation	45
Tab. B 2.6-1	Ursachen, Handlungsbedarf und notwendige institutionelle Regelungen bei der Süßwasserverknappung und -verschmutzung	48
Tab. B 2.7-1	Regimerelevante Eigenschaften globaler Umweltprobleme	52
Tab. B 3.1-1	Verursachung globaler Umweltprobleme durch Syndrome	55
Tab. B 3.2-1	Wechselwirkungen zwischen globalen Umweltproblemen	57
Tab. E 3.1-1	Öffentliche Entwicklungshilfezahlungen von OECD-Ländern 1993 und 1998	149
Tab. E 3.4-1	Überblick über internationale Finanzierungsinstitutionen mit Bezug zur globalen Umweltpolitik	166

Abbildungen

Abb. B 3.2-1 Wechselwirkungen zwischen den globalen Umweltproblemen 58
Abb. B 4-1 Einrichtungen im UN-System mit Umweltbezug 64
Abb. B 4.4-1 Die Organe der Biodiversitätskonvention 66
Abb. B 4.4-2 Die Organe des Montrealer Protokolls 67
Abb. B 4.4-3 Die Organe der Desertifikationskonvention 68
Abb. B 4.4-4 Die Organe der Klimarahmenkonvention und des Kioto-Protokolls 69
Abb. C 2.3-1 Unterschiedliche Ziele bei der Waldnutzung in Abhängigkeit von Einkommen und Waldfläche pro Kopf 77
Abb. F 1-1 Vision des Beirats zur Reform des internationalen Institutionen- und Organisationengerüsts im Umweltbereich 178

Akronyme

AOSIS	Alliance of Small Island States
	Allianz kleiner Inselstaaten
ARGE	Arbeitsgemeinschaft Neue Bundeslotterie für Umwelt und Entwicklung
ASEAN	Association of South East Asian Nations
	Bündnis südostasiatischer Staaten
ASSOD	Assessment of the Status of Human Induced Soil Degradation in South and Southeast Asia (FAO, ISRIC, UNEP)
	Abschätzung des Zustands der anthropogenen Bodendegradation in Süd- und Südostasien
BIP	Bruttoinlandsprodukt
BMU	Bundesministerium für Umwelt, Naturschutz und Reaktorsicherheit
BMZ	Bundesministerium für wirtschaftliche Zusammenarbeit und Entwicklung
BSP	Bruttosozialprodukt
CBD	Convention on Biological Diversity (UNCED)
	Übereinkommen über die biologische Vielfalt; Biodiversitätskonvention
CCOL	Co-ordinating Committee on the Ozone Layer (UNEP)
	Koordinierungsausschuss für die Ozonschicht
CDC	Centers for Disease Control and Prevention, USA
CDM	Clean Development Mechanism (UNFCCC)
	Mechanismus für umweltverträgliche Entwicklung
CHM	Clearing House Mechanism
CITES	Convention on International Trade in Endangered Species of Wild Fauna and Flora (UN)
	Übereinkommen über den internationalen Handel mit gefährdeten Arten freilebender Tiere und Pflanzen; Washingtoner Artenschutzübereinkommen
COP	Conference of the Parties
	Vertragsstaatenkonferenz
CSD	Commission on Sustainable Development (UN)
	Kommission für nachhaltige Entwicklung
CST	Comittee on Science and Technology (UNCCD)
	Ausschuss für Wissenschaft und Technologie der Desertifikationskonvention
ECE	Economic Commission for Europe (UN)
	Wirtschaftskommission für Europa
ECOSOC	Economic and Social Council (UN)
	Wirtschafts- und Sozialrat der Vereinten Nationen
EEAC	European Environmental Advisory Councils
	Europäische Umwelträte
EEZ	Exclusive Economic Zone
	Ausschließliche Wirtschaftszone
EPA	Environmental Protection Agency, USA
	US-amerikanische Umweltagentur
ESSC	European Society for Soil Conservation
	Europäische Gesellschaft für Bodenschutz

EU	European Union	
	Europäische Union	
FAO	Food and Agriculture Organization (UN)	
	Ernährungs- und Landwirtschaftsorganisation der Vereinten Nationen	
FCKW	Fluorchlorkohlenwasserstoffe	
FSC	Forest Stewardship Council	
	Waldbewirtschaftungsrat	
GATT	General Agreement on Tariffs and Trade	
	Allgemeines Zoll- und Handelsabkommen	
GEF	Global Environment Facility (UN)	
	Globale Umweltfazilität	
GLASOD	Global Soil Degradation Database (FAO, UNESCO)	
	Globale Datenbank zur Bodendegradation	
GTZ	Gesellschaft für Technische Zusammenarbeit	
GUS	Gemeinschaft unabhängiger Staaten	
IATA	International Air Transport Association	
	Internationale Lufttransportgesellschaft	
IBRD	International Bank for Reconstruction and Development (World Bank)	
	Internationale Bank für Wiederaufbau und Entwicklung (Weltbank)	
ICSID	International Centre for Settlement of Investment Disputes	
	Internationales Zentrum zur Beilegung von Investitionsstreitigkeiten	
ICSU	International Council of Scientific Unions	
	Internationaler Rat wissenschaftlicher Vereinigungen	
IDA	International Development Association (World Bank)	
	Internationale Entwicklungsorganisation	
IFAD	International Fund for Agricultural Development (FAO)	
	Internationaler Fonds für landwirtschaftliche Entwicklung	
IFC	International Finance Corporation (IBRD)	
	Internationale Finanz-Korporation	
IFF	Intergovernmental Forum on Forests (UN)	
	Zwischenstaatliches Wälderforum	
IFIAC	International Financial Institution Advisory Commission/Meltzer Commission	
IGO	Intergovernmental Organizations	
	Zwischenstaatliche Organisationen	
IJC	International Joint Commission, USA und Kanada	
	Internationale Gemeinsame Kommission	
ILO	International Labor Organization	
	Internationale Arbeitsorganisation	
IMO	International Maritime Organization	
	Internationale Seeschiffahrtsorganisation	
IPBD	Intergovernmental Panel on Biological Diversity (empfohlen)	
	Zwischenstaatlicher Ausschuss über biologische Vielfalt	
IPCC	Intergovernmental Panel on Climate Change (WMO, UNEP)	
	Zwischenstaatlicher Ausschuss für Klimaänderungen	
IPS	Intergovernmental Panel on Soils (empfohlen)	
	Zwischenstaatlicher Ausschuss über Böden	
ISCO	International Soil Conservation Organization	
ISDR	International Strategy for Disaster Reduction (UNESCO)	
	Internationale Strategie zur Katastrophenvorbeugung	
ISRIC	International Soil Science and Reference Centre (ICSU), Niederlande	
	Internationales Bodenreferenz- und Informationszentrum	
IUCN	The World Conservation Union	
	Weltnaturschutzvereinigung	

IUPGR	International Undertaking on Plant Genetic Resources (FAO)
	Internationale Verpflichtung über pflanzengenetische Ressourcen für die Ernährung und Landwirtschaft
IUSS	International Union on Soil Sciences
	Internationale Bodenkundliche Union
IWF	Internationaler Währungsfonds
MAB	Man and the Biosphere Programme (UNESCO)
	UNESCO-Programm "Der Mensch und die Biosphäre"
MARPOL	International Convention for the Prevention of Pollution from Ships
	Internationales Übereinkommen zur Verhütung der Meeresverschmutzung durch Schiffe
MIGA	Multilateral Investment Guarantee Agency (IBRD)
	Multilaterale Investitions-Garantie-Agentur
NAFTA	North American Free Trade Agreement
	Nordamerikanisches Freihandelsabkommen
NASA	National Aeronautics and Space Administration, USA
	Zivile amerikanische Weltraumbehörde
NRO	Nichtregierungsorganisationen
ODA	Official Development Assistance
	Offizielle Entwicklungshilfezahlungen
OECD	Organisation for Economic Cooperation and Development
	Organisation für Wirtschaftliche Zusammenarbeit und Entwicklung
OIOS	Office of Internal Oversight Services (UN)
	Interne Revisionsbehörde der Vereinten Nationen
OILPOL	International Convention for the Prevention of Pollution of the Sea by Oil
	Internationales Übereinkommen zur Verhütung der Verschmutzung der See durch Öl
OPEC	Organization of Petroleum Exporting Countries
	Organisation Erdöl exportierender Länder
PCF	Prototype Carbon Fund (World Bank)
	CO_2-Fonds der Weltbank
POP	Persistent Organic Pollutant
	Persistenter organischer Schadstoff
RAP	Risk Assessment Panel (empfohlen)
	Ausschuss für Risikobewertung
SBI	Subsidiary Body on Implementation (UNFCCC)
	Nebenorgan zur Umsetzung
SBSTA	Subsidiary Body on Scientific and Technological Advice (UNFCCC)
	Nebenorgan für wissenschaftliche und technologische Beratung
SBSTTA	Subsidiary Body on Scientific Technical and Technological Advice (CBD)
	Nebenorgan für wissenschaftliche, technische und technologische Beratung
SOTER	Global and National Soil and Terrain Digital Database Program (FAO, ISRIC, UNEP)
	Datenbankprogramm zur digitalen globalen und nationalen Boden- und Geländeerhebung
SRU	Rat von Sachverständigen für Umweltfragen
SZR	Sonderziehungsrechte (IWF)
UBA	Umweltbundesamt, Berlin
UN	United Nations
	Vereinte Nationen
UNCCD	United Nations Convention to Combat Desertification in Countries Experiencing Serious Drought and/or Desertification, Particularly in Africa
	Übereinkommen der Vereinten Nationen zur Bekämpfung der Wüstenbildung in den von Dürre und/oder Wüstenbildung schwer betroffenen Ländern, insbesondere in Afrika; Desertifikationskonvention

UNCED	United Nations Conference on Environment and Development
	Konferenz der Vereinten Nationen über Umwelt und Entwicklung
UNCLOS	United Nations Convention on the Law of the Sea
	Seerechtskonvention der Vereinten Nationen
UNCTAD	United Nations Conference on Trade and Development
	Handels- und Entwicklungskonferenz der Vereinten Nationen
UNDP	United Nations Development Programme
	Entwicklungsprogramm der Vereinten Nationen
UNEP	United Nations Environment Programme
	Umweltprogramm der Vereinten Nationen
UNESCO	United Nations Educational, Scientific and Cultural Organization
	Organisation der Vereinten Nationen für Erziehung, Wissenschaft und Kultur
UNFCCC	United Nations Framework Convention on Climate Change
	Rahmenübereinkommen der Vereinten Nationen über Klimaänderungen
UNIDO	United Nations Industrial Development Organization
	Organisation der Vereinten Nationen für industrielle Entwicklung
UNOPS	United Nations Office for Project Services
	Büro der Vereinten Nationen für Projektdienste
UNSO	United Nations Office to Combat Desertification and Drought (vormals United Nations Sahelian Office)
	Büro der Vereinten Nationen zur Bekämpfung von Wüstenbildung und Dürre
WBCSD	World Business Council for Sustainable Development
WBGU	Wissenschaftlicher Beirat der Bundesregierung Globale Umweltveränderungen
WHO	World Health Organization (UN)
	Weltgesundheitsorganisation
WMO	World Meteorological Organization (UN)
	Weltorganisation für Meteorologie
WTO	World Trade Organization (UN)
	Welthandelsorganisation
WWF	World Wide Fund for Nature

Zusammenfassung für Entscheidungsträger

Der technische Fortschritt im 20. Jahrhundert hat den Transport von Personen, Gütern und Informationen revolutioniert: Bei sinkenden Kosten pro bewegter Einheit werden immer höhere Geschwindigkeiten und größere Reichweiten erzielt. Neben den Transportströmen von Energieträgern und Stoffen gewinnen die Informationsstraßen der Welt immer mehr an Bedeutung. Direkter Nutznießer der realen und virtuellen Transportleistungen ist die Wirtschaft, welche heute Produktion, Handel und Investitionen im Weltmaßstab organisiert. Als mittelbare Folge von globalem Transport, globaler Wirtschaft und Information findet eine rasante Expansion des „westlichen" Lebensstils über alle Grenzen statt. Viele traditionelle Kulturen werden zurückgedrängt oder lösen sich auf. Besonders betroffen sind Religionen, Kunst- oder Handwerksstile und Sprachen, letztlich aber auch alle Spielarten gesellschaftlicher Normen und Werthaltungen.

Dieser mit dem Modewort „Globalisierung" bezeichnete Prozess erzeugt neben den unbestrittenen Chancen im ökonomischen und sozialen Bereich auf dreierlei Weise Druck auf die planetarische Umwelt: Erstens bedeutet das Wachstum bei den Produktions-, Dienst- und Konsumtionsleistungen einen verstärkten Zugriff auf die Quellen und Senken der Natur, falls nicht eine „Grüne Technologische Revolution" erhebliche Effizienzfortschritte bei der Ressourcennutzung und Entsorgung im Weltmaßstab erzielt. Zweitens werden umweltbelastende Wirtschaftsweisen und Lebensstile, kaum aber nachhaltige Praktiken, über den ganzen Globus verbreitet. Dies führt insbesondere zum standortwidrigen Umgang mit den Böden und den Süßwasserressourcen. Drittens bietet die Vielfalt nationaler Gesetzesschranken und -lücken oft eine Möglichkeit, ökologische Standards, etwa bei Emissionen und Immissionen, zu unterlaufen.

Können die heute im System und Umfeld der Vereinten Nationen existierenden Institutionen (Abb. 1a) dieser gewaltigen Herausforderung gerecht werden? Ihr Ansehen befindet sich gegenwärtig auf einem Tiefpunkt: Statt von einer Stärkung ist oft von ihrer Verschlankung, Fokussierung auf Kernaufgaben oder gar Abschaffung die Rede. Die Vorfälle am Rande des Ministertreffens der Welthandelsorganisation 1999 in Seattle stehen wie ein Menetekel für diese Einschätzung. Dies ist ein dramatischer Befund, denn der Zustand des Ökosystems Erde verlangt nach raschen, international konzertierten Abhilfemaßnahmen.

Acht Jahre nach der Rio-Konferenz sind zwar über 900 bi- oder multilaterale Umweltverträge in Kraft, die brisantesten Umweltprobleme bleiben aber weiter ungelöst. Der Problemdruck ist aus globaler Sicht sogar gewachsen: Treibhausgase werden mit steigender Rate emittiert, die Ozonausdünnung über der Arktis und Antarktis weitet sich aus, immer mehr Böden werden irreversibel degradiert, 1,2 Mrd. Menschen haben keinen sicheren Zugang zu sauberem Trinkwasser, Primärwälder werden unbedenklich weiter abgeholzt und die biologische Vielfalt erleidet unwiederbringliche Verluste.

Schmerzlich spürbar sind die fehlende Koordination und Integration der Einzelaktivitäten zum Schutz der natürlichen Lebensgrundlagen der Menschheit. Im Zeitalter der Globalisierung, und das heißt auch einer globalen Verantwortung für die planetarische Umwelt, muss die Menschheit gemeinsame Anstrengungen für eine nachhaltige Ko-Evolution von Natur und Gesellschaft unternehmen. Globale Umweltpolitik besitzt heute aber nicht den Stellenwert, der ihr auf Grund des Problemdrucks zukommen müsste. Zwei Jahre vor der Rio+10-Konferenz entwickelt der Beirat daher mit dem Vorschlag einer neuen *Earth Alliance* eine Vision für eine Neustrukturierung der internationalen Institutionen und Organisationen im Umweltbereich.

Die Vereinten Nationen im Umweltbereich neu strukturieren: Eine Earth Alliance schaffen

Die Vision des Beirats zur Reform des internationalen Institutionen- und Organisationengerüsts im Umweltbereich in Form einer *Earth Alliance* baut auf den bestehenden Strukturen auf und entwickelt diese, wo es nötig erscheint, weiter. Die *Earth Alliance* (Abb. 1b) gliedert sich in drei übergreifende Bereiche: *Earth Assessment*, *Earth Organization* und *Earth Funding*. Diese sind durch gegenseitige Informations- und Kommunikationspflichten, durch Koordinierung gemeinsamer Aktivitäten und durch gemeinsame Finanzierungsmodelle miteinander vernetzt.

Als herausgehobene Autorität bei der Bewertung von Umweltproblemen schlägt der Beirat die Einrichtung einer unabhängigen Instanz vor, die auf besonders risikoreiche Entwicklungen (früh-)warnend hinweisen soll. Diese bewusst klein zu haltende Instanz sollte gegenüber den teilweise noch einzurichtenden wissenschaftlichen Beratungsgremien (panels) gewisse Vorschlagsrechte haben und bei Bedarf an die Öffentlichkeit gehen können (*Earth Assessment*).

Weiterhin empfiehlt der Beirat Änderungen des organisatorischen Kerns der internationalen Umweltpolitik (*Earth Organization*). Im Zentrum stehen institutionelle und organisatorische Reformen der internationalen Umweltpolitik, die im Vorfeld der Rio+10-Konferenz bereits diskutiert werden. Dabei plädiert der Beirat zunächst für eine verbes-

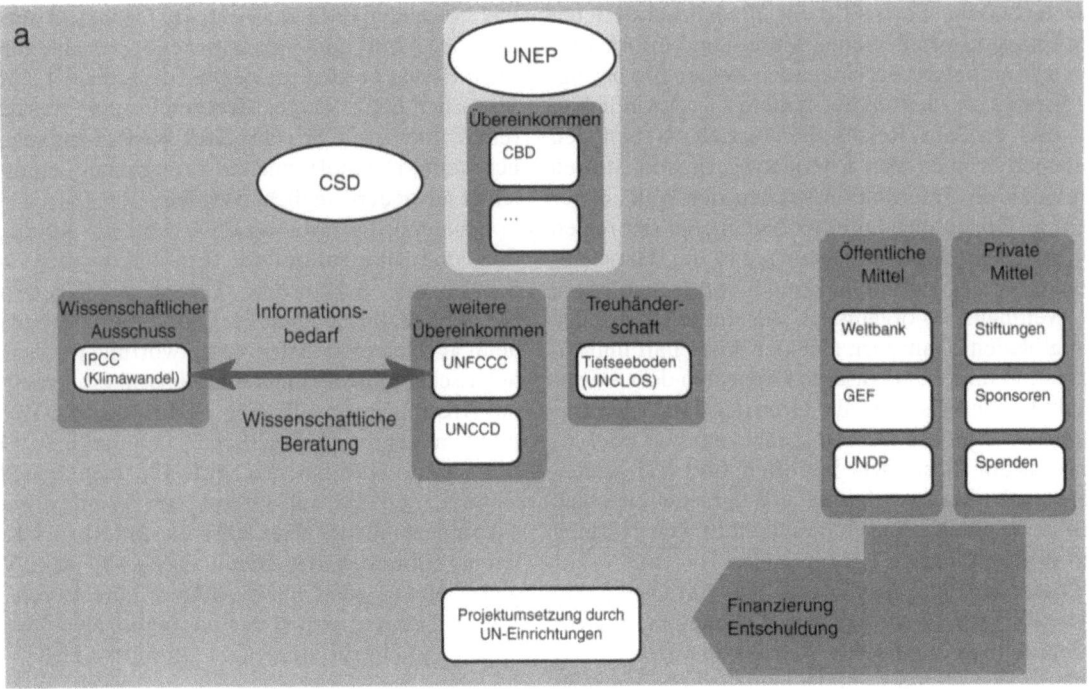
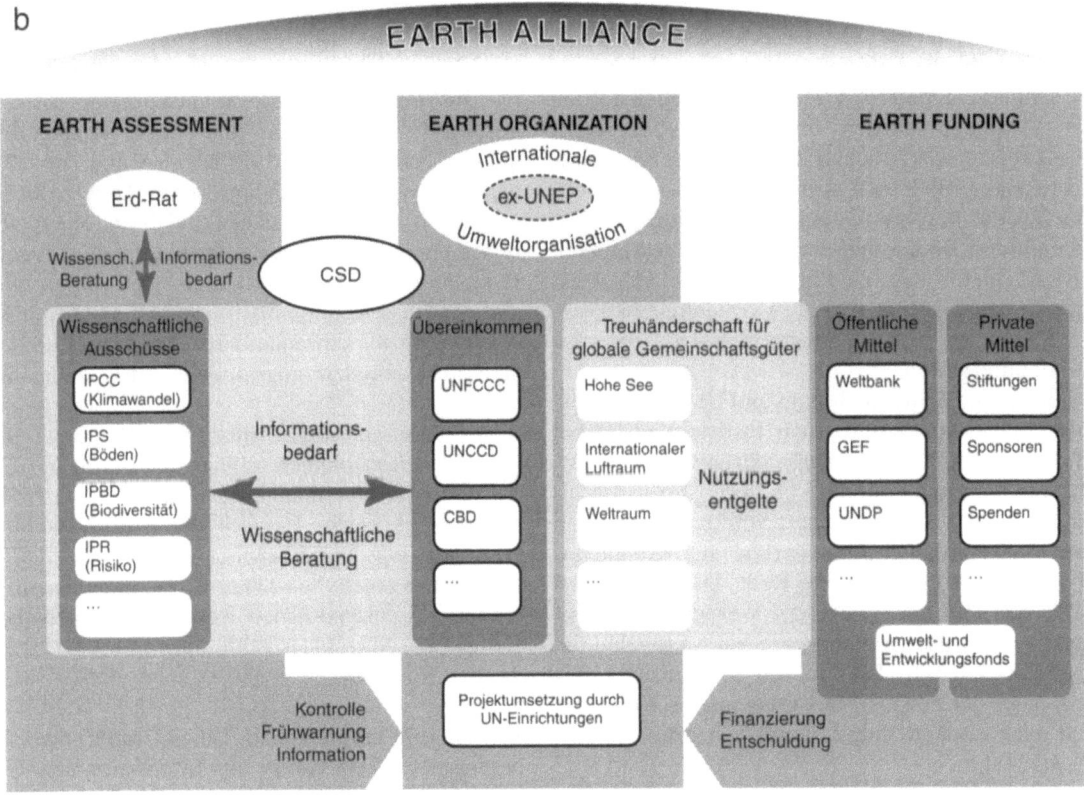

Abbildung 1
Reform der Vereinten Nationen im Umweltbereich: (a) heutiger Zustand und (b) Vision einer Reform in Form einer zu schaffenden *Earth Alliance*.
Quelle: WBGU

serte Kooperation der verschiedenen Organisationen und Programme, wodurch die Sekretariate der internationalen Umweltkonventionen und deren (überwiegend noch einzurichtende) wissenschaftliche Beratungsgremien enger vernetzt werden sollen. In einer zweiten Stufe könnte eine koordinierende Dachorganisation mit eigenständigen Ausschüssen eingerichtet werden. Erst wenn die erwünschten Verbesserungen nicht eintreten, sollte die Zusammenführung der internationalen Umweltpolitik in eine zentrale Organisation geprüft werden.

Neben Rechtssicherheit und gutem Regieren sind ausreichende finanzielle Ressourcen notwendig, um den wachsenden globalen Herausforderungen gerecht zu werden. Den notwendigen Finanzmitteln für den Schutz globaler Umweltgüter steht allerdings eine seit Jahren nachlassende Bereitschaft der Industrieländer gegenüber, entsprechende Mittel zuzuweisen. Daher schließen sich in einem letzten Teil Empfehlungen zur Finanzierung globaler Umweltpolitik an (*Earth Funding*).

Die drei Säulen der Earth Alliance

Earth Assessment: Wissenschaftliche Ausschüsse und Erd-Rat (Earth Council) einrichten

Wissen und seine Bewertung ist der Schlüssel zum Risikomanagement. In Anlehnung an den IPCC empfiehlt der Beirat, für die Beratung und Begleitung etwa der internationalen Boden- und Biodiversitätspolitik vergleichbare wissenschaftliche Gremien einzurichten. In einem „Zwischenstaatlichen Ausschuss über biologische Vielfalt" (Intergovernmental Panel on Biological Diversity – IPBD) oder einem „Zwischenstaatlichen Ausschuss über Böden" (Intergovernmental Panel on Soils – IPS) ließen sich anerkannte Wissenschaftler zusammenführen, die kontinuierlich und unabhängig arbeiten und wissenschaftliche Politikberatung leisten könnten, wobei man sich das Peer-Review-Verfahren, nicht aber die relativ schwerfällige Struktur des IPCC zum Vorbild nehmen sollte. Neben diesen sektoralen Beratungsgremien könnte ein „Ausschuss für Risikobewertung" (Risk Assessment Panel – RAP) dazu dienen, als Netzwerkknoten die verschiedenen nationalen Risikoerfassungen und -bewertungen systematisch zusammenzutragen und globale Risiken zu identifizieren.

In seiner Vision einer strukturellen Neuordnung globaler Umwelt- und Entwicklungspolitik sieht der Beirat die Notwendigkeit für eine unabhängige Instanz mit ethischer und intellektueller Autorität zur Erkennung und Bewertung der Probleme des Globalen Wandels. Der Beirat empfiehlt der Bundesregierung, die Gründung eines Erd-Rats zu prüfen und den Vereinten Nationen entsprechende Vorschläge zu unterbreiten. Der Erd-Rat soll das für den Umweltschutz und die Wahrung der Rechte und Interessen zukünftiger Generationen notwendige Langfristdenken gewährleisten sowie Impulse für Forschung und politisches Handeln geben. Die durch die UN-Generalversammlung zu berufende Kommission mit 10–15 Mitgliedern sollte mit Persönlichkeiten besetzt sein, die in der Weltöffentlichkeit Gehör finden, etwa nach dem Modell der Brandt- oder der Brundtland-Kommission. Der Erd-Rat sollte zusammen mit den wissenschaftlichen Ausschüssen insbesondere vier Aufgaben wahrnehmen:

- *Zusammenschau*: Bestmöglichen Nutzen aus den bestehenden Monitoringsystemen ziehen, um den Zustand des Systems Erde zu charakterisieren.
- *Früherkennung und Frühwarnung*: Auf dieser Basis sowie weiteren wissenschaftlichen Daten und Erkenntnissen die Weltöffentlichkeit und insbesondere die Vereinten Nationen vor drohenden und potenziell irreversiblen globalen Umweltschädigungen warnen.
- *Leitplanken*: Zur Verhinderung solcher irreversiblen Entwicklungen „Leitplanken" für die internationale Umweltpolitik bestimmen, die noch akzeptable Übergangsbereiche und inakzeptable Zustände beschreiben.
- *Rechenschaftspflicht*: Dem Generalsekretär der Vereinten Nationen einen jährlichen Rechenschaftsbericht vorlegen, in dem die wichtigsten Umweltprobleme und -entwicklungen nach dem neuesten Stand der Kenntnisse bewertet werden.

In der vom Beirat vorgeschlagenen Struktur eines Earth Assessment würde der Kommission für nachhaltige Entwicklung (CSD) eine wichtige Bindeglied- und Dialogfunktion zwischen den Staaten, den UN-Organen, dem Erd-Rat, der Wissenschaft und den Nichtregierungsorganisationen zukommen. Auch gegenüber der CSD könnte dem Erd-Rat ein Vorschlagsrecht für die zu behandelnden Themen eingeräumt werden, die aus wissenschaftlicher Sicht besonders kritisch sind, bisher aber nicht die nötige politische Aufmerksamkeit erlangt haben. Zudem könnte die CSD das Diskussionsforum für die Berichte des Erd-Rats werden, ist sie doch das zentrale Forum für Fragen von Umwelt *und* Entwicklung, bei dem die wichtigsten NRO ihre Anliegen und Lösungsansätze vor- und einbringen können. Diese Struktur entspräche gewissermaßen der internationalen Form des deutschen Rats für nachhaltige Entwicklung.

Earth Organization: UNEP aufwerten

Wegen des häufig konstatierten Mangels an Koordination und Wirkungskraft globaler Umweltpolitik wurde in den letzten Jahren der Ruf nach einer umfassenden Umgestaltung des internationalen Institutionen- und Organisationengefüges laut. UNEP verfügt für seinen weltweiten Auftrag lediglich über 530 Mitarbeiter, während sich z. B. das deutsche Umweltbundesamt (UBA) auf ca. 1.050 und die amerikanische Umweltagentur (EPA) auf über 18.000 Mitarbeiter stützen können. Der Beirat hat sich deshalb bereits in früheren Gutachten für die Gründung einer Internationalen Umweltorganisation ausgesprochen. Prominente europäische Politiker unterstützen diese Idee ebenfalls seit längerem. Angesichts der durchaus unterschiedlichen Vorschläge soll jedoch zunächst deutlich gemacht werden, was bei einer Neustrukturierung globaler Umweltinstitutionen unbedingt beachtet werden sollte:

- Alle Initiativen müssen multilateral, gemeinsam von Industrie- und Entwicklungsländern, getragen werden. Der Beirat empfiehlt deshalb nachdrücklich, sich gezielt um Koalitionen mit wichtigen Entwicklungsländern zu bemühen, um die Akzeptanz einer politischen Initiative von vornherein sicherzustellen.
- Nord und Süd sollte bei den Entscheidungsverfahren eine gleichberechtigte Stellung eingeräumt werden – etwa nach dem Muster der nord-süd-paritätischen Entscheidungsverfahren des Montrealer Protokolls, des Ozonfonds oder der Globalen Umweltfazilität.
- Die Reform soll nicht zur Gründung einer Behörde mit eigener Projektdurchführungskompetenz führen. Projektarbeit vor Ort sollte weiterhin von UNDP, Weltbank, FAO, UNIDO oder vergleichbaren Akteuren vorgenommen werden.
- Die Umstrukturierung sollte keine weitere Finanzierungsorganisation neben UNDP, Weltbank oder GEF schaffen.

Der Beirat schlägt den Umbau des bestehenden Systems in mehreren Stufen vor. Dabei wird nicht *a priori* vorausgesetzt, dass langfristig sämtliche Stufen durchlaufen und am Ende unbedingt die dritte Stufe erreicht werden sollte. Vielmehr sollte zunächst nur die erste Stufe verwirklicht, deren Wirksamkeit geprüft und die nächste Stufe erst erwogen werden, wenn der vorhergehende nicht den gewünschten Erfolg erbrachte.

Stufe 1: Kooperation verbessern

In der ersten Stufe geht es um eine verbesserte Kooperation der verschiedenen Organisationen und Programme, wobei die Partner weiterhin gleichberechtigt zusammenarbeiten. Dabei sollten die Funktionen nicht verändert werden, die CSD, GEF, verschiedene Vertragsstaatenkonferenzen und Konventionssekretariate sowie umweltpolitische Abteilungen und Programme der einzelnen Sonderorganisationen gegenwärtig besitzen. Gegebenenfalls könnte UNEP schon in dieser Stufe eine andere institutionelle Struktur innerhalb des UN-Systems erhalten. Diese Stärkung von UNEP könnte sich entweder am Beispiel der Weltgesundheitsorganisation orientieren – also einer UN-Sonderorganisation mit eigenem Budget und eigener Mitgliedschaft – oder am Beispiel der UN-Konferenz über Handel und Entwicklung (UNCTAD), einer UN-internen Körperschaft.

Stufe 2: Koordinierende Dachorganisation mit eigenständigen Ausschüssen einrichten

Sollte die beschriebene verbesserte Kooperation der internationalen Organisationen und Programme nicht ausreichen, um erkannte Defizite zu beheben, wäre die weitere Stärkung des Umweltschutzes durch eine verbesserte Koordination der Akteure anzustreben. Dies würde eine begrenzte Hierarchisierung im Organisationengefüge erforderlich machen, wobei sich das Modell der Welthandelsorganisation (WTO) anbieten würde. Analog ließe sich überlegen, die verschiedenen Vertragsstaatenkonferenzen im Umweltschutz in ein Rahmenübereinkommen zur Gründung einer Internationalen Umweltorganisation einzugliedern und sie dann wie bei der WTO als gesonderte und in hohem Maße selbständige Ausschüsse der Ministerkonferenz fortbestehen zu lassen. Die Gründung einer Dachorganisation wird von Entwicklungs- und Industrieländern wohl nur dann akzeptiert werden, wenn beide Seiten über die Weiterentwicklung der Organisation effektive Mitspracherechte erhalten. Hierfür böte sich die Anwendung nord-süd-paritätischer Entscheidungsverfahren analog zum Montrealer Protokoll an.

Stufe 3: Zentralisierung und Zusammenführung unter einer Organisation?

Vorliegenden Vorschlägen für eine dritte Stufe ist das Ziel gemeinsam, die internationale Umweltpolitik stärker zu zentralisieren und zu hierarchisieren. Entscheidungsprozesse sollen beschleunigt werden, indem das Konsensprinzip überwunden bzw. repräsentativ besetzte, kleinere Entscheidungsgremien – etwa ein „Umweltsicherheitsrat" – eingeführt werden, damit Minderheiten ihre Blockademacht verlieren. Eine solche stark souveränitätseinschränkende Hierarchisierung wird sicherlich auf erheblichen Widerstand stoßen, in Nord wie in Süd.

Anregungen für ein gutes Regimedesign berücksichtigen

Neben einer übergreifenden Reform der UN-Organe im Umweltbereich können aber auch die zahlreichen bereits existierenden sektoralen Regime (z. B. zu Klima, Biologische Vielfalt oder Desertifikationsbekämpfung) optimiert werden. Der Beirat hat hierfür die Erfahrungen aus den Verhandlungsprozessen ausgewertet und Anregungen für ein „gutes Regimedesign" zusammengestellt.

ANLIEGEN DER RAHMENVERTRÄGE DURCH PROTOKOLLE VORANTREIBEN

Heute hat sich überwiegend die Strategie durchgesetzt, nur die großen Ziele und mögliche Instrumente nennende Rahmenverträge zu vereinbaren und die konkrete Ausgestaltung weiteren Verhandlungsrunden zu überlassen, deren Ergebnisse dann als Protokoll die Konvention weiter ausgestalten und verschärfen. Der Beirat bewertet diesen Ansatz positiv, weil es so gelingen kann, auch die eher zögerlichen Staaten in den weiteren Verhandlungsprozess einzubinden. Angesichts der Verschärfung globaler Umweltprobleme ist jedoch nachdrücklich darauf hinzuweisen, dass vom Abschluss einer Konvention bis hin zur lokalen Bewältigung der Probleme meistens eine zu große Zeitspanne liegt und deshalb die Protokollverhandlungen, -ratifizierungen und -umsetzungen zügiger abgeschlossen werden müssen.

ABSTIMMUNGSVERFAHREN FLEXIBILISIEREN

Ein entscheidender Faktor für die flexible Fortentwicklung von Regimen sind die Abstimmungsverfahren. Der Beirat regt an, auf eine Relativierung des Konsensprinzips in internationalen Verhandlungen hinzuwirken, vor allem wenn es um den Schutz unwiederbringlicher Umweltgüter geht. Insbesondere sollte das Verfahren der „schweigenden Zustimmung" vermehrt angewendet werden. Bei der Modifikation von Protokollen oder Anhängen sollte die Einführung von qualifizierten, nord-süd-paritätischen Entscheidungen gefördert werden, da sie am ehesten konsensfähig sind. Darüber hinaus sollte, etwa bei Entscheidungen über das Erbe der Menschheit, eine Relativierung der formalen Prinzipien „Ein Land, eine Stimme" bzw. der bei Abstimmungen über finanzielle Beiträge geübten Praxis „Ein Dollar, eine Stimme" zugunsten einer Stimmverteilung gemäß „Ein Mensch, eine Stimme" geprüft werden.

RECHTE ZUR INFORMATIONSBESCHAFFUNG STÄRKEN UND MIT BERICHTSWESEN KOPPELN

Neben der Einführung flexibler Abstimmungsverfahren kann auch die Ausgestaltung der internationalen Erfüllungskontrolle für den Erfolg eines Regimes ein wesentliches Kriterium bilden. Die bisherigen Erfahrungen zeigen, dass die Berichtspflicht über die Aktivitäten der Mitgliedstaaten zur Umsetzung ihrer Pflichten eine unerlässliche Voraussetzung für eine internationale Erfüllungskontrolle darstellt. Der Beirat rät jedoch zu einer wissenschaftlichen Begutachtung der Berichte, um ihre Verwertbarkeit auf den Vertragsstaatenkonferenzen zu fördern. Eine besondere Rolle spielt dabei die Verwendung international abgestimmter Indikatoren, um Vergleichbarkeit und Anwendungsbezug der Berichte zu erhöhen. Bei Bedarf sollten auch weitergehende Rechte zur Informationsbeschaffung eingeführt werden.

FLEXIBLE REAKTIONSMÖGLICHKEITEN BEI UMSETZUNGSSCHWIERIGKEITEN

Als Reaktion auf Umsetzungsschwierigkeiten rücken zunehmend kooperative Wege in den Vordergrund, da durch die partnerschaftliche Lösung die internationalen Beziehungen und auch die Transparenz gestärkt werden. Garantierte, an keine Voraussetzungen geknüpfte Instrumente zur Erfüllungshilfe können allerdings die Motivation untergraben, aus eigener Kraft die Pflichten zu erfüllen. Andererseits haben in einigen Fällen auch konzertierte Sanktionen zu einer Behebung der Umsetzungsdefizite beigetragen. Der Beirat lehnt aus diesen Gründen eine einseitige Ausrichtung auf konfrontative bzw. nichtkonfrontative Maßnahmen ab. Er empfiehlt, bei Umsetzungsschwierigkeiten flexibel und dem Einzelfall angepasst zu reagieren. Zudem könnten die bestehenden regional-kontinentalen Zusammenschlüsse (wie z. B. ASEAN oder EU) bei der Kontrolle und beim Monitoring international vereinbarter Messreihen stärker eingesetzt werden.

NICHTREGIERUNGSORGANISATIONEN ALS PARTNER IM UMWELTSCHUTZ EINBINDEN

Nichtregierungsorganisationen (NRO) dienen als wertvolle Kontaktstellen von der lokalen bis zur internationalen Ebene und stellen die Berücksichtigung gesellschaftlicher Belange sicher. Insbesondere hat sich die Mitwirkung von Umweltverbänden bei der Sammlung und Aufbereitung von Informationen sowie bei der Umsetzung von Übereinkünften vor Ort bewährt. Der Beirat unterstützt daher Ansätze,

NRO über Anhörungs- und Mitwirkungsrechte verstärkt bei der Entscheidungsfindung sowie der Umsetzung einzubinden. Direkte Mitspracherechte und Entscheidungskompetenzen von NRO sind u. a. wegen der fehlenden Legitimation als problematisch zu bewerten.

FAIRE SYSTEME DER UMWELTKENNZEICHNUNG SICHERSTELLEN

Eine zusätzliche Aktivität internationaler, nichtstaatlicher Zusammenarbeit zum Umweltschutz stellen die weltweiten Initiativen zur Zertifizierung von Produkten dar. Ob internationale unternehmerische Zusammenarbeit oder Initiativen der Zertifizierung zu einer langfristig nachhaltigen Nutzung globaler Ressourcen einen Beitrag leisten können, kann derzeit noch nicht beurteilt werden. Der Beirat sieht darin aber auf jeden Fall ein Anreizsystem, das neben der internationalen Zusammenarbeit der Staaten nicht vernachlässigt werden darf. Eine Möglichkeit der Steuerung von Umweltkennzeichen wäre eine Akkreditierung durch den Erd-Rat, der hierfür gegebenenfalls Kriterien entwickeln könnte.

Earth Funding: Effizienz steigern und neue Wege erschließen

Der Beirat empfiehlt zur Finanzierung globaler Umweltpolitik drei Maßnahmen, die neben einer erwünschten Erhöhung der verfügbaren Mittel vor allem eine Steigerung der Effizienz des Mitteleinsatzes erwarten lassen: eine Reorganisation der internen und externen Kontrollstrukturen in multilateralen Einrichtungen, die Erhebung von Nutzungsentgelten für globale Gemeinschaftsgüter und die Intensivierung der Einbindung einzelstaatlicher und privater Finanzierungsmechanismen.

DIE EFFIZIENZ MULTILATERALER ORGANISATIONEN STEIGERN

Der Beirat geht grundsätzlich davon aus, dass auch zukünftig die direkte Finanzierung globaler Aufgaben durch Zuweisungen aus den Staatshaushalten das vorrangige Instrument im Bereich globaler Umwelt- und Entwicklungspolitik bilden wird. Dieses Vorgehen bietet nicht zuletzt die Vorteile einer unmittelbaren und regelmäßigen Kontrolle durch demokratische Einrichtungen auf nationaler Ebene und eines fortwährenden Zwangs der Geld verteilenden Institutionen, sich gegenüber diesen Einrichtungen zu rechtfertigen. Zahlreiche internationale Organisationen sind angesichts eines intransparenten und wenig effizienten Umgangs mit finanziellen Mitteln in das Blickfeld der nationalen Parlamente der OECD-Länder geraten; die Bereitschaft zur finanziellen Unterstützung der UN-Organisationen nimmt ab. Andererseits weisen UN-Organisationen in den meisten Entwicklungsländern infolge positiver Erfahrungen mit den Leistungen der UN zum Kapazitätsaufbau eine hohe Akzeptanz auf, sofern die Projekte auf einem Abstimmungsverfahren beruhen, bei dem jedem Land ungeachtet seiner wirtschaftlichen Stärke eine Stimme zugewiesen wird. Es sollte bei bestehenden multilateralen Organisationen immer geprüft werden, inwieweit

- der Mitteleinsatz auf ein eng abgegrenztes Umweltproblem konzentriert werden kann oder den Wirkungsverflechtungen mit anderen Umweltproblemen Rechnung zu tragen ist,
- innerhalb der Organisation durch Revisionsvorgänge Anreize zur Steigerung der Effizienz bei der Aufgabenerfüllung ausgelöst werden,
- die externe Steuerung durch zusätzliche Kontrollinstanzen und veränderte Abstimmungsverfahren verbessert werden kann,
- Effizienzdefizite im Empfängerland durch einen Kapazitätsaufbau unter Einbindung lokaler Initiativen überwunden werden können,
- der zeitlichen, strukturellen und räumlichen Dimension des erforderlichen Anpassungsprozesses zur Bewältigung globaler Umweltprobleme Rechnung getragen wird sowie
- die Organisation der Mittelverwendung an die Art der erforderlichen Umweltschutzmaßnahmen (von konkreten Projekten bis hin zu umfassenden volkswirtschaftlichen Strukturreformen) angepasst wird.

ENTGELTE FÜR DIE NUTZUNG GLOBALER GEMEINSCHAFTSGÜTER ERHEBEN

Entscheidend für einen sorgsamen Umgang mit natürlichen Ressourcen ist vielfach die Verkopplung mit den Preismechanismen privater Märkte. Dieser Mechanismus stößt aber wegen fehlender Eigentumsrechte an Grenzen. Zahlreiche Umweltgüter wie z. B. der internationale Luftraum, die Hohe See oder der Weltraum stellen aufgrund des unbeschränkten Zugangs zu ihrer Nutzung (open access) weltweite Gemeinschaftsgüter dar, d. h. ohne eine gemeinschaftliche, weltweit-treuhänderische Verwaltung dieser Güter würden sie angesichts fehlender Möglichkeiten zur Erhebung von Preisen für die exklusive Nutzung überbeansprucht. Im System des *Earth Funding* bildet die Erhebung von Nutzungsentgelten für globale Gemeinschaftsgüter ein wichtiges Element, um unabhängig von Zuweisungen durch Staatshaushalte Aufgaben der globalen Umwelt- und Entwicklungspolitik finanzieren zu können. Der Beirat weist in diesem Zusammenhang auf drei Aspekte hin, die für das Verständnis und die Ausgestaltung solcher Entgelte unabdingbar sind:

- Die Entgelte dienen einem eindeutigen Zweck, der unmittelbar an die Verfügbarkeit der globalen Gemeinschaftsgüter anknüpft. Es handelt sich daher um keine allgemeine Umweltabgabe.
- Die Entscheidung über Art, Höhe und Verwendung der Nutzungsentgelte ist an den Besonderheiten jedes einzelnen Gemeinschaftsguts zu orientieren. Vielfach kann auf bereits bestehende (multilaterale oder private) Organisationen zurückgegriffen werden. Zudem kann sich bei bestimmten Gemeinschaftsgütern die Erzielung zusätzlicher Einnahmen auch als nicht realisierbar erweisen, jedoch können auch in diesen Fällen durch die Verteilung und den Handel einzelner Nutzungs- bzw. Emissionsrechte Effizienzimpulse erzielt werden.
- Die Treuhandeinrichtung ist einer fortwährenden Kontrolle und Sanktionierung durch die Einzelstaaten bzw. von ihnen eingesetzter Regulierungsinstanzen zu unterwerfen.

PRIVATE FINANZIERUNGSINSTRUMENTE STÄRKEN
Der Beirat hat in seinen Gutachten bereits mehrfach auf die wachsende Bedeutung des privaten Sektors und innovativer Finanzierungsinstrumente auf lokaler und nationaler Ebene hingewiesen. Dieses Element ist ein wichtiger Faktor, um
- den Kenntnissen von Akteuren über die Verhältnisse vor Ort und über die entsprechenden Handlungserfordernisse und -möglichkeiten im Einzelfall Rechnung tragen zu können,
- die Effizienzvorteile einer dezentralen und damit überschaubareren Struktur und eines erhöhten Drucks, der durch Wettbewerbsprozesse auf privater Ebene und zwischen Standorten entsteht, zu Gunsten der globalen Umwelt- und Entwicklungspolitik zu nutzen,
- intrinsische Motivationen durch einen direkteren Zugang zu Projekten der globalen Umwelt- und Entwicklungspolitik zu erhöhen.

Zunehmend spielen „global players" eine wichtige Rolle bei der Nutzung globaler Ressourcen und Senken. Multinationale Unternehmen richten sich häufig nach eigenen Standards der Umweltnutzung, viele Menschen in den Industrieländern engagieren sich in Umweltstiftungen und -patenschaften und viele national wie global agierende NRO haben Einflussmöglichkeiten, um auf das Verhalten von Individuen, Gruppen und Organisationen einzuwirken. Genau dort, wo staatliche Standards nicht greifen, können private Initiativen einspringen. Der Beirat empfiehlt, diesen Prozess der Verantwortungsübernahme durch Private zu unterstützen, z. B. durch Preise und Auszeichnungen, beim zentralen Einkauf und durch gezielte Öffentlichkeitsarbeit.

Der Beirat wiederholt seine Forderungen nach einer Schaffung geeigneter institutioneller Rahmenbedingungen für eine Aktivierung des privaten Sektors und einer Stärkung nationaler, nichtkommerzieller Fonds, z. B. in Verbindung mit einer weltweiten Entschuldungsinisitative. Das System des *Earth Funding* erfordert geradezu den Wettbewerb vielfältiger einzelner innovativer Finanzierungslösungen, deren jeweiliger Effizienzbeitrag auch darüber entscheidet, inwieweit es zu Nachahmungen in anderen Ländern, Sektoren oder Problemfeldern kommt. Im Zusammenwirken der verschiedenen Finanzierungsinstrumente liegt die Chance, durch erste erfolgreiche Reformschritte auch die Bereitschaft zu den heute noch vergleichsweise utopisch erscheinenden Finanzierungsvereinbarungen bei einzelnen globalen Gemeinschaftsgütern zu wecken. Allerdings ist zu betonen, dass neben dem Aspekt der Einnahmenerzielung vor allem der effiziente Umgang mit verfügbaren finanziellen Mitteln im Auge zu behalten ist.

Chance der Rio+10-Konferenz nutzen

Die vom Beirat vorgestellte Vision einer *Earth Alliance* ist nicht kurzfristig realisierbar, sollte jedoch als Leitbild für eine längerfristig unabdingbare Reform der globalen Umweltpolitik dienen. Insbesondere sollte die Folgekonferenz des UN-Gipfels für Umwelt und Entwicklung von Rio de Janeiro im Jahr 2002 (Rio+10-Konferenz) zum Anlass genommen werden, Elemente dieser Strukturreform auf den Weg zu bringen. Bereits 1997 hat sich die Bundesregierung für die Einrichtung einer Internationalen Umweltorganisation ausgesprochen. Im Juni 2000 kündigte der französische Premierminister Lionel Jospin an, während der EU-Präsidentschaft Frankreichs die Debatte um eine Internationale Umweltorganisation wieder aufleben zu lassen. Auch die erste internationale Umweltministerkonferenz in Malmö hob den organisatorischen Reformbedarf der globalen Umweltpolitik hervor. Dieses günstige politische Klima sollte nach Ansicht des Beirats für eine entsprechende Initiative, z. B. der EU, genutzt werden, wobei Deutschland und Frankreich Vorreiter sein könnten.

Wer steuert das Raumschiff Erde? A

Die Welt stürmt atemlos und zerrissen hinein ins neue Jahrtausend. Ihr Wandel vertieft die Gegensätze zwischen Arm und Reich, Alter und Jugend, Glauben und Wissen, Land und Stadt, Natur und Technik. Die Gesamtdynamik wird allerdings zusehends von einem neuartigen Widerspruch beherrscht, dem zwischen *Globalisierung* und *Partikularisierung* der Zivilgesellschaft, der den klassischen Kosmos ökonomischer, sozialer und ökologischer Verwerfungen radikal transformiert. Diese Transformation kann als „die fünfte Stufe" der Selbstorganisation der belebten Materie im System Erde bezeichnet werden (Jolly, 1999). Letztlich wird sie über unsere Zukunftsfähigkeit entscheiden. Das Modewort „Globalisierung" bezeichnet dabei einen Prozess, der sich in vier kausal gekoppelten Schichten der Wirklichkeit vollzieht: Technologie, Wirtschaft, Kultur und Umwelt.

Der *technische Fortschritt* im 20. Jahrhundert hat den Transport von Personen, Gütern und Informationen revolutioniert: Bei sinkenden Kosten pro bewegter Einheit werden immer höhere Geschwindigkeiten und größere Reichweiten erzielt. „Alles fließt" auf diesem Planeten und wird weiter beschleunigt. Als Beispiel mag der Flugverkehr dienen, wo sich die globale Frachttransportleistung alle 10 Jahre verdoppelt und im Jahr 1998 bereits fast 100 Mrd. Tonnenkilometer betrug (UNDP, 1998). Die Zahl der beförderten Passagiere steigt jährlich um 5–6%. Nach Schätzungen der Welttouristikorganisation wird sie bis 2020 auf rund 1,6 Mrd. anwachsen. Auch das Volumen der Welthandelsflotte schwillt stetig an. 1998 erreichte es die Rekordmarke von 531,9 Mio. Gross tons (85.828 Schiffe), 1995 waren es erst 490,7 Mio. Gross tons (Lloyd's Register, 1999).

Neben den Realströmen von Energieträgern und Stoffen gewinnen die Informationsstraßen der Welt immer mehr an Bedeutung. Das Internet gehört zu den einschlägigen Technologien, die sich bisher am schnellsten ausgebreitet haben: Ganze vier Jahre dauerte es, bis die Quote von 50 Mio. Nutzern erreicht wurde – beim Radio wurden dafür noch 38 Jahre benötigt. Inzwischen sind mehr als 43 Mio. Gastrechner im Netz, auf die mehr als 300 Mio. Teilnehmer zugreifen (Nua, 2000), allein zwischen September 1999 und März 2000 kamen etwa 100 Mio. neue Teilnehmer hinzu.

Direkter Nutznießer der realen und virtuellen Transportleistungen ist die *Wirtschaft*, welche heute Produktion, Handel und Investition im Weltmaßstab organisiert. Als unmittelbarer Effekt hat sich der Gesamtwert aller Exporte seit 1985 auf 5.500 Mrd. US-$ (Statistisches Bundesamt, 1998) fast verdreifacht, was unter anderem eine spürbare Vergrößerung des Ausfuhranteils am Weltsozialprodukt bedeutet. Zu den Steigerungsraten trugen nicht zuletzt die modernen Schlüsselbereiche Datenverarbeitung, Telekommunikation und Biotechnologie bei (Brown et al., 1999).

Obwohl die wirtschaftliche Bedeutung des Internet-gestützten „E-Commerce" noch vergleichsweise gering ist, beginnen virtuelle Marktprozesse die materiellen zu substituieren. Schon bald wird eine globalisierte Internet-Ökonomie erwartet, wie sie der internationale Kapitalmarkt längst vorgemacht hat: 1993 sind die grenzüberschreitenden Direktinvestitionen um rund 40% auf 313 Mrd. US-$ gestiegen (UNCTAD, 1995), 1998 nochmals um 19% auf 400 Mrd. US-$. Inzwischen beträgt der tägliche Weltdevisenumsatz rund 1.500 Mrd. US-$ – damit ist das Volumen in den letzten 30 Jahren um den Faktor 83 gewachsen.

Großen Anteil an dieser Entwicklung haben die rund 39.000 multinationalen Gesellschaften mit über 270.000 Tochter- und Beteiligungsgesellschaften im Ausland. Nach einer aktuellen Studie (Anderson und Cavanaugh, 1996) entspricht der Umsatz der 200 größten Konzerne der Erde nunmehr 28,3% des Weltsozialprodukts und übertrifft mit 7.100 Mrd. US-$ das kumulierte Bruttoinlandsprodukt aller Staaten der Erde minus der neun wichtigsten Volkswirtschaften.

Die Folgen der Globalisierung

Als mittelbare Folge von Globaltransport, -wirtschaft und -information findet eine rasante Expansion des „westlichen" Lebensstils über alle Grenzen statt. Als Hauptkatalysator wirken dabei die elektronischen Medien, deren Unterhaltungsprogramme inzwischen sogar schon das Steinzeitvolk der Dini in Irian Jaya erreicht haben. Auch das Internet wird zu einer massiven Veränderung der Wertvorstellungen in vielen Regionen führen. Beispielsweise sind im Mittleren Osten mehr als 70% aller Nutzer 21–35 Jahre alt (Zonis, 2000), ein Alter, in dem neue, bisher unbekannte Lebenserwartungen und Wertvorstellungen rasch an Attraktivität gewinnen können. Dadurch werden gewachsene *Kulturen* zurückgedrängt oder lösen sich auf. Besonders betroffen sind Religionen, Kunst- oder Handwerksstile und Sprachen, letztlich aber auch alle Spielarten gesellschaftlicher Normen und Werthaltungen.

Einige wenige Zahlen mögen diese allgemeine Beobachtung illustrieren: Zur globalen Stilvermischung trägt nicht zuletzt der Welthandel mit Kunstgütern und kunsthandwerklichen Produkten bei, der nach UNESCO-Angaben 1991 das Wertvolumen von über 200 Mrd. US-$ erreicht und sich damit im Zeitraum 1980–1991 verdreifacht hat. Der „Sprachimperialismus" des Englischen und der jeweiligen National- und Regionalsprachen begünstigt die kulturelle Angleichung (Beisheim et al., 1999). Die Deutsche Presseagentur verbreitete unlängst das

Szenario, dass in den nächsten hundert Jahren ein Drittel der bestehenden Sprachen eliminiert werde, zugunsten der jeweils dominanten National- und Regionalsprachen. Von den rund 15.000 Sprachen, die vor 10.000 Jahren vermutlich existierten – damals lebten etwa 1 Mio. Menschen auf der Erde – gibt es heute noch etwa 6.000.

Alle skizzierten Globalisierungsprozesse tragen ganz wesentlich zur Veränderung der planetarischen *Umwelt* bei – indem sie ein hochkonsumtives Zivilisationsmuster mit Kurzfristorientierung weltweit etablieren helfen und die kommerzielle Ausbeutung der Naturressourcen der Erde grenzüberschreitend optimieren. Besondere Impulse für diese Ausbreitung ergaben sich immer, wenn sich zuvor abgeschottete Regionen der Welt freiwillig oder unfreiwillig öffneten: Das Ende des 2.Weltkriegs oder in jüngster Zeit der Fall der Mauer und das anschließende Ende der Sowjetunion markieren solche Einschnitte. Wie ein Turbo hat der Fall des Eisernen Vorhangs der Globalisierung Schub gegeben (Jung, 1999a).

Die für den Beirat zentralen Umweltaspekte der Globalisierung werden weiter unten noch stärker beleuchtet; an dieser Stelle begnügen wir uns mit einigen quantitativen Angaben: Trotz aller Effizienzsteigerungen kostet der weltweite Transport von Waren und Gütern immer mehr Energie – absolut und relativ. 1980 betrug der Gesamtaufwand noch 37,2% des globalen Energieverbrauchs, 1996 waren es bereits 48,4% und für 2010 werden 53% prognostiziert. Abgesehen von den hohen Kosten bewirkt diese Entwicklung einen kritischen Zuwachs der Kohlendioxidemissionen und trägt damit zur Beschleunigung des anthropogenen Treibhauseffektes bei. Dessen globaler Charakter wird nicht zuletzt dadurch deutlich, dass sich ein lokal emittiertes Volumenelement Kohlendioxid in einer Woche über die ganze Erdatmosphäre ausbreitet und dort bis zu 200 Jahren verweilt.

Ein weiteres, drastisch in seiner Bedeutung wachsendes Problem ist die weltweite Freisetzung persistenter organischer Schadstoffe. Die naturwissenschaftlichen Erkenntnisse zur Begründung von Aufnahmekriterien für diese Stoffe (Stoffeigenschaften, -verteilung und -abbau) bleibt allerdings dürftig: Von etwa 100.000 Altstoffen, von denen 5.000 in erheblichen Mengen produziert werden und in die Umwelt gelangen, sind bislang erst etwa 300 hinsichtlich ihrer umweltchemischen Eigenschaften bewertet worden (BUA, 2000). Für eine Reihe von Chlorverbindungen (die Pestizide HCH, HCB, DDT sowie einige PCBs) konnte gezeigt werden, dass die globale Verteilung, insbesondere deren Breitenabhängigkeit, wesentlich von den physikochemischen Eigenschaften abhängt (Calamari et al., 1991).

Die Chancen der Globalisierung

Der Globalisierungsprozess ist letztlich von den technischen Impulsen des 19. und 20. Jahrhunderts angestoßen worden, und die Ultra-Technologien des 21. Jahrhunderts werden ihn weiter beschleunigen. Kaum jemand glaubt, dass diese Entwicklung gebremst oder gar gestoppt werden könnte, aber die Einschätzungen gehen weit auseinander. Dennoch lassen sich schon jetzt einige direkte Vor- und Nachteile für die freiwilligen und unfreiwilligen Teilnehmer am Erdgalopp ausmachen.

So ist völlig unstrittig, dass die Globalisierung massiv zur Stärkung der weltweiten Wirtschaftsleistung beiträgt. Durch die Überwindung physikalischer, administrativer und politischer Schranken können tendenziell die komparativen Vorteile sämtlicher ökonomischer Akteure und Standorte der Erde voll ausgeschöpft werden. Dies bedeutet insbesondere die Erschließung der planetarischen Ressourcen an Energien, Materialien und Fähigkeiten und damit die „Entfesselung aller Produktivkräfte der Menschheit" im Takt der „unsichtbaren Hand" des Weltmarkts. Das globale Sozialprodukt hat sich seit 1970 auf rund 29 Billionen US-\$ (World Bank, 2000b) mehr als verzehnfacht; bei dem künftig erwarteten bzw. erhofften Wirtschaftswachstum von 3% in den Industrieländern und 8–10% in den Entwicklungsländern wäre eine Verhundertfachung nur die Frage etlicher Jahrzehnte.

Ebenso unbestreitbar ist, dass der vielschichtige Gesamtprozess die grundsätzlichen *Chancen* unzähliger Individuen auf eine angemessene Lebensqualität deutlich verbessert. Die Sicherung der Grundbedürfnisse an Nahrung, sauberem Wasser, Unterkunft, Kleidung, Gesundheit und Mobilität wird ja nicht nur ökonomisch realisiert, sondern auch durch eine Vielzahl grenzüberschreitender soziopolitischer Vorgänge, die von routinemäßigem Technologietransfer bis hin zu internationalen humanitären Einsätzen (wie unlängst in Mosambik und Äthiopien) reichen. Kaum weniger schwer wiegen die Möglichkeiten, in einer vielfältig vernetzten Welt elementare Menschenrechte geltend zu machen und am allgemeinen Bildungs- und Wissensfortschritt teilhaben zu können.

Disparitäten der Globalisierung

Ob der Großteil der Weltbevölkerung allerdings in absehbarer Zeit in den Genuss der Globalisierungsvorteile kommen wird, ob sich hierdurch gar ein „planetarischer Zustand sozialer Gerechtigkeit" selbsttätig herausbilden wird, bleibt umstritten. Selbst in den „Brennkammern" der Globalisierung, den Tigerstaaten, scheint trotz wachsender Gewinne die Ungleichheit nicht abzunehmen. Die Frage, warum „Globalisierung mit mehr Ungleichheit gerade innerhalb der Entwicklungsländer verbunden ist", ist nach Meinung des amerikanischen Wirtschaftswissenschaftlers Paul Krugmann immer noch offen (Kaube und Schelkle, 2000). Aber auch bei identischen Ausgangsbedingungen würde der erdumspannende Wettlauf der Standorte vermutlich rasch zur Ausprägung beträchtlicher individueller und kollektiver Wohlstandsunterschiede führen. Dabei kann von vergleichbarer Wettbewerbsfähigkeit der Globalisierungsteilnehmer kaum die Rede sein: Zum Beispiel gehören das Silicon Valley in Kalifornien und das Rift Valley in Ostafrika nicht nur geographisch zwei verschiedenen Universen an. Es ist kaum vorstellbar, dass der erstgenannte Standort freiwillig einige Jahrzehnte in seiner Fortentwicklung innehielte, um den zweitgenannten ein Stück aufholen zu lassen.

Insofern ist nicht zu erwarten, dass die grenzenlose Suche nach Investitions-, Informations- und Konsumtionsmöglichkeiten die bestehenden Disparitäten zwischen Regionen, Kulturen und Gesellschaftsschichten quasi automatisch einebnet (Zook, 2000). Eher wird dieser Prozess eine Reihe sozialer Gradienten weiter verstärken, selbst wenn es überzogen scheint, zu behaupten: „Die Globalisierung hinterlässt gefährliche Instabilitäten und wachsende Ungleichheiten, sie hat die Ungleichheit zwischen und innerhalb der Staaten dramatisch vergrößert" (Mazur, 2000). Die Weltbank kommt zu einem differenzierteren Bild mit unbestreitbar dunklen Flecken (World Bank, 2000a).

Ein aktuelles Gutachten der Consulting-Firma A.T. Kearney geht in die gleiche Richtung. Immerhin wuchs das Verfügungskapital der 200 reichsten Erdenbürger zwischen 1994 und 1998 von 440 auf 1.042 Mrd. US-$; die letztere Zahl entspricht dem heutigen Gesamteinkommen der ärmeren 41 % der Weltbevölkerung! Und das wohlhabende Fünftel der Menschheit besitzt 93 % aller Internet-Anschlüsse, während sich das Fünftel der Mittellosen gerade mal mit 0,2 % begnügen muss (UNDP, 1998).

Hauptgrund für diese Entwicklung ist die Tatsache, dass den omnipotenten Differenzierungskräften des transnationalen Wettbewerbs keine politischen Ausgleichskräfte ähnlicher Reichweite und Durchgriffstiefe gegenüberstehen. Die durch die heutigen Nationalstaaten mitsamt ihren föderativen Substrukturen definierten Regimegrenzen bilden gewissermaßen eine semipermeable Membran: fast vollständig durchlässig für die Opportunitätsdynamik hochmobiler globaler Akteure, aber praktisch undurchdringbar für normative Impulse zum Schutze der wettbewerbsschwachen Splitter regionaler Gesellschaften oder lokaler Völker.

GLOBALISIERUNG DER UMWELTKRISE

Diese skeptische Einschätzung trifft in verschärfter Form auf die Natur- und Umweltschutzproblematik zu (Schellnhuber und Pilardeaux, 1999). Die historischen Entscheidungsschlachten um die Erhaltung der langfristigen Lebensgrundlagen der Menschheit werden vor allem in den so genannten Entwicklungsländern geschlagen werden, deren politischen, technischen und wirtschaftlichen Kapazitäten zur Bewältigung der globalen Umweltkrise meist nicht ausreichen.

Auch jenseits der moralischen Verpflichtung des Nordens können diese Defizite den Industrieländern nicht gleichgültig sein, da die geophysikalischen, biochemischen und zivilisatorischen Fernwirkungen im System Erde für einen raschen und gründlichen Export der resultierenden Schäden sorgen. Beispielsweise kann die großflächige Konversion bestimmter Ökosysteme (etwa der tropischen oder borealen Wälder) wichtige Stabilisierungsmechanismen der Ökosphäre erheblich beeinträchtigen.

Die Globalisierung übt – wie schon angedeutet – vor allem auf dreierlei Weise Druck auf die planetarische *Umwelt* aus: Erstens bedeutet bei den Produktions-, Dienst- und Konsumtionsleistungen ein Wachstum ohne Entwicklung einen verstärkten Zugriff auf die Quellen und Senken der Natur, falls nicht eine „Grüne Technologische Revolution" umgehend erhebliche Effizienz- und Entsorgungsfortschritte im Weltmaßstab erzielt. Zweitens werden umweltbelastende Wirtschaftsweisen und Lebensstile, kaum aber nachhaltige Praktiken, zügig über den ganzen Globus verbreitet. Dies führt insbesondere zum standortwidrigen Umgang mit Böden (WBGU, 1994) und Süßwasserressourcen (WBGU, 1998a). Drittens bietet die Vielfalt nationaler Gesetzesschranken und -lücken den „Global Players" jeglicher Provenienz oft die Möglichkeit, ökologische Standards, etwa bei Emissionen und Immissionen, zu unterlaufen.

Dadurch wird sich der bereits prekäre Zustand der globalen Umwelt weiter verschlechtern. Dies ist jedenfalls die Prognose einer umfassenden zweijährigen Studie, die 175 Wissenschaftler im gemeinsamen Auftrag von UNDP, UNEP, Weltbank und World Resources Institute kürzlich vorgestellt haben (WRI, 2000). Dort wird etwa darauf hingewiesen, dass die Hälfte der originären Feuchtgebiete und Wälder der Erde im 20. Jahrhundert der „Zivilisation" weichen mussten, und die Kapazitäten der multinationalen Fischfangarmada die Produktionsfähigkeit der Ozeane um 40 % übersteigen. Der drastische Hinweis, dass „die Bewahrung der planetarischen Lebensgrundlagen die schwierigste historische Herausforderung der Menschheit überhaupt darstellen könnte", dürfte in der Öffentlichkeit allerdings kaum

Eindruck hinterlassen: Die gegenwärtige hohe Priorität für Wirtschaftswachstum und mehr Beschäftigung unterdrückt nahezu jeden Seitenblick auf eine ökologische Krisendynamik, die zusehends aus dem Kontrollbereich herausstrebt. Symptomatisch ist die achselzuckende Zurkenntnisnahme der sich häufenden Belege für eine langfristige menschliche Beeinflussung des Klimasystems, nachdem der wissenschaftliche Nachweisdisput jahrelang von diversen Interessengruppen zu einem Glaubensstreit aufgeheizt und instrumentalisiert wurde.

Der Beirat wird in diesem Gutachten den umweltpolitischen Handlungsbedarf durch eine kompakte Charakterisierung der sechs drängendsten globalen Probleme aufzeigen (Kap. B). Der Problemaufriss wird verdeutlichen, dass ernsthafte Bewältigungsstrategien ohne effektive und effiziente internationale Institutionen schwer vorstellbar sind. Der Weltmarkt verbessert beispielsweise die Verdienstmöglichkeiten indischer Software-Spezialisten erheblich, er kann aber Dürren, die den Subkontinent mit einer ungebremsten globalen Erwärmung gehäuft heimsuchen werden, nicht abwenden. Die Frühjahrskatastrophe 2000 mit Wassernotstand in weiten Teilen Westindiens gibt nur einen Vorgeschmack von dem, was den auf Tiefbrunnen angewiesenen 90% der dortigen ländlichen Bevölkerung bevorstehen könnte. Zur Vermeidung bzw. Abschwächung dramatischer Klimafolgen dieser Art ist ein weltweites Klimaschutzabkommen erforderlich, das erhebliche Reduktionen von Treibhausgasemissionen in notfalls knappen Entscheidungsprozessen festlegt, durchsetzt und kontrolliert.

AUF DEM WEG ZU EINER „GREEN GLOBAL GOVERNANCE"?

Wie kann man aber mit den fast 200 souveränen Nationalstaaten der Erde kraftvolle und nachhaltige Umweltpolitik betreiben? Mit dieser Frage ist ein Fundamentaldilemma offen gelegt: *Die Herausforderungen des 21. Jahrhunderts sollen mit etatistischen Strukturen bewältigt werden, die bestenfalls dem 19. Jahrhundert entlehnt sind* und dem virtuellen Schrumpfen des Planeten in keiner Weise gerecht werden können. Dieses Dilemma wäre natürlich durch die zur technisch-ökonomischen Globalisierung parallelen Schaffung eines weltweiten Staatsraumes mit homogenen liberal-demokratischen Institutionen (etwa nach dem Vorbild der USA) aufzulösen. So logisch der Übergang zur „Erdpolitik" (von Weizsäcker, 1997) mit globalen konstitutionellen und exekutiven Strukturen aus der Umweltsicht auch erscheinen mag: Kaum ein Politiker oder Wissenschaftler glaubt heute an eine Realisierung dieser Vision in absehbarer Zeit. Dieser Einschätzung trägt die griffige, aber oberflächliche Formel „Global *governance* instead of global *government!*" Rechnung.

Tatsächlich ist der eingangs erwähnte weltweite Trend zur politisch-gesellschaftlichen Partikularisierung als antithetischer Begleiter der Globalisierung unübersehbar: Wirtschaftlich motivierten Versuchen zu einer tieferen regionalen Integration, etwa in der Europäischen Union, stehen starke Autonomiebestrebungen in vielen Teilen der Erde gegenüber, etwa auf dem Balkan, in Ostafrika oder in Südostasien. Damit kommt der Nationalstaat als demokratisches Derivat des europäischen Absolutismus von außen und innen unter Druck, bleibt aber in Ermangelung von Alternativen als knirschender politischer Bezugsrahmen weiter bestehen.

Der innere Bedeutungsverlust des Staates in seiner heutigen Form wird noch massiver vorangetrieben durch die rasch wachsende Autonomie des Individuums in einer offenen und vernetzten Weltgesellschaft. Mit der technisch-kulturellen Verdichtung der Erde zu einem quasi-urbanen Raum („Global Village") werden die Charakteristika bzw. Paradoxien der Großstadt im planetarischen Maßstab reproduziert: Anonymisierung durch Nähe, Bindungsverlust durch Übersättigung der sozialen Valenzen, Kurzfristorientierung durch Reizüberflutung, Selbstorganisation in ethnischen, professionellen und hedonistischen Spezialgilden durch Hyper-Kommunikation. So ersteht der Weltbürger als Partikel einer superfluiden Masse mit vernachlässigbarer Kohäsion. Die zwanglose Migration von so genannten „High Potentials" auf dem Weltarbeitsmarkt ist nur eine Facette eines realistischen Zukunftsbildes. Schon heute verliert Deutschland jährlich etwa 20.000 Fach- und Führungskräfte netto im beruflichen Wanderungsprozess.

Wo sind nun die Gegenkräfte, die den Zerfall der Staatengemeinschaft in global verschiebbare soziale Bruchstücke verhindern und die Basis für Erdpolitik zur Gestaltung der essenziellen Anliegen der Menschheit schaffen können? Die klassische Antwort auf diese Frage wäre im Institutionensystem und -umfeld der Vereinten Nationen zu suchen. Diese sind ein typisches Produkt der Nachkriegszeit, wo die schrittweise Fortentwicklung der Menschheitsorganisation vom Völkerbund zum Weltstaat noch nicht durch die Realitäten diskreditiert war. Der ursprünglich beabsichtigte Prozess ist zwar fast zum vollständigen Stillstand gekommen, dafür aber ein gewaltiger Gremien-, Behörden- und Projektapparat entstanden, der mit einer Reihe von mehr oder weniger unabhängigen Einrichtungen (Weltbank, Internationaler Währungsfonds, Welthandelsorganisation usw.) ein kompliziertes Beziehungsgeflecht bildet. Aus diesem Geflecht sind seit etwa 1960 eine Reihe entwicklungspolitischer Impulse mit sehr konkreten Folgen (z. B. „Grüne Revolution") und umweltpolitischen Anstößen (z. B. „AGENDA 21") hervorgegangen.

Insgesamt befindet sich jedoch das öffentliche Ansehen der existierenden globalen Institutionen heute auf einem historischen Tiefpunkt: Statt von der Stärkung ist bei vielen Meinungsstrategen von ihrer Verschlankung, Zerschlagung oder gar Abschaffung die Rede. Diese Haltung vereint unterschiedlichste gesellschaftliche Lager, vom ultrakonservativen bis zum ökofundamentalistischen Rand des politischen Spektrums. Entsprechend bilden die Hauptvorwürfe eine bunte Melange aus teilweise widersprüchlichen Einschätzungen: Neben den traditionellen Ineffizienz- und Inkompetenzbezichtigungen wird diesen Institutionen *gleichzeitig* vorgehalten, internationale Regime zu stärken bzw. zu schwächen, die Wirtschaft gegen die Umwelt auszuspielen bzw. umgekehrt, zu massiv bzw. zu zögerlich in die nationale Souveränität einzugreifen, neoliberalen bzw. paläosozialistischen Tendenzen Vorschub zu leisten usw. usw.

Das dritte Ministertreffen der Welthandelsorganisation Ende November 1999 in Seattle sowie die Frühjahrstagung der Gouverneure des Internationalen Währungsfonds Mitte April 2000 in Washington wirkten wie Magnete auf die Kritiker aus allen Parteien und Regionen. Die Mischung aus berechtigten Anliegen, unbegründetem Misstrauen und schierer Ignoranz entlud sich in teilweise skandalösen Begleiterscheinungen, wodurch jedoch die Schwächen der betroffenen Strukturen grell ausgeleuchtet und gewisse Selbstbesinnungsprozesse unter den verantwortlichen Politikern und Administratoren ausgelöst wurden. Dazu mag auch die harsche Insider-Analyse des ehemaligen Chefökonomen der Weltbank, Joseph Stiglitz (2000), beigetragen haben, der insbesondere gängige Vorwürfe gegenüber dem Währungsfonds (Arroganz, Geheimniskrämerei, mangelnde Vorbereitung und Zielführung von Aktionen, Vernachlässigung sozialer Aspekte und demokratischer Kontrolle usw.) direkt oder indirekt bestätigt. All diese Ereignisse haben bisher allerdings bestenfalls vage Vorschläge zur Verbesserung der bestehenden Strukturen und Prozesse gezeitigt. Die globale Umweltproblematik findet in diesem Zusammenhang ohnehin kaum Erwähnung, geschweige denn Beachtung.

Dies ist ein dramatischer Befund, denn der Zustand des Ökosystems Erde verlangt nach raschen, international konzertierten Abhilfemaßnahmen. Zur institutionellen Unterstützung eines entsprechenden Aktionsprogramms bieten sich zwei Wege an: entweder die zweckgeleitete Reform der einschlägigen internationalen Organisationen und Institutionen oder aber die Schaffung neuartiger weltpolitischer Organe einer zukunftsfähigen Willensbildung und -durchsetzung.

REFORM DER INSTITUTIONEN GLOBALER UMWELTPOLITIK

Der Beirat wird sich in diesem Gutachten auf den ersten Weg konzentrieren, der spürbare Erfolge in überschaubaren Zeiträumen zulässt. Zu diesem Zweck ist vor allem zu untersuchen, wie die bestehenden Institutionen unter der Ägide der Vereinten Nationen optimal genutzt, geeignet verstärkt und innovativ ergänzt werden können (Kap. C).

Dabei muss ein besonderes Augenmerk auf das Instrument des völkerrechtlichen Vertrags gerichtet werden, ein Instrument, das inzwischen in über 900 Ausführungen vorkommt und seine wichtigsten und sichtbarsten Repräsentanten in den Abkommen zu Stratosphärenozon, Klima, Biodiversität und Desertifikation hat. Die zugehörigen Vertragsstaatenkonferenzen leiden oft unter konsensualen Entscheidungsmechanismen, die eine schmerzhafte, aber wirksame Therapierung der Kernprobleme des Globalen Wandels nicht zulassen. Zudem fehlt die gegenseitige Abstimmung der einzelnen Umweltregime (WBGU, 1998a). Die Gefahr, dass im Interessenwettstreit opportunistischer Staatenkoalitionen die verschiedenen ökologischen Schutzgüter von Weltbedeutung gegeneinander ausgespielt werden, ist leider durchaus real.

Das vorliegende Gutachten setzt hier an und entwickelt aus der Analyse der jüngeren internationalen Umweltpolitik Vorstellungen zur Verbesserung des praxisrelevanten institutionellen Fundaments. Im Kapitel C erarbeitet der Beirat zunächst konkrete Vorschläge zur Optimierung der Institutionen globaler Umweltpolitik, von ihrer Gestaltung hin bis zur Endkontrolle. Unter anderem diskutiert der Beirat,
- wie Institutionen dazu beitragen, den Stellenwert von Umweltproblemen in der Politik zu erhöhen (*agenda setting*) (Kap. C 2),
- wie man die umweltpolitischen Verhandlungen verbessern und beschleunigen kann (Kap. C 3),
- wie die Umsetzung von völkerrechtlichen Vereinbarungen gewährleistet werden kann (Kap. C 4) und
- wie auf der nationalen Ebene durch institutionelle Innovation die globale Umweltpolitik vorangebracht werden kann (Kap. C 5).

Diesen Überlegungen werden in Kap. E 3 Ideen zur Aufbringung und Verwendung der unerlässlichen Finanzmittel gegenübergestellt, wobei sich der Beirat nicht scheut, neuartige Wege (etwa Entgelte für die Nutzung planetarischer Gemeinschaftsgüter) vorzuzeichnen.

Nach diesen strukturellen Anregungen, die vor allem auf die Aspekte Effizienz und Budgetierung zielen, wird im Kapitel E die entscheidende Frage der Wirksamkeit (Effektivität) angesprochen: Wie sollen die in Kap. B dargestellten Umweltprobleme von globalem Format tatsächlich gelöst werden? Als Antwort schlägt der Beirat eine schrittweise Reform des einschlägigen internationalen Institutionengefüges in seiner Gesamtheit vor, die langfristig u. a. zu einer „Internationalen Umweltorganisation" unter dem Dach der UN führen sollte.

Diese Vorschläge werden im Kap. F weiter vorangetrieben und in eine politische Vision eingebettet, die den Zwängen und Nebenbedingungen der Globalisierung Rechnung trägt. Hierbei handelt es sich um das Konzept einer auf drei Säulen ruhenden Organisierung globaler Umweltpolitik in einer *Earth Alliance*: Die erste Säule repräsentiert ein abgestimmtes und integriertes System zur kontinuierlichen Analyse und Bewertung der globalen Umwelt- und Entwicklungssituation (*Earth Assessment*). Die zweite (und zentrale) Säule bündelt und strukturiert alle relevanten Regime und Treuhandschaften, insbesondere die zentralen Umweltkonventionen (*Earth Organization*). Die dritte Säule vereinigt die Gesamtheit aller finanziellen und anderweitigen Ressourcen für ein effektives Erdsystemmanagement, wobei Nutzungsentgelte für die globale Allmende und vorsorgliche Anpassungs- und Kompensationsfonds eine wesentliche Rolle spielen (*Earth Funding*).

Der Beirat ist davon überzeugt, dass es keine sinnvolle Alternative zur schrittweisen Annäherung an diese Vision im multilateralen politischen Prozess gibt. Damit ist die eingangs gestellte Frage nach dem steuernden Subjekt für das „Raumschiff Erde" (Schellnhuber, 1999) allerdings nur teilweise beantwortet. Vielleicht wird ja die technologische Globalisierung langfristig starke Gegenkräfte zur Atomisierung der Zivilgesellschaft „selbst-organisieren". Die exponentiell wachsenden Kommunikationsmöglichkeiten beispielsweise könnten das Entstehen von zunächst informellen Mechanismen der tele-demokratischen Meinungs- und Willensbildung begünstigen. Und das Internet ist nur ein erster Quantensprung in einer Serie von qualitativen Innovationen, welche die Menschheit sich anschickt hervorzubringen. So gesehen ist der Übergang zum globalen Umweltregime mit geeigneten inter- oder gar supranationalen Strukturen wohl eine Frage der Zeit – und der *Rechtzeitigkeit*...

Ausgangslage: Globale Umwelttrends B

Syndrome des Globalen Wandels

Die Globalisierung intensiviert die Vernetzung der Welt in einem bisher ungeahnten Maße. Der Fall von Grenzen, die Öffnung von Märkten, die steigende Mobilität und die weltweite Kommunikation durch Internet und Mobiltelefon lassen Menschen und Regionen näher zusammenrücken. Waren, Nachrichten und Informationen aus aller Welt sind fast überall zugänglich und verstärken das Gefühl, Teil einer globalen Zivilisation zu sein. Dennoch ist derzeit eine Rückbesinnung auf nationale oder regionale Interessen zu beobachten, die vor allem durch die in vielen Ländern angespannte Lage auf dem Arbeitsmarkt bedingt ist. Dies hat in jüngster Vergangenheit u. a. dazu geführt, dass die Probleme des Globalen Wandels sowie die Botschaften der Konferenz über Umwelt und Entwicklung (UNCED) in Rio de Janeiro im Bewusstsein vieler Akteure in Gesellschaft, Politik und Medien in den Hintergrund getreten sind. Die Globalisierung verstärkt jedoch die Probleme für Mensch und Natur und exportiert sie in andere Regionen der Welt. Der Herausforderung, sich den „globalisierten" Umweltproblemen zu stellen, ist daher dringender denn je.

Um die Notwendigkeit einer Bewahrung der natürlichen Lebens- und Entwicklungsgrundlagen der Menschheit und die Brisanz der Probleme zu unterstreichen, werden in Kap. B 2 zunächst die sechs drängendsten globalen Umweltprobleme behandelt. Die Reihenfolge ist kein Hinweis auf ihre Bedeutung, sortiert ist vielmehr von globalen Phänomenen zu solchen mit stärkerem regionalen Bezug, die auf Grund der weltweiten Verbreitung aber global koordinierte Gegenmaßnahmen erfordern:
1. Klimawandel,
2. Globale Umweltwirkungen von Chemikalien: stratosphärischer Ozonabbau und persistente organische Schadstoffe,
3. Gefährdung der Weltmeere,
4. Verlust biologischer Vielfalt und Entwaldung,
5. Bodendegradation,
6. Süßwasserverknappung und -verschmutzung.

Jedes der Probleme wird zunächst knapp beschrieben, es werden die Ursachen analysiert und jeweils der problemspezifische Handlungsbedarf abgeleitet. Danach werden Empfehlungen zu institutionellen Regelungen der Vorsorge, Anpassung und Nachsorge gegeben. Kap. B 2 schließt mit einer Querschnittsanalyse, in der die übergeordneten Eigenschaften der sechs drängendsten Umweltprobleme identifiziert werden, die für die Regimebildung und institutionelle Lösung von Umweltproblemen von entscheidender Bedeutung sind.

Die Ursachenanalyse der globalen Umweltprobleme stützt sich im Wesentlichen auf die vom Beirat entwickelte Methodik des Syndromkonzepts, das die typischen weltweiten Umweltschadensbilder klassifiziert und Ursachenmuster identifiziert (WBGU, 1994, 1998a, 2000; Tab. B 1-1).

SYNDROME ALS FUNKTIONALE MUSTER DES GLOBALEN WANDELS

Eine regionalisierte Betrachtung des Globalen Wandels macht deutlich, dass die Interaktionen zwischen Zivilisation und Umwelt in vielen Regionen der Welt nach typischen Mustern ablaufen. Diese funktionalen Muster der Umweltnutzung und -schädigung nennt der Beirat „Syndrome des Globalen Wandels". Sie sind unerwünschte charakteristische Fehlentwicklungen (oder Umweltdegradationsmuster) von natürlichen und zivilisatorischen Trends und ihren Wechselwirkungen, die sich in vielen Regionen dieser Welt identifizieren lassen. Dadurch lässt sich die komplexe globale Umwelt- und Entwicklungsproblematik auf eine überschaubare Anzahl von Syndromen zurückführen.

Es lassen sich drei Gruppen von Syndromen unterscheiden (Tab. B 1-1):
1. *Syndromgruppe „Nutzung":* Syndrome als Folge einer unangepassten Nutzung von Naturressourcen als Produktionsfaktoren;
2. *Syndromgruppe „Entwicklung":* Mensch-Umwelt-Probleme, die sich aus nichtnachhaltigen Entwicklungsprozessen ergeben;
3. *Syndromgruppe „Senken":* Umweltdegradation durch unangepasste zivilisatorische Entsorgung.

Jedes einzelne dieser „globalen Krankheitsbilder" stellt ein eigenständiges Grundmuster der zivilisatorisch bedingten Umweltdegradation dar. Das bedeu-

Tabelle B 1-1
Die 16 Syndrome des Globalen Wandels.
Quelle: WBGU

Syndrom	Quellen
SYNDROMGRUPPE „NUTZUNG"	
Sahel-Syndrom: Landwirtschaftliche Übernutzung marginaler Standorte.	WBGU, 1996b; Petschel-Held et al., 1999; Lüdeke et al., 1999
Raubbau-Syndrom: Raubbau an natürlichen Ökosystemen.	WBGU, 2000; Cassel-Gintz und Petschel-Held, 2000
Landflucht-Syndrom: Umweltdegradation durch Preisgabe traditioneller Landnutzungsformen.	WBGU, 1996b
Dust-Bowl-Syndrom: Nichtnachhaltige industrielle Bewirtschaftung von Böden und Gewässern.	WBGU, 1996b, 1999a
Katanga-Syndrom: Umweltdegradation durch Abbau nichterneuerbarer Ressourcen.	WBGU, 1996b
Massentourismus-Syndrom: Erschließung und Schädigung von Naturräumen für Erholungszwecke.	WBGU, 1996b
Verbrannte-Erde-Syndrom: Umweltzerstörung durch militärische Nutzung.	WBGU, 1996b
SYNDROMGRUPPE „ENTWICKLUNG"	
Aralsee-Syndrom: Umweltschädigung durch zielgerichtete Naturraumgestaltung im Rahmen von Großprojekten.	WBGU, 1998a
Grüne-Revolution-Syndrom: Umweltdegradation durch Verbreitung standortfremder landwirtschaftlicher Produktionsverfahren.	WBGU, 1998a; Pilardeaux, 2000b
Kleine-Tiger-Syndrom: Vernachlässigung ökologischer Standards im Zuge hochdynamischen Wirtschaftswachstums.	WBGU, 1996b; Block et al., 1997
Favela-Syndrom: Umweltdegradation durch ungeregelte Urbanisierung.	WBGU, 1998a
Suburbia-Syndrom: Landschaftsschädigung durch geplante Expansion von Stadt- und Infrastrukturen.	WBGU, 1996b
Havarie-Syndrom: Singuläre anthropogene Umweltkatastrophen mit längerfristigen Auswirkungen.	WBGU, 1996b
SYNDROMGRUPPE „SENKEN"	
Hoher-Schornstein-Syndrom: Umweltdegradation durch weiträumige diffuse Verteilung meist langlebiger Wirkstoffe.	WBGU, 1996b
Müllkippen-Syndrom: Umweltverbrauch durch geregelte und ungeregelte Deponierung zivilisatorischer Abfälle.	WBGU, 1996b
Altlasten-Syndrom: Lokale Kontamination von Umweltschutzgütern an vorwiegend industriellen Produktionsstandorten.	WBGU, 1996b

tet, dass das jeweilige Syndrom – im Prinzip – unabhängig von den anderen auftreten und sich weiter entfalten kann. Dies gilt besonders in den Fällen, in denen Syndrome durch Selbstverstärkungsmechanismen, so genannte „Schleifen" oder „Teufelskreise", gekennzeichnet sind. Ein Beispiel hierfür ist der Massentourismus, dessen Folgen eine Region für touristische Ansprüche zunehmend unattraktiv machen, so dass die Touristen nach neuen Regionen oder Attraktionen suchen und sich das typische Schädigungsmuster des *Massentourismus-Syndroms* weiter ausbreitet. Darüber hinaus verstärken sich die Syndrome oft gegenseitig, wie z. B. die *Landflucht-* und *Favela-Syndrome*. Wenn, wie im ersten Syndrom, sich die ländliche Infrastruktur und Lebenssituation der ländlichen Bevölkerung durch Abwanderung verschlechtert (*Landflucht-Syndrom*), verstärkt sich gleichzeitig der Druck zu weiterer Abwanderung in die Städte (*Favela-Syndrom*). Eine ausführliche Darstellung des Syndromansatzes findet sich im WBGU-Jahresgutachten 1995 (WBGU, 1996a). In Tab. B 1-1 sind bei den einzelnen Syndromen Gutachten des Beirats und andere Quellen genannt, in denen die Syndrome eingehender behandelt werden.

WECHSELWIRKUNGEN ZWISCHEN DEN UMWELTPROBLEMEN
Die interdisziplinäre Querschnittsbetrachtung der Ursachen globaler Umweltprobleme mit Hilfe der Syndromanalyse macht es in Kap. B 3.1 möglich, einige Schlüsselfaktoren zu identifizieren, die in der Dynamik des Globalen Wandels entscheidende Triebkräfte darstellen. Maßnahmen, die nur spezifisch auf die einzelnen Umweltprobleme zugeschnitten sind, können auf diese Weise durch Lösungsansätze ergänzt werden, die an den gemeinsamen Ursachen der Probleme ansetzen.

So wie Syndrome einander verstärken können, gibt es auch direkte Wechselwirkungen zwischen den globalen Umweltproblemen. Diesen – in der Regel verstärkenden – Interaktionen wird meist zu wenig Beachtung geschenkt, da die übliche sektorale Herangehensweise an Probleme mit der daraus resultierenden Spezialisierung den Experten wenig Möglichkeit und Anreiz bietet, die Nebeneffekte auf andere Gebiete zu beachten. Nur eine interdisziplinäre, integrierende Betrachtung der Probleme des Globalen Wandels macht es möglich, diese systemischen Wechselwirkungen zu analysieren, die von erheblicher Bedeutung sein können. Der Beirat unternimmt in Kap. B 3.2 den Versuch, diese Wechselwirkungen zu identifizieren und an einigen Beispielen institutionelle Handlungsempfehlungen abzuleiten. Daran schließt Kap. B 3.3 mit einer Zusammenstellung der Konsequenzen dieser Querschnittsbetrachtungen für die institutionelle Ausgestaltung globaler Umweltpolitik an.

B 2 Die globalen Umweltprobleme

B 2.1
Klimawandel

Der Mensch ist dabei, das globale Klima zu verändern (IPCC, 1999; Grieser et al., 2000). Die Emission von Treibhausgasen durch den Menschen führt zu einer globalen Erwärmung mit einer Geschwindigkeit, die während der letzten 10.000 Jahre nicht aufgetreten ist (IPCC, 1996a, b). Seit Beginn der Industrialisierung sind die atmosphärischen Konzentrationen der sog. Treibhausgase signifikant gestiegen: Kohlendioxid um 30%, Methan um 145% und Stickoxide um 15% (IPCC, 1999). Nahezu drei Viertel aller vom Menschen verursachten Emissionen stammen aus der Nutzung fossiler Brennstoffe (z. B. Kohle, Erdöl oder Erdgas) und ca. ein Viertel aus dem Wandel der Landnutzung, vor allem als Folge der Rodung tropischer Wälder (WBGU, 1999a). Seit vorindustrieller Zeit hat dies zu einer mittleren Erwärmung der Erdoberfläche um 0,3–0,6 °C geführt (IPCC, 1999), wobei 1998 bislang das wärmste Jahr seit Messbeginn 1854 war (Jones et al., 1999). Deutliche Anzeichen für die Klimaerwärmung zeigen sich z. B. auch durch das Schrumpfen der mittleren Meereisdicke in der Arktis um ca. 2 m innerhalb der letzten 28 Jahre (Johannessen et al., 1999) oder das massenhafte Ausbleichen der Korallenriffe (Hoegh-Guldberg, 1999).

Vulkanausbrüche, die erhebliche Mengen an Staub und Aerosolen in die Atmosphäre schleudern, wie z. B. der Pinatubo 1991, führen zwar zu kurzfristigen Abkühlungen, aber der längerfristige Trend zur Erwärmung wird dadurch nicht verändert (Roeckner et al., 1998). Die Klimamodelle lassen kaum noch Zweifel daran, dass sich als Folge einer prognostizierten Verdopplung der CO_2-Konzentration bis 2100 die Erde im globalen Mittel um bis zu 2 °C aufheizen würde (EU, 2000), wobei dieser Wert in vielen Regionen sogar übertroffen werden dürfte (IPCC, 1996a). Ein Klimawandel dieser Größenordnung würde sich zu einem gravierenden globalen Umweltproblem entwickeln, da weit reichende ökologische, gesundheitliche und wirtschaftliche Folgen zu befürchten sind.

Die Prognosekapazität der heutigen Klimamodelle reicht nicht aus, um verlässliche Vorhersagen insbesondere über regionale Klimaveränderungen oder das Auftreten von Extremereignissen zu machen (Lozán et al., 1998). Es lassen sich aber allgemeine Aussagen über die wahrscheinlichen Folgen machen, die ein globaler Klimawandel mit sich bringt.

Die Gletscher in den Alpen haben bereits die Hälfte ihrer Masse verloren, und der Rückgang wird sich weiter beschleunigen (Lozán et al., 1998). Als Folge des Abschmelzens der Gebirgsgletscher und der thermischen Ausdehnung der Oberflächenschichten der Ozeane könnte der *Meeresspiegel* bis zum Jahr 2100 um etwa 50 cm ansteigen. Dies hätte – besonders in Entwicklungsländern – starke Auswirkungen auf die tiefer liegenden Küstenregionen. Dort siedelt über die Hälfte der Weltbevölkerung, die dann zunehmend durch klimabeeinflusste Umweltrisiken wie Stürme, Überflutung, Küstenerosion und Versalzung bedroht sein wird.

Besonders klimaempfindlich ist die *Landwirtschaft*. Durch Klimawandel, der nicht nur die Temperatur-, sondern auch die Niederschlagsverteilung ändern dürfte, wird es zu Verschiebungen von Klima- und Vegetationszonen kommen, mit gravierenden ökologischen Folgen für marine und terrestrische Ökosysteme in Küstengebieten, unangepasst bewirtschaftete Agrarökosysteme und Waldökosysteme nahe der Waldgrenzen in hohen Breiten oder im Gebirge (IPCC, 1996b, 1998; Kap. B 2.4).

Entwicklungsländer mit Trockengebieten müssen mit verstärkter *Desertifikation* rechnen, etwa 1 Mrd. Bewohner arider oder semi-arider Gebiete wären dann betroffen. Die wirtschaftlichen Kapazitäten für eine Anpassung durch wasserwirtschaftliche Maßnahmen oder Bodenverbesserung sind in diesen Regionen oftmals gering, so dass viele dieser Länder bereits mit der Bewältigung der natürlichen Klimavariabilität überfordert sind (IPCC, 1998). Afrika wird wegen der naturräumlichen und sozioökonomischen Lage als der für Klimaänderungen verwundbarste Kontinent angesehen (WBGU, 2000).

Als Folge der *Intensivierung des globalen Wasserkreislaufs* könnten sich die Gegensätze zwischen trockenen und feuchten Klimaregionen verstärken. Aber auch im jahreszeitlichen Witterungsverlauf sind Änderungen zu erwarten: In Europa werden z. B. mehr Niederschläge im Winter und mehr Trockentage im Sommer bei einer gleichzeitigen Zunahme der Häufigkeit von Starkniederschlägen erwartet. Generell könnte mit einer globalen Erwärmung auch die Häufigkeit von *Extremwetterereignissen* zunehmen (IPCC, 1996a; WBGU, 1999a).

Wegen der weitgehend nichtlinearen Dynamik des Klimasystems kann die menschliche Beeinflussung des Klimas nicht nur zu schleichenden Veränderungen, sondern auch zu *plötzlichen dramatischen Umschwüngen* führen. Dies kann durch sich selbst verstärkende Rückkopplungen ausgelöst werden, wie beispielsweise die plötzliche Freisetzung großer Mengen von Treibhausgasen aus Permafrostböden oder durch die Verschiebung von Meeresströmungen, die das Klima einer Region bestimmen. Für den Fall weiter zunehmender Treibhausgasemissionen könnte z. B. ein Ausläufer des warmen Golfstroms (Nordatlantikstrom) versiegen, was besonders für Nordwesteuropa fatale Folgen hätte: Das Klima würde sich innerhalb weniger Dekaden dem Sibiriens oder Kanadas annähern (Rahmstorf, 2000). Der Beirat hat in seinen früheren Gutachten mehrfach und eingehend auf die verschiedenen Klimarisiken hingewiesen (WBGU, 1996a, 1998a, 1999a).

B 2.1.1
Ursachen

Der Verbrauch an fossiler Energie steigt weiter an und trägt zum überwiegenden Teil zur anthropogenen Klimaveränderung bei (ca. drei Viertel der Emissionen mit 6,3±0,6 Gigatonnen C Jahr^{-1}; IPCC, 2000). Vor allem der industrielle Strukturwandel, die Urbanisierung und die Zunahme der Welthandelsströme sind für die Steigerungsraten verantwortlich (Tab. B 2.1-1). Letztlich werden sich diese Entwicklungen durch die Globalisierung noch weiter verstärken. Sie sind Ursache und Folge mehrerer Syndrome des Globalen Wandels: des *Hoher-Schornstein-Syndroms* (die bedenkenlose Entsorgung von „Abfallstoffen" in der Atmosphäre) oder der Entwicklungssyndrome, wie z. B. *Suburbia-* und *Kleine-Tiger-Syndrom* (WBGU, 1996b; Tab. B 1-1). Vor allem die Bevölkerung der anhaltend wachsenden Städte verbraucht durch Veränderungen der Lebensstile und steigendes Verkehrsaufkommen immer mehr Energie und Rohstoffe (UNCHS, 1996).

Der Strukturwandel in der Land- und Forstwirtschaft ist eine weitere wesentliche Ursache für den Klimawandel und bedingt etwa ein Viertel der Emissionen mit ca. 1,6±0,8 Gigatonnen C Jahr^{-1} (IPCC, 2000; WBGU, 1998b, 2000; Kap. B 3). Die großflächige Rodung von Wäldern (*Raubbau-Syndrom*) und die Urbarmachung von Feuchtgebieten (jeweils gefolgt von landwirtschaftlicher Nutzung; *Grüne-Revolution-Syndrom, Dust-Bowl-Syndrom*), führen durch Mineralisierung großer Mengen an Biomasse (z. B. durch Brandrodung) zu erheblichen Emissionen an Treibhausgasen und gleichzeitig zu einer Verringerung der biosphärischen Kohlenstoffsenken. Insbesondere die Abholzung borealer Wälder kann zu abrupten und irreversiblen Veränderungen im Klimasystem beitragen, da aufgrund der klimatischen Bedingungen ein Wiederaufwuchs der Wälder, die nach der letzten Eiszeit zur Stabilisierung des Klimas beigetragen hatten, nur eingeschränkt möglich ist. Es ist zu befürchten, dass die Freisetzung von Methan aus den borealen Böden noch zusätzlich zur Erhöhung der Treibhausgaskonzentration beitragen wird.

B 2.1.2
Handlungsbedarf

Die zunehmenden anthropogenen Treibhausgasemissionen in die Atmosphäre müssen gestoppt werden. Die globale Klimapolitik steht also vor der anspruchsvollen Aufgabe, Minderungsstrategien und Maßnahmen mit direktem Bezug zu den komplexen Ursachen der Erderwärmung zu entwickeln und umzusetzen. Dazu ist internationales Management erforderlich. Der umweltpolitische Handlungsbedarf erscheint umso größer, als trotz erklärtem Willen, unterzeichneten Konventionen und veränderter Gesetzgebung in Industrieländern bislang kaum tatsächliche Minderungen von Treibhausgasemissionen beobachtet werden konnten. Deshalb wird von einer breiten Mehrheit der Klimawissenschaftler die künftige Erhöhung der mittleren Erdtemperatur als sehr wahrscheinlich angesehen (Wallace, 1999; IPCC, 1999). Institutionelle Regelungen sollten daher weiter vorbeugende Maßnahmen stärken. Unabhängig davon ist auch verstärkt an Risikominderungsstrategien zur Anpassung an die möglicherweise nicht mehr vermeidbaren Veränderungen und insbesondere zur Vorsorge für den Fall weltweit häufigerer Extremwetterereignisse zu denken. Das heißt jedoch nicht, dass damit die vorbeugenden Maßnahmen eine geringere Priorität haben sollen.

Tabelle B 2.1-1
Ursachen, Handlungsbedarf und notwendige institutionelle Regelungen beim Klimawandel.
Quelle: WBGU

Primäre Ursachen	Unmittelbare Auslöser oder Wirkungen	Zentraler Handlungsbedarf	Institutionelle Regelungen
STRUKTURWANDEL IN DER INDUSTRIE, URBANISIERUNG UND MOBILITÄT (*Hoher-Schornstein-Syndrom, Suburbia-Syndrom, Kleine-Tiger-Syndrom*) • Zunehmender Verbrauch fossiler Energie • Industrialisierung • Wachsendes Verkehrsaufkommen • Zunahme der Welthandelsströme • Ausbreitung westlicher Konsum- und Lebensstile • Common-Access-Problem	• Zunahme der Konzentration von klimawirksamen Spurengasen und Aerosolen in der Atmosphäre • Verstärkter anthropogener Treibhauseffekt	• Verbrauch fossiler Energie einschränken • Klimaverträgliche Wirtschaftsweisen fördern • Gesellschaftliche Akzeptanz klimaverträglicher Produkte, Dienstleistungen und Maßnahmen fördern • Effektiven Katastrophenschutz sicherstellen • Finanzierung des vor- und nachsorgenden Klimaschutzes sichern • Betroffene Länder entschädigen	• Klimarahmenkonvention bzw. Kioto-Protokoll ratifizieren • Emissionsrechtehandel (mit Festlegung der Emissionsmengen) präzisieren und umsetzen • System qualifizierter Mehrheiten zur Entscheidungsfindung in der Klimarahmenkonvention einführen • International abgestimmte, klimagerechte Steuer- und Finanzpolitik und „best practices" des Klimaschutzes fördern • Technologie- und Managementtransfer beschleunigen • Umweltbildung fördern • Versicherungsmöglichkeiten bei Extremereignissen nutzen • Katastrophenbonds einführen • Kompensatorische Versicherungsfonds fördern • Logistik und Organisationsstrukturen zu internationalem Katastrophenschutz und nationalen Notfallschutzprogrammen ausbauen • Technologie- und Wissenstransfer von Notfallschutzmaßnahmen und -techniken vorantreiben
INTENSIVIERUNG UND AUSWEITUNG DER LANDNUTZUNG (*Raubbau-Syndrom, Grüne-Revolution-Syndrom*) • Steigerung der Nahrungsmittelproduktion • Konversion natürlicher Ökosysteme • Rückgang der traditionellen Landwirtschaft • Zunehmender Verbrauch fossiler Energie	• Verlust von biosphärischen Kohlenstoff-Speichern (z. B. Wälder, Feuchtgebiete) • Verlust von biosphärischen Kohlenstoffsenken • Freisetzung von gebundenem Methan	• Land- und forstwirtschaftliche Bewirtschaftung ökologisch und sozial verträglich anpassen • Senkenfunktion erhalten bzw. stärken (z. B. Raubbau an Primärwäldern stoppen)	• Rechtlich bindendes Instrument zu Wäldern verabschieden • Ökologisch verträgliche Wiederaufforstung vorantreiben, Nutzungsverzicht belohnen • Datenbank zu angepassten landwirtschaftlichen Praktiken aufbauen

B 2.1.3
Institutionelle Regelungen

B 2.1.3.1
Vorbeugung

BEGRENZUNG DER EMISSIONEN AUS INDUSTRIE, SIEDLUNG UND VERKEHR
Der Beirat begrüßt die in der Klimarahmenkonvention und im Kioto-Protokoll vereinbarten Regelungen zur Begrenzung und Reduktion von Emissionen, auch wenn z. B. die Ausgestaltung der Mechanismen zur Erfüllungskontrolle noch aussteht (Kap. C 4.4.1). Global vereinbarte Emissionsquoten und Kontrollmechanismen zu ihrer Erfüllung dürften leichter durchzusetzen sein, wenn die Vertragsstaaten ein System qualifizierter Mehrheiten zur Entscheidungsfindung vorsehen (Kap. C 3.6).

Die Klimarahmenkonvention umfasst zwar derzeit 165 Vertragsparteien, jedoch haben bisher nur wenige Staaten das Kioto-Protokoll unterzeichnet. Deutschland sollte daher Koalitionen zwischen Vertragsstaaten unterstützen bzw. eingehen, die eine Vorreiterrolle beim Klimaschutz übernehmen können, damit die Einhaltung des Vertragsziels gewährleistet wird. Die Einbeziehung biologischer Senken in die Emissionsminderung wird kritisch beurteilt, solange die G-77 keinen Reduktionsverpflichtungen zustimmt und kontraproduktive Anreize für die Rodung von Primärwäldern drohen (WBGU, 1998b).

Die Regelungen des Kioto-Protokolls zum Handel mit Emissionsrechten sind Erfolg versprechend, müssen aber weiterentwickelt, präzisiert und umgesetzt werden. Ein begrenzter Handel mit Zertifikaten kann nach Ansicht des Beirats aufgrund der marktgerechten Einführung von Maßnahmen in den Regionen, in denen Emissionsreduktionen kostengünstig umsetzbar sind, ein effektives und effizientes Instrument sein, das zur Einhaltung der Emissionsquoten beiträgt. Es gilt zu prüfen, ob die Weltbank als Ausgabeort in Frage kommt.

ANPASSUNG DER LANDNUTZUNG AN KLIMASTRATEGIEN

Die Biosphäre droht aufgrund nichtnachhaltiger Landnutzungspraktiken (z. B. Konversion natürlicher Ökosysteme; Kap. B 2.4) ihre stabilisierende, regulative Funktion für die physikalischen und chemischen Eigenschaften der Atmosphäre sowie für die biogeochemischen Kreisläufe der Erde zu verlieren (Kap. B 2.1). Zentralen Handlungsbedarf sieht der Beirat in der Aufrechterhaltung dieser Funktionen, indem die Zerstörung der Primärwälder gestoppt und – soweit ökologisch verträglich – Wiederaufforstungen (u. a. als Kohlenstoffsenke) vorangetrieben werden. Es sollten umgehend Verhandlungen für eine rechtlich bindende, internationale Regelung zum Schutz der Wälder aufgenommen werden (z. B. Wälderprotokoll im Rahmen der Biodiversitätskonvention; WBGU, 2000). Die im Sondergutachten des Beirats (WBGU, 1998b) angeführten Voraussetzungen für eine Anrechnung von Senken auf die Emissionsmengen müssen beachtet werden. So darf z. B. die Rodung von Primärwäldern mit nachfolgender Wiederaufforstung keinesfalls als Klimaschutzmaßnahme im Rahmen der Anrechnung neuer Senken gewertet werden (Kap. B 3.2.2.1).

B 2.1.3.2
Anpassung

FEHLENDE ÖKONOMISCHE ANREIZE UND GERINGE POLITISCHE ATTRAKTIVITÄT

Eine wichtige Anpassungsmaßnahme gegen die Folgen des Klimawandels ist die weitere Ausgestaltung von Versicherungsdienstleistungen. Sie bieten effektive Formen der finanziellen Risikovorsorge gegen die Folgen von Extremereignissen im Klimageschehen, so dass zumindest die ökonomische Widerstandsfähigkeit gesteigert werden kann. Gleichzeitig kann durch die Einführung von Zwangsversicherungen in besonders gefährdeten Gebieten ein ökonomischer Anreiz für risikomindernde Bauweisen und Siedlungsstrukturen gegeben werden. Unter bestimmten Bedingungen ist daher eine Versicherungspflicht (oder eventuell ein Fondsmodell) positiv zu beurteilen.

Um die Verwundbarkeit von Entwicklungsländern gegenüber Umweltrisiken zu verringern, sollte der Abwärtstrend bei den öffentlichen Leistungen der Entwicklungszusammenarbeit umgekehrt werden (Kap. E 3). Die notwendige Verbesserung der Infrastruktur und Selbsthilfekapazität kann in vielen Ländern nur mit Hilfe von außen erreicht werden. Schließlich sollte überprüft werden, inwieweit die Ausgabe von Katastrophenbonds eine Möglichkeit zur Anreizgebung darstellt (Kap. E 3.2.5).

B 2.1.3.3
Nachsorge

ANGEMESSENE ENTSCHÄDIGUNG FÜR BETROFFENE LÄNDER

Mit einem kompensatorischen Versicherungsfonds könnten vom Klimawandel unmittelbar betroffene Länder, z. B. kleine Inselstaaten, im Schadensfall adäquat entschädigt werden. Solche internationalen Versicherungen könnten folgendermaßen funktionieren: Alle Länder müssen auf der Basis ihres jeweiligen Emissionsvolumens eine Prämie einzahlen, aus der eine Rücklage gebildet wird, die an eine Kerngruppe besonders gefährdeter Staaten im Versicherungsfall ausgezahlt werden kann, wenn klimabedingte Katastrophenschäden entstehen. Die Prämiensätze können flexibel gestaltet sein, so dass sowohl Maßnahmen zur Verringerung des Schadenspotenzials in den Versicherungsnehmerstaaten als auch Maßnahmen zur Verringerung der verursachenden Emissionen in einzelnen Geberstaaten finanziell belohnt werden.

EFFEKTIVER KATASTROPHENSCHUTZ

Das Versagen der internationalen Katastrophenhilfe bei den Überschwemmungen in Mosambik (März 2000) demonstrierte erneut, dass die internationale Logistik und das Instrumentarium zum Katastrophenmanagement unzulänglich sind. Für die sechs Monate zuvor von Orkan und Überflutungen betroffene ostindische Region Orissa, wo 10.000 Tote zu beklagen waren, kam die internationale Hilfe erst gar nicht zum Einsatz. Spezialisierte mobile Einsatzkräfte für die Katastrophenhilfe sind dringend erforderlich und sollten auf allen Ebenen auf- bzw. ausgebaut werden. Das Technische Hilfswerk könnte dabei als Vorbild dienen. Die internationale Katastrophenhilfe sollte mit der International Strategy for Disaster Reduction (ISDR) abgestimmt werden. Nationale Notfallschutzprogramme in Entwicklungsländern sollten durch die Stärkung personeller als auch institutioneller Kapazitäten weiterentwickelt und gefördert werden (WBGU, 1999a). Zudem sollten Selbsthilfepotenziale durch einen verstärkten Technologie- und Wissenstransfer der in vielen Industrieländern bewährten Notfallschutzmaßnahmen und -techniken verbessert werden.

B 2.2
Globale Umweltwirkungen von Chemikalien: stratosphärischer Ozonabbau und persistente organische Schadstoffe

Zu den drastischsten Veränderungen der Atmosphäre während der vergangenen Jahrzehnte gehört die Reduktion der stratosphärischen Ozonkonzentrationen (WBGU, 1993, 1994). Obgleich Ozon (O_3) in den oberen Luftschichten nur einen verhältnismäßig geringen Anteil hat (max. 10 ppm; Graedel und Crutzen, 1994), erfüllt es für die Biosphäre eine wichtige Strahlenschutzfunktion. Ultraviolettes Licht spaltet Sauerstoffmoleküle (O_2) in Sauerstoffatome auf, welche sich sehr rasch mit anderen Sauerstoffmolekülen zu Ozon verbinden. Durch Bestrahlung mit ultraviolettem Licht zerfällt das Ozon wieder. Es entsteht also unter normalen Umweltbedingungen in der Stratosphäre ein dynamisches Gleichgewicht zwischen Ozonbildung und -zerstörung mit der Folge, dass die energiereichen UV-Anteile des Sonnenlichts im Sonnenspektrum absorbiert werden (Graedel und Crutzen, 1994).

Dieses Gleichgewicht wird seit wenigen Jahrzehnten durch die in der Natur nicht vorkommenden halogenierten Kohlenwasserstoffe gestört (vor allem durch Fluorchlorkohlenwasserstoffe, FCKW). Einer der großen Vorteile der FCKW für ihre technische Nutzung, ihre Reaktionsträgheit und damit Ungiftigkeit in der Troposphäre, verkehrt sich damit in einen Nachteil: Durch ihre Langlebigkeit gelangen sie innerhalb weniger Jahre bis in die Stratosphäre. Dort ist oberhalb von etwa 20–25 km die Sonnenstrahlung energiereich genug, um die FCKW-Moleküle unter Freisetzung von Chloratomen und Chlormonoxidmolekülen zu zerlegen. Diese bewirken als sehr effektive Katalysatoren den Abbau von Ozon und werden selbst nur langsam abgebaut. Der Eintrag von Chlor in die Stratosphäre ist heute fünf Mal so hoch wie der natürliche Zufluss etwa durch Vulkanausbrüche. Letztlich führt dies zur deutlichen Verringerung der Ozonkonzentration in der Stratosphäre und damit zu verstärkter Einstrahlung von schädlichem ultravioletten Licht (UV-B-Strahlung) auf die Erdoberfläche. Am stärksten ist dieser Effekt über der Antarktis am Ende des Südwinters, wo sich bei Lufttemperaturen unter 193 °K polare stratosphärische Wolken (PSC) aus Wassereis und Salpetersäure bilden, an denen durch heterogene Katalyse Chlorgas und andere Halogene freigesetzt werden. Nach Ende der Polarnacht bilden sich in photochemischen Reaktionen Halogenradikale, die für den Ozonabbau verantwortlich sind.

Die Entdeckung des vom Menschen verursachten „Ozonlochs" am Südpol war eine der überraschendsten Entdeckungen in den 80er Jahren. Seither beobachtet man einen stetig abnehmenden Trend der stratosphärischen Ozonwerte, der 1998 einen vorläufigen Tiefpunkt erreichte: Es bildete sich über der Antarktis eine Ausdünnung von kontinentalem Ausmaß. Das Ozonloch blieb fast 100 Tage lang stabil – länger, als es jemals zuvor beobachtet wurde. Im September 1998 umfasste es ca. 27,3 Mio. km² (mehr als die doppelte Fläche Europas) und im November immerhin noch 13 Mio. km² (WMO et al., 1998). Auswertungen von Aufnahmen eines NASA-Satelliten ergaben, dass 1999 das Ozonloch nur geringfügig kleiner ausfiel als 1998 (ca. 25 Mio. km² im September 1999; NASA, 1999).

Im Bereich des Nordpols wurde erstmals im Winter 1992–93 eine merkliche Abnahme der Ozonschicht gemessen, von einem vergleichbaren „Ozonloch" wie am Südpol kann aber nicht gesprochen werden. 1996–97 zeigten sich allerdings neue Höchstwerte der Ozonzerstörung auf der Nordhemisphäre: Der Ozonabbau erreichte hier bis zu 48% des durchschnittlichen Ozonwerts, in 20 km Höhe betrug die Reduktion sogar bis zu 60%. Neue Untersuchungen lassen vermuten, dass hierfür sehr warme Luftströmungen im Bereich der Arktis verantwortlich sind (Hansen und Chipperfield, 1998; EC, 2000). Polare stratosphärische Wolken sind auch hier Voraussetzung für den Ozonabbau. Im Winter 1999/2000 bildeten sich diese Wolken besonders ausgedehnt und hielten sich über der Arktis länger als in vorangegangenen Wintern. Es kam wieder zu Ozonreduzierungen um bis zu 60%. Die Forscher des NASA-Projekts SOLVE vermuten nun zusätzlich auch einen Zusammenhang mit dem anthropogenen Treibhauseffekt. Die vom Menschen emittierten Treibhausgase begünstigen offenbar auch eine vermehrte Bildung von polaren Stratosphärenwolken. Modellrechnungen legen nahe, dass die Erwärmung der Troposphäre, etwa durch Treibhausgase, von einer Abkühlung der Stratosphäre begleitet sein könnte, wodurch der Ozonabbau weiter begünstigt würde.

Der Grund für die unterschiedliche Entwicklung bei der arktischen und antarktischen Ozonreduktion liegt in der winterlichen atmosphärischen Zirkulation und den extrem niedrigen stratosphärischen Wintertemperaturen am Südpol. Während des Südwinters schottet ein Wirbel die antarktische Stratosphäre ab, so dass kein atmosphärischer Austausch

Kasten B 2.2-1

Persistente organische Schadstoffe

Bei den Risiken des Einsatzes persistenter organischer Schadstoffe (persistent organic pollutants, POPs) handelt es sich um ein dem FCKW-Problem ähnliches Phänomen (mit allerdings sehr unterschiedlichen Wirkungen): Die chemische Industrie entwickelt immer neue Stoffklassen, deren Umweltrisiken mit teils globalem Ausmaß erst nach dem massenhaften Einsatz erkannt werden (WBGU, 1999a; Tab. B 2.2-1).

Persistente organische Schadstoffe sind künstliche organische Substanzen, die durch ihre Toxizität und Langlebigkeit in der Umwelt erhebliche Schäden hervorrufen können. Von etwa 100.000 Xenobiotika, von denen 5.000 in erheblichen Mengen produziert werden und in die Umwelt gelangen, sind bisher in Deutschland nur etwa 300 Stoffe hinsichtlich ihres Gefährdungspotenzials für Mensch und Umwelt bewertet worden (BUA, 2000). Das Umweltverhalten der POPs zeichnet sich durch große Ungewissheit über Eintrittswahrscheinlichkeit und Schadensfolgen, ubiquitäre Verteilung und eine lange Verzögerungswirkung aus (WBGU, 1999a).

Wegen der globalen Verteilung und Wirkung sind vor allem 12 Stoffe bzw. Stoffgruppen von besonderer Bedeutung: das so genannte „Schmutzige Dutzend" (dirty dozen; WBGU, 1999a). Dazu gehören neun Pestizide (Aldrin, Chlordan, DDT, Dieldrin, Endrin, HCB, Heptachlor, Mirex, Toxaphen), die polychlorierten Biphenyle (PCB) und die polychlorierten Dibenzo-p-Dioxine und -Furane (PCDD und PCDF). Insgesamt sind mehrere hundert Einzelverbindungen erfasst. Viele dieser Stoffe unterliegen in Industrieländern, einige bereits weltweit einem Produktions- und Anwendungsverbot.

POPs gelangen durch Lecks in der Produktion oder Entsorgung sowie durch gezieltes Anwenden bzw. Ausbringen (z. B. von Bioziden) in die Umwelt. Dort können sie nicht nur akut toxisch wirken, sondern sich – je nach den chemischen Eigenschaften – weiträumig verteilen, wobei selbst Spuren dieser Stoffe in großer Entfernung vom Emissionsort chronisch-toxische Wirkungen haben können. Teils reichern sie sich in der Nahrungskette wieder zu erheblichen Konzentrationen an.

Die etablierten ökotoxikologischen Prüfmethoden sind insbesondere hinsichtlich möglicher Kombinationswirkungen auf Einzelorganismen, der Wirkungen auf das Ökosystem insgesamt und der Einbeziehung komplexer Umweltprozesse nicht angemessen (Lammel und Pahl, 1998). Es muss bei einer vorausschauenden Bewertung von neuen Stoffen darauf ankommen, alle relevanten Systemebenen – von der toxischen Wirkung auf den einzelnen Organismus bis hin zur Wirkung auf das globale Umweltsystem – im Blick zu haben (WBGU, 1999a). Wegen der weltweiten Verteilung der Produkte und der möglichen Umweltfolgen ist eine internationale Regelung notwendig. Der Abschluss der Verhandlungen zu einer einschlägigen sog. „POP-Konvention" wird im Jahr 2001 erwartet (Kap. C 3.3.1).

---

stattfinden kann. Sobald er im antarktischen Frühling (November) zusammenbricht, kann wieder ozonhaltige Luft eindringen und das Ozonloch schließen. Durch diesen Ozonexport wird allerdings auch die Ozonschicht über den mittleren Breiten zunehmend dünner und Modellrechnungen zufolge in den kommenden 10–20 Jahren weiter deutlich abnehmen. Dieser Trend ist zwar im Prinzip reversibel, aber wegen der Langlebigkeit der FCKW können trotz Emissionskontrolle noch 100 Jahre vergehen, bis ein Ozonloch über der Antarktis nicht mehr entstehen dürfte (Waibel et al., 1999).

Die Risiken des zunehmenden Ozonverlusts sind vielfältig und reichen weit über mögliche direkte Gesundheitsschäden für den Menschen hinaus. Die Zunahme der Melanomhäufigkeit, der Einfluss auf die landwirtschaftliche Produktion oder mögliche Materialschäden an Infrastruktur und Bauwerken sind Gegenstand wissenschaftlicher Untersuchungen (Tevini, 1993). Die Auswirkungen stärkerer UV-B-Strahlung auf Ökosysteme sind nur in Ansätzen verstanden. Eine Zunahme der UV-Strahlung, wie sie als Folge des stratosphärischen Ozonabbaus zu erwarten ist, kann bei antarktischen Planktonalgen zu einer Verringerung der Primärproduktion um 5–10% führen (Smith et al., 1992), was allerdings bei den verschiedenen Algenarten unterschiedlich stark ausgeprägt ist (Davidson et al., 1996). Die hierdurch verringerte Aufnahmekapazität von CO_2 aus der Atmosphäre könnte zu einer Verstärkung des Klimawandels beitragen (Kap. B 3). Anderseits hat der Ozonverlust eine Abkühlung der unteren Stratosphäre bewirkt, die seit den 70er Jahren den Effekt anderer Treibhausgase um 30% ausgeglichen haben könnte (WMO et al., 1998).

Wenn sich die in den letzten Jahren zu verzeichnende deutliche Verringerung der Ozonkonzentration über der Arktis fortsetzt, können auch weite Teile Europas und Nordamerikas beeinflusst werden. Der Ozonabbau im Norden ist durch die meteorologischen Gegebenheiten zwar weniger ausgeprägt, könnte dafür aber größere Ökosysteme betreffen. Zudem ist auf der Nordhemisphäre die Zahl der betroffenen Menschen und Güter und somit das Schadenspotenzial erheblich größer.

Persistente organische Schadstoffe sind in Kasten B 2.2-1 beschrieben.

B 2.2.1
Ursachen und Handlungsbedarf

FCKW sind ungiftig, nicht brennbar und einfach zu handhaben, was zu einer breiten Verwendung in Industrie und Haushalten geführt hat. Als Schaummittel in Kunststoffen, Löse- und Reinigungsmittel, Treibmittel in Spraydosen, Kühlmittel in Kühl-

Tabelle B 2.2-1
Ursachen, Handlungsbedarf und notwendige institutionelle Regelungen bei den globalen Umweltauswirkungen von Chemikalien (stratosphärischer Ozonabbau und persistente organische Schadstoffe).
Quelle: WBGU

Primäre Ursachen	Unmittelbare Auslöser oder Wirkungen	Zentraler Handlungsbedarf	Institutionelle Regelungen
STRUKTURWANDEL IN DER INDUSTRIE, URBANISIERUNG (*Hoher-Schornstein-Syndrom, Suburbia-Syndrom, Kleine-Tiger-Syndrom*) • Bedarf an neuen chemischen Produktionsstoffen und deren Entsorgung • Industrialisierung • Zunahme der Welthandelsströme • Ausbreitung westlicher Konsum- und Lebensstile • Common-Access-Problem	• Emission von ozonschädigenden Substanzen • Toxizität durch Akkumulation von POPs	• Ozonschädigende Substanzen und POPs substituieren • Wissenslücken schließen • Umweltrisikoabschätzungen weltweit durchführen	• Montrealer Protokoll weiter nachbessern, insbesondere in Entwicklungsländern • POP-Konvention verabschieden • UN Risk Assessment Panel einrichten • Umweltverträglichkeitsprüfungen international standardisieren • UVP-Konvention für neue Substanzklassen erweitern • Räumliche und zeitliche Containment-Strategien für neue Stoffe einführen • Internationales Monitoring und Controlling von Produktzyklen fördern • Entwicklung von Ersatzstoffen beschleunigen • Investitionsanreize für Grundlagen- und Wirkungsforschung
INTENSIVIERUNG UND AUSWEITUNG DER LANDNUTZUNG (*Dust-Bowl-Syndrom, Grüne-Revolution-Syndrom*) • Bedarf an neuen Pflanzenschutzmitteln	• Ausbringung von persistenten Bioziden	• Persistente Biozide substituieren	• Substitutionsprozesse finanziell unterstützen • Strenge Exportbestimmungen für national nicht zugelassene POPs einführen • Wissens- und Technologietransfer im Pflanzenschutzbereich verstärken • Umweltstandards in Handelsabkommen einbeziehen • Vorsorgemaßnahmen international fördern • Langzeitstudien durchführen (menschliche Gesundheit, ökologische Wirkungen usw.)

schränken oder Klimaanlagen wurden und werden sie eingesetzt. Mangelhafte Technikfolgenabschätzung, fehlende Abfall- oder Entsorgungsverordnungen in Verbindung mit einem immer kürzer werdenden Lebenszyklus von Produkten haben dazu beigetragen, dass FCKW-Emissionen zu einem massiven stratosphärischen Ozonabbau führen konnten.

Die vermeintlich gefahrlose Entsorgung flüchtiger Abfallstoffe durch Verdünnung in den Umweltmedien wird durch das *Hoher-Schornstein-Syndrom* versinnbildlicht (WBGU, 1996b). Ähnliche Entwicklungen werden auch durch das *Suburbia-Syndrom* beschrieben (Tab. B 1-1). Die Ausbreitung westlicher Konsummuster und Lebensstile und die hohen Stoff- und Energieverbräuche sind hier wichtige Faktoren. Aber auch das in vielen aufstrebenden Schwellenländern identifizierbare *Kleine-Tiger-Syndrom* (Block et al., 1997) mit der vorherrschenden Zielsetzung eines raschen wirtschaftlichen Strukturwandels in den industriellen Produktionszentren unter Vernachlässigung der notwendigen Umweltstandards ist ein wichtiges Ursachenmuster (Tab. B 2.2-1).

Viele Staaten und die internationale Gemeinschaft haben bereits auf das Problem reagiert und nationale wie internationale Regelungen erlassen, die den Gebrauch ozonzerstörender FCKW bannen sollen (z. B. Montrealer Protokoll, Kap. C 2.2.1 und C 3.2, Kasten C 4.4-1). Der Verbrauch dieser Stoffe ist daraufhin von 1,1 Mio. t im Jahr 1986 auf 160.000 t im Jahr 1996 zurückgegangen, da die Industrieländer diese Stoffe nicht mehr herstellen, verwenden oder exportieren (UNEP, 2000). Diese Maßnahmen haben sich bereits auf die Gesamtkonzentration ozongefährdender Stoffe in der Atmosphäre ausgewirkt: Nach dem Höhepunkt 1994 sind die Werte stetig zurückgegangen (WMO et al., 1998). Die Regelungen reichen jedoch nicht aus. So werden z. B. auch die Entwicklungsländer die Herstellung und den Verbrauch von FCKW und anderen ozonabbauenden Stoffen einstellen müssen.

B 2.2.2
Institutionelle Regelungen

B 2.2.2.1
Vorbeugung

KONZEPTION UND UMSETZUNG VON VORSORGEMASSNAHMEN
Die bisher positiv zu wertenden internationalen Regelungen zum Ozonproblem (Kap. C 2.2.1; C 3.2) könnten durch den steigenden Bedarf schädlicher Substanzen in den bevölkerungsreichen Ländern des Südens gefährdet werden. Waren bis in die 80er Jahre die Industrieländer die wesentlichen Verursacher des Ozonproblems, sind es heute vor allem China und Indien, aber auch Malaysia und Indonesien. Deshalb muss das Montrealer Protokoll in Bezug auf die erlaubten Höchstmengen insbesondere für diese Länder überprüft werden. Wichtige Schritte auf diesem Weg wurden durch den Zusatz von Peking zum Montrealer Protokoll gemacht: Beim Ausstieg aus der FCKW-Produktion bis 2010 werden China und Indien durch den multilateralen Fonds des Montrealer Protokolls finanziell mit 150 Mio. bzw. 82 Mio. US-$ unterstützt. Es ist zu prüfen, ob die Bundesregierung eine neue Initiative für eine schnellere Reduktion einleiten sollte.

Um die Fülle neuer chemischer Substanzen und deren Freisetzung bewältigen zu können, soll 2001 eine Konvention zum Umgang mit persistenten organischen Schadstoffen verabschiedet werden, die derzeit allerdings nur das so genannte „dirty dozen" umfasst (Kasten B 2.2-1). Um potenziell riskante Chemikalien hinsichtlich ihrer Umweltschädlichkeit erfassen zu können, sollte die regionale Luftreinhaltekonvention, die von der Economic Commission of Europe (ECE) erarbeitet wurde, um neue Substanzklassen erweitert werden. Die internationalen Regelungen sollten Monitoring- und Controlling-Funktionen beinhalten, um Produktionszyklen ständig beobachten und ggfs. schnell reagieren zu können. Für diese Aufgaben könnte das vom Beirat vorgeschlagene „UN Risk Assessment Panel" (WBGU, 1999a) eingesetzt werden (Kap. E 1).

SUBSTITUTION SCHÄDLICHER STOFFGRUPPEN
Da persistente organische Schadstoffe im ungünstigsten Fall globale Schadensausmaße mit irreversiblen Folgen annehmen können, sind Forschungsanstrengungen zur Entwicklung von Ersatzstoffen und -prozessen notwendig (WBGU, 1999a). Dazu sollte die notwendige Grundlagenforschung durch entsprechende Investitionsanreize verbessert werden. Ersatzstoffe müssen aber auch generell auf ihre Wirkungen auf andere Umweltbereiche, z. B. Klimaschädlichkeit, geprüft werden, auch unter Betrachtung extremer Umweltbedingungen.

B 2.2.2.2
Anpassung

WIRKUNGSFORSCHUNG
In vielen Bereichen der Wirkungsforschung zur stratosphärischen Ozonreduktion bestehen noch Wissenslücken. Bei der menschlichen Gesundheit umfasst dies beispielsweise den Einfluss auf Hautkrankheiten und auf die Zunahme von Katarakten und Hauttumoren sowie die Wirksamkeit von Schutzmaßnahmen. Bei den Ökosystemen ist die Wirkung auf die Landwirtschaft, die Nahrungsnetze in der Biosphäre und insbesondere die Kombination mit parallel auftretenden Klimaänderungen unzureichend untersucht. Es sind weitere Langzeitstudien erforderlich, um aussagekräftige Vorhersagen für mögliche Schädigungen zu erhalten.

B 2.2.2.3
Nachsorge

Maßnahmen in diesem Bereich dienen meist nur der Schadensbegrenzung. Aufgrund der hohen Persistenz und Ubiquität der Problemstoffe müssen jedoch unbedingt vorbeugende Maßnahmen vorgezogen werden. Daher sind Initiativen zur weltweiten Aufklärung über spezielle Verhaltens- und Nutzungsänderungen, die zur Gefahrenabwehr dienen, dringend zu empfehlen. Außerdem sind Instrumente zur Katastrophenvorsorge bei unfallbedingter Freisetzung notwendig und sollten verstärkt in Form mobiler internationaler Katastropheneinsatzgruppen realisiert werden.

B 2.3
Gefährdung der Weltmeere

Die Bedrohung der Meere und ihrer lebenden Ressourcen hat sich in den letzten Jahren weiter verschärft. In die Küstenzonen werden immer mehr anorganische und organische Substanzen über die Flüsse, diffuse Quellen an der Küste und über die Luft eingetragen. Viele dieser Stoffe sind toxisch, reichern sich in Organismen an oder hemmen Wachstum und Vermehrung. Rückstände dieser Substanzen im Gewebe von Fischen und Krustentieren bedrohen beim

Verzehr die menschliche Gesundheit. Hohe Einträge von Nährsalzen führen zu einer Eutrophierung der Küstengewässer und können Verschiebungen der Artenspektren planktischer Algen auslösen. Der vermehrte Eintrag von Trübstoffen und Sedimentpartikeln in die Küstenzonen bedroht die Korallenriffe. Auf die Empfindlichkeit dieser artenreichsten marinen Habitate gegenüber erhöhten Meerwassertemperaturen als Folge des Klimawandels wurde bereits hingewiesen (Kap. B 2.1). Weit reichende Konsequenzen kann die Überfischung der natürlichen Fischbestände haben. Für große Teile der Küstenbevölkerung stellen Fische eine der wichtigsten Proteinquellen dar, der Raubbau an dieser Ressource kann die Ernährungssicherheit gefährden.

Landseitige Einträge, die rund 80% der Gesamtverunreinigung des Ozeans ausmachen, beeinträchtigen vor allem küstennahe Regionen und Flachwasserbereiche. Neben der Verschmutzung aus punktförmigen und diffusen Quellen mit häuslichen und industriellen Abwässern werden überdüngte oder mit Pestiziden belastete Böden ausgewaschen (GESAMP, 1990). Einträge aus Hafengebieten können Rückstände aus Antifouling-Anstrichen enthalten, die hormonell wirksam sind oder hohe Schwermetallkonzentrationen aufweisen (Goldberg, 1986; Greenpeace, 1999). Bodenerosion in Küstennähe führt zu einem Eintrag von Trübstoffen, die ebenfalls stark mit Schadstoffen belastet sein können (GESAMP, 1990). Trotz Verbots der direkten Verklappung von Abfällen (König, 1997) gelangen jährlich große Mengen an Müll durch Schiffsbetrieb, unsachgemäße Deponien, Tourismus sowie Offshore-Anlagen in den Ozean. Rund 2,5 Mio. t Öl, die jährlich illegal eingeleitet oder bei Havarien frei gesetzt werden, verursachen schwere Schäden in der Meeresumwelt (Tügel, 1999). Bis heute verwenden 80% der Welthandelsflotte immer noch Rückstandsöle und ineffiziente Motoren (CONCAWE, 1997; Corbett et al., 1999), deren Abgase zur Luftverschmutzung führen. Hinzu kommen die für militärische Zwecke immer noch zulässige Verklappung radioaktiven Abfalls (Tügel, 1999) und legale Einleitung verstrahlter Abwässer.

Flachwasserbereiche sind zudem häufig Lagerstätten von Kohlenwasserstoffen (Erdöl und Erdgas), die zunehmend für die Energiegewinnung ausgebeutet werden. Die daraus resultierenden Umweltprobleme reichen von baulichen Eingriffen in empfindliche Habitate (Bohrplattformen) über Verunreinigungen während der Förderung bis hin zu den Folgen von Unfällen (Ölpest, Feuer, Zerstörung von Bohrinseln bei Extremwetterlagen). Der Tiefseebergbau spielt z. Zt. wegen seiner geringen Rentabilität noch keine große Rolle, könnte allerdings in Zukunft an Gewicht gewinnen (Kap. C 3.3). Schätzungen zufolge gibt es im tiefen Meeresboden Methanhydrate, die mehr als doppelt so viel Energie enthalten wie alle übrigen Vorräte an fossilen Brennstoffen zusammen (Hydrates, 2000). Die zu erwartende Förderung dieser Vorräte birgt ein erhebliches Gefahrenpotenzial, da aus den eisförmigen Gashydraten explosionsartig ein etwa 160faches Volumen an gasförmigem Methan entweichen könnte (Pietschmann, 1999).

Im unmittelbaren Küstenbereich werden wertvolle Ökosysteme durch bauliche Maßnahmen oder anderweitige Nutzungen zerstört (Konversion). Besonders betroffen sind Küstenzonen in den Tropen, die artenreiche und biologisch produktive Lebensgemeinschaften aufweisen (Korallenriffe, Mangroven). Weltweit sind ca. 58% aller Korallenriffe gefährdet, dabei stellt die Übernutzung (36% aller Riffe) die größte Bedrohung dar (Bryant et al., 1998; WBGU, 2000). Damit werden Habitate zerstört, die in ihrer biologischen Vielfalt durchaus dem tropischen Regenwald vergleichbar sind (Kap. B 2.4). Auch die Mangroven werden weltweit gerodet, häufig zur Nutzung für die Aquakultur mit hohem Pestizideinsatz. Es wird geschätzt, dass über 50% der Mangroven heute bereits zerstört sind (Spalding et al., 1997).

Von besonderer Bedeutung ist die Überfischung der Weltmeere: 35% aller Fischbestände werden übernutzt, 25% werden mit maximaler Ausbeute befischt, nur bei 40% der Bestände bestehen noch Steigerungsmöglichkeiten (FAO, 1997; WBGU, 2000). In manchen Regionen können die Fischpopulationen bestimmter Arten vollständig zusammenbrechen. Bestimmte Fischfangmethoden (z. B. Baumkurren-, Stellnetzfischerei) führen darüber hinaus zur Dezimierung von Meeresbodenbewohnern, Meeressäugern und Seevögeln (WBGU, 2000). In den Entwicklungsländern sind 300–500 Mio. Menschen in ihrer wirtschaftlichen Existenz direkt oder indirekt von der Fischerei abhängig. Die hohen Bevölkerungsdichten der Küstengebiete führen zu einer deutlichen Zunahme der Kleinfischerei (artisanale Fischerei) und tragen zur Degradation der Küsten- und Flachmeergebiete bei (BMZ, 1998). Korallenriffe werden für die Fischerei und die Gewinnung von Schmuck (Korallen, Schwämme) ausgebeutet. Korallenfischarten sind – im Gegensatz zu Hochseefischen – häufig auch in ihrem Fortbestand gefährdet (BfA, 1999; WBGU, 2000). Durch Überfischung und Konversion der Ökosysteme in den Küstenbereichen werden auch solche Bestände von Hochseefischen gefährdet, deren Jugendentwicklung in Küstenbiotopen erfolgt. Das Ablassen von Ballastwasser, das von den Schiffen mitsamt seiner Flora und Fauna in anderen Regionen aufgenommen wurde, kann in Küstennähe zur Einschleppung gebietsfremder Arten führen, häufig mit negativen Auswirkungen auf die lokale biologische Vielfalt (WBGU, 2000).

B 2.3.1
Ursachen

Für die Degradation der Weltmeere können mehrere Syndrome des Globalen Wandels als wesentliche Ursachenkomplexe identifiziert werden (Tab. B 2.3-1). Eine zentrale Rolle spielt dabei die Nahrungsmittelerzeugung. Gerade in Küstennähe hat sich die Nahrungsmittelgewinnung aus den Meeren stark intensiviert: Mit hohem Energieverbrauch und unter Einsatz leistungsfähiger Technologien wird in vielen Meeresgebieten Raubbau an den Fischbeständen betrieben. Moderne Ortungsverfahren, hoch entwickelte Fanggeschirre, hohe Motorleistungen und große Kühlkapazitäten der Fischereifahrzeuge lassen den Fischen keine Chance, oft wird in diesem Zusammenhang das Bild vom „Staubsauger des Meeres" verwendet (*Raubbau-Syndrom*).

Marine Aquakultur ist in der Regel mit einem hohen Einsatz an Pestiziden und Antibiotika verbunden und führt zu Problemen durch die Konversion von Küstenökosystemen, Einschleppung fremder Arten und Emission von Nähr- und Schadstoffen (*Dust-Bowl-Syndrom*). Da hier überwiegend Raubfische gezüchtet werden, die u. a. mit Beifang aus der Hochseefischerei ernährt werden, muss der Beifang in der Fischereibilanz und den Fangquoten berücksichtigt werden.

Aber auch der Strukturwandel in der Landwirtschaft, der im *Dust-Bowl-Syndrom* und im *Grüne-Revolution-Syndrom* eine zentrale Rolle spielt, führt zu einer erheblichen Belastung der Meere durch die Zufuhr partikulärer und gelöster Stoffe, wobei vor allem Nährstoffe und Biozide die Wasserqualität beeinträchtigen. Eine Intensivlandwirtschaft kann nicht nur Grund- und Flusswasser belasten, durch das Entweichen von gasförmigen Stickstoffverbindungen als Folge von Überdüngung kann auch der Stickstoffeintrag über den atmosphärischen Pfad verstärkt werden.

Urbanisierung und Industrialisierung tragen erheblich zur Luftverschmutzung und der punktuellen Beeinträchtigung der Wasserqualität der Ozeane sowie zur Konversion von Küstenökosystemen bei. Diese Komplexe werden von den *Müllkippen-, Kleine-Tiger-, Favela-, Suburbia- und Hoher-Schornstein-Syndromen* beschrieben. Zu nennen sind direkte Einleitungen, die Verklappung von Abfallstoffen und der zu erwartende Abbau von Bodenschätzen aus der Tiefsee. Zusätzlich hat durch die Zunahme der Welthandelsströme und die Globalisierung der Märkte (Strukturwandel in der Industrie) die Hoch-

seeschifffahrt stark an Bedeutung zugenommen, die Handelstonnage steigt jährlich. Dadurch entsteht die Gefahr einer Meeresverschmutzung durch Abgabe von Müll und Ölrückständen oder als Folge von Kollisionen und Havarien (*Havarie-Syndrom*), aber auch einer Artenverschleppung im Ballastwasser.

B 2.3.2
Handlungsbedarf

Um einen effektiven Schutz der Meere zu gewährleisten, sind zur Minderung der Verschmutzung und des Raubbaus internationale Abkommen unumgänglich (Kap. C 3.3.2), weil der größte Teil des Meeres Gemeingut darstellt und von allen genutzt werden kann (Common-Access-Problem). Hinzu kommt, dass Verunreinigungen über die Luft und über die Meeresströmungen grenzüberschreitend transportiert werden, Verursacher und Betroffene also weit voneinander entfernt liegen. Hier existieren bereits zahlreiche Verträge (z. B. UNCLOS, MARPOL; Kap. C 3.3), dennoch besteht Handlungsbedarf vor allem bei der Weiterentwicklung dieser Regelwerke und insbesondere bei ihrer Durchsetzung. Erfolg versprechende internationale Ansätze bieten die UNEP-Regionalmeerprogramme, in denen umweltpolitische institutionelle Regelungen zwischen den Anrainerstaaten einzelner Regionalmeere vereinbart werden. Aufgrund von Umsetzungsproblemen, z. B. durch mangelnde finanzielle Ausstattung, fehlt es allerdings noch an Durchsetzungskraft (Kap. C 3.3).

Vor allem der Fischfang muss strengen Reglementierungen unterliegen, weil nur über die Festlegung und Einhaltung von Fangquoten ein nachhaltiges Management der Fischbestände möglich ist. Die Verbesserung von Management und Technologien in allen betroffenen Bereichen (Industrie, Schifffahrt, Landwirtschaft, Fischerei, Aquakultur) im Sinne größerer Umweltverträglichkeit wird durch die Senkung der Schadstoffeinträge eine Schädigung von Ökosystemfunktion und -struktur erheblich mindern können.

Tabelle B 2.3-1
Ursachen, Handlungsbedarf und notwendige institutionelle Regelungen bei der Gefährdung der Weltmeere.
Quelle: WBGU

Primäre Ursachen	Unmittelbare Auslöser oder Wirkungen	Zentraler Handlungsbedarf	Institutionelle Regelungen
RAUBBAU AN MARINEN FISCHBESTÄNDEN (*Raubbau-Syndrom*) • Common-Access-Problem • Bevölkerungswachstum • Steigerung des Nahrungsmittelbedarfs • Ausbreitung westlicher Konsum- und Lebensstile	• Übernutzung mariner Ökosysteme • Schädigung der Ökosystemstruktur und -funktion	• Schutz der marinen Ökosysteme sicherstellen • Nutzung der Bestände mariner Organismen nachhaltig gestalten	• Internationale Vereinbarungen für Fangquoten, Fangtechniken, Schutzzonen, Moratorien, Überwachung und Verbote treffen sowie Sanktionen bei Missachtung einführen • Verlässliche Daten zu nachhaltigen Fangerträgen ermitteln, Expertenpanels bei der FAO zur Festlegung der jährlichen Fangquoten und der Schutzgebiete einrichten • Flottenkapazitäten durch Subventionsabbau reduzieren • Fischerei teilweise durch umweltverträgliche Aquakulturen ersetzen • Schutzzonen für bedrohte Habitate und Arten einrichten
INTENSIVIERUNG DER KÜSTENNUTZUNG (AQUAKULTUR) (*Dust-Bowl-Syndrom, Grüne-Revolution-Syndrom*) • Ausbreitung westlicher Konsum- und Lebensstile • Fortschritt in der Bio- und Gentechnologie	• Konversion natürlicher Küstenökosysteme • Gewässerbelastung durch Emissionen aus intensiver Aquakultur • Risiken durch Freisetzung gentechnisch veränderter mariner Organismen	• Aquakultur nachhaltig gestalten	• Standards für nachhaltige Aquakultur entwickeln und umsetzen • Technologie- und Wissenstransfer für nachhaltige Aquakultur
STRUKTURWANDEL IN DER INDUSTRIE, URBANISIERUNG (*Suburbia-Syndrom, Favela-Syndrom, Hoher-Schornstein-Syndrom, Havarie-Syndrom, Müllkippen-Syndrom, Kleine-Tiger-Syndrom*) • Industrialisierung • Wachstum der Megastädte • Bevölkerungswachstum • Ausbreitung westlicher Konsum- und Lebensstile	• Direkte Einleitungen (Entsorgung, Verklappung, Unfälle) • Schadstoffeintrag über die Luft und über indirekte landgebundene Einleitungen • Schädigung von Ökosystemstruktur und -funktion	• Schadstoffeinträge in marine Ökosysteme reduzieren • Qualität von Fließgewässern und Luft sicherstellen	• Internationale Vereinbarungen über Mindeststandards von Luft- und Wasserqualität durchsetzen • Regelverletzungen durch Berichtsverfahren formal feststellen • Voraussetzung für Vollzugskontrolle schaffen (z. B. Daten über Wasserqualität erheben, auswerten und vernetzen) • Technischen Umweltschutz umsetzen, finanziell unterstützen und Transfer fördern • Sanierung von verschmutzten Küstengebieten international unterstützen • Schutzzonen für Küsten, Schelfmeere und Tiefsee einrichten
INTENSIVIERUNG UND AUSWEITUNG DER LANDNUTZUNG (*Dust-Bowl-, Grüne-Revolution-Syndrom*) • Bodenerosion (Zunahme der Sedimentfrachten der Flüsse) • Konversion natürlicher Ökosysteme • Steigerung der Nahrungsmittelproduktion	• Landgestützte Einträge von Sedimenten, Nährstoffen und Bioziden (diffuse Quellen)	• Schadstoffeinträge in marine Ökosysteme reduzieren • Nachhaltige Landnutzungsformen fördern	• Regelungen zum verminderten Einsatz oder Verbot von chemischen Düngern und Pestiziden • Förderung ökologischer Landwirtschaft • Vereinbarung der POP-Konvention fördern und an UNFCCC koppeln

▶

Tabelle B 2.3-1 (Fortsetzung)
Ursachen, Handlungsbedarf und notwendige institutionelle Regelungen bei der Gefährdung der Weltmeere.
Quelle: WBGU

Primäre Ursachen	Unmittelbare Auslöser oder Wirkungen	Zentraler Handlungsbedarf	Institutionelle Regelungen
ZUNAHME DER WELTHANDELSSTRÖME (*Müllkippen-Syndrom, Hoher-Schornstein-Syndrom, Havarie-Syndrom*) • Zunehmende Hochseeschifffahrt • Industrialisierung	• Anthropogene Artenverschleppung • Einträge von Schadstoffen (Unfälle, illegale und legale Einleitungen)	• Schadstoffeinträge durch Schiffe (z. B. Verklappungen, Tankreinigung) vermeiden • Umweltstandards für Schiffe verbessern • Unfallrisiken verringern (z. B. Tanker)	• Internationale technische Mindeststandards bei Schiffen setzen (z. B. Doppelhülle für Tanker) • Schiffsbesatzungen besser ausbilden • Standards an Hafengebühren koppeln und scharfe Kontrollen durchführen • Hafenerlaubnis nur gewähren, wenn technische Vorschriften eingehalten werden • Internationale schnelle Eingreifteams bei Havarien einrichten

B 2.3.3
Institutionelle Regelungen

B 2.3.3.1
Vorbeugung

FESTLEGUNG UND EINHALTUNG VON
FISCHEREIQUOTEN SOWIE EINRICHTUNG VON
SCHUTZGEBIETEN
Obwohl eine Reihe internationaler Abkommen und Kommissionen zum Schutz der weltweiten Fischbestände existiert, konnte die Überfischung zahlreicher Fanggründe nicht verhindert werden (Peterson, 1993). Deswegen sollten international gültige Vorschriften für die Festlegung von Fangquoten und -techniken sowie für die Einrichtung von Schutzzonen, einschließlich der Küstengebiete und der Tiefsee, vereinbart werden. Da die Überkapazitäten der Fangflotten als eine Hauptursache für die Überfischung erkannt worden ist, sollte die Subventionierung von Fischereifahrzeugen, z. B. innerhalb der EU, abgebaut werden.

Neben dem Monitoring der Fischbestände durch die FAO sollten auch die Fischereiflotten auf See überwacht werden. Bei der FAO sollte ein Expertengremium eingerichtet werden, das auf der Basis der von der FAO festgelegten wichtigsten Fischgründe und der Bestimmung des Grades ihrer Übernutzung (fully fished, overfished, depleted, recovering; Beisheim et al., 1999) jährliche Fangquoten und Schutzgebiete festlegt. Die Fangquoten sollten dabei unterhalb des sich aus der jeweiligen Jahrgangsstärke ergebenden maximalen Ertrags festgelegt werden, um das Risiko der Gefährdung von Beständen im Falle unvorhersehbarer Ertragsausfälle herabzusetzen.

Die Fangquoten berücksichtigen bisher nicht den Beifang, der bis zu 50% des Gesamtfangs ausmachen kann und der häufig für die Fütterung in der Aquakultur verwendet wird. Dieser Beifang reduziert nicht nur die Fischbestände, er betrifft auch CITES-Arten (z. B. Delphine oder Schildkröten) und das Futterangebot für Wirtschaftsfische. Da der Beifang kommerziell genutzt werden kann, bestehen keine Anreize zu seiner Verringerung.

SICHERSTELLUNG VON MINDESTQUALITÄTEN DER
ZUFLÜSSE UND SCHADSTOFFKONZENTRATIONEN
IN DER LUFT
Mindeststandards von Luft- und Wasserqualität sollten vermehrt durch internationale Vereinbarungen festgelegt und umgesetzt werden, um vor allem in küstennahen Meeresarealen die Gewässerqualität sicher zu stellen. Als Vorbild könnte das als erfolgreich und effektiv geltende Saurer-Regen-Regime dienen, das die grenzüberschreitende Luftverschmutzung eindämmen soll (Zürn, 1997; WBGU, 2000). Um den schwächeren Ländern „Hilfe zur Selbsthilfe" zu ermöglichen, empfiehlt der Beirat einen Wissens- und Technologietransfer von technischen und organisatorischen Möglichkeiten der Reduktion von Emissionen und Abwassereinleitungen.

VERRINGERUNG DER VERSCHMUTZUNG DURCH
SCHIFFE UND DER UNFALLWAHRSCHEINLICHKEIT
Die Ausbildung der Schiffsbesatzungen für ein Umwelt und Gesundheit sicherndes Arbeiten an Bord muss intensiviert werden. Der Nachweis dieser Ausbildung könnte als Voraussetzung für die Benutzung bestimmter küstennaher Schiffsrouten und zur Erlangung der Hafenerlaubnis für die Schiffe eingesetzt werden, wenn dies international verbindlich geregelt werden kann. Um Wahrscheinlichkeit und Schadensausmaß von Schiffshavarien zu senken, sind

> **Kasten B 2.3-1**
>
> **Doppelhüllenschiffe als Vorsorgemaßnahme gegen Ölverschmutzung**
>
> MARPOL regelt u. a. die Erfordernisse auf Schiffen zur Verminderung von Ölverschmutzungen, die z. B. durch Tankerunfälle hervorgerufen werden. Wichtiger Auslöser für eine Ergänzung des Annex-I war der Tankerunfall der „Exxon Valdez" (1989).
>
> Die Konstruktion von doppelten Außenhäuten für Schiffe, insbesondere für Öltanker, wird dabei als eine Maßnahme angesehen, um die Ölverschmutzung durch Unfälle in Zukunft zu verhindern bzw. stark zu reduzieren. Alternative Entwurfskonzepte sind möglich, sie müssen aber hinsichtlich ihrer Ölausflusswahrscheinlichkeit mindestens Gleichwertigkeit zum Doppelhüllenentwurf nachweisen.
>
> Öltanker ab einer gewissen Größe dürfen – nach einer Übergangsfrist – US-amerikanische Häfen nicht mehr anlaufen, wenn sie keine doppelten Hüllen besitzen (nationales Recht in den USA: Oil Pollution Act 1990). Frankreich forderte im Nachgang des „Erika"-Unfalls vor der bretonischen Küste eine Verschärfung der internationalen Bestimmungen.
>
> Nach Auffassung des Germanischen Lloyd kann das Konzept eines Doppelhüllentankers zwar das Risiko von Ölverschmutzungen durch Unfälle erheblich mindern, in manchen Fällen kann ein solches Entwurfskonzept aber auch zu einer Vergrößerung des Unfallrisikos beitragen:
>
> - Da das Stahlgewicht der Doppelhüllenschiffe möglichst nicht höher sein sollte als bei Schiffen mit einfachen Hüllen, sind die beiden einzelnen Wände jeweils dünner, d. h. im Prinzip weniger widerstandsfähig gegen Verschleiß.
> - Auch die Biegefestigkeit des Schiffsrumpfes ist bei einem Doppelhüllenschiff nicht unbedingt erhöht; die Gefahr des Auseinanderbrechens des Schiffsrumpfes wird daher durch das Doppelhüllendesign nicht zwingend verringert (die Havarie der „Erika" wäre z. B. nicht verhindert worden).
> - Durch Leckagen in den Öltanks können bei Undichtigkeiten der inneren Schiffshülle flüchtige Gase in den Luftraum zwischen die Hüllen eindringen und dort Explosionsgefahr auslösen. Dieses Risiko könnte allerdings durch Füllen des Zwischenraums mit einem Inertgas verringert werden.
> - An unsichtbaren und unzugänglichen Stellen im Bereich der doppelten Hülle kann es zu Korrosionserscheinungen kommen, die entweder nicht entdeckt oder wegen ihrer Unzugänglichkeit nicht behoben werden können.
>
> Der Einsatz von Doppelhüllenschiffen stellt eine wirkungsvolle mögliche Vorsorgemaßnahme gegen Ölverschmutzung bei Tankerunfällen dar. Es ist allerdings erforderlich, dass durch weitere Ergänzungen der MARPOL-Vorschriften konstruktive Verbesserungen am Doppelhüllendesign sowie die Einführung gleichwertiger oder besserer alternativer Konzepte nicht verhindert werden.
>
> Quelle: Payer (persönliche Mitteilung)

weltweit gültige Mindeststandards notwendig, vor allem für Öltankschiffe (Kasten B 2.3-1).

B 2.3.3.2
Anpassung

Um die Abhängigkeit von natürlich nachwachsenden Fischbeständen herabzusetzen sowie deren Überfischung abzumildern, wurden vermehrt Aquakulturen im Meer- und Süßwasser eingeführt. Die Produktion von „Luxusnahrungsmitteln" wie z. B. Shrimps und Lachs, die heute den größten Teil der marinen Aquakultur ausmachen, kann allerdings nicht das Ernährungsproblem der Entwicklungsländer lösen und ist derzeit in der Regel mit einem hohen Einsatz von Fischmehl und -öl, Pestiziden, der Einschleppung fremder Arten, Zerstörung von Küstenökosystemen sowie mit der Emission von Nähr- und Schadstoffen verbunden. Der Beirat weist darauf hin, dass die Regeln einer umweltverträglichen Bewirtschaftung eingehalten werden müssen, damit die rasch wachsende Aquakulturindustrie ihren Beitrag zur Welternährung leisten kann (Naylor et al., 2000; WBGU, 2000). Des weiteren ist darauf zu achten, dass weder als Beifang noch über festgelegte Quoten hinaus gefangene Nutzfische zu Futtermitteln für marine Aquakultur verarbeitet werden, wie dies derzeit geschieht (Naylor et al., 2000). Durch diese Praxis werden Vorschriften bzw. Anreize zur Minimierung des Beifangs sowie zur Einhaltung von Fischfangquoten unterlaufen. Ein möglicher Weg wäre die Nachweispflicht über die Herkunft des Futters oder eine entsprechende Zertifizierung (Labelling) von Produkten der Aquakultur.

B 2.3.3.3
Nachsorge

Wenn vorgeschriebene Fangquoten oder -techniken in den ausgewiesenen Schutzgebieten missachtet werden, sollte die Möglichkeit der Verhängung von Moratorien oder Verboten in Betracht gezogen werden. Da Sanktionen und Gerichtsentscheidungen im Völkerrecht nur schwer durchzusetzen sind, sollten zumindest formale Feststellungen von Regelverletzungen durch Berichtsverfahren, etwa durch die FAO, zum Tragen kommen (WBGU, 2000).

Verschmutzte Küstengebiete, die von finanzschwachen Staaten nicht selbst wiederhergestellt werden können, sollten durch internationale Unterstützung saniert werden, weil ein globales Gemeinschaftsgut bedroht ist (ähnlich wie beim Süßwasser, Kap. B 2.6).

Des weiteren sollte eine internationale Einsatzgruppe eingerichtet werden (WBGU, 1999a), die bei Havarien, insbesondere Tankerunfällen, zur Verfügung steht. Dabei ist zu prüfen, ob für den Bereich der 200-Meilen-Zone eher nationale oder transnationale Gruppen etabliert werden sollen und für die internationalen Gewässer internationale Einsatzgruppen.

B 2.4
Verlust biologischer Vielfalt und Entwaldung

Der Verlust biologischer Vielfalt in terrestrischen und aquatischen Ökosystemen ist ein globales Umweltproblem, das nicht nur das Aussterben von Arten, sondern auch die genetische Verarmung von Populationen sowie die Umgestaltung der Biosphäre durch die Umwandlung natürlicher Ökosysteme und Landschaften in Kulturland umfasst (ausführlich in WBGU, 2000). Insbesondere gehört hierzu auch die rasant fortschreitende Rodung der Primärwälder, vom tropischen Regenwald bis zum borealen Nadelwald.

Die Ursache für dieses Problem ist die Umgestaltung der Biosphäre durch den Menschen. Heutige Aussterberaten von Arten sind gegenüber der natürlichen Hintergrundrate um das 1.000- bis 10.000fache erhöht (Barbault und Sastrapradja, 1995; May und Tregonning, 1998). Dies sind allerdings nur grobe Schätzungen, da der Kenntnisstand über die biologische Vielfalt und das Ausmaß ihrer Bedrohung noch ungenügend ist. So wird z. B. die Gesamtartenzahl der Erde mit der erheblichen Spanne von 4 bis >100 Mio. Arten beziffert (Heywood, 1997). Nach – bislang noch groben – Schätzungen drohen weltweit innerhalb der nächsten 50 Jahre etwa 10–50% der Arten verloren zu gehen (WBGU, 1996a). Diese vom Menschen verursachte Aussterbewelle ist selbst im Vergleich mit erdgeschichtlichen Katastrophen so dramatisch, dass sie zu Recht als „die sechste Auslöschung" bezeichnet wird (WBGU, 2000). Auch bei den traditionellen Kulturpflanzen gibt es rasante Verluste und genetische Verarmung. Dies schmälert die genetische Basis für die Weiterentwicklung der Nutzpflanzen und verursacht weit reichende Risiken für die Ernährungssicherheit (FAO, 1996; WBGU, 2000).

Ein wichtiger Indikator für die Bedrohung der biologischen Vielfalt an Land ist die Entwicklung der Entwaldungsraten, da sich ein Großteil der biologischen Vielfalt in tropischen Wäldern findet. In Europa, Nordamerika und Nordostasien hat der größte Teil der Entwaldung schon vor 1700 stattgefunden – wobei aber die meisten europäischen Baumarten erhalten blieben. In Südostasien oder Südamerika sind erst seit 1950 eine großflächige Rodung der Primärwälder und die Ausweitung der landwirtschaftlichen Nutzfläche zu beobachten. Allein 1960–1990 wurden 15–30% der tropischen Wälder vernichtet, mit entsprechend hohen Artenverlusten (Bryant et al., 1997). Die Schutzgebiete, die global etwa 5% der Landfläche ausmachen, können keinen ausreichenden Schutz für die biologische Vielfalt bieten, da sie meist zu klein, zu wenig vernetzt und unzureichend gegen störende Einflüsse gesichert sind (WBGU, 2000). Die Zunahme großflächiger Waldbrände (z. B. in Indonesien oder im Amazonasgebiet) stellt eine wachsende Bedrohung für die verbleibenden Waldflächen dar.

Das Artensterben wirft nicht nur grundsätzliche ethische Fragen auf, es sind auch vielfältige Werte bedroht, die aus der Nutzung biologischer Vielfalt entstehen (WBGU, 2000). Dabei geht es nicht nur um die materielle Nutzung von natürlichen Ressourcen wie etwa Holz, sondern auch um das Naturerleben oder das „Grüne Gold": Genetische Ressourcen, die z. B. für die Entwicklung neuer Medikamente oder resistenter Kulturpflanzen unverzichtbar sind. Auch ist noch weitgehend ungeklärt, welche Folgen der Verlust biologischer Vielfalt für die Ökosystemfunktionen hat, da hier komplexe und häufig nichtlineare Mechanismen zugrunde liegen. Kurzfristig ist ein Teil der unmittelbaren Ökosystemfunktionen auch mit relativ wenigen Arten und funktionellen Gruppen (z. B. N_2-Fixierer) zu erreichen. Langfristige Funktionalität wird jedoch immer auf einen hohen Artenbestand angewiesen bleiben. Unstrittig ist jedenfalls: Wenn eine Art ausstirbt, ist dies ein irreversibler Prozess. Der Wiederaufbau der Artenvielfalt nach einem Aussterbeereignis dauert viele Millionen Jahre (Kirchner und Weil, 2000). Auch die Abholzung von Primärwald ist nach menschlichen Zeitmaßstäben irreversibel, denn die Regeneration kann Tausende von Jahren dauern.

B 2.4.1
Ursachen

Die direkte und indirekte Nutzung natürlicher Ressourcen durch den Menschen und die damit verbundenen Landnutzungsänderungen sind die wichtigsten Ursachen für den Verlust biologischer Vielfalt und die Zerstörung der Wälder (Sala et al., 2000). Eine zentrale Rolle spielt der Strukturwandel in der Landnutzung (*Dust-Bowl-Syndrom, Sahel-Syndrom, Grüne-Revolution-Syndrom*; WBGU, 1996b, 1998a), der sowohl die Intensivierung der Landnutzung als auch die Ausweitung landwirtschaftlicher Nutzfläche beinhaltet. Natürliche Ökosysteme werden entweder direkt in Agrarfläche umgewandelt oder durch Stoffeinträge (Pestizide, Nährstoffe) bzw. Bodendegradation in ihrer Struktur und Funktion beeinträchtigt. Durch den Einsatz gentechnisch veränderter Organismen in der Landwirtschaft können darüber hinaus neue Risiken für die biologische Vielfalt entstehen (WBGU, 1999a). Der Rückgang traditioneller Landwirtschaft führt zudem zu bedrohlichen Verlusten genetischer Vielfalt von Kulturpflanzen und Haustierrassen.

Eine ebenso wichtige Ursache ist der Raubbau an natürlichen Ökosystemen, insbesondere Wäldern sowie Meeres- und Küstenökosystemen (*Raubbau-Syndrom*; WBGU, 2000). Die Vernachlässigung von Langfristdenken, der ungeregelte Zugang zu den natürlichen Ökosystemen (Common-Access-Problem), die inadäquate Bewertung ökosystemarer Leistungen sowie Subventionen, Politikversagen, Lobbyismus und Korruption führen zur kurzfristigen Übernutzung, Konversion und Fragmentierung natürlicher Ökosysteme. Verschuldung kann in Entwicklungsländern die Substitution natürlicher Ökosysteme durch cash crops zusätzlich antreiben.

Der zunehmende Verbrauch von Energie und Rohstoffen aufgrund des Strukturwandels der Industrie (Industrialisierung, Globalisierung der Märkte, technische Großprojekte) erhöht zusätzlich den Nutzungsdruck auf natürliche Ressourcen (*Hoher-Schornstein-Syndrom, Aralsee-Syndrom*). Die Zunahme der weltweiten Handelsströme beschleunigt die anthropogene Artenverschleppung, die als weitere wichtige Ursache für den Verlust biologischer Vielfalt gilt (Sandlund et al., 1996; Bright, 1998). Auch die persistenten Schadstoffe aus Industrie und Agrarchemie stellen ein ernst zu nehmendes Problem für natürliche Ökosysteme dar (Kap. B 2.2). In Zukunft wird vor allem aufgrund der Bevölkerungszunahme, der Anspruchsteigerung und Ausbreitung westlicher Konsum- und Lebensstile der Druck auf die natürlichen Ressourcen weiter zunehmen. Die Urbanisierung ist sowohl in Industrie- und Entwicklungsländern ein wichtiger Grund für den Verlust ökologisch wertvoller Gebiete durch Siedlungs-, Gewerbe- und Verkehrsflächen (*Suburbia-Syndrom, Favela-Syndrom, Massentourismus-Syndrom*).

Mittel- und langfristig werden auch die anthropogenen Klimaänderungen einen starken Einfluss auf die Biosphäre haben. Das massenhafte Ausbleichen der Korallen gilt bereits als Folge des Klimawandels (Kap. B 2.1). Auch andere Tier- und Pflanzenarten werden bei einer Verschiebung der Klimazonen nicht in der Lage sein, sich schnell genug anzupassen oder auszuweichen. Dies ist insbesondere bei der künftigen Ausgestaltung des globalen Schutzgebietssystems zu beachten.

Ein Grundproblem des Verlusts biologischer Vielfalt ist, dass viele Leistungen der Natur wie Kohlenstoffbindung oder Überflutungsschutz nicht in ökonomische Bewertungen einfließen, da sie sich nur schwer in Geldbeträgen ausdrücken lassen. Nach Schätzungen von Costanza et al. (1997) sind diese Werte aber beträchtlich. Den Wert der globalen Ökosystemleistungen und -produkte schätzt er auf 33.000 Mrd. US-$ pro Jahr und somit fast doppelt so hoch wie das globale Sozialprodukt.

B 2.4.2
Handlungsbedarf

Zur Erhaltung und nachhaltigen Nutzung der Biosphäre (Tab. B 2.4-1) müssen die Integrität der Bioregionen gewahrt werden, die langfristige Regelungsfunktion der Biosphäre (z. B. für das Klima) erhalten bleiben und das globale Naturerbe bewahrt werden (WBGU, 2000).

Das internationale institutionelle Design, mit der Biodiversitätskonvention und einer Reihe weiterer spezifischer Organisationen und Institutionen (WBGU, 2000), ist insgesamt nicht ausreichend, um die vom Menschen verursachten Fehlentwicklungen in nachhaltige Bahnen lenken zu können. Der Verlust biologischer Vielfalt ist nicht nur ungebremst, sondern er beschleunigt sich sogar noch. Es sind also Nachbesserungen notwendig; Vorschläge hierfür sind im Folgenden aufgeführt (Kap. B 2.4.3; Tab. B 2.4-1). Dabei sollte jede institutionelle Lösung der Komplexität der Biosphärenproblematik Rechnung tragen. Es müssen ergänzende, regional tragfähige Lösungsansätze einbezogen werden, die eine Nutzung der vielfältigen Leistungen der Biosphäre zulassen, ohne sie irreversibel zu gefährden.

Die Entscheidungen über den Umgang mit biologischer Vielfalt werden in der Regel vor Ort aus der ökonomischen Sicht der Nutzer getroffen, oft bei akutem Markt- oder Politikversagen. Mit der Erhaltung der biologischen Vielfalt sind konkrete Kosten verbunden, aber der Nutzen der Erhaltung lässt sich nur schwierig monetarisieren, ist somit schwer vermittelbar und häufig erst in folgenden Generationen auszumachen, wohingegen durch Konversion natürlicher Ökosysteme schnelle Gewinne realisierbar sind. Für dieses Problem müssen institutionelle Lösungen gefunden und angewandt werden.

Tabelle B 2.4-1
Ursachen, Handlungsbedarf und notwendige institutionelle Regelungen bei dem Verlust biologischer Vielfalt und der Entwaldung.
Quelle: WBGU

Primäre Ursachen	Unmittelbare Auslöser oder Wirkungen	Zentraler Handlungsbedarf	Institutionelle Regelungen
INTENSIVIERUNG UND AUSWEITUNG DER LANDNUTZUNG (*Grüne-Revolution-Syndrom, Sahel-Syndrom*) • Bevölkerungszunahme • Rückgang traditioneller Landwirtschaft • Globalisierung der Märkte • Anspruchsteigerung, Lebensstile • Fortschritte in der Bio- und Gentechnologie	• Konversion und Fragmentierung natürlicher Ökosysteme (z. B. tropische Wälder) • Stoffliche Überlastung von Ökosystemen (z. B. POPs, Nährstoffe) • Übernutzung biologischer Ressourcen • Verlust traditioneller Sorten • Risiken durch Freisetzung transgener Organismen	• Schutzgebietsnetzwerke schaffen • Nachhaltige, multifunktionale Landnutzung anwenden • Naturschutz in die Fläche tragen • Indikatoren entwickeln • Gen-Erosion stoppen • Verbraucherinformation verstärken • ökonomische Alternativen für die ländliche Bevölkerung in Entwicklungsländern schaffen	• Regelungen der CBD (u. a. Art. 6, 8, 10) ausgestalten (z. B. durch Richtlinien oder Protokolle) und national umsetzen • Konzept der differenzierten Landnutzung einsetzen • Bioregionales Management anwenden • MAB-Programm stärken • Agrarsubventionen abbauen und umbauen durch Honorierung ökologischer Leistungen • Genbanken sichern und ausbauen • Rote Liste für bedrohte Sorten erstellen • Anpassung des IUPGR an die CBD verabschieden • IPBD einrichten, Biosphärenforschung stärken • Biosafety-Protokoll ratifizieren und umsetzen • Labelling für nachhaltige Agrarprodukte entwickeln bzw. unterstützen
RAUBBAU AN NATÜRLICHEN ÖKOSYSTEMEN (*Raubbau-Syndrom*) • Vernachlässigung von Langfristdenken • Common-Access-Problem • Inadäquate Bewertung ökosystemarer Leistungen, • Politik- und Marktversagen • Internationale Verschuldung • Globalisierung der Märkte	• Großflächige Zerstörungen und Fragmentierungen natürlicher Ökosysteme (z. B tropische Wälder, Küstenökosysteme) • Verlust von Natur- und Wirkstoffen	• Das globale Naturerbe bewahren bzw. wieder herstellen • Regelungsfunktionen und Biopotenziale der Biosphäre erhalten • Anreize für die Erhaltung natürlicher Ökosysteme schaffen • Wissenschafts- und Bildungsarbeit stärken	• Rechtlich bindendes Instrument zu Wäldern verabschieden • 10–20% der Fläche unter Schutz stellen (u.a. hotspots), globales, repräsentatives Schutzgebietssystem organisieren und finanzieren • Regelungen der CBD umsetzen – hier: Finanzierung der „incremental costs" • Stiftungsrecht ändern • Private „Naturpatenschaften" entwickeln • Labellingsysteme unterstützen (z. B. Forest bzw. Marine Stewardship Council)
STRUKTURWANDEL DER INDUSTRIE (*Hoher-Schornstein-Syndrom, Suburbia-Syndrom, Kleine-Tiger-Syndrom*) • Industrialisierung • Globalisierung der Märkte • Zunahme der weltweiten Handelsströme • Aufbau technischer Großprojekte (*Aralsee-Syndrom*) • Anspruchsteigerung, Lebensstile	• Stoffliche Überlastung von Ökosystemen (z. B. POPs, Nährstoffe) • Einbringung nichtheimischer Arten • unfairer Zugang zu genetischen Ressourcen • Handel mit bedrohten Arten • Zunahme des Tourismus • niedrige Umweltstandards als Wettbewerbsvorteil	• Schutz vor Artenverschleppung sicherstellen • Handel mit bedrohten Arten unterbinden • Zugang zu genetischen Ressourcen fair gestalten • Dezentrale Alternativen zu Großprojekten entwickeln • Marktzugang für Unternehmen mit hohen Umweltstandards sichern	• Handels- und Transportregime anpassen – Richtlinien für nichtheimische Arten anwenden • Kontrollsystem für CITES verbessern • CBD-Zugangsregelungen spezifizieren und in nationales Recht umsetzen • Chancen der Biosprospektierung nutzen • Vergaberichtlinien von Weltbank, IWF und für Hermesbürgschaften anpassen

Tabelle B 2.4-1 (Fortsetzung)
Ursachen, Handlungsbedarf und notwendige institutionelle Regelungen bei dem Verlust biologischer Vielfalt und der Entwaldung.
Quelle: WBGU

Primäre Ursachen	Unmittelbare Auslöser oder Wirkungen	Zentraler Handlungsbedarf	Institutionelle Regelungen
URBANISIERUNG UND MOBILITÄT (*Suburbia-Syndrom, Favela-Syndrom, Massentourismus-Syndrom*) • Nichtnachhaltige Siedlungsformen • Zersiedlung • Zunahme der Mobilität • Anspruchsteigerung, Lebensstile	• Verlust ökologisch wertvoller Flächen durch Siedlungen und Verkehrsfläche	• Nachhaltigen Tourismus fördern • Anspruch und Ressourcenschonung abstimmen • nachhaltige Flächenplanung durchsetzen	• Richtlinien für nachhaltigen Tourismus entwickeln • Bestimmungen zur nachhaltigen Raumplanung und Flächennutzung anwenden bzw. aufbauen
KLIMAÄNDERUNGEN (*Hoher-Schornstein-Syndrom*) • Anspruchsteigerung, Lebensstile • Mobilität	• Verschärfung negativer Folgen der Landnutzung • Überschreiten der Anpassungsfähigkeit natürlicher Ökosysteme (z. B. Korallenbleichen)	• Emissionen reduzieren • natürliche Kohlenstoffsenken bewahren • Schutzgebietssysteme vorausschauend planen	• Klimarahmenkonvention umsetzen • Regelungen im Kioto-Protokoll biodiversitätsfreundlich gestalten

B 2.4.3
Institutionelle Regelungen

B 2.4.3.1
Vorbeugung

NACHHALTIGE LANDNUTZUNG FÖRDERN
Die nachhaltige Ausgestaltung der Landnutzung spielt für die Lösung dieses globalen Umweltproblems eine zentrale Rolle. Auf lokaler und regionaler Ebene empfiehlt der Beirat Konzepte der differenzierten, multifunktionalen Landnutzung (WBGU, 2000), wie z. B. das bioregionale Management, mit denen vor Ort die Integration zwischen Erhaltung und nachhaltiger Nutzung geleistet werden kann. Vor allem ist entscheidend, möglichst viele der relevanten Akteure mit einzubinden, regionale Indikatoren und Monitoringsysteme zu erarbeiten und geeignete ökonomische Anreizsysteme zu schaffen (z. B. Abbau und teilweise Umsteuerung von Agrarsubventionen in Richtung Honorierung ökologischer Leistungen; WBGU, 2000). Die Zertifizierung durch Kennzeichnung nachhaltiger Agrarprodukte (Labelling) und die Integration von Umweltbildungsmaßnahmen können hierbei eine hilfreiche Brücke zur Einbindung der Verbraucher bilden. Die Biosphärenreservate des MAB-Programms sind interessante Modellprojekte für eine bessere Integration der unterschiedlichen Ansprüche; deren Erkenntnisse sollten stärker genutzt werden. Letztlich müssen alle Regionen mit ihrem Artenbestand in die Analyse einbezogen werden, denn niemand kann heute sagen, welche Art oder welche Ökosystemfunktion für die künftige menschliche Nutzung bedeutend ist und wo sie vorkommt.

BIOLOGISCHE RESSOURCEN SICHERN, GENEROSION STOPPEN
Die Erhaltung der Vielfalt genetischer Ressourcen für die Landwirtschaft ist für die globale Ernährungssicherheit von großer Bedeutung. Auch aus diesem Grund ist eine möglichst vielfältige, multifunktionale landwirtschaftliche Produktion zu fördern (WBGU, 2000). Für gefährdete Kulturpflanzen und Tierrassen sind eine internationale Bestandsaufnahme und ein Frühwarnsystem notwendig, denn viele traditionelle Sorten drohen unwiederbringlich verloren zu gehen. Ein erheblicher Teil der *Ex-situ*-Sammlungen seltener Pflanzenarten („Genbanken") gilt als gefährdet. Sie müssen daher gesichert, ergänzt und weltweit miteinander vernetzt werden.

Die offenen rechtlichen Fragen der *Ex-situ*-Sammlungen sowie der „Farmers Rights" müssen geklärt und den Anforderungen der Biodiversitätskonvention angepasst werden. Hierzu ist eine rechtlich bindende Revision der „Internationalen Verpflichtung über pflanzengenetische Ressourcen für die Ernährung und Landwirtschaft" (IUPGR) notwendig, eventuell als Protokoll zur Biodiversitätskonvention.

Die Entwicklung internationaler Standards für die Nutzung traditionellen Wissens sowie für den *Zugang zu genetischen Ressourcen*, ihre nachhaltige Nutzung und den Vorteilsausgleich sollten im Rahmen der Biodiversitätskonvention zügig vorangetrieben und ihre nationale Umsetzung gefördert werden.

Dies bietet Chancen nicht nur für die Erhaltung biologischer Vielfalt, sondern auch für die Naturstoffindustrie.

WELTWEITEN NATURSCHUTZ DURCHSETZEN UND RAUBBAU VERHINDERN

Als „Leitplanke" für die Biosphäre hat der Beirat ein weltweites, repräsentatives System von Schutzgebieten auf etwa 10–20% der Landflächen empfohlen (WBGU, 2000). Dieses System sollte sowohl die so genannten „Brennpunkte" (hotspots) umfassen, in denen sich auf geringer Fläche sehr viele wild lebende Arten befinden (Myers et al., 2000), als auch die Vielfalt der Ökosystemtypen repräsentieren. Für die globale Ernährungssicherheit ist zudem der Schutz der „Vavilov-Genzentren" wichtig, in denen eine große genetische Vielfalt der Kulturpflanzen oder ihrer wild lebenden Verwandten vorkommt (Vavilov, 1926; Hammer, 1998).

Wegen der funktionalen Bedeutung ihrer Ökosysteme für die globale Umwelt sind einige Gebiete der Biosphäre von besonderer Bedeutung (unter anderem das atlantische Küstengebiet Amazoniens, die östliche Sahelzone, das südliche China und Indochina; WBGU, 2000).

Neue Schutzgebiete sollten nach ökologischen Kriterien ausgewiesen, die vorhandenen Gebiete in einen Zusammenhang gebracht und in Richtung auf ein robustes, integriertes Schutzgebietssystem entwickelt werden, das auch den zu erwartenden Verschiebungen der Vegetationszonen durch den Klimawandel folgen kann. Das Schließen der bestehenden Finanzierungslücke für ein solches Schutzgebietssystem sollte keine unmögliche Aufgabe sein. Durch Abbau und Umbau von Subventionen, etwa für die Landwirtschaft, könnten entsprechende Mittel umgeleitet werden. Da die biologische Vielfalt vor allem in Entwicklungsländern zu finden ist, die jedoch im Gegensatz zu den Industrieländern nicht über die notwendigen Finanzmittel für die Erhaltung verfügen, sind zudem Ausgleichszahlungen für entgangene Nutzungen erforderlich. Die Biodiversitätskonvention sieht den finanziellen Ausgleich der vereinbarten vollen Mehrkosten bereits vor, allerdings sind die zur Verfügung gestellten Mittel hierfür bei weitem nicht ausreichend. Umgekehrt darf die Erhaltung natürlicher Ökosysteme nicht durch Entwicklungs-, Infrastruktur- und Strukturanpassungsmaßnahmen, die z. B. der IWF oder die Weltbank finanzieren, konterkariert werden. Über die staatlichen bzw. internationalen Maßnahmen hinaus wird auch das Engagement privater Akteure notwendig sein und sollte z. B. durch geeignete Rahmenbedingungen gefördert werden (Kap. C 3.5). Deshalb sollten die Bemühungen um die Schaffung eines privat betriebenen und steuerlich begünstigten „Biosphären-Fonds" politisch unterstützt werden.

Da Wälder einen Großteil der biologischen Vielfalt beherbergen, wäre eine rechtlich bindende, internationale Regelung zum Schutz der Wälder (z. B. ein Wälderprotokoll zur Biodiversitätskonvention; WBGU, 1996a, 2000) ein wichtiger Meilenstein zur Erhaltung der biologischen Vielfalt und gleichzeitig ein wichtiges Instrument zur Bekämpfung der Bodendegradation und des Klimawandels. Ein weiterer wichtiger Baustein für die Verhinderung des Raubbaus ist die *Zertifizierung* von Produkten aus nachhaltiger Waldwirtschaft (Kap. C 3.4).

INDUSTRIE, HANDEL UND TOURISMUS BIODIVERSITÄTSFREUNDLICH GESTALTEN

Im Rahmen der Biodiversitätskonvention sollte die Möglichkeit zur Erarbeitung gemeinsamer Standards für den *Umgang mit nichtheimischen Arten* gefördert werden (z. B. Verpflichtung zum Austausch des Ballastwassers auf hoher See). Die Verursacher sollten grundsätzlich auch für die unbeabsichtigte Einfuhr gebietsfremder Arten haftbar gemacht werden. Die notwendige einheitliche Definition der Begriffsinhalte sollte international vereinbart und mit der Einführung gentechnisch veränderter Arten harmonisiert werden, da die Probleme ähnlich gelagert sind. Im Washingtoner Artenschutzabkommen (CITES), in dem der *Handel mit bedrohten Arten* international geregelt wird, sollte das Kontrollsystem durch Zertifizierung und Erkennungsmethoden verbessert und ein Vorteilsausgleich geschaffen werden.

Die Erarbeitung von *Tourismus-Richtlinien* innerhalb der Biodiversitätskonvention wäre nach Ansicht des Beirats ein Schritt in die richtige Richtung. Diese Richtlinie könnte ein wichtiges Element einer zukünftigen übergreifenden internationalen Regelung zum nachhaltigen Tourismus bilden.

WISSENSLÜCKEN SCHLIESSEN

Der vielleicht wichtigste Aspekt beim Thema „Biosphäre" ist der eklatante Wissensmangel. Die Gesamtzahl der Arten weltweit ist nicht einmal der Größenordnung nach bekannt und die Datenlage zum aktuellen Zustand der Biosphäre und ihrer großflächigen Ökosysteme (Biome) ist unzureichend. Diese Wissenslücken behindern zur Zeit sowohl die Maßnahmen zur Erhaltung als auch zur nachhaltigen Nutzung biologischer Vielfalt. Ihre Beseitigung ist u. a. Voraussetzung für die Erarbeitung von Indikatoren, daher sollten entsprechende Projekte unterstützt werden (z. B. das Millennium Ecosystem Assessment; Ayensu et al., 1999). Zudem ist eine bessere Organisation und klare Prioritätensetzung der internationalen Biosphärenforschung notwendig. Der Beirat hat auch die Verbesserung der wissenschaftlichen Politikberatung auf diesem Sektor gefordert und die Einrichtung eines Zwischenstaatlichen Ausschusses über biologische Vielfalt (IPBD) nach dem Vorbild des IPCC empfohlen (WBGU, 2000; Kap. E 1.3.2).

UMSETZUNG UND INTERNATIONALE
ERFÜLLUNGSKONTROLLE VERBESSERN
Viele Länder haben in den letzten Jahren erhebliche Fortschritte in der Ausarbeitung ihrer Gesetzgebung zum Umgang mit biologischen Ressourcen gemacht und sind internationalen Abkommen wie CITES, der Biodiversitätskonvention oder der Ramsar-Konvention beigetreten. Doch es mangelt auf lokaler und nationaler Ebene vielfach an der Umsetzung: Schutzgebiete existieren nur auf dem Papier, Aktionsprogramme sind unverbindlich und werden nicht umgesetzt, Nationalberichte gar nicht erst geschrieben. Es bedarf also effektiverer internationaler Mechanismen der Erfüllungskontrolle (Kap. C 4). Hierzu muss die Erfassung der Umsetzung durch die Entwicklung Nationen übergreifender Indikatoren ermöglicht werden. Für die Umsetzung sind insbesondere die Förderung von Informationsaustausch (z. B. durch den Clearing-House-Mechanismus), Aufbau von Kapazitäten und Umweltbildung wichtige Ansatzpunkte. Ein weiterer hilfreicher Schritt wäre die Abkehr vom Vetorecht einzelner Staaten in den oben genannten internationalen Abkommen.

B 2.4.3.2
Anpassung und Nachsorge

Anpassung und Nachsorge werden in diesem Bereich nicht explizit ausgeführt, weil viele der oben beschriebenen Maßnahmen gleichzeitig Vorsorge, Anpassung und Nachsorge fördern. Zudem ist Verlust biologischer Vielfalt irreversibel: Eine ausgestorbene Art oder ein verschwundener Ökosystemtyp können mit nachsorgenden Maßnahmen nicht wiederhergestellt werden. Nur wenn ausreichende Populationen der Arten bzw. Flächen des Ökosystems vorhanden sind, hat die Restauration von Ökosystemen eine Basis, wobei allerdings vor allem für die Wiederherstellung großflächiger und komplexer Ökosysteme voraussichtlich noch lange Zeit die Wissensgrundlage fehlen wird. Als spezifische Voraussetzungen für Restaurationsmaßnahmen können z. B. der strenge Schutz von verbliebenen Restflächen natürlicher Ökosysteme, die Erhaltung indigenen Wissens über Natur und Umwelt und der Aufbau von *Ex-situ*-Sammlungen angeführt werden.

B 2.5
Bodendegradation

Wie der Beirat in seinem Jahresgutachten 1994 ausführlich dargelegt hat, ist Bodendegradation ein globales Problem (WBGU, 1994). Weltweit weisen etwa 15% der eisfreien Landoberfläche Degradationserscheinungen auf, davon gelten 15% als stark degradiert, d. h. diese Böden sind nicht mehr kultivierbar und nur mit einem sehr hohen finanziellen Aufwand zu restaurieren. 1% der Böden sind bereits unwiederbringlich verloren. Der überwiegende Teil der degradierten Böden gilt als leicht (38%) oder als mittelmäßig (46%) degradiert, d. h. diese Böden sind entweder teilweise oder nur stark vermindert landwirtschaftlich nutzbar. Bei mittelmäßig degradierten Böden sind große Anstrengungen nötig, um die betroffenen Flächen wieder vollständig nutzen zu können. Bei leicht degradierten Böden kann durch eine Änderung der Bodenbearbeitung die volle Produktivität wieder hergestellt werden. Die Flächen mit leichten Degradationserscheinungen verdienen besondere Aufmerksamkeit, da hier der eigentliche Handlungsspielraum bezüglich der Reversibilität der Degradationserscheinungen besteht. Von Bodendegradation sind besonders die Entwicklungsländer betroffen, aber auch in Europa zählt die Bodendegradation zu den gravierenden Umweltproblemen (Europäische Umweltagentur, 1999). Allein in Asien sind 39% der Böden degradiert, gefolgt von Afrika (25%), Südamerika (12%), Europa (11%), Nordamerika (8%), und Ozeanien (5%). Die Bodendegradation konzentriert sich besonders in den Trockengebieten der Erde und wird dort auch als „Desertifikation" bezeichnet. Rund 40% der Landfläche der Erde sind Trockengebiete, davon sind rund 70% von Bodendegradation betroffen (BMZ, 1997). Rund 1,2 Mrd. Menschen sind allein durch Desertifikation und Dürre gefährdet, d. h. jeder sechste Erdbewohner. Diese direkte Gefährdung in Trockengebieten war Anlass zur Verabschiedung der Desertifikationskonvention (Kap. C 2.4, Kap. C 4.3).

Eine neue Untersuchung für Asien machte deutlich, dass wesentlich mehr Flächen von Bodendegradation betroffen sind, als durch die erste Erhebung ausgewiesen wurden (van Lynden und Oldeman, 1997). Die größten Flächenzuwächse sind in der Klasse der leichten Bodendegradationen (288%) und in den Klassen der sehr starken bis extremen Bodendegradation (146%) zu verzeichnen. Diese Zunahme der degradierten Flächen lässt sich jedoch nicht allein einer verstärkten Degradationsdynamik zuschreiben, sondern ist Ergebnis der besseren Datenlage und der höheren Auflösung.

Haupttypen der Bodendegradation sind Wasser- und Winderosion, physikalische Degradation durch Verdichtung (z. B. Mechanisierung der Bodenbearbeitung) und Versiegelung (z. B. Straßenbau) sowie Degradation durch Nährstoffverlust (z. B. durch Übernutzung), Versalzung (z. B. fehlerhafte Bewässerung), Kontamination (z. B. Überdüngung) und Versauerung. Diese Typen führen zu dauerhaften bzw. irreversiblen Störungen der Funktionen von Böden oder zu deren Verlust. Von den global relevanten Funktionen der Böden ist die Nutzungsfunktion die wichtigste, da Böden die Grundlage der landwirtschaftlichen Produktion sind.

Daneben haben Böden auch bedeutsame Regelungsfunktionen für die globalen biogeochemischen Stoffkreisläufe. Böden sind entscheidend für den Wasserkreislauf der Kontinente und Energiehaushalt der Atmosphäre, sind Quellen und Senken für Treibhausgase, Speicher und Transformatoren für Nährstoffe sowie Puffer, Filter, Transformatoren und Speicher von Schadstoffen. Böden haben auch eine Lebensraumfunktion, weil sie eine hohe biologische Vielfalt an Pflanzen, Pilzen, Tieren und Mikroorganismen enthalten, deren Stoffumsatz die Regelungsfunktion und die Produktionsfunktion wesentlich stützen (WBGU, 1994). Schließlich verfügen Böden als „Träger" der Standortbedingungen einer Region auch über eine Kulturfunktion.

Eine Beeinträchtigung dieser Funktionen kann gravierende Auswirkungen auf die natürlichen Lebensgrundlagen der Menschheit haben. An erster Stelle steht die Gefährdung der globalen Ernährungssicherheit durch Bodendegradation. Davon sind insbesondere die Entwicklungsländer betroffen, da dort die überwiegende Zahl der Menschen direkt von der Landwirtschaft lebt und ein Ausfall dieser Einkommensquelle in der Regel Existenz gefährdend ist. Bodendegradation überlagert sich hier mit dem Problem der absoluten Armut. Zusammen mit der Bevölkerungsdynamik in vielen Entwicklungsländern ist eine Verschlechterung der Ernährungssicherheit durch eine stagnierende oder rückläufige Produktion bei der derzeitigen fortschreitenden Bodendegradation absehbar (vor allem in Afrika). Ein Verlust der Böden vermindert auch ihre Senkenfunktion für Treibhausgase und verstärkt damit den Klimawandel. Zudem verändert Bodendegradation auch die Wasserkreisläufe, indem die Wasserspeicherkapazität der Böden stark vermindert wird. Wie sehr die Regelungsfunktion der Böden für die globalen biogeochemischen Kreisläufe durch Degradation beeinträchtigt wird, ist noch weithin unbekannt. Schließlich bedeutet die Bodenzerstörung immer auch einen Verlust biologischer Vielfalt.

B 2.5.1
Ursachen

Die Hauptursachen der globalen Bodendegradation sind Übernutzung durch Land- und Forstwirtschaft (Entwaldung, Überweidung), hinzu kommt eine diffuse Kontamination durch Stoffeinträge sowie eine zunehmende Versiegelung der Böden, vor allem in den Industrieländern (WBGU, 1994). Die Hauptursachen der Bodendegradation ähneln stark denen des Biodiversitätsverlustes. An vorderster Stelle steht der Strukturwandel in der Landnutzung (*Dust-Bowl-Syndrom, Sahel-Syndrom, Grüne-Revolution-Syndrom*), insbesondere die Intensivierung der Landwirtschaft, die Steigerung der Nahrungsmittelproduktion und die Ausweitung der landwirtschaftlichen Nutzfläche. Böden werden vor allem durch nicht angepasste Produktionstechniken, etwa armutsbedingte Übernutzung (z. B. Verlust der Vegetationsdecke) oder industrielle Landwirtschaft (z. B. Fertilitätsverlust, Versalzung, Kontamination) degradiert.

Besonders gravierend sind die Folgen der meist hoch subventionierten industriellen Landwirtschaft: Auf Gunststandorten werden in Monokulturen unter hohem Kapital-, Energie-, und Technikeinsatz maximale Erträge erzielt (*Dust-Bowl-Syndrom*). Dabei beschränkt sich diese Form der landwirtschaftlichen Nutzung nicht nur auf Industrieländer, sondern wird auch beim Anbau von Marktfrüchten in den Entwicklungsländern angewendet (zum Zusammenhang zwischen Globalisierung und Ernährungssicherung: BMZ, 2000). Ganz andere Ursachen hat das *Sahel-Syndrom*: Hier steht die Übernutzung natürlicher Ressourcen zur Überlebenssicherung im Vordergrund. Auch die Degradation natürlicher Ökosysteme, insbesondere die weltweite Entwaldung, geben Böden der Zerstörung preis (*Raubbau-Syndrom*). Ebenso kann es durch den Bau von Großprojekten zu Bodendegradation kommen, wie die weiträumige Bodenversalzung am Aralsee in Folge der Ausweitung der Bewässerungslandwirtschaft zeigt (*Aralsee-Syndrom*). Dabei spielen die gesteigerte Nahrungsmittelnachfrage, aber auch die Notwendigkeit eines intensiven Marktfrüchteanbaus zur Devisenerwirtschaftung eine zentrale Rolle.

Die Sicherung der globalen Ernährung war auch der Hintergrund bei der Verbreitung der „Grünen Revolution", die besonderes in Asien erfolgreich war, in Afrika aber scheiterte. Weil die Grüne Revolution eine genaue, zeit- und sachgerechte Anwendung der landwirtschaftlichen Betriebsmittel verlangt, hat sie sich in vielen Fällen als eine nicht angepasste Technologie erwiesen, mit entsprechenden negativen Auswirkungen auf die Böden (z. B. Versalzung, Kontamination, Verdichtung, Erosion; WBGU, 1998a). Als großräumig angelegte Modernisierung der Landwirtschaft mit importierter Agrartechnologie nach einheitlichem Muster hat sie kaum auf regionale Besonderheiten Rücksicht nehmen können (*Grüne-Revolution-Syndrom*).

Auch die flächenintensive Urbanisierung trägt durch die Bodenversiegelung zum Verlust nutzbarer Agrarflächen und dem „Verschwinden" der Böden bei (*Suburbia-Syndrom*). Welche Auswirkungen der Klimawandel auf die Böden haben wird, ist noch nicht absehbar. Es ist weitgehend unbekannt, wie schnell sie sich an neue klimatische Bedingungen anpassen werden und welche sozioökonomischen Folgen damit verbunden sind. Bei fortschreitender globaler Erwärmung wird ein großflächiges Auftauen der sibirischen Permafrostböden erwartet. Der plötzlichen Verfügbarkeit neuer landwirtschaftlicher Nutzfläche stünden vermutlich verlorene Flächen im Sahel gegenüber und eine abrupte massive Freisetzung des Treibausgases Methan (Kap. B 2.1). Sicher ist, dass es durch Bodendegradation Einflüsse und Rückwirkungen, z. B. durch global veränderte Oberflächenalbedo oder verändertes Evapotranspirationsverhalten auf das Klimasystem geben wird.

B 2.5.2 Handlungsbedarf

Der Schutz und die nachhaltige Nutzung der Böden verlangen ein ganzes Maßnahmenbündel, das Schutz- und Nutzungsinteressen im Sinne einer nachhaltigen Entwicklung vereint (Tab. B 2.5-1). Als schleichender Prozess ist die Bodendegradation jedoch als besonders risikoreich einzustufen, da völlig unbekannt ist, wann sie zu irreversiblen und kritischen Veränderungen der natürlichen Umweltsysteme führen kann oder dazu beiträgt. Besonders gravierend ist zudem die mangelnde Wahrnehmung der Bodendegradation.

Im Hinblick auf die bestehenden internationalen Vereinbarungen, die sich bislang auf den Schutz von Böden in Trockengebieten beziehen (Kap. C 4.3), hat der Beirat wiederholt die Entwicklung einer international übergreifenden Regelung zum Schutz und zur nachhaltigen Nutzung der Böden empfohlen (WBGU, 1994, 1999a, 2000). Nach wie vor ist vor allem die Entwicklungszusammenarbeit gefordert, da sich die Umwelt- und Entwicklungsprobleme in den Entwicklungsländern konzentrieren. Aber auch in den Industrieländern besteht Handlungsbedarf. Insbesondere betrifft dies die notwendige Reform der Subventionen für die Landwirtschaft, z. B. in der Europäischen Union (WBGU, 2000).

B 2.5.3
Institutionelle Regelungen

B 2.5.3.1
Vorbeugung

VERBESSERUNG DER WISSENSBASIS
Ein Hauptproblem der internationalen Bodenpolitik ist der unzureichende Kenntnisstand. Seit 1990 gibt es zwar die Global Soil Degradation Database (GLASOD), mit der eine erste wissenschaftliche globale Bestandsaufnahme erfolgte, allerdings wurde diese Arbeit nicht kontinuierlich fortgeführt und verfeinert. Zudem sind die GLASOD-Daten hauptsächlich qualitative Einschätzungen und beruhen auf Expertenmeinungen (Oldeman, 1999). Für Asien existiert mittlerweile eine verbesserte regionale Kartierung (ASSOD). Dank besserer Datenlage und höherer Auflösung wurde deutlich, dass wesentlich mehr Flächen von Bodendegradation betroffen sind, als bisher ausgewiesen wurden (van Lynden und Oldeman, 1997). Um detaillierte Kenntnisse über die weltweite Bodendegradation zu erhalten, sollte der Aufbau des „Global and National Soil and Terrain Digital Database Program" (SOTER) unterstützt werden. Zur Entwicklung von SOTER arbeiten das Internationale Bodenreferenzzentrum (ISRIC), die FAO und UNEP zusammen. Mit SOTER soll über die nächsten 10–15 Jahre eine globale Datenbank über Böden, Bodennutzung und Bodendegradation geschaffen werden (Oldeman, 1999).

Langfristig bedarf es aber einer Struktur, die die Bodenveränderungen im Anschluss an SOTER überwacht. Hinzu kommt aktueller Beratungsbedarf zur Rolle biologischer Senken bei der Umsetzung internationaler Umweltregime, zur Abschätzung globaler Leitplanken für Bodendegradation („tolerable Fenster") sowie der Entwicklung eines Basiskatalogs globaler Indikatoren. Der Beirat empfiehlt daher ein „Intergovernmental Panel on Soils (IPS)" einzurichten (Kap. E 1.3.2). Die Maßnahmen zur Verbesserung des Wissens gelten insbesondere auch für das Regime zur Bekämpfung von Bodendegradation in Trockengebieten (UNCCD), wo die Entwicklung eines „Kernsets" globaler Indikatoren sowie von Leitplanken für Bodendegradation noch aussteht (Kap. C 4.3).

SCHAFFUNG EINER GLOBALEN
VÖLKERRECHTSVERBINDLICHEN ÜBEREINKUNFT
Die Entwicklungen im Rahmen des Rio-Folgeprozesses und neue wissenschaftliche Erkenntnisse haben den Beirat in seiner Ansicht bestärkt, erneut auf die Notwendigkeit zur Schaffung einer globalen Bo-

Tabelle B 2.5-1
Ursachen, Handlungsbedarf und notwendige institutionelle Regelungen bei der Bodendegradation.
Quelle: WBGU

Primäre Ursachen	Unmittelbare Auslöser oder Wirkungen	Zentraler Handlungsbedarf	Institutionelle Regelungen
AUSWEITUNG DER LANDNUTZUNG (*Sahel- und Raubbau-Syndrom*) • Absolute Armut • Gefährdung der Ernährungssicherheit • Bevölkerungswachstum • Common-Access-Problem	• Landwirtschaftliche Übernutzung marginaler Standorte • Konversion natürlicher Ökosysteme	• Wissensbasis verbessern • Multifunktionelle, standortgemäße Landnutzung anwenden • Bodenschutz in die Preise internalisieren • Rechtssicherheit herstellen	• Globale Bodenkonvention einführen • „International Panel on Soils" (IPS) einrichten • Ausgeglichenere Landbesitzverteilung unterstützen • Entwicklungszusammenarbeit stärken
INTENSIVIERUNG DER LANDWIRTSCHAFTLICHEN NUTZUNG (*Dust-Bowl-Syndrom, Grüne-Revolution-Syndrom, Aralsee-Syndrom*) • Gefährdung der Ernährungssicherheit • Steigerung der Nahrungsmittelproduktion • Globalisierung der Märkte	• Nicht standortgemäße Nutzung • Stoffliche Überlastung von Ökosystemen • Markt- und Politikversagen (Subventionierung von Überproduktion)	• Multifunktionelle, standortgerechte Landnutzung fördern • Rahmenbedingungen für Agrarmärkte umweltfreundlich gestalten	• Globale Bodenkonvention einführen • „International Panel on Soils" (IPS) einrichten • Agrarsubventionen abbauen und frei werdende Mittel vorsehen für Honorierung ökologischer Leistungen • Ausgeglichenere Landbesitzverteilung unterstützen • Integrierte Systeme von Düngung, Be- und Entwässerung, Mehrfelderwirtschaft, Fruchtwechsel usw. anwenden und Anreize für ökologischen Landbau setzen • Standortgerechte Kulturpflanzensorten entwickeln • Technologie- und Wissenstransfer integrierter Systeme verstärken
URBANISIERUNG (*Suburbia-Syndrom, Altlasten-Syndrom, Müllkippen-Syndrom*) • Mobilität • Migration • Lebensstile	• Zersiedelung • Versiegelung, Flächenverbrauch • Kontamination	• Nachhaltige Stadtentwicklung fördern • Bodenbewusstsein fördern	• Flächenverbrauch senken • Entsiegelung der Städte fördern • Altlasten sanieren
KLIMAÄNDERUNGEN (*Hoher-Schornstein-Syndrom*) • Lebensstile • Mobilität	• Auftauen von Dauerfrostböden und Verfügbarkeit neuer Böden • Zunahme von Bodendegradation durch Änderungen von Wasserkreisläufen	• Anpassungsfähigkeit von Agrarsystemen gegen absehbare Klimaänderungen verbessern	• Klima- und Bodenschutz integriert betrachten: Zusammenarbeit der Konventionen verbessern • Anpassungsfähige Kulturpflanzen züchten

denkonvention hinzuweisen (WBGU, 1994, 2000). Dieser Empfehlung haben sich inzwischen eine Reihe weiterer Institutionen angeschlossen (TISC, 1998; SRU, 2000). Am ehesten realisierbar erscheint dieses Ziel durch eine Erweiterung der Desertifikationskonvention, etwa durch zusätzliche regionale Anlagen (WBGU, 1999a, 2000). Allerdings wird dieses Vorhaben nur dann umsetzbar sein, wenn die Interessen der Entwicklungsländer angemessen berücksichtigt werden (Pilardeaux, 1999). Wesentliche Elemente einer solchen globalen Bodenkonvention sollten die Bausteine technisch-wissenschaftliche Beratung, Erfüllungskontrolle und Finanzierungssicherheit sein (Kap. C).

UMSETZUNG NATIONALER AKTIONSPROGRAMME
Eines der zentralen Instrumente zur Umsetzung der Ziele der Desertifikationskonvention sind die nationalen Aktionsprogramme zur Desertifikationsbekämpfung, die seit 1999 in nahezu allen betroffenen Ländern konzipiert worden sind. Entscheidend ist, dass die konkrete Umsetzung dieser Maßnahmen

durch die Industrieländer finanziell und technisch unterstützt wird.

B 2.5.3.2
Anpassung und Nachsorge

NATIONALE AGRARENTWICKLUNGSPOLITIKEN LOKAL ANPASSEN UND DIVERSIFIZIEREN

Bei der Weiterentwicklung von Landnutzungssystemen kommt es darauf an, die Fehler der Vergangenheit, insbesondere die der Grünen Revolution, nicht zu wiederholen (WBGU, 1998a). Vor allem sollte unter Berücksichtigung indigenen Wissens auf die regionale Anpassung geachtet werden und Mehrfruchtsystemen der Vorzug vor Monokulturen gegeben werden. Durch ein integriertes System von Düngung, Be- und Entwässerung, Mehrfelderwirtschaft und Fruchtwechsel kann die Bodenqualität nachhaltig verbessert und die Ernährungssicherheit erhöht werden. Bei der Übernutzung aus Armut bleibt eine Mischung aus Schaffung alternativer Einkommensmöglichkeiten und Rekultivierungsmaßnahmen neben einem Bündel an soziopolitischen Maßnahmen das beste Rezept, um eine Verbesserung der Situation zu bewirken. Nach wie vor ist das Prinzip der Nutzungsdiversität nicht nur krisenfester, sondern auch schonender für die Böden.

BERÜCKSICHTIGUNG DES KLIMAWANDELS IN DER AGRARFORSCHUNG SICHERSTELLEN

Um die Agrarsysteme für den zu erwartenden Klimawandel anpassungsfähiger zu machen, empfiehlt sich die Entwicklung von entsprechenden anpassungsfähigen Kulturpflanzen durch die internationale Agrarforschung. Eingedenk der momentanen Modellvorhersagen, die zwar mehr globale Niederschläge als Ergebnis der globalen Erwärmung vorhersagen, aber eher rückläufige Niederschläge in ariden und semi-ariden Gebieten (WBGU, 1998a), ist die weitere Forschung zur Entwicklung dürre- und salzresistenter Kulturpflanzen dringend geboten.

RESTAURATION UND NACHSORGE KAUM ERFOLG VERSPRECHEND

Vollständig degradierter Boden ist nicht mehr wiederherstellbar. Mittelmäßig bzw. stark degradierte Böden sind nur mit großem finanziellem und technischem Aufwand zu restaurieren. Bereits heute müssen rund 16% der Böden weltweit mehr oder weniger als verloren angesehen werden. Nachsorgemaßnahmen können in diesem Sinne nur die Abfederung der sozioökonomischen Folgen für die unmittelbar Betroffenen umfassen und die Eindämmung der weiteren Ausbreitung in angrenzenden Gebieten. Daher ist der Schwerpunkt vor allem auf Vorsorge- und Anpassungsmaßnahmen zu legen.

B 2.6
Süßwasserverknappung und -verschmutzung

Die Süßwasserkrise hat sich in den letzten Jahren weiter verschärft, die regionalen Disparitäten der Süßwasserversorgung haben zugenommen (WBGU, 1998a; Gleick, 1998). Heute leben rund 1,2 Mrd. Menschen ohne Zugang zu sauberem Trinkwasser, vor allem in Entwicklungsländern (Cosgrove und Rijsberman, 2000). In 50 Ländern der Erde herrscht bereits große Wasser*knappheit*, was zukünftig zur Verschärfung wasserbedingter Konflikte beitragen könnte.

Neben der Verknappung ist die *Verschmutzung* das zweite zentrale Merkmal der Wasserkrise. Nährsalze und Schadstoffe aus Siedlung, Landwirtschaft und Industrie führen zu einer Beeinträchtigung der Nutzungsfunktionen der Binnengewässer und des Grundwassers. Weltweit werden nur etwa 5% des anfallenden Abwassers einer Behandlung unterzogen, selbst in den OECD-Ländern wird ein Drittel der Abwässer nicht geklärt (WBGU, 1998a). Die überwiegende Mehrheit der rasch wachsenden Megastädte in Entwicklungsländern hat keine Anlagen zur Abwasserbehandlung, was auch für die Weltmeere eine zunehmende Belastung darstellt (Kap. B 2.3). Sanierungsmaßnahmen von Binnengewässern haben bisher fast ausschließlich in Industrieländern zu erkennbaren Erfolgen geführt.

Süßwasser ist der wichtigste limitierende Faktor für die Nahrungsmittelproduktion, 70% des globalen Wasserverbrauchs werden schon jetzt in der *Landwirtschaft* genutzt. Um das Wasserdargebot zu sichern oder zu steigern, werden weltweit über 40.000 Staudämme betrieben. Dennoch kommt es bereits in vielen Regionen der Erde zu Produktionsausfällen wegen mangelnder Bewässerungsmöglichkeiten oder falsch ausgeführter Bewässerung (WBGU, 1998a; Cosgrove und Rijsberman, 2000).

Auch die Gesundheitsgefährdung nimmt zu: Etwa 3,3 Mrd. Menschen sind ohne Versorgung mit sauberem Sanitärwasser. Über 50% der Weltbevölkerung, insbesondere in den Schwellen- und Entwicklungsländern, sind von wasserbedingten Krankheiten betroffen. 3,4 Mio. Menschen sterben jährlich allein durch Verunreinigungen und Keime im Trinkwasser (WHO, 1999).

Mit der Ausbreitung und Intensivierung der Landwirtschaft ist die *Zerstörung aquatischer Ökosysteme* (Feuchtgebiete, Seen, Fließgewässer) verknüpft, die oft einen besonders hohen Grad an biologischer Vielfalt aufweisen. In Großbritannien und den Niederlanden sind 60%, in Kalifornien sogar 90% der Feuchtgebiete bereits verloren gegangen (Finlyason und Moser, 1991; Dahl, 1990). Die Verschmutzung von Gewässern und die Kontamination von Grundwasser sind ökologisch besonders bedenklich, weil sie einen hohen zeitlichen Verzögerungsgrad und eine ausgeprägte Persistenz aufweisen. Viele Schadstoffe können über längere Zeiträume in Gewässersystemen akkumulieren oder entfalten oft erst in Kombination mit anderen Substanzen ihre Wirkung. Insgesamt tragen Ausmaß und Bedeutung des gegenwärtigen Süßwasserproblems den Keim einer globalen sozialen und ökologischen Krise in sich (WBGU, 1998a).

B 2.6.1
Ursachen

Ein wesentlicher Grund für die Süßwasserkrise in zahlreichen Regionen ist die klimatisch und naturräumlich bedingte extrem ungleiche Verteilung von Süßwasser auf der Erde. Das Wasserdargebot wird insbesondere in klimatischen Randlagen sehr empfindlich durch *Klimaveränderungen* beeinflusst (z. B. in der Sahelzone), so dass sich die Süßwasserkrise durchaus weiter verschärfen könnte (Kap. B 2.1).

Das Süßwasser spielt in der Gesellschaft eine so zentrale Rolle, dass nahezu alle Syndrome des Globalen Wandels zur Verursachung der Wasserkrise beitragen (Tab. B 2.6-1). In der Landnutzung sind in erster Linie das *Dust-Bowl-*, *Grüne-Revolution-* und *Aralsee-Syndrom* von Bedeutung. Aber auch die in Städten konzentrierten *Favela-* und *Suburbia-Syndrome* mit der Wechselwirkung zu den *Müllkippen-* und *Altlasten-Syndromen* spielen eine wesentliche Rolle im komplexen Ursachengefüge der Süßwasserkrise (WBGU, 1998a).

Der Strukturwandel der Landwirtschaft ist eine wesentliche Triebkraft für den Wassermangel. Die Zunahme der Bewässerungslandwirtschaft – für den Anbau von Devisen bringenden Exportprodukten („cash crops") oder Grundnahrungsmitteln als Folge des Bevölkerungswachstums – hat einen erheblichen Anteil an der weltweiten Erhöhung des Wasserverbrauchs. Durch den Anbau nicht standortgemäßer Nutzpflanzen kann es dazu kommen, dass ein arides Land sein knappes Wasser über die Agrarprodukte „exportiert" und so die lokale Wasserversorgung unterminiert wird (z. B. Anbau von Zitrusfrüchten in Israel; Falkenmark und Wildstrand, 1992). Mit der Zunahme des Fleischkonsums steigt der Wasserbedarf für die Nahrungsproduktion weiter. Im Vergleich zu rein vegetarischer Nahrung verursacht eine Ernährung mit einem Anteil von nur 20% Fleisch bereits eine Verdopplung des Wasserbedarfs in der Landwirtschaft (Klohn und Appelgren, 1998). Technische Großprojekte (z. B. Staudämme; *Aralsee-Syndrom*) sollen den gesteigerten Wasserbedarf decken helfen, sind jedoch häufig mit sozialen Verwerfungen (z. B. durch Umsiedlungsmaßnahmen) verbunden und schaffen andere ökologische Probleme (McCully, 1996; WCD, 1999). Die Intensivierung der Landwirtschaft führt zur Belastung von Grund- und Oberflächenwasser mit Stickstoff, wodurch seine Eignung als Trinkwasser durch überhöhte Nitratkonzentrationen verringert wird. Hinzu kommen Biozide, die sich z. T. in der Nahrungskette anreichern können.

Gleichzeitig führt die Änderung der Lebensstile im Zuge von Urbanisierung und Industrialisierung zu einem steigenden Verbrauch und zu Verschmutzung von Süßwasser. Als Folge von Urbanisierung verringern sich die nutzbaren Wasservorkommen durch Flächenversiegelung. Anspruchsteigerung und die Ausbreitung westlicher Konsum- und Lebensstile treiben den Strukturwandel in der Industrie an und verursachen über einen höheren Verbrauch von Energie und Rohstoffen auch einen höheren Wasserbedarf (z. B. *Kleine-Tiger-Syndrom*). Nährstoff- und Schadstoffeinträge aus unzureichend geklärten häuslichen und industriellen Abwässern führen in Gewässern zur rasanten Eutrophierung und Schadstoffanreicherung (vor allem durch das *Favela-Syndrom*). Die Subventionierung bis hin zur kostenlosen Bereitstellung von Süßwasser kann zu einem sorglosen und verschwenderischen Umgang mit Wasser beitragen, ist aber gleichzeitig für die Sicherstellung der Grundversorgung für einkommensschwache Gruppen unerlässlich. Geringe Effizienz der Wasserversorgung und -nutzung schränkt die Verfügbarkeit der knappen Ressource Süßwasser weiter ein. In vielen Städten führen lecke Rohrleitungen und illegale Abzweigungen zu Verlusten von 20–50% (Zehnder et al., 1997).

B 2.6.2
Handlungsbedarf

Würden nur die Süßwasserprobleme Mittel- und Westeuropas sowie Nordamerikas betrachtet, so könnte von einem globalen Umweltproblem kaum die Rede sein. Doch in vielen anderen Regionen der Erde besteht erheblicher Handlungsbedarf in Bezug auf Wasserverknappung und -verschmutzung. Insgesamt zeigt die Analyse, dass sich die weltweit herausbildende Süßwasserkrise zukünftig noch verschärfen wird. Deshalb sollte die Politik umgehend reagieren, um die Risiken zu mindern und eine Trendumkehr zu erreichen.

Tabelle B 2.6-1
Ursachen, Handlungsbedarf und notwendige institutionelle Regelungen bei der Süßwasserverknappung und -verschmutzung.
Quelle: WBGU

Primäre Ursachen	Unmittelbare Auslöser oder Wirkungen	Zentraler Handlungsbedarf	Institutionelle Regelungen
INTENSIVIERUNG UND AUSWEITUNG DER LANDNUTZUNG (*Grüne-Revolution-Syndrom, Dust-Bowl-Syndrom, Sahel-Syndrom, Aralsee-Syndrom*) • Steigerung der Nahrungsmittelproduktion • Produktion von cash crops • Landnutzung auf marginalen Standorten • Markt- und Politikversagen (Subventionierung) • Internationale Verschuldung	• Zunahme des Wasserverbrauchs und Veränderung der lokalen Wasserbilanz • Ausweitung der Bewässerung, technische Großprojekte • Belastung von Grund- und Oberflächenwasser mit Nährstoffen und Bioziden	• Nachhaltige, standortgemäße Landnutzungsformen fördern • Großprojekte nur bei Einhaltung der ökologischen und sozialen Leitplanken durchführen • Nutzungseffizienz der Bewässerungstechnik verbessern • Wasserintensive Produktionen in Länder mit ausreichendem Wasserdargebot verlagern	• Ökologische Landwirtschaft und Labelling-Systeme fördern • Wasserrelevante Standards stärker in Entwicklungsprojekten (z. B. Weltbank) beachten • Züchtung salz- und trockenresistenter Pflanzensorten und Einsatz neuer Techniken für wassersparende Landnutzung fördern • Technologie- und Wissenstransfer von effektiven und effizienten (auch traditionellen) Bewässerungssystemen fördern • Regelungen zum verminderten Einsatz oder Verbot von Agrochemikalien durchsetzen
STRUKTURWANDEL DER INDUSTRIE (*Grüne-Revolution-Syndrom, Katanga-Syndrom, Müllkippen-Syndrom, Kleine-Tiger-Syndrom*) • Anspruchsteigerung, Lebensstile • Industrialisierung • Markt- und Politikversagen • Globalisierung der Märkte	• Wasserpreise spiegeln nicht die Knappheit wider • Schadstoffeinträge in Gewässer	• Nutzungseffizienz verbessern • Mindestqualität von Wasser sicherstellen • Wassermanagement transparent und partizipativ gestalten • Verzerrende Marktinterventionen vermeiden	• Wassermärkte institutionalisieren • Angepasste Technologien für Wasserversorgung entwickeln, anwenden und transferieren • Umwelttechnik für Siedlungs- und Industrieabwässer fördern und umsetzen • Mindestanforderungen an die Süßwasserqualität (z. B. Trinkwasser, Bewässerung) international verankern • Subventionen für Wasserver- und -entsorgung abbauen • Umweltbildung zur Wasserproblematik stärken • Forschungs- und Entwicklungsprojekte zur Meerwasserentsalzung ausbauen
URBANISIERUNG UND MOBILITÄT (*Favela-Syndrom, Suburbia-Syndrom, Massentourismus-Syndrom*) • Anspruchsteigerung, Lebensstile • Bevölkerungswachstum • Zunahme der sozioökonomischen Disparitäten, Armut • Nichtnachhaltige Siedlungsformen • Zersiedlung • Zunahme des Tourismus • Zunahme der Mobilität	• Absenkung des Grundwasserspiegels • Nähr- und Schadstoffeinträge in Oberflächengewässer und Grundwasser	• Grundversorgung mit Trinkwasser sichern • Transparentes und partizipatives Wassermanagement von Einzugsgebieten einführen	• „Menschenrecht auf Wasser" garantieren • Weltwassercharta und Wasserfonds einführen • Arme Bevölkerungsschichten bei der Trinkwasserversorgung finanziell unterstützen • Seuchenfrühwarnung einrichten (z. B. Gesundheitsämter vernetzen) • River-Basin-Management anwenden • Bei grenzüberschreitenden Gewässern transnationale Kommissionen und Streitschlichtungsmechanismen einsetzen • Globales Monitoring der Süßwasserressourcen und -ökosysteme verbessern • Sanierung von verschmutzten Oberflächengewässern und Grundwasser fördern

Das vom Beirat im Jahresgutachten 1997 entwickelte Leitbild zum Umgang mit Süßwasser kann hierfür die Richtung vorgeben: *Größtmögliche Effizienz unter Beachtung der Gebote von Fairness und Nachhaltigkeit.* Für spezifische Politikfelder hat der Beirat aus diesem Leitbild Ansätze zur Lösung der Wasserkrise entwickelt (WBGU, 1998a).

Zur Umsetzung des Leitbilds und des Leitplankenansatzes ist eine *globale Strategie* notwendig, deren wesentliche Elemente hier skizziert werden. Je nach Ursachen und beteiligten Trends lässt sich der in Tabelle B 2.6-1 aufgeführte institutionelle Handlungsbedarf im Einzelnen ableiten, wobei die Priorität auf der Vorbeugung liegen sollte.

B 2.6.3
Institutionelle Regelungen

B 2.6.3.1
Vorbeugung

RECHT AUF WASSER
Die Bundesregierung sollte bei der weltweiten Durchsetzung eines Rechts auf Wasser aktiv mitwirken. Hierbei ist vor allem dafür zu sorgen, dass die technischen Voraussetzungen für einen freien Zugang zur Wasserversorgung in allen Ländern – unter Einhaltung der von der WHO festgelegten Mindeststandards für die Wasserqualität – gegeben sind. Es muss eine (regional festzulegende) individuelle Mindestversorgung an Wasser für einkommensschwache Schichten in allen Ländern flächendeckend gewährleistet sein. Dies sollte über die Zuweisung von Wassergeld (analog zum Wohngeld in Deutschland) erfolgen oder über eine entsprechende Tarifgestaltung, d. h. über kostengünstige Tarife für die Wassermenge, die für den individuellen Mindestverbrauch anzusetzen ist.

WELTWASSERCHARTA UND GLOBALES
AKTIONSPROGRAMM
Der Beirat hat in seinem Jahresgutachten 1997 empfohlen, eine „Weltwassercharta" zu initiieren, die allen Regierungen, Kommunen, internationalen Organisationen und nichtstaatlichen Verbänden zur Zeichnung offen stehen sollte (WBGU, 1998a). Es handelt sich dabei um einen globalen Verhaltenskodex, der alle Akteure politisch auf die Bewältigung der Süßwasserkrise verpflichtet. Darauf aufbauend sollte ein „Globales Aktionsprogramm" zur detaillierten Ausgestaltung und Umsetzung der vereinbarten Prinzipien entwickelt werden. Die Empfehlungen des 2. Weltwasserforums gehen in die gleiche Richtung.

GLOBALER WASSERFONDS
Alle Möglichkeiten einer Reduktion des Schuldendienstes der von Wasserkrisen bedrohten Entwicklungsländer sollten ausgeschöpft werden, wobei gegebenenfalls eine Verknüpfung mit wasserpolitischen Programmen zu prüfen ist. Der Aufbau eines globalen Wasserfonds, der über robuste internationale Finanzierungsmechanismen gespeist wird (z. B. durch Einführung eines „Welt-Wasserpfennigs"), sollte in Erwägung gezogen werden.

GRUNDBEDARF UND WASSERMÄRKTE
Es müssen verlässliche und effizient operierende Systeme zur Ver- und Entsorgung von Wasser aufgebaut werden, bei denen einerseits die Preise die Knappheit des Gutes Wasser widerspiegeln und andererseits das Recht auf einen Grundbedarf gewährleistet sowie die ökologischen Mindestanforderungen erfüllt sind. Dazu eignet sich am besten die Einführung von wettbewerbsorientierten Wassermärkten und Eigentumsrechten an Ver- und Entsorgungssystemen (WBGU, 1998a). Dezentral gliederten Versorgungsstrukturen und -regelungen sollte der Vorzug gegeben werden, da sie in der Regel effizienter, für die Betroffenen eher nachvollziehbar und dem jeweiligen Charakter der Region eher angepasst sind als starre zentrale Lösungen. Die staatliche Kompetenz zur Setzung der Rahmenbedingungen und zur Aufsicht muss allerdings gesichert sein. Die Koordination der Wasserressourcen sollte sich entlang der entsprechenden Einzugsgebiete bzw. Flussgebiete organisieren. Das Konzept des integrierten Managements von Einzugsgebieten bildet hierfür einen geeigneten Rahmen.

ENTWICKLUNGSZUSAMMENARBEIT
Von Wasserkrisen betroffene oder bedrohte Staaten müssen besser unterstützt werden. Vor allem bei der Modernisierung bestehender Bewässerungssysteme in der Landwirtschaft, der Sanierung und Erweiterung der Wasserversorgungsnetze, der Etablierung oder Weiterentwicklung von Trinkwasserförderungs-, Abwasserentsorgungs- und Recycling-Systemen besteht Bedarf. Wichtig ist dabei der Transfer von Technologie und Expertise zur Wahrung soziokultureller und ökologischer Wasserstandards, vor allem in die von Wasserkrisen betroffenen Regionen und zum Schutze des Weltnaturerbes, mit besonderem Gewicht auf Wasser sparenden und umwelt-, kultur- und standortverträglichen Methoden.

MONITORING UND FRÜHWARNUNG
Zur Kontrolle der Wasserqualität in den Süßwasserökosystemen fehlen Monitoring-Kapazitäten. Bestehende Monitoringsysteme sollten auf ihre Eignung und Anwendbarkeit in Entwicklungs- und Schwel-

lenländern geprüft und ihre Installation durch organisatorische Unterstützung und Aufbau von Kapazität gefördert werden. Außerdem sind ein europäisches und ein globales Netzwerk unter Einbeziehung von nationalen Gesundheitsämtern und internationalen Verbünden wie den Centers for Disease Control and Prevention (CDC) und der WHO erforderlich, um ein internationales Frühwarnsystem für Seuchengefahren aufzubauen und Epidemien besser bewältigen zu können.

NUTZUNG UND DER SCHUTZ
GRENZÜBERSCHREITENDER GEWÄSSER
Bei grenzüberschreitenden Gewässern können transnationale Vereinbarungen mit ständigen Kommissionen sinnvoll sein, die für die Bewältigung der Süßwasserproblematik im ganzen Einzugsgebiet zuständig sind. Als Vorbild kann dabei die International Joint Commission im Grenzgewässerregime zwischen USA und Kanada dienen (Kap. C 4.2).

KONFLIKTVERMEIDUNG
Viele internationale Konflikte gehen auf ungleiche Nutzung der Ressource Wasser durch Oberrainer und Unterrainer von Flüssen zurück. Pilotprojekte zur ausgewogenen Nutzung von grenzüberschreitenden Flüssen sollten gefördert, international tätige Mediatoren zur Schlichtung solcher Konflikte bereitgestellt und in der Entwicklungszusammenarbeit die Einhaltung von Gerechtigkeitspostulaten als Kriterium berücksichtigt werden.

BILDUNGSMASSNAHMEN
Die Beteiligung aller Akteure an wasserwirtschaftlichen Entscheidungen sollte von Bildungs- und Trainingsmaßnahmen begleitet werden. Diese Bildungsmaßnahmen sollten die Zusammenhänge zwischen Wasser, Gesundheit und Umwelt vermitteln. Hierbei müssen Traditionen, Lebensweisen und Rollenmuster der betroffenen Menschen und v. a. die Selbsthilfepotenziale bei lokalen Wasserproblemen mit einfließen.

B 2.6.3.2
Anpassung

EINSPARUNG
Eine wirkungsvolle Verringerung des Wasserverbrauchs kann durch Ausschöpfung der Einsparpotenziale (Bewässerungstechnik, Brauch- und Regenwassernutzung, Anbau standortgerechter Pflanzensorten, Wasser-Recycling, Aufklärung der Bevölkerung) erzielt werden. Techniken und Verfahren des Recycling von Siedlungs- oder Industrieabwässern und zur mehrfachen Nutzung von Brauch- und Regenwasser sollten verbessert und durch entsprechende Forschung, Pilotprojekte sowie Wissens- und Technologietransfer unterstützt werden.

BEWÄSSERUNGSLANDWIRTSCHAFT
In der Landwirtschaft sollten effektive traditionelle Bewässerungstechniken (z. B. Subak-Bewässerung in Bali) gefördert werden. Der Einsatz neuer Technologien und Anbau salztoleranter oder an Wassermangel angepasster Pflanzensorten kann Wasser sparen helfen. Dabei sollten die Risiken biotechnologischer Verfahren berücksichtigt werden (WBGU, 1998a). Wasserintensive Produktion in Landwirtschaft und Industrie sollte möglichst in Länder mit ausreichendem Wasserdargebot verlagert werden, was z. B. durch ökonomische Anreizsysteme und Kosten deckende Wasserpreise erreicht werden könnte. Die Errichtung wasserbaulicher Großprojekte (z. B. große Staudämme) sollte nur nach sorgfältiger Abwägung der sozialen und ökologischen Folgen finanziell unterstützt werden.

B 2.6.3.3
Nachsorge

Die Sanierung degradierter Süßwasserressourcen ist erheblich teurer und weniger effektiv als entsprechende Vorsorgemaßnahmen. Dennoch wird in Einzelfällen eine entsprechende Förderung durch nationale oder multilaterale Finanzierung notwendig sein. Eine weitere Option der Nachsorge ist die Meerwasserentsalzung, die allerdings wegen ihres extrem hohen Energiebedarfs derzeit nur in Ausnahmefällen und in Regionen mit ausreichender Versorgung an regenerativer Primärenergie ein gangbarer Weg sein kann.

B 2.7
Regimerelevante Eigenschaften der globalen Umweltprobleme

Die globalen Umweltprobleme weisen in ihrer Ursachen- und Wirkungsstruktur sehr unterschiedliche Eigenschaften auf, die für die institutionelle Gestaltung der Umweltpolitik von großer Bedeutung sind. So ist z. B. ein monokausales Problem, das nach Kenntnis der wissenschaftlichen Zusammenhänge an der Ursache mit gezielten technischen Änderungen im politischen oder wirtschaftlichen System gelöst werden kann, ganz anders zu behandeln als ein multikausales Problem, bei dem die Ursache-Wirkungs-Beziehungen besonders komplex sind.

Es gibt viele generelle Eigenschaften, die bei der Betrachtung aller globalen Umweltprobleme von großer Bedeutung sind, z. B. die großen Unterschiede in der ökonomischen Leistungsfähigkeit und der naturräumlichen Ausstattung zwischen Nord und Süd. Auch zeigt sich bei allen Umweltproblemen in unterschiedlicher Ausprägung eine räumliche Trennung von Verursachern und Geschädigten. Am deutlichsten wird dies beim Klimaproblem, von dem die kleinen Inselstaaten am stärksten betroffen sein dürften, obwohl sie am wenigsten zur Verursachung beigetragen haben. Aber auch bei den eher regional oder lokal ausgeprägten Umweltproblemen ist meist eine globale Komponente bei der Verursachung vorhanden, z. B. über die globalen ökonomischen Rahmenbedingungen (Welthandelsordnung). Sozioökonomische Disparitäten zwischen Verursachern und Betroffenen von Umweltproblemen und die Unterschiede in der finanziellen und technologischen Leistungsfähigkeit zur Bewältigung, Anpassung oder auch Vorsorge sind ebenfalls wichtige unterschiedliche Grundmuster der globalen Umweltprobleme. Diese generellen Faktoren spielen bei der Regimegestaltung zur Bewältigung der Probleme eine wesentliche Rolle.

Es gibt eine Reihe weiterer Eigenschaften, die sich aus den problemspezifischen und gesellschaftlichen Zusammenhängen ergeben und bei der Ausgestaltung von Lösungen von grundsätzlicher Bedeutung sind. Im Folgenden wird vor allem auf die speziellen Eigenschaften abgehoben, bei denen sich die Umweltprobleme besonders unterscheiden und die von den darauf zugeschnittenen Regimen daher mit besonderer Aufmerksamkeit beachtet werden müssen. Dazu wird eine Auswahl wichtiger Eigenschaften mit den dazu gehörigen Kernfragen behandelt, ohne allerdings vollständig sein zu wollen (Tab. B 2.7-1; WBGU, 1999a).

- *Ursachencharakteristik:* Ist das Umweltproblem im Wesentlichen auf eine eindeutig definierbare Primärursache zurückführbar? Sind hierfür einfache technische Lösungen denkbar? Der Verlust der stratosphärischen Ozonschicht wird z. B. vor allem von den anthropogenen Emissionen der FCKW verursacht, für die es bereits unschädliche Ersatzstoffe gibt. Bei dem Verlust biologischer Vielfalt sind die Ursachen derart vielfältig und von so unterschiedlichen Faktoren abhängig, dass eine einfache technische Lösung nicht in Frage kommt, sondern je nach Region verschiedene, angepasste Strategien gefunden werden müssen. Ein globales Regime ist umso leichter zum Erfolg zu führen, je einfacher die Ursachenmuster aufzuklären und je überschaubarer sie sind.
- *Systemkomplexität:* Wie komplex ist das systemare Ursache-Wirkungs-Gefüge? Sind Nichtlinearitäten oder plötzliche Umschwünge – vielleicht sogar auf globaler Ebene – zu befürchten? Das Klimasystem ist z. B. durch hoch komplexe und nichtlineare Wirkungsmechanismen geprägt, die noch nicht zufrieden stellend verstanden und grundsätzlich globaler Natur sind. Es besteht die Gefahr plötzlicher Systemumschwünge mit großräumigen Folgen, etwa in Form von Verlagerungen ozeanischer Strömungen (Kap. B 2.1). Komplexe Folgewirkungen lassen sich nicht in einzeln zu beeinflussende Wirkungsstränge zerlegen, die dann unabhängig voneinander behandelt werden könnten. Ein derartiges Problem muss insgesamt gelöst werden, was die Aushandlung und Anpassung der Regime kompliziert. Die Behandlung nichtlinearer Systeme, die sich auch kontraintuitiv verhalten können, verlangt besondere Anstrengungen der Wissenschaft zur Vermittlung der Sachlage und ein sorgfältiges Monitoring, mit dem überraschende Entwicklungen möglichst schnell erkannt werden können. Die Veränderungen der Einschätzungen der „Leitplanken" müssen schnell in entsprechende Regelungen umsetzbar sein, die Regime müssen also z. B. durch Vereinbarung von Zusatzprotokollen flexibel reagieren können.
- *Unsicherheit:* Wie gut ist das Wissen über das Umweltproblem? Ist der naturwissenschaftliche Hintergrund weitgehend aufgeklärt? Gibt es Modelle, Indikatoren, vollständige Datensätze? Auch hier ist die Lage bei den Umweltproblemen sehr unterschiedlich: Beim Süßwasserproblem kennt man die Zusammenhänge auf regionaler Ebene recht gut (es mangelt eher an einer globalen Zusammenschau), während sich die Regime zum Verlust biologischer Vielfalt wohl noch lange mit gundsätzlichen Wissenslücken abfinden müssen. Ein gut bekanntes Problem, zu dem es messbare Indikatoren oder sogar verlässliche Modelle gibt, ist für politische und rechtliche Systeme leichter zu steuern. Bei mangelnden Wissensgrundlagen sollte daher eine international koordinierte Forschung besonders gefördert werden, die einerseits das Grundlagenwissen erarbeiten und andererseits mit Indikatoren-, Monitoring-, Frühwarnsystemen den aktuelle Stand überwachen muss. Regime müssen anpassungsfähig sein und auf veränderte Kenntnis- oder Sachlagen flexibel reagieren können (Munn et al., 2000).
- *Zugang zu Gemeinschaftsgütern (Common Access):* Ist der Zugang zu der gewünschten Ressource einschränkbar? Wie einfach ist es, Eigentumsrechte zu vergeben und durchzusetzen? Der Zugang zur Atmosphäre für die Emissionen von Treibhausgasen oder FCKW ist weltweit für alle möglich. Ebenso ist die Hohe See offen zugänglich, ob sie nun als Senke für Schadstoffe oder als Quelle für biologische Ressourcen genutzt wird. Land hingegen kann mit Eigentumstiteln verse-

Tab. B 2.7-1
Regimerelevante Eigenschaften globaler Umweltprobleme.
Quelle: WBGU

	Ursachen-charakteristik	Systemkomplexität	Unsicherheit	Common Access	Räumliche Disparität	Zeitliche Disparität (Verzögerung)	Irreversibilität, Persistenz
Klimawandel	Monokausale Verursachung (Treibhausgase)	Sehr hohe Komplexität, Nichtlinearitäten, plötzliche Systemumschwünge möglich	Modellierung und Indikatorendefinition möglich, noch mangelnde Systemkenntnis	Common-Access-Problem	Ursache-Wirkungs-Muster global verteilt (Nord-Süd-Problem)	Verzögerungen von Jahrzehnten zwischen Emissionen und Klimawirkungen	Nach menschlichem Maßstab irreversibel; Jahrtausende
Stratosphärischer Ozonabbau	Monokausale Verursachung (FCKW)	Überschaubare Komplexität von Wirkungen und Maßnahmen	Modellierung und Indikatorendefinition möglich, noch mangelnde Detailkenntnis	Common-Access-Problem	Ursache-Wirkungs-Muster global verteilt (Nord-Süd-Problem)	Geringe Verzögerung, wenige Jahre	Hohe Persistenz der FCKW, aber innerhalb von Jahrzehnten grundsätzlich reversibel
Gefährdung der Weltmeere	Multikausale Verursachung	Hohe Komplexität der Wirkungen, plötzliche Umschwünge nicht auszuschließen	Mangelndes Monitoring der Wasserqualität und einiger Fischbestände	Common-Access-Problem	Ubiquitär; Ursache-Wirkungs-Muster global verteilt	Teils große Verzögerungen	Fischbestände: Jahre bis Jahrzehnte; Verschmutzung: Jahrzehnte oder länger
Verlust biologischer Vielfalt und Entwaldung	Multikausale Verursachung	Sehr hohe Komplexität, Nichtlinearitäten, plötzliche Systemumschwünge möglich	Grundlagenwissen und Datenlage mangelhaft, Indikatorendefinition und Modellierung kaum entwickelt	Eigentumsrechte teils schwer definierbar, teils Common-Access-Problem bei genetischen Ressourcen	Ursachen und Wirkungen über alle räumlichen Ebenen verknüpft, global extrem ungleiche Verteilung (Nord-Süd-Problem)	Gering bei Ökosystemkonversion, bei einzelnen Arten bis zu Jahrzehnten	Artensterben ist irreversibel, Erfolg von Ökosystemrestauration unsicher
Bodendegradation	Multikausale Verursachung	Hohe Komplexität von Wirkungen und Maßnahmen, keine plötzlichen Umschwünge	Indikatorendefinition möglich, noch mangelnde Qualität der globalen Datensätze	Eigentumsrechte definierbar	Ursache-Wirkungs-Muster im Wesentlichen regional, aber beeinflusst durch Welthandel, global sehr ungleiche Verteilung	Geringe Verzögerung, wenige Jahre	Je nach Typ teils reversibel (Jahrzehnte), häufig irreversibel (Jahrtausende)
Süßwasserverknappung und -verschmutzung	Multikausale Verursachung	Überschaubare Komplexität von Wirkungen und Maßnahmen, keine plötzlichen Umschwünge	Modellierung und Indikatorendefinition möglich, noch mangelnde Qualität der globalen Datensätze	Eigentumsrechte oft gesellschaftlich nicht akzeptiert, daher Common-Access-Problem	Ursache-Wirkungs-Muster regional (Einzugsgebiete), global extrem ungleiche Verteilung	Geringe Verzögerung	Bei geeigneten Maßnahmen meist innerhalb von Jahren oder Jahrzehnten reversibel

hen werden. Das persönliche Interesse und die eigene Verantwortung im Umgang mit Ressourcen ist mit der Sicherheit von Eigentumsrechten eng verknüpft. Globale Common-Access-Güter leiden oftmals unter Übernutzung, da individuelle Verantwortung kaum zum Tragen kommt, so dass übergreifende Regelungen von besonderer Bedeutung sind. Diese Güter eignen sich daher besonders für den Schutz durch Nutzungsentgelte (Kap. E 3.2.3).

- *Räumliche Disparität:* Spannt sich das Ursache-Wirkungsmuster über den ganzen Globus, oder handelt sich es bei dem Umweltproblem im Wesentlichen um eine Akkumulation lokaler oder regionaler Probleme? Bei einigen Problemen können Verursacher und Betroffene durchaus auf unterschiedlichen Kontinenten beheimatet sein (Klimawandel, stratosphärisches Ozonproblem). Dann sind globale Konventionen dringend notwendig, denn nur das weltweit konzertierte Vorgehen kann Erfolg versprechen. Bei überwiegend lokalen und regionalen Problemen, wie z. B. bei dem Süßwasserproblem stehen Verursacher und Betroffene meist im regionalen Zusammenhang (hier: Einzugsgebiete). Globale Regelungen sind dann weniger zwingend, können aber durchaus als Medium für internationalen Finanz- und Technologietransfer von Bedeutung sein. Umweltprobleme, bei denen sich die regionalen Wirkungen zu globalen Effekten akkumulieren, verlangen einen Mix aus globalen Regelungen und regionalen bzw. lokalen Lösungen (z. B. Böden, biologische Vielfalt).

- *Zeitliche Disparität, Verzögerung:* Wie groß ist die Zeitspanne zwischen Verursachung und Eintreten der schädlichen Umweltfolgen? Wähnt man sich aufgrund großer Verzögerungen vielleicht in falscher Sicherheit? Das Einleiten von ungeklärten Abwässern in einen Fluss hat bereits nach sehr kurzer Zeit messbare Auswirkungen zur Folge. Bei anderen Umweltproblemen liegen Ursache und Wirkung oft zeitlich weit auseinander. Das globale Klimasystem weist z. B. eine große Trägheit auf, es wird auch auf verminderte anthropogene Emissionen nur schwerfällig reagieren. Solche Verzögerungswirkungen lassen sich nur bei gutem Systemwissen erkennen. Sie sind für die Regimebildung besonders bedeutsam, da unter Umständen kostspielige präventive Vermeidungsstrategien ohne bereits wahrnehmbare und vermittelbare Schäden durchgesetzt werden müssen. Unpopuläre, aber aus wissenschaftlicher Sicht notwendige Maßnahmen erfordern deshalb auch besondere „Marketinginstrumente", mit denen entsprechende Vorsorgemaßnahmen vermittelt werden können.

- *Irreversibilität, Persistenz:* Sind die Wirkungen des Umweltproblems reversibel? Um welche Zeitspannen handelt es sich? Wenn man das „menschliche Maß" der Überschaubarkeit von Zeitspannen in den Bereich von Jahrtausenden legt, dann lassen sich die sechs Umweltprobleme grob in zwei gleich große Klassen einteilen: Das Klimaproblem, der Verlust biologischer Vielfalt und viele Formen der Bodendegradation sind irreversibel, da z. B. die Bodenbildungsraten und die Artbildungsprozesse um Größenordnungen langsamer ablaufen als die heutigen Zerstörungsraten. Das Süßwasserproblem, der stratosphärische Ozonverlust und die Meeresproblematik (allerdings mit Ausnahmen: z. B. radioaktive Abfälle) sind hingegen bei Einleitung geeigneter Maßnahmen grundsätzlich kurierbar, die Zeitspannen liegen im Bereich von Jahrzehnten bis wenigen Jahrhunderten. Irreversiblen Veränderungen des globalen Ökosystems muss natürlich mit ganz besonderer Vorsicht begegnet werden (WBGU, 1998a). Sie verlangen Umweltregime, die sich vor allem auf die Vorbeugung und Vermeidung dieser Entwicklungen konzentrieren.

Bei vielen dieser Eigenschaften wird deutlich, welche Schlüsselrolle die Forschung für die Politikformulierung einnimmt. Die Verringerung der Unsicherheit über Ursachen, Systemmechanismen und Wirkungen durch verbesserte Umweltforschung ist daher eine generell abzuleitende Forderung. Der Erkenntnisgewinn allein aber genügt nicht: Besondere Anstrengungen sind bei der Vermittlung der Erkenntnisse an den Schnittstellen Wissenschaft/Politik und Wissenschaft/Öffentlichkeit erforderlich. Wissenschaftliche Politikberatung und wissenschaftlich fundierte Berichterstattung in den Medien sind daher unverzichtbare Instrumente, die es zu schärfen und anzuwenden gilt.

B 3 Zusammenhänge zwischen den globalen Umweltproblemen

Die globalen Umweltprobleme entwickeln sich nicht unabhängig voneinander. Es besteht eine Vielzahl von Wechselwirkungen, die nur selten abschwächende Wirkung zeigen, sondern sehr viel häufiger verstärkenden Charakter besitzen. Dabei bestehen folgende Zusammenhänge:
- Umweltprobleme können gemeinsame Ursachen haben,
- Umweltprobleme können sich gegenseitig beeinflussen (Schnittstellen).

Eine Trennung von Schnittstellen und gemeinsamen Ursachen ist hierbei nicht immer eindeutig möglich. Die Unterscheidung wird daher pragmatisch vorgenommen. Im ersten Fall handelt es sich um *indirekte* Zusammenhänge zwischen den Umweltproblemen, im zweiten Fall um *direkte* Beziehungen (Wirkungen). Beide Fälle erfordern unterschiedliche institutionelle Lösungsansätze.

B 3.1
Gemeinsame Ursachen

Aus der Ursachenanalyse in Kap. B 2 ist deutlich geworden, dass viele der Umweltprobleme gemeinsame Ursachen haben. Die wesentlichen verursachenden Syndrome sind für jedes Umweltproblem in den Tabellen B 2.-1 bis B 2.7-1 aufgeführt, werden hier zusammengefasst und ergänzt. Tab. B 3.1-1 gibt einen Überblick darüber, welche Syndrome ursächlich an der Entstehung der globalen Umweltprobleme beteiligt sind.

Die Anzahl der ursächlich beteiligten Syndrome ist ein Hinweis auf die Komplexität eines globalen Umweltproblems. Zudem lässt sich daraus schließen, ob die Bekämpfung einzelner Syndrome positive Wirkungen auf mehrere Umweltprobleme entfalten könnte.

In unterschiedlichen Syndromen und Umweltproblemen können die gleichen gesellschaftlichen Triebkräfte eine wesentliche Rolle spielen. Daher wird gezeigt, welche dieser Triebkräfte (erste Spalte „primäre Ursachen" der Tabellen zu den einzelnen Umweltproblemen in Kap. B 2) bei vielen der Umweltprobleme besondere Bedeutung haben. Es lassen sich drei Schwerpunkte identifizieren, die auf unterschiedlichen Ebenen des Problems angesiedelt sind:

- *Offener Zugang zu Gemeinschaftsgütern (Common Access)*: Ein Hauptproblem bei der Nutzung globaler Umweltgüter ist die Übernutzung und Überlastung, die sich beispielsweise in der Ausrottung bestimmter Arten, in der Ressourcenausbeutung oder in der Schädigung natürlicher Ökosysteme niederschlägt. Ein freier, allen offener Zugang führt oft zur Übernutzung der Ressource und damit zu Umweltschädigungen, weil jeder seinen individuellen Nutzungsanspruch geltend macht, aber niemand direkt verantwortbar für das Überschreiten der Nutzungsgrenzen ist (Frey und Bohnet, 1996; McCay und Jentoft, 1996; Kap. E 3.2.3). Wenn Menschen auf Ressourcen zugreifen können, die für sie kostenlos sind oder deren Nutzung zumindest ohne großen Aufwand möglich ist, führt das zu dem oft zitierten Dilemma der „Tragedy of the Commons" (Hardin, 1968). Ein möglicher institutioneller Ansatz ist die Einführung von Entgelten für die Nutzung der Gemeinschaftsgüter (Kap. E 3.2.3).

- *Nichtnachhaltige Landnutzung*: Nahezu alle Syndrome des Globalen Wandels und viele der globalen Umweltprobleme sind mit der Landnutzung verknüpft. Nichtnachhaltige Landnutzung ist eines der wichtigsten Phänomene des Globalen Wandels. Umweltprobleme als Folge von Landnutzungsänderungen sind in fast allen Ländern der Erde zu verzeichnen. In Afrika, Asien und Südamerika sind Entwaldung, Übernutzung und Überweidung von Böden sowie landwirtschaftliche Aktivitäten die Hauptursachen anthropogener Bodendegradation (Kap. B 2.5; WBGU, 1994). Zudem gibt es einen stetig steigenden Bedarf an neuen Nutzflächen mit der damit verbundenen Konversion natürlicher Ökosysteme (WBGU, 2000). Dieser Prozess hat eine Reihe von verstärkenden Einflüssen auf andere Umweltprobleme (z. B. Klimawandel; Kap. B 3.2). Der Verlust biologischer Vielfalt, Klimawandel und die Veränderung der globalen biogeochemischen Kreisläufe

Tabelle B 3.1-1
Verursachung globaler Umweltprobleme durch Syndrome. ● bedeutet, dass das Syndrom wesentlich an der Verursachung des Umweltproblems beteiligt ist; ○ deutet auf einen weniger ausgeprägten Einfluss.
Quelle: WBGU, 1996b, modifiziert

	Klimawandel	Stratosphärischer Ozonabbau	Gefährdung der Weltmeere	Verlust biologischer Vielfalt und Entwaldung	Bodendegradation	Süßwasserverknappung und -verschmutzung
Sahel-S.				●	●	●
Raubbau-S.	●		●	●	●	●
Landflucht-S.				●	○	
Dust-Bowl-S.	○		●	●		●
Katanga-S.			○	○	●	●
Massentourismus-S.	○			○	○	●
Verbrannte-Erde-S.				○	○	
Aralsee-S.	○			●	●	●
Grüne-Revolution-S.	●		●	●	●	●
Kleine-Tiger-S.	●	●	●	●	○	
Favela-S.			●	●	●	●
Suburbia-S.	●	●	●	●	●	●
Havarie-S.			●	●	○	○
Hoher-Schornstein-S.	●	●	●	●	●	
Müllkippen-S.			●	○	●	○
Altlasten-S.			○	○	●	○

sind wesentlich von der Landnutzung beeinflusst. Das Problem korrespondiert mit dem Anstieg der Weltbevölkerung und der Wohlstandssteigerung (u. a. durch Umstellung der Ernährungsgewohnheiten). Eine besonders wichtige Triebkraft für die nichtnachhaltige Landnutzung in den Entwicklungsländern ist die Armut, die Menschen aus Mangel an Alternativen zur Übernutzung marginaler Standorte zwingt, um das Überleben zu ermöglichen.

- *Lebensstile*: Industrielle Lebensstile, die Ausbreitung westlicher Konsummuster, Mobilität und Urbanisierung sind Phänomene, die ebenfalls an der Verursachung vieler Syndrome und Umweltprobleme beteiligt sind. Vor allem die Industrialisierung und zunehmende Urbanisierung sind durch einen ineffizienten und zunehmenden Energie- und Ressourcenverbrauch gekennzeichnet. Sie sind untrennbar mit Lebensstilen und Lebensstiländerungen verbunden, so dass heute die Effizienzgewinne bei der Nutzung von Ressourcen durch die absolute Zunahme des Pro-Kopf-Verbrauchs in den Industrieländern und durch das Bevölkerungswachstum in den Entwicklungsländern mehr als kompensiert werden. Wenn man bedenkt, dass heute etwa 2,5 Mrd. Menschen ohne Stromanschluss und mehr als die Hälfte der Weltbevölkerung in Armut leben, muss mit einem enormen Nachholbedarf gerechnet werden. Das aber lässt die Prognose, dass sich der weltweite Energie- und Materialverbrauch bis Mitte des 21. Jahrhunderts zumindest verdoppeln wird, als sehr wahrscheinlich erscheinen. Die Herausforderung, globale Umweltressourcen zu schonen und gleichzeitig ausreichend Energie als Bedingung für wirtschaftliches Wachstum und Lebensqualität zur Verfügung zu stellen, muss bewältigt werden. Dies kann nur durch nachhaltiges Wachstum erfolgen, das langfristig wesentlich stärker auf erneuerbare Energien und das Recycling von Ressourcen setzt. Globale Umweltpolitik sollte auch an diesen problemübergreifenden Schwerpunkten ansetzen, da sich hierdurch breit gestreute Wirkungen für eine nachhaltige Entwicklung erzielen lassen. Auf die Konsequenzen für die institutionelle Ausgestaltung globaler Umweltpolitik wird in Kap. B 3.3 eingegangen.

B 3.2
Wechselwirkungen zwischen den globalen Umweltproblemen

B 3.2.1
Überblick

Die Analyse der Umweltprobleme hat bereits gezeigt, dass es in vielen Fällen starke Beeinflussungen zwischen Umweltproblemen gibt. Diese Wechselwirkungen fügen dem Bild des Globalen Wandels eine weitere Komplexitätsstufe hinzu, denn es können die verschiedenen Probleme nicht unabhängig voneinander betrachtet oder gelöst werden. Allerdings bestehen nicht zwischen allen Umweltproblemen Zusammenhänge, auch sind die Kopplungen von unterschiedlicher Bedeutung. Tab. B 3.2-1 gibt einen Überblick über die bestehenden Wechselwirkungen. Viele sind unzureichend untersucht, daher haben einige der Tabelleneinträge noch hypothetischen Charakter; auch die Einschätzung der Bedeutung der Wechselwirkung ist mit großen Unsicherheiten verbunden. Die übliche sektorale bzw. disziplinäre Herangehensweise an globale Umweltprobleme führt leider dazu, dass das Hauptaugenmerk der Forschung den Problemen und ihren Ursachen selbst gewidmet ist, den möglichen Verknüpfungen mit anderen Umweltproblemen aber zu wenig Bedeutung beigemessen wird.

Die meisten Zusammenhänge sind verstärkend, d. h. die Ausprägung eines Umweltproblems verschärft Ursachen oder Wirkungen eines anderen Umweltproblems. Die einzige Ausnahme ist der stratosphärische Ozonabbau, der möglicherweise auf den Klimawandel abschwächend wirkt (Kap. B 3.2.2.3). In Abb. B 3.2-1 sind Wechselwirkungen zwischen den Umweltproblemen und die zugeordneten globalen Umweltabkommen schematisch dargestellt.

In einem weiteren Schritt sollte auch das synergistische Wirken von gemeinsam auftretenden Umweltproblemen zu neuen Ansatzpunkten für die institutionelle Ausgestaltung der betreffenden Umweltregime führen. Als Beispiel sind die Umweltprobleme Bodendegradation, Süßwasserverknappung und -verschmutzung sowie Verlust biologischer Vielfalt und Entwaldung sehr eng auf der regionalen Ebene miteinander verkoppelt. Diese Wechselwirkungen sind daher am ehesten mit einer integrativen regionalen Strategie zu erfassen und zu bewältigen (bioregionales Management, integriertes Management von Einzugsgebieten; WBGU, 1998a, 2000).

Andere Probleme und ihre Schnittstellen betreffen unmittelbar globale Regelungsfunktionen, so z. B. das Zusammenwirken von Klimawandel, Bodendegradation sowie der Verlust biologischer Vielfalt und Entwaldung. Dies erfordert einen globalen institutionellen Ansatz, in dem diese Wechselwirkungen integrativ behandeln werden, etwa durch verstärkte Zusammenarbeit der bestehenden Konventionen oder durch neue problemübergreifende institutionelle Strukturen (Kap. F 2).

Als Beispiele sollen im Folgenden drei Wechselwirkungen und ihre institutionellen Konsequenzen näher betrachtet werden.

B 3.2.2
Beispiele für Wechselwirkungen

B 3.2.2.1
Klimawandel und Verlust biologischer Vielfalt bzw. Entwaldung

AUSWIRKUNGEN DES KLIMAWANDELS AUF DEN
VERLUST BIOLOGISCHER VIELFALT UND
ENTWALDUNG

Der Mensch beeinflusst nicht nur durch direkte Eingriffe (z. B. Ökosystemkonversion und -fragmentierung; Kap. B 2.4) die weltweiten Ökosysteme, sondern es gibt – neben anderen wichtigen Wechselwirkungen – auch starke indirekte Einflüsse auf den Verlust biologischer Vielfalt durch den Klimawandel (ausführlich in WBGU, 2000).

Insbesondere die für Agrar- und Forstwirtschaft relevanten Klimawirkungen sind durch Freilandexperimente und Modelle recht zuverlässig ermittelt worden (McGuire et al., 1995; Peterson et al., 1999). Ein Beispiel sind die Untersuchungen über die Veränderungen des Pflanzenwachstums bei erhöhten CO_2-Konzentrationen, die eine Verstärkung des globalen Ungleichgewichts in der Nahrungsmittelversorgung prognostizieren (Hörmann und Chmielewski, 1998). Es gibt Erkenntnisse über die Reaktionen auf den Klimawandel bei einzelnen natürlichen Ökosystemen und Pflanzenarten in bestimmten Regionen (Markham, 1998). Aufgrund der bisher nicht zuverlässigen Prognosen über die regionale Ausprägung der Erderwärmung sind aber die Konsequenzen für die Ökosysteme der Welt noch nicht im Einzelnen ersichtlich (Graßl, 1999; WBGU, 2000). Zudem ist nicht abschließend untersucht, ob die biologische Vielfalt aufgrund des zu langsamen Wanderungsverhaltens einiger Arten abnehmen wird (IPCC, 1996b).

Für Wälder gilt als wahrscheinlich, dass sich die Waldgrenzen polwärts verschieben werden (Neilson und Drapek, 1998). Dabei wird auf der Nordhalbkugel das Wachstum an der Nordgrenze der Wälder voraussichtlich so langsam sein, dass es die Verluste an der Südgrenze nicht kompensieren kann. Boreale Wälder werden daher voraussichtlich in Struktur und Funktion stärker als z. B. tropische Wälder von einer Klimaänderung betroffen sein (Beerling, 1999).

Das gehäufte Auftreten des Korallenausbleichens in den letzten Jahren lässt sich auf erhöhte Meerestemperaturen zurückführen, was einen Zusammenhang mit Klimaänderungen nahe legt (Hoegh-Guldberg, 1999; CBD, 2000). Längerfristig dürfte durch den prognostizierten Meeresspiegelanstieg

Tabelle B 3.2-1
Wechselwirkungen zwischen globalen Umweltproblemen. Wirkungen sind in den Spalten wiedergegeben (von oben nach unten). Starke Wechselwirkungen sind fett gedruckt.
Quelle: WBGU

Wirkung von \ auf	Klimawandel	Stratosphärischer Ozonabbau	Gefährdung der Weltmeere	Verlust biologischer Vielfalt und Entwaldung	Bodendegradation	Süßwasserverknappung und -verschmutzung
Klimawandel		Evtl. Abschwächung des Treibhauseffekts		**Verlust an CO_2-Senkenfunktion**	Verlust an CO_2-Senkenfunktion, Albedoveränderung	
Stratosphärischer Ozonabbau	Evtl. Förderung von polaren Stratosphärenwolken (PSC)					
Gefährdung der Weltmeere		Verringerung der Primärproduktion durch erhöhte UV-Strahlung		Verlust von Ökosystemfunktionen	(indirekt über Schadstoffbelastung der Flüsse)	**Schadstoffbelastung von Küstenregionen**
Verlust biologischer Vielfalt und Entwaldung	**Verschiebung von Biomgrenzen, Korallenbleichen**	Strahlungsschädigung von Organismen	**Artenverlust durch Übernutzung und Ökosystemkonversion**		**Degradation und Konversion von Ökosystemen**	**Degradation und Konversion von Ökosystemen, Artenverlust**
Bodendegradation	**Desertifikation, Folgen der Niederschlagsänderungen**			**Zunahme von Erosion durch Verlust der Vegetationsdecke**		**Versalzung**
Süßwasserverknappung und -verschmutzung	**Veränderung von Niederschlagsmustern, Desertifikation**			**Veränderung der lokalen Wasserbilanz durch Entwaldung**	**Veränderung der lokalen Wasserbilanz, Schadstoffbelastung**	

(bis zu 1 m in den nächsten 100 Jahren; IPCC, 1995) eine weitere Bedrohung für Korallenriffe entstehen.

Sala et al. (2000) ziehen den Schluss, dass der Klimawandel neben Landnutzungsänderungen zukünftig weltweit der zweitwichtigste Einflussfaktor für den Verlust biologischer Vielfalt darstellt. Dies gilt insbesondere für Ökosysteme, die ohnehin klimatischen Extremen ausgesetzt sind.

AUSWIRKUNGEN DES VERLUSTS BIOLOGISCHER VIELFALT UND DER ENTWALDUNG AUF DEN KLIMAWANDEL

Die wechselseitige Beeinflussung zwischen Biosphäre und Klimasystem im System Erde ist so intensiv, dass für eine Wirkungsanalyse eine getrennte Betrachtung in Teilsystemen nur unzureichende Ergebnisse liefern würde (WBGU, 2000). Großflächige Veränderungen der Biosphäre, insbesondere der Vegetationsstrukturen, werden daher immer auch Veränderungen im Klimasystem mit sich bringen. Der Mensch gestaltet derzeit mit Landnutzungsänderungen die Biosphäre neu. Abholzung oder Brandrodung von Primär- und Sekundärwäldern und Humus abbauende Landnutzungstechniken verstärken die biogenen Quellen von Treibhausgasen und verringern die Senken. Ein Viertel der anthropogenen Treibhausgasemissionen stammt aus dem Wandel der Landnutzung, mit entsprechenden Konsequenzen für das Klimasystem (WBGU, 1998b; Kap. B 2.1). Wegen der nichtlinearen Dynamik in den beteiligten gekoppelten Systemen könnten deshalb auch plötzliche Umschwünge im Systemverhalten ausgelöst werden. Die Erdsystemanalyse ist allerdings derzeit noch nicht in der Lage, diese komplexen Zusammenhänge so nachzuvollziehen, dass genaue Prognosen über alle Wirkungen möglich wären. Es kristalliert

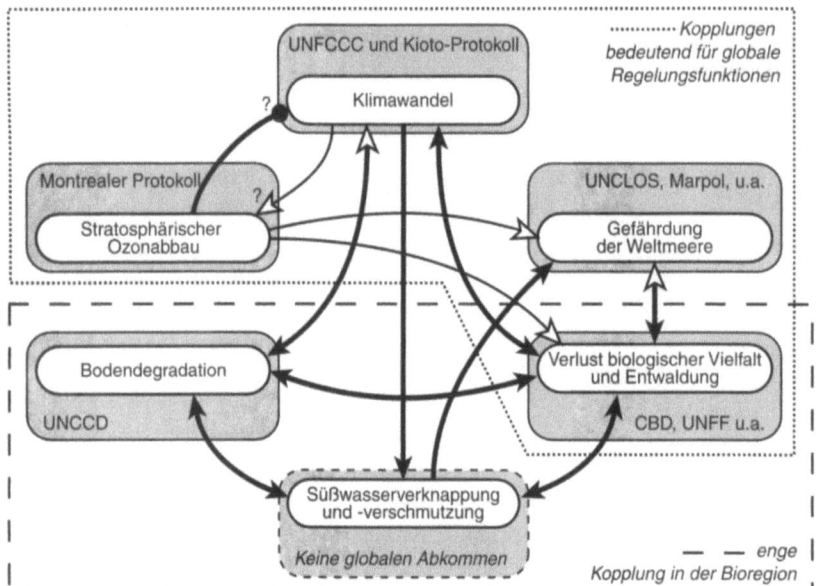

Abbildung B 3.2-1
Wechselwirkungen zwischen den globalen Umweltproblemen. Pfeilspitzen stehen für verstärkende Wirkungen, Kreise für abschwächende. Geschlossene Symbole zeigen starke Wirkungen an, offene Symbole stehen für schwächer ausgeprägte Wirkungen. In den grau hinterlegten Feldern werden relevante globale Verhandlungsprozesse genannt.
Quelle: WBGU

sich aber heraus, dass nicht alle Regionen für diese Mechanismen von gleicher Bedeutung sind: Der Beirat hat im Jahresgutachten 1999 eine biogeographische Kritikalitätsanalyse durchgeführt und eine Reihe wichtiger Regionen identifiziert, die im Erdsystem eine besondere funktionale Bedeutung haben (WBGU, 2000).

KONSEQUENZEN
Angesichts dieser wissenschaftlichen Unsicherheiten bleibt aus Sicht des Beirats die Einbeziehung aller Wechselwirkungen in einem umfassenden, zusammenhängenden Erklärungsansatz der globalen Klima-Biosphären-Interaktionen nach wie vor eine unbewältigte Herausforderung für die Forschung (WBGU, 1996b, 2000).

Die wissenschaftliche Politikberatung auf dem Gebiet biologische Vielfalt im globalen Umfeld weist noch Defizite auf (Kap. F 1). Das vom Beirat vorgeschlagene neue wissenschaftliche Beratungsgremium zur biologischen Vielfalt (Intergovernmental Panel on Biological Diversity, IPBD) müsste eng mit dem entsprechenden Gremium im Klimabereich (Intergovernmental Panel on Climate Change, IPCC) zusammenarbeiten, um diesen wichtigen Wechselwirkungen gerecht zu werden.

Die Folgen der Klimaveränderung für die Biosphäre und die Kopplungen von Klima und Biosphäre im Erdsystem sind auch bei den internationalen politischen Verhandlungen der Biodiversitätskonvention und der Klimarahmenkonvention bisher nur wenig beachtet worden. Eine engere Vernetzung und Zusammenarbeit der beiden Konventionen ist auch deshalb notwendig, weil Maßnahmen im Rahmen der Klimakonvention weit reichende Konsequenzen für die biologische Vielfalt haben dürften. Sowohl Synergien als auch Konflikte sind denkbar, was eine enge Abstimmung beider Konventionen notwendig macht. Vor allem bei der Ausgestaltung des Kioto-Protokolls und der Einbeziehung biologischer Quellen und Senken in die Emissionsminderung sind die Nebeneffekte auf die biologische Vielfalt zu berücksichtigen. Insbesondere muss dafür Sorge getragen werden, dass die Anrechnung von Senken in Entwicklungsländern, etwa durch Aufforstungsprojekte, nicht zu vermehrter Konversion natürlicher Ökosysteme und somit zum beschleunigten Verlust biologischer Vielfalt führt. Der Beirat hat in einem Sondergutachten zu diesem Thema Vorschläge zur Verhinderung dieser negativen Effekte unterbreitet (WBGU, 1998b).

B 3.2.2.2
Klimawandel und Bodendegradation

AUSWIRKUNGEN DES KLIMAWANDELS AUF DIE BODENDEGRADATION
Spielt neben dem eindeutig nachzuweisenden menschlichen Einfluss und dem Einfluss sozioökonomischer Rahmenbedingungen auch der Klimawandel eine Rolle bei der Bodendegradation? Zum jetzigen Zeitpunkt kann der Einfluss des Klimawandels mit der direkten menschlichen Verantwortung als Verursacher der Bodendegradation kaum gleichgestellt werden. Allerdings führt die Zunahme von Dürren zu einer erhöhten Anfälligkeit des Bodens gegenüber Degradation, insbesondere sind Trockengebiete extrem verwundbar (IPCC, 1996a, b). Kurzfristige Niederschlagsschwankungen können jedoch

nicht zur Abschätzung des Einflusses des Klimawandels auf die Desertifikation herangezogen werden, denn sie sind für semi-aride und aride Regionen typisch. Man kann derzeit aber mit einer gewissen Sicherheit davon ausgehen, dass der Anstieg der globalen Mitteltemperatur um 1,5–4,5 °C zu einem Anstieg der mittleren Jahresniederschläge um 3–15% weltweit führen wird (IPCC, 1996a, b). Während erhöhte Niederschläge das Wasserdargebot erhöhen, hat der Temperaturanstieg z. B. durch erhöhte Evapotranspiration auch gegenteilige Effekte. Selbst wenn man in der Summe global einen positiven Nettoeffekt des Klimawandels auf die Wasserverfügbarkeit annimmt, bestehen große Unsicherheiten hinsichtlich der regionalen und zeitlichen Verteilung des Niederschlags. Im Fall des sich abzeichnenden Klimawandels dürften Temperatur-, Evapotranspirations- und Niederschlagsänderungen von Region zu Region sehr unterschiedlich ausfallen. Dabei wird es „Gewinner-" und „Verliererregionen" geben (WBGU, 1998a).

Seit geraumer Zeit wird beobachtet, dass in einigen Regionen Chiles die Niederschläge rückläufig sind, insbesondere dort, wo verstärkt das Phänomen „El-Niño/Southern Oszillation" (ENSO) auftritt. Das ENSO-Phänomen ist mit einer Erwärmung des östlichen äquatorialen Pazifiks verbunden. Es trat verstärkt Anfang der 80er und der 90er Jahre auf und war mit einer Dürrewelle in Afrika und anderen Regionen sowie weiteren Extremwetterereignissen verbunden. Sollte sich die Vermutung bewahrheiten, dass der Klimawandel die ENSO-Aktivitäten verstärkt, dann hätte das einen enormen Einfluss auf die Entwicklung der Bodendegradation.

Auch die Niederschläge in der Sahelzone haben in den vergangenen 25 Jahren nicht die Durchschnittswerte der Jahre 1931–60 erreicht. Obgleich sich ähnliche Trockenperioden bereits in der jüngeren Erdgeschichte ereignet haben, deutet einiges darauf hin, dass die rezenten Trockenperioden im Sahel Teil einer Trockenheit kontinentalen Ausmaßes sind (Nicholson, 1994). Eine erhöhte Niederschlagsvariabilität, die nach den Beobachtungen von Hulme (1992) weltweit zunimmt, ist eine typische Begleiterscheinung dieses Prozesses. Diese hochvariablen Bedingungen können Bodendegradation auslösen oder verstärken. Global betrachtet ist jedoch, abgesehen von der Sahelzone und den Gebieten unter dem Einfluss des ENSO-Phänomens, keine Zunahme von Dürrehäufigkeit oder -intensität in ariden und semi-ariden Gebieten zu beobachten (IPCC, 1996a, b).

Während die meisten terrestrischen Ökosysteme eine Pufferkapazität für Klimaänderungen aufweisen, gilt dies nicht für aride und semi-aride Zonen. Dort können auch geringe Klimaänderungen bereits die Belastungsgrenze überschreiten, so dass eine irreversible Bodendegradation ausgelöst wird. Aride und semi-aride Regionen könnten daher unter den ersten Regionen sein, deren Ökosystemdynamik durch globale Umweltveränderungen nachhaltig verändert wird (West et al., 1994).

Der Einfluss von Klimaänderungen auf Bodendegradation ist derzeit also nicht eindeutig feststellbar und könnte in Zukunft ein wichtiger Faktor werden.

AUSWIRKUNGEN DER BODENDEGRADATION AUF DEN KLIMAWANDEL

Wie verhält es sich aber umgekehrt? Grundsätzlich ist eine Rückwirkung der Desertifikation auf das lokale und globale Klima möglich (IPCC, 1996a, b). Bei Abnahme der Vegetationsdecke in ariden und semi-ariden Gebieten kommt es meist zu einer Zunahme der Oberflächentemperatur. Eine Abnahme des Feuchtigkeitsgehaltes im Boden führt zu einer rascheren Erwärmung der Lufttemperatur, da weniger Energie für die Evapotranspiration „verloren" geht. Eine Übernutzung von marginalen Böden beeinflusst nicht nur die Biosphäre direkt, sondern auch die Funktionen der Vegetation für den lokalen Wasserkreislauf. Wenn dadurch die Wasserrückhaltefähigkeit reduziert wird, verringert sich die Stabilität des Ökosystems und selbst minimale Veränderungen des Klimas können zu plötzlichen Systemumschwüngen führen. Zusätzlich führt jede dauerhafte Degradierung der Vegetationsdecke zur Freisetzung des Treibhausgases CO_2. Letztlich ist der genaue Einfluss der Bodendegradation auf die globale Erwärmung aber noch weitgehend unbekannt (WBGU, 2000).

KONSEQUENZEN

Die großen Unsicherheiten bei der Abschätzung regionaler und globaler Wechselwirkungen zwischen Bodendegradation und Klimawandel machen deutlich, dass hier eine große Wissenslücke besteht. Daher erscheint dem Beirat eine Verbesserung der wissenschaftlichen Politikberatung für den internationalen Bodenschutz nach dem Beispiel des IPCC dringend erforderlich (Kap. C 4.3). Dabei sollte die Dynamik zwischen „Verlierer- und Gewinnerregionen" ein Schwerpunkt sein. Während sich „Verliererregionen" relativ kurzfristig an schlechtere Umweltbedingungen werden anpassen müssen, sehen sich auch die „Gewinnerregionen" (z. B. Gebiete mit auftauenden Permafrostböden) neuen Herausforderungen gegenüber, da sie global gesehen Kompensationsleistungen für die „ausgefallenen" Flächen für die Agrarproduktion erbringen müssen. Dies macht deutlich, dass hier mittelfristig nicht nur technische, sondern auch gesellschaftliche Lösungen entwickelt werden müssen.

B 3.2.2.3
Klimawandel und stratosphärischer Ozonabbau

AUSWIRKUNGEN DES KLIMAWANDELS AUF DEN
STRATOSPHÄRISCHEN OZONABBAU

Die Wechselwirkungen zwischen Ozonabbau, UV-Strahlung und Treibhauseffekt geraten in den letzten Jahren zunehmend in das Interesse der Forschung. Mehrere Untersuchungen haben vorausgesagt, dass erhöhte CO_2-Konzentrationen durch eine Abkühlung der Stratosphäre eine Verstärkung des arktischen Ozonabbaus zur Folge haben könnten. Änderungen des Wasserkreislaufs und dadurch veränderte Zirkulationsmuster können ebenfalls einen starken Einfluss auf den Ozonabbau haben. Der Einfluss von Meerestemperaturen in den Tropen auf den Wasserdampfgehalt der Atmosphäre könnte daher zu verändertem atmosphärischem Transport und Änderungen der kritischen Temperaturen beim Ozonabbau führen (Kirk-Davidoff et al., 1999). Shindell et al. (1998) zeigen, dass erhöhte Konzentrationen von Treibhausgasen kältere, stabilere arktische Wirbel im Winter begünstigen, wodurch der Abbau von Ozon in großen Höhen beschleunigt wird.

AUSWIRKUNGEN DES STRATOSPHÄRISCHEN
OZONABBAUS AUF DEN KLIMAWANDEL

Die Erwärmung der Atmosphäre und somit der Klimawandel könnte durch den Ozonabbau verlangsamt werden: Die durch Ozonverminderung erhöhte UV-Strahlung führt zur Zunahme von freien Hydroxyl-Radikalen in der Troposphäre, die zum Abbau des Klimagases Methan beitragen. Es wird geschätzt, dass dieser Effekt zu einer Verlangsamung der Methanzunahme von 20–40% beiträgt. In neueren Klimamodellen wird der Einfluss von Veränderungen der Ozonschicht auf die Wolkenbildung berücksichtigt. Hansen et al. (1997) errechnen in ihrem Modell eine um 20–30% geringere Erwärmung der Erdoberfläche als durch andere Faktoren zu erwarten wäre.

Nach Angaben der WMO et al. (1998) könnte insgesamt der Einfluss des stratosphärischen Ozonabbaus bis zu 30% der durch Treibhausgase verursachten Klimawirkung kompensiert haben. In den letzten beiden Jahrzehnten wäre demnach ohne den Verlust von stratosphärischem Ozon die Erwärmung um 0,1°C höher gewesen. Dementsprechend wird für möglich gehalten, dass durch eine schnelle Wiederherstellung der Ozonschicht die bremsende Wirkung auf die Klimaerwärmung verloren gehen könnte.

KONSEQUENZEN

Die Ungenauigkeiten solcher Abschätzungen sind jedoch noch sehr groß, da das komplizierte Wechselspiel zwischen Klimaerwärmung und Ozonabbau bislang nur in Ansätzen verstanden ist. Es ist jedoch zu erwarten, dass diese Wechselwirkungen eine viel größere Bedeutung haben als bisher angenommen. Auf diesem Gebiet sind eine verstärkte Koordination und weitergehende Anstrengungen der Forschung notwendig. Auch ist zu empfehlen, die Zusammenarbeit zwischen den Gremien des Montrealer Protokolls und der Klimarahmenkonvention auszubauen, um ein integriertes Vorgehen gegen die anthropogenen Änderungen der gesamten Atmosphäre zu gewährleisten.

B 3.3
Konsequenzen für die institutionelle Ausgestaltung globaler Umweltpolitik

In Kap. B 2.7 wurden Eigenschaften der Umweltprobleme herausgearbeitet, die von der globalen Umweltpolitik bei der Fortentwicklung globaler Umweltregime stärker beachtet werden sollten, um Zielgenauigkeit und -erreichung zu verbessern. Zudem hat die Ursachenanalyse der globalen Umweltprobleme deutlich gemacht, welche primären Ursachen und Mechanismen den Degradationsmechanismen zugrunde liegen und welche Ansatzpunkte für den integrierten Handlungsbedarf vorhanden sind (Kap. B 3.1). Schließlich wurden die Wechselwirkungen zwischen den Umweltproblemen und deren gemeinsamen Ursachen demonstriert mit dem Ergebnis, dass die Schnittstellen zwischen den Umweltproblemen und das Herangehen an die gemeinsamen Ursachen der Probleme einer verbesserten institutionellen Koordination bedürfen (Kap. B 3.2). Für die Gestaltung der globalen Umweltpolitik ergeben sich damit folgende Schlussfolgerungen:

URSACHEN

In Kap B 3.1 wurden folgende drei Schwerpunkte für die „primären Ursachen" globaler Umweltprobleme genannt: offener Zugang zu Gemeinschaftsgütern (Common Access), Landnutzung (und ländliche Armut) sowie energie- und ressourcenintensive Lebensstile (verknüpft mit den Trends Industrialisierung und Urbanisierung). Die Verstärkung von Maßnahmen in Bezug auf diese querschnittbezogenen Ursachen kann für viele Umweltprobleme gleichzeitig „Linderung" bringen.

Armut spielt bei den beiden letzten Schwerpunkten eine wichtige Rolle. Ländliche Armut hat einen bedeutenden Einfluss auf die wesentlich durch Subsistenzsicherung geprägte Landnutzung in Entwicklungsländern und erschwert den Übergang zu einer nachhaltigen Entwicklung. Immer noch muss etwa ein Viertel der Weltbevölkerung mit weniger als 1 US-$ pro Tag auskommen. Allerdings sind Lebenserwartung und Alphabetisierungsraten nahezu überall gestiegen, auch der Ernährungszustand hat sich im Mittel gebessert.

Das Bevölkerungswachstum stellt eine besondere Herausforderung dar, da es grundsätzlich verstärkend auf alle Umweltprobleme wirkt. Allerdings ist offensichtlich, dass eine Verminderung des Bevölkerungswachstums allein keine Garantie für eine Minderung globaler Umweltprobleme ist. Der Grad des Ressourcenumsatzes und somit auch potenzieller Umweltbelastungen wird neben der absoluten Zahl der Menschen vor allem auch durch deren Pro-Kopf-Umsatz sowie die technologische und organisatorische Qualität des Ressourceneinsatzes bestimmt. In den Entwicklungsländern mit hohem Bevölkerungswachstum und geringem Ressourcenverbrauch pro Kopf sollten zunächst Maßnahmen zur Verringerung des Bevölkerungswachstums angestrebt werden, insbesondere durch Verbesserung der sozioökonomischen Lage der von Armut betroffenen Menschen. In den Industrieländern mit geringem (oder sogar negativem) Bevölkerungswachstum und hohem Ressourcenverbrauch pro Kopf sollte der Schwerpunkt auf einer Verringerung des Ressourceneinsatzes liegen. Insgesamt muss die Effizienz der Ressourcennutzung deutlich erhöht werden. Eine globale Umweltpolitik, die an einer Senkung des Pro-Kopf-Verbrauchs, einer Förderung innovativer und effizienter Technologien und Organisationsstrukturen sowie der sozioökonomischen Entwicklung armer Länder ansetzt, ist letztlich effektiver als eine alleinige Schwerpunktsetzung auf bevölkerungspolitische Maßnahmen.

BEWERTUNG VON GLOBALEN UMWELTPROBLEMEN
Bei allen globalen Umweltproblemen spielt die Schnittstelle zwischen Wissenschaft und Politik eine wichtige Rolle. Der Austausch muss in beide Richtungen funktionieren: Die jeweils neuen Erkenntnisse aus Forschung oder Monitoring müssen der Politik als Grundlage für ihre Verhandlungen und Entscheidungen übermittelt werden, und die Wissenschaft muss erfahren, welche Probleme und Fragestellungen auf den gesellschaftlichen oder politischen Ebenen als besonders wichtig angesehen werden. Globale Umweltpolitik muss verstärkt die systemspezifischen Eigenschaften der globalen Umweltprobleme berücksichtigen (Kap. B 2.7), was ebenfalls einen funktionierenden Informationsfluss zur Wissenschaft voraussetzt.

Auch als Voraussetzung für eine Verbesserung der Vollzugskontrolle ist diese Schnittstelle von großer Bedeutung. Es besteht bei vielen Umweltproblemen eine deutliche Diskrepanz zwischen Planung und Umsetzung von Maßnahmen. Die Erfüllungskontrolle internationaler Abkommen ist bislang unzureichend und muss deutlich verbessert werden.

Eine wichtige Voraussetzung hierfür ist die Mess- und Vergleichbarkeit der Problemlage und der erzielten Erfolge, was nur mit geeigneten Indikatoren- und Monitoringsystemen möglich ist. Die wissenschaftlichen und politischen Herausforderungen bei der Entwicklung derartiger Systeme sollten nicht unterschätzt werden.

In vielen Fällen ist der Kenntnisstand über die Umweltprobleme sowie ihre Ursachen und Wirkungen noch unbefriedigend. Bei allen globalen Umweltproblemen gibt es Bedarf an weitergehenden Untersuchungen, insbesondere die Forschung zu Entwicklung von Indikatoren, Monitoring- und Frühwarnsystemen sollte verstärkt werden. Die hiermit verbundenen Aufgaben der Forschungsorganisation, die in engem Austausch mit der Politik bearbeitet werden müssen, sind nicht bei allen globalen Umweltproblemen mit gleichem Nachdruck angegangen worden.

Für die Politik und die Gestaltung von Regimen lässt sich folgern, dass die Einbindung der Wissenschaft in die Verhandlungen sichergestellt sein muss und dass vor allem die institutionellen Strukturen und Regelungen hinreichend flexibel gestaltet sein müssen, um sich an veränderte Kenntnislagen anpassen zu können. Die Möglichkeit der Erweiterung von Rahmenrichtlinien durch später ausgehandelte zusätzlichen Regelungen, etwa in Form von Protokollen, ist hierfür zweckmäßig.

Mit Ausnahme des Klimaproblems gibt es kaum institutionelle Strukturen, die diese Schnittstelle zwischen Wissenschaft und Politik auf effektive Weise organisieren. Hier besteht grundlegender Bedarf nach einer Neuorganisation (Kap. F 1). Diese Strukturen sollten nicht nur problemorientiert und interdisziplinär ausgerichtet sein, sondern müssen eine integrative Sichtweise fördern.

UMSETZUNG
Da viele politische und ökonomische Entscheidungen, die zu einer Beeinträchtigung der globalen Umweltsituation führen, auf unteren räumlichen oder politischen Ebenen getroffen werden und in der Regel Einzelentscheidungen sind, ist die Stärkung der akteurspezifischen Ausrichtung globaler Umweltpolitik wichtig. Die relevanten Akteure müssen in die Gestaltung globaler Umweltpolitik mit einbezogen werden (z. B. Bildung, Information, Partizipation). Dazu gehört nicht zuletzt die Schaffung von Anreizsystemen und die stärkere Motivierung von Individuen zu umweltverträglicherem Verhalten.

Regionale Besonderheiten erfordern unterschiedliche Strategien und dezentrale Operationalisierungsschritte, insbesondere für Böden, Süßwasser, Landnutzung, Biodiversität und Klimaanpassung und -nachsorge. Daher muss auch eine Stärkung der regionalspezifischen Ausrichtung globaler Umweltpolitik erfolgen.

Obwohl bereits eine Reihe internationaler Abkommen besteht, hält der Problemdruck bei den Umweltproblemen unvermindert an. Dies wird besonders am Beispiel des Klimawandels deutlich: Trotz der unbestreitbaren Notwendigkeit, die Anstrengungen zum Klimaschutz zu verstärken, bestehen nach Auffassung des Beirats berechtigte Zweifel, ob die Vorsorgestrategie noch rechtzeitig umgesetzt werden kann (WBGU, 1996a, 1998a). Angesichts des Risikos, dass eine unerwünschte Klimaerwärmung möglicherweise nicht mehr zu vermeiden ist, sieht der Beirat zusätzlichen Handlungsbedarf in einer Ergänzung globaler Umweltpolitik um Anpassungs- und Nachsorgestrategien und zum verstärkten Abbau von Vulnerabilitäten in Bezug auf globale Umweltveränderungen.

WECHSELWIRKUNGEN

Kein Umweltproblem kann isoliert gelöst werden. Kap. B 3.2 hat gezeigt, dass die Zahl und die Bedeutung der Wechselwirkungen zwischen den globalen Umweltproblemen zu groß ist, als dass isolierte Lösungen nachhaltige Verbesserungen erzielen könnten. Für die Ausgestaltung einer globalen Umweltpolitik bedeutet dies, dass keine globale Umweltinstitution dauerhaft erfolgreiche Arbeit leisten kann, wenn die Ein- und Auswirkungen anderer globaler Umweltprobleme ignoriert oder vernachlässigt werden. Durch integrative Ansätze und Konzepte lassen sich Lösungen finden, die zur Verringerung meist mehrerer Umweltprobleme gleichzeitig beitragen, Synergieeffekte erzeugen und Maßnahmen vermeiden helfen, die für ein anderes Umweltproblem kontraproduktiv sind. Die derzeitige institutionelle Struktur ist im Wesentlichen problemspezifisch ausgerichtet und wenig geeignet, integrativ „über den Tellerrand" des eigenen Problems hinweg zu schauen. Es gibt zwar bereits Ansätze zur verbesserten Zusammenarbeit einzelner Umweltkonventionen. Dennoch bezweifelt der Beirat, dass die gegenwärtigen Strukturen hierfür ausreichend sind. Er sieht dringenden Bedarf, die Bewertungs-, Koordinations- und Integrationsfunktionen auf der globalen institutionellen Ebene zu stärken (Kap. F 2).

Zwischenstaatliche Akteure für eine nachhaltige Entwicklung   B 4

Im UN-System beschäftigen sich eine Vielzahl von Sonderorganisationen, Spezialorganen und Konventionen mit globalen Umweltproblemen. Die wissenschaftlich ausgerichteten internationalen Programme und Komitees zum Globalen Wandel, die meist von einer oder mehreren UN-Sonderorganisationen und dem ICSU (International Council of Scientific Unions) eingerichtet wurden, sind bereits im WBGU-Jahresgutachten 1996 ausführlich dargestellt (WBGU, 1996b). Dazu zählen u. a. das World Climate Research Programme (WCRP), das Internationale Geosphären Biosphären Programm (IGBP), das Biosphärenprogramm Diversitas, der Zwischenstaatliche Ausschuss über Klimaänderungen (IPCC), das International Human Dimensions of Global Environmental Change Programme (IHDP) sowie das UNESCO-Programm „Mensch und Biosphäre" (MAB). In der folgenden Übersicht werden einführend die für dieses Gutachten besonders relevanten Einrichtungen im UN-System mit Umweltbezug vorgestellt (Abb. B 4-1).

B 4.1
Relevante UN-Sonderorganisationen

UN-Sonderorganisationen sind durch Regierungsabkommen begründete internationale Organisationen, die auf globaler Ebene einen der in Artikel 57 UN-Charta genannten Aufgabenbereiche abdeckt (Unser, 1997). Sonderorganisationen können nur mit der Zustimmung der UN-Generalversammlung eingerichtet werden und sind dazu gehalten, dem ECOSOC regelmäßig Berichte vorzulegen. Neben der Weltbankgruppe (Kap. B 4.5 und D 2) sind folgende UN-Sonderorganisationen besonders bedeutsam für die internationale Umwelt- und Entwicklungspolitik:

Die FAO (Food and Agriculture Organization – Ernährungs- und Landwirtschaftsorganisation der Vereinten Nationen, Rom) ist die größte unabhängige Organisation innerhalb des UN-Systems. Das Mandat der FAO ist es, den Ernährungs- und Lebensstandard der Menschen zu heben, die landwirtschaftliche Produktivität sowie die Lebensbedingungen der ländlichen Bevölkerung zu verbessern. Die Aufgaben der FAO umfassen u. a. Agrarproduktion, Waldwirtschaft, Fischerei, Ernährungssicherheit und Handel. Schwerpunktthemen sind nachhaltige Landwirtschaft, ländliche Entwicklung und langfristige Strategien für den Erhalt natürlicher Ressourcen (FAO, 2000).

Die IMO (International Maritime Organization – Internationale Seeschifffahrtsorganisation, London) wurde 1948 gegründet (1982 umbenannt). Ihre Ziele sind die Anregung einheitlicher Regelungen in der internationalen Handelsschifffahrt, die Einführung bestmöglicher Sicherheitsstandards sowie die Verhinderung und Kontrolle von Meeresverschmutzung durch Schiffe. Die IMO hatte 1999 158 Mitgliedstaaten und zwei assoziierte Mitglieder. Als jüngstes der vier Hauptkomitees wurde 1985 das Marine Environment Protection Committee (MEPC) eingerichtet, das sich vor allem mit Konventionen zum Schutz vor Verschmutzung durch Schiffe und deren Durchsetzung befassen soll (IMO, 2000).

Die UNESCO (United Nations Educational, Scientific and Cultural Organization – Organisation der Vereinten Nationen für Erziehung, Wissenschaft und Kultur, Paris, 60 Länderbüros) wurde 1945 gegründet. Ihre Aufgabenbereiche sind Bildung und Erziehung, Wissenschaften, Kultur, Kommunikation, Frieden und Menschenrechte. Die UNESCO beschäftigt sich mit Umweltfragen vor allem im Programm „Sciences, environment and socio-economic development". Dabei werden die Bereiche Geowissenschaften, Erdsystemmanagement, Ökologie, Reduktion natürlicher Katastrophen, Mensch und Biosphäre, Wasserressourcen, Ozeane sowie soziale Transformation und Entwicklung behandelt. Heute sind 188 Staaten volle und fünf assoziierte Mitglieder (UNESCO, 2000; Unser, 1997).

Die WMO (World Meteorological Organization – Weltorganisation für Meteorologie, Genf) nahm 1951 ihre Arbeit auf. Sie hat zum Ziel, die internationale Kooperation zum Aufbau von vernetzten Messstationen und den schnellen Austausch meteorologischer Informationen zu fördern, ebenso wie die ver-

B Ausgangslage: Globale Umwelttrends

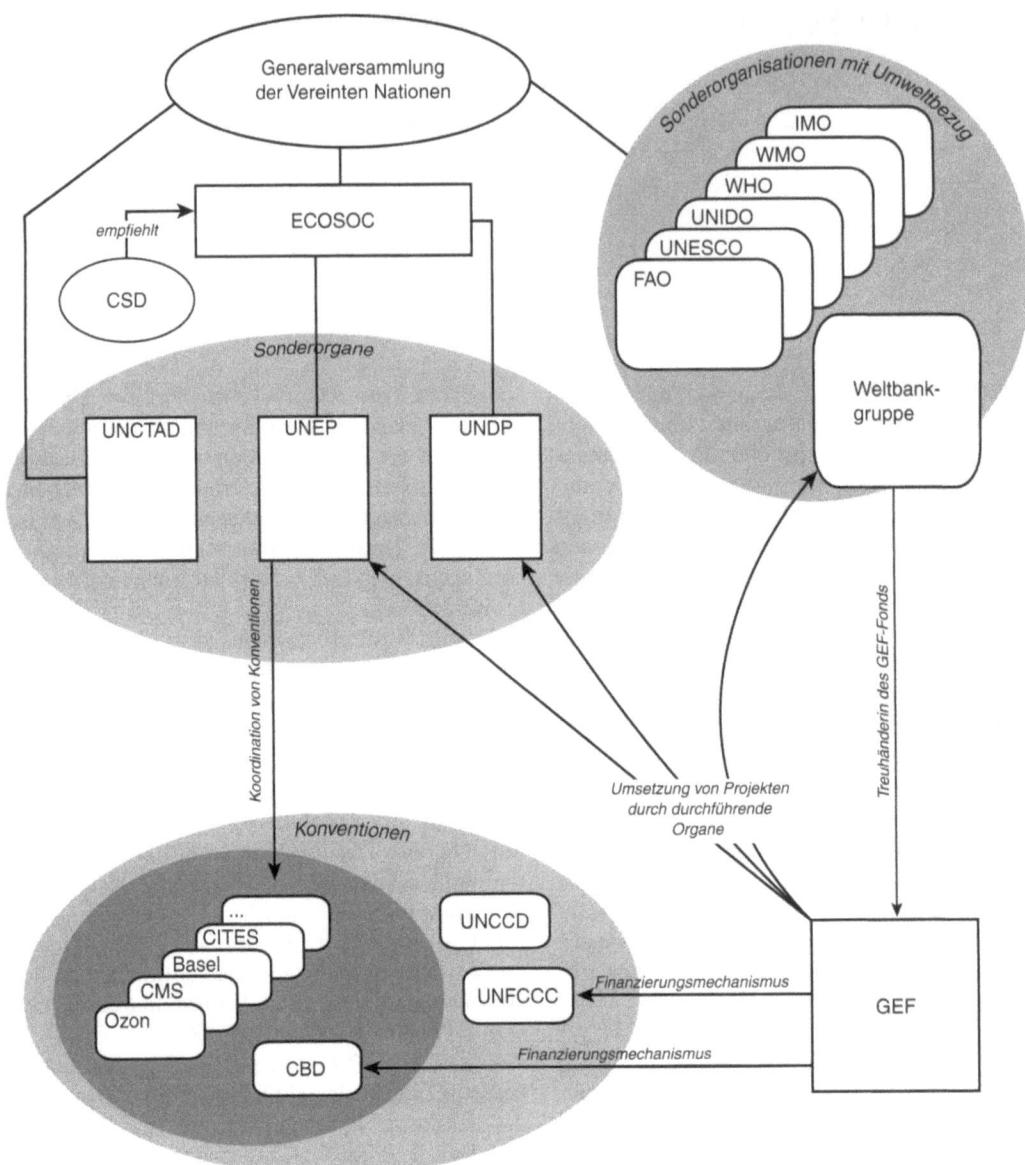

Abbildung B 4-1
Einrichtungen im UN-System mit Umweltbezug.
Quelle: WBGU

einheitlichte Veröffentlichung von Beobachtungen und Statistiken. Des weiteren unterstützt die WMO die Anwendung der Meteorologie in der Luftfahrt, beim Schiffsverkehr, bei Wasserproblemen oder in der Landwirtschaft und fördert Forschung und Ausbildung. 1996 hatte die WMO 185 Mitglieder.

B 4.2
Relevante UN-Spezialorgane

UN-Spezialorgane sind Nebenorgane der Generalversammlung, die von ihr zur Wahrnehmung spezieller Tätigkeiten eingesetzt werden. Größtenteils handelt es sich um Spezialorgane zur Finanzierung und Durchführung entwicklungspolitischer Hilfsprogramme (Hüfner, 1992). Die UN-Spezialorgane müssen der UN-Generalversammlung in der Regel über ECOSOC jährlich berichten. Die UN-Generalversammlung ist befugt, den UN-Spezialorganen gegenüber bindende Beschlüsse zu fassen. Im Gegensatz zu den UN-Sonderorganisationen verfügen die UN-Spezialorgane weder über eine eigene völkervertragliche Grundlage noch über eine eigene Rechtspersönlichkeit, jedoch über eine beschränkte Rechtsfähigkeit.

Die UNCTAD (United Nations Conference on Trade and Development – Handels- und Entwicklungskonferenz der Vereinten Nationen, Genf) wurde 1964 gegründet und stellt das Hauptorgan der UN für integrierte Ansätze bei Handel, Finanzen, Technologie, Investitionen und nachhaltiger Entwicklung dar. Ziel ist die Förderung des internationalen Handels zur wirtschaftlichen Entwicklung und Einbindung der Entwicklungsländer in die Weltwirtschaft. Die UNCTAD wird als ein wichtiges Forum der Meinungs- und Konsensbildung im Nord-Süd-Dialog angesehen (Unser, 1997). Die Konferenz tritt alle 3-4 Jahre zusammen, dazwischen ist als permanente Einrichtung der Rat für Handel und Entwicklung (Trade and Development Board – TDB) tätig. 188 Staaten sind Mitglieder der UNCTAD.

Das UNDP (United Nations Development Programme – Entwicklungsprogramm der UN, New York) hat zur Aufgabe, die internationale Kooperation für eine nachhaltige Entwicklung zu stärken und zum Erreichen dieses Ziels eine der wichtigen Ressourcen zu bilden. Das Hauptziel ist die Bekämpfung der Armut („eradication of poverty"). Das UNDP betreibt 132 Länderbüros und arbeitet in 170 Ländern und Territorien (UNDP, 1998).

Das UNEP (United Nations Environment Programme – Umweltprogramm der Vereinten Nationen, Nairobi) wurde 1972 durch die UN-Umweltkonferenz in Stockholm gegründet. Ziele sind die Unterstützung nationaler Aktivitäten und regionaler Zusammenarbeit im Umwelt- und Naturschutz sowie die Entwicklung, Bewertung und Überwachung des internationalen Umwelt- und Naturschutzrechts. Aktivitäten des UNEP sind die Beherbergung und Koordination verschiedener Konventionssekretariate (Basel, CITES, CBD, CMS, Multilateral Fund, Ozon), die Erstellung von Datenbanken und Umweltlageberichten (Global Environment Outlook – GEO), die Beratung von Regierungen sowie die Finanzierung von Weiterbildungs- und Regionalprogrammen. Die Mitgliedstaaten der UN sind Mitglieder des UNEP, Beobachtungsstatus haben Nichtmitgliedsstaaten, andere IGO (Intergovernmental Organisations) und NRO. Organe des UNEP sind die Vorstandsversammlung und Abteilungen für (1) Umweltinformation, (2) Entwicklung von Umweltpolitik, (3) Umsetzung von Umweltpolitik, (4) Industrie und Umwelt, (5) Regionale Repräsentation und (6) Koordination von Konventionen (Korn et al., 1998).

B 4.3
Die UN-Kommission für nachhaltige Entwicklung

Die UN-Kommission für nachhaltige Entwicklung (UN Commission on Sustainable Development – CSD, New York) ist ein Nebenorgan des ECOSOC, eines der Hauptorgane der UN, und wurde nach der Konferenz von Rio de Janeiro (UNCED) 1992 gegründet, um die UNCED-Vereinbarungen, besonders die AGENDA 21, umzusetzen, die internationale Zusammenarbeit zu verbessern sowie langfristige strategische Ziele für eine nachhaltige Entwicklung zu bestimmen (Kap. E 1.4). Die Mitgliedschaft (53 Mitglieder) ist rotierend und dauert drei Jahre. Nichtmitgliedsstaaten, andere IGO und NRO sind als Beobachter zugelassen. Die CSD trifft sich seit 1993 einmal jährlich im UN-Hauptquartier. Die Abteilung für nachhaltige Entwicklung (Division for Sustainable Development) des UN Department of Economic and Social Affairs fungiert als das Sekretariat der CSD.

B 4.4
Relevante Konventionen

Für den internationalen Umweltschutz wurden von der Staatengemeinschaft bis heute zahlreiche Konventionen verabschiedet, von denen hier nur die für dieses Gutachten besonders bedeutsamen kurz vorgestellt werden. In Kap. C werden ausgewählte Konventionen tiefergehend behandelt. Für eine eingehendere Übersicht sei zudem auf Beyerlin (2000) verwiesen.

Das Übereinkommen über die biologische Vielfalt (Convention on Biological Diversity – CBD, Montreal) wurde auf der UNCED in Rio de Janeiro verabschiedet. Wesentliche Ziele sind der Schutz der biologischen Vielfalt, die ökologisch nachhaltige Nutzung ihrer Bestandteile sowie die gerechte Aufteilung der aus der Nutzung der genetischen Ressourcen resultierenden Gewinne (Kap. C 3.4). Als Organe der CBD fungieren die Vertragsstaatenkonferenz und der wissenschaftliche Ausschuss (SBSTTA) (Abb. B 4.4-1). Die GEF ist der Finanzierungsmechanismus der CBD für Projekte zum Technologietransfer, zur technischen und wissenschaftlichen Zusammenarbeit und für Anreizmaßnahmen zur Umsetzung des Übereinkommens. Zum Informationsaustausch steht ein „Clearing House Mechanism" (CHM) zur Verfügung. Zwei Expertengruppen beschäftigen sich mit dem Protokoll über die biologische Sicherheit (beschlossen im Februar 2000) sowie der biologischen Vielfalt von Küsten und

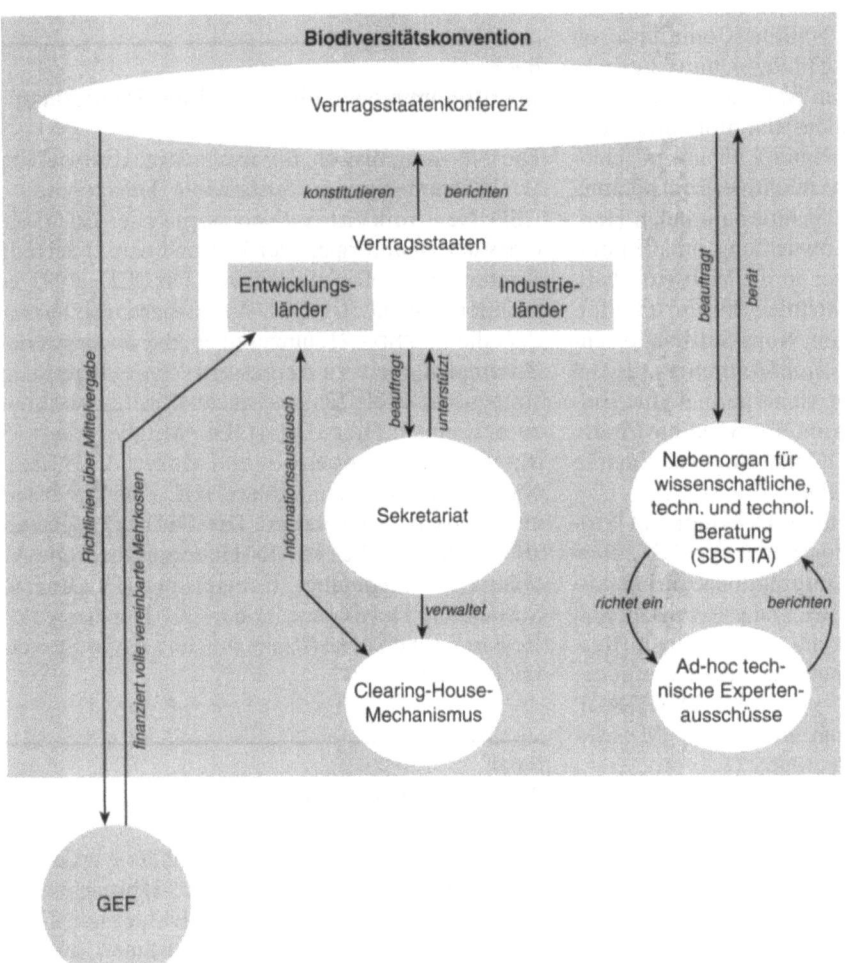

Abbildung B 4.4-1
Die Organe der Biodiversitätskonvention.
Quelle: WBGU

Meeren (Jakarta Mandate). 175 Staaten haben die Konvention bis heute gezeichnet.

Das Übereinkommen über den internationalen Handel mit gefährdeten Arten frei lebender Tiere und Pflanzen (Convention on International Trade in Endangered Species of Wild Fauna and Flora – CITES, Genf) regelt den Schutz bestimmter Arten vor übermäßiger Ausbeutung. Das Übereinkommen ermöglicht eine Regulierung des internationalen Handels mit bedrohten Arten durch ein weltweites System von Ein- und Ausfuhrkontrollen und Genehmigungserfordernissen. Die Anhänge umfassen derzeit ca. 34.000 Pflanzen- und Tierarten. 151 Mitgliedstaaten haben die Konvention unterzeichnet.

Das Wiener Übereinkommen zum Schutz der Ozonschicht (Vienna Convention on the Protection of the Ozone Layer, Nairobi) wurde 1985 beschlossenen und regelt die Verpflichtungen der Staaten zum Schutz der durch FCKW bedrohten Ozonschicht und zur Kooperation in der Forschung für ein besseres Verständnis der atmosphärischen Prozesse. Das Montrealer Protokoll (Abb. B 4.4-2) über Stoffe, die zu einem Abbau der Ozonschicht führen, wurde 1987 angenommen und seine Bestimmungen seitdem fünf Mal verschärft (Kap. C 2.2, Kap C 3.2) Das Protokoll zielt auf eine Reduzierung und letztlich Beendigung der Emission ozonabbauender Substanzen.

Die Konvention zur Bekämpfung der Desertifikation in Ländern, die unter schwerwiegender Dürre und/oder Desertifikation leiden, besonders in Afrika (United Nations Convention to Combat Desertification – UNCCD, Bonn) wurde auf der UNCED Konferenz 1992 auf den Weg gebracht und trat 1996 in Kraft. Das Ziel ist die Bekämpfung der Bodendegradation in Trockengebieten und von Dürrefolgen (Kap. C 2.4; Kap. C 4.3). Unter Desertifikation wird dabei „Bodendegradation in ariden, semi-ariden und trockenen sub-humiden Zonen verstanden, die durch verschiedene Faktoren hervorgerufen werden einschließlich Klimawandel und Eingriffe des Menschen". Als Organe der UNCCD fungieren die Vertragsstaatenkonferenz und der wissenschaftliche Ausschuss (CST). Konzeptionelle Kernstücke der UNCCD sind die nationalen Aktionsprogramme, mit denen unter aktiver Beteiligung der Zivilgesellschaft die Ziele der Konvention umgesetzt werden

Abbildung B 4.4-2
Die Organe des Montrealer Protokolls.
Quelle: WBGU

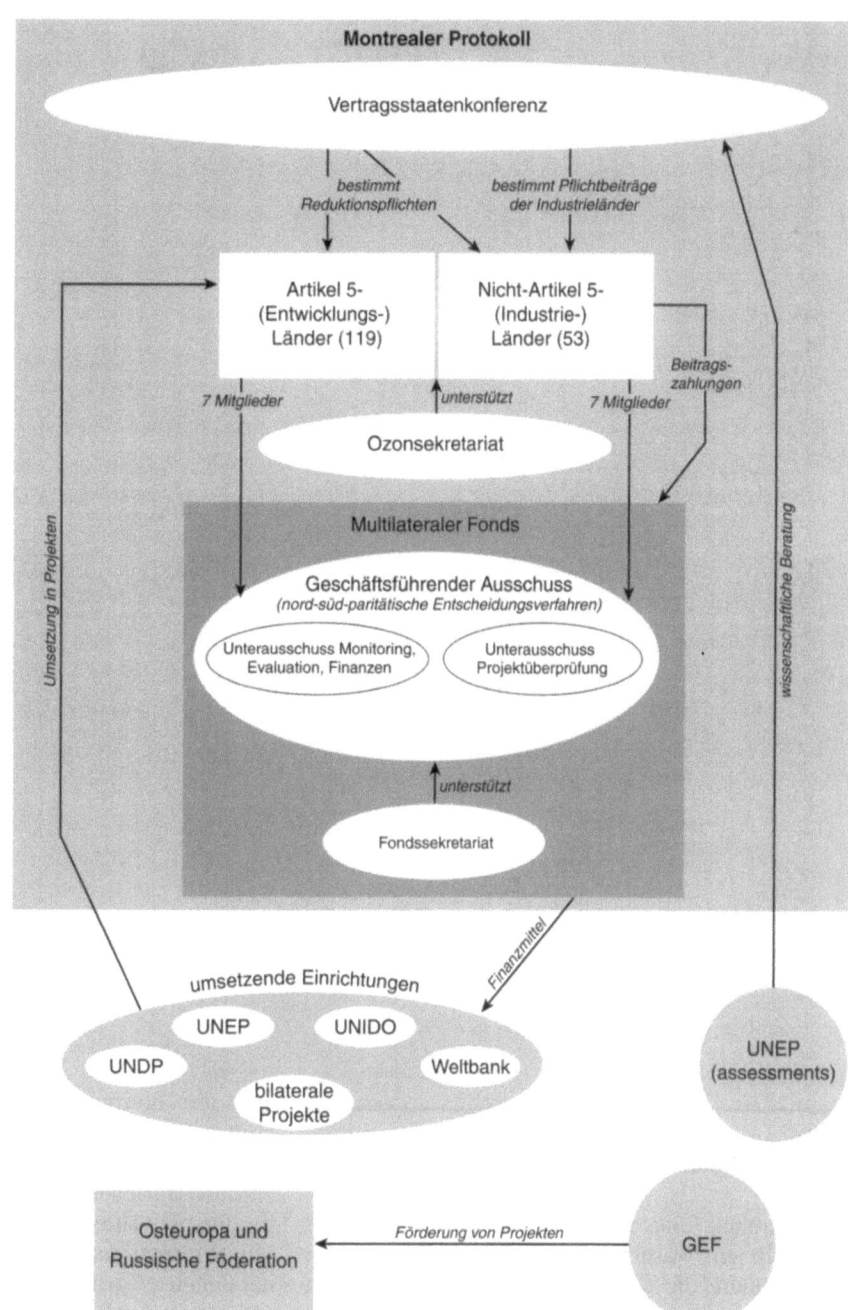

sollen (Abb. B 4.4-3). Bis heute haben 159 Länder die Konvention ratifiziert oder sind ihr beigetreten.

Das Rahmenübereinkommen der Vereinten Nationen über Klimaänderungen (United Nations Framework Convention on Climate Change – UNFCCC, Bonn) wurde im Mai 1992 beschlossen und trat im März 1994 in Kraft (Abb. B 4.4-4). Das Hauptziel der Konvention ist die Stabilisierung der Treibhausgaskonzentrationen in der Atmosphäre auf einem Niveau, auf dem eine gefährliche anthropogene Störung des Klimasystems verhindert wird (Kap. C 2.3; Kap. C 4.4). Ein solches Niveau sollte innerhalb eines Zeitraums erreicht werden, der ausreicht, damit sich die Ökosysteme auf natürliche Weise den Klimaänderungen anpassen können, die Nahrungsmittelerzeugung nicht bedroht wird und die wirtschaftliche Entwicklung auf nachhaltige Weise fortgeführt werden kann. Im 1997 verabschiedeten Kioto-Protokoll wurden verbindliche Reduzierungen der Treibhausgasemissionen vereinbart. Die Konvention wurde bisher von 181 Staaten ratifiziert, das Kioto-Protokoll von 84 Staaten unterzeichnet und von 22 ratifiziert.

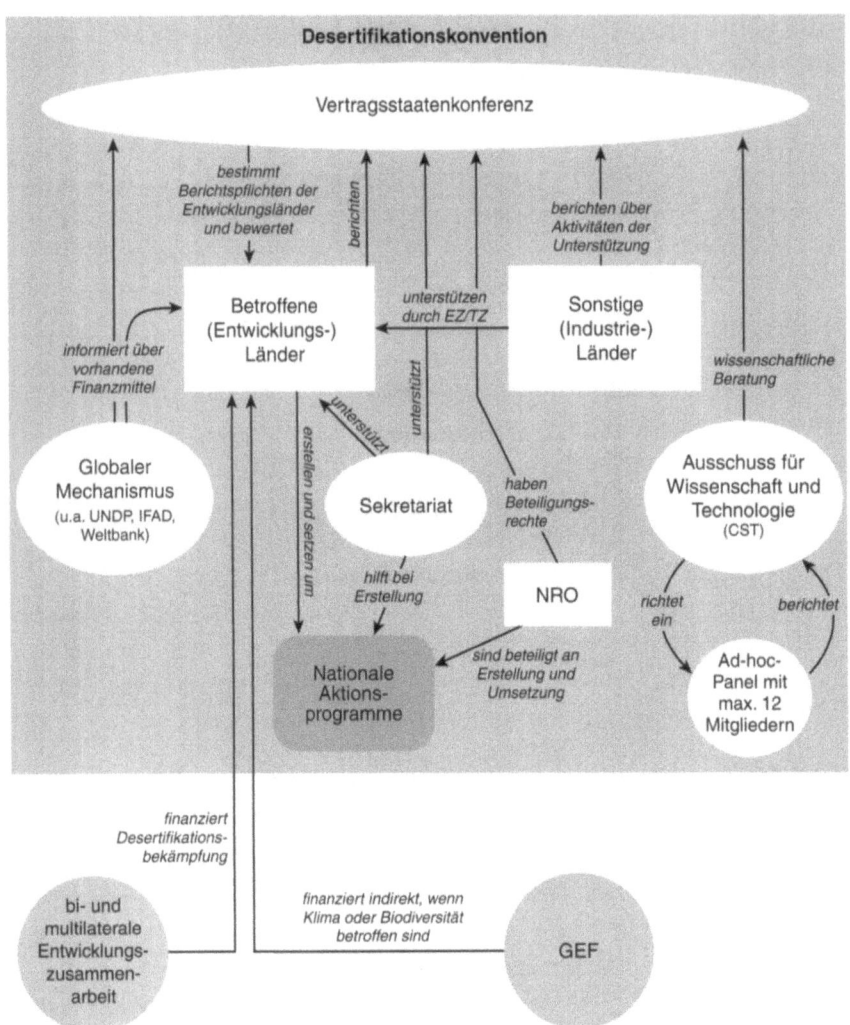

Abbildung B 4.4-3
Die Organe der Desertifikationskonvention.
Quelle: WBGU

B 4.5
Relevante Finanzierungsorgane

Die Weltbank (eine Sonderorganisation der Vereinten Nationen, Washington) wurde 1944 gegründet und ist heute die größte Finanzquelle im Bereich Umwelt und Entwicklung (Kap. D 2.1). Die Weltbank hat zum Ziel, in den Entwicklungsländern die Armut der Menschen zu verringern und den Lebensstandard zu verbessern. Die Bank gewährt Darlehen und leistet politische Beratung auf der Grundlage analytischer Sektorarbeiten, technische Unterstützung sowie zunehmend Dienste für den Wissensaustausch. Die Weltbankgruppe besteht aus fünf eng miteinander verbundenen Institutionen: Die Internationale Bank für Wiederaufbau und Entwicklung (International Bank for Reconstruction and Development – IBRD) stellt für Länder mit mittlerem Einkommen und kreditwürdige ärmere Länder Darlehen und Entwicklungshilfe bereit. Die Hilfeleistungen der Internationalen Entwicklungsorganisation (International Development Association – IDA) konzentrieren sich auf die ärmsten Länder, denen sie zinslose Darlehen gewährt und über die Mittelvergabe hinaus weitere Leistungen zur Verfügung stellt. Die Internationale Finanz-Corporation (International Finance Corporation – IFC) arbeitet eng mit Privatinvestoren zusammen und stellt für kommerzielle Unternehmen in Entwicklungsländern Geldmittel bereit. Die Multilaterale Investitionsgarantie-Agentur (Multilateral Investment Guarantee Agency – MIGA, formell keine UN-Sonderorganisation) fördert ausländische Direktinvestitionen in Entwicklungsländern, indem sie Investoren vor nicht unternehmerischen Risiken schützt. Das Internationale Zentrum zur Beilegung von Investitionsstreitigkeiten (International Centre for Settlement of Investment Disputes – ICSID) schafft die Voraussetzungen zur Beilegung von Meinungsverschiedenheiten zwischen ausländischen Investoren und ihren Gastländern. Heute sind über 180 Staaten Mitglied der Welt-

Abbildung B 4.4-4
Die Organe der Klimarahmenkonvention und des Kioto-Protokolls.
Quelle: WBGU

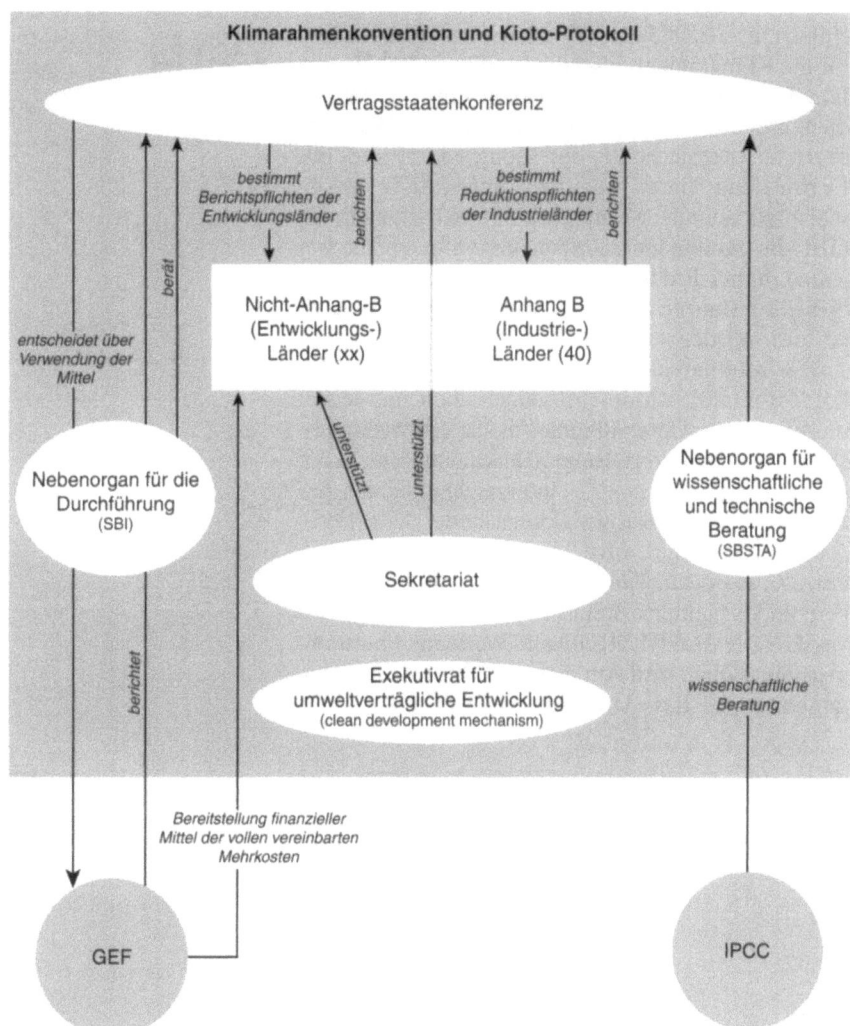

bank, die durch Repräsentanten (governors) einmal jährlich über die generelle Politik und das Budget der Bank bestimmen. Die fünf größten Anteilseigner (Deutschland, Frankreich, Großbritannien, Japan, USA) ernennen je einen Geschäftsführenden Direktor, weitere 19 werden von Ländergruppen gewählt, wobei China, Russland und Saudi-Arabien eigene Gruppen bilden und je einen eigenen Geschäftsführenden Direktor ernennen. Der Präsident der Weltbank wird traditionell von den USA gestellt. Die Betonung bei der Vergabe der Mittel liegt bei: Gesundheit und Ausbildung, Umweltschutz, Unterstützung privater Wirtschaftsentwicklung, Verstärkung der Fähigkeit von Regierungen zu effizienten und transparenten Dienstleistungen, Unterstützung von Reformen zur Erreichung stabiler Wirtschaftsverhältnisse, die langfristige Planung ermöglichen, sowie soziale Entwicklung und Armutsbekämpfung.

Die GEF (Global Environment Facility – Globale Umweltfazilität, Washington) ist eine unabhängige Institution zur Finanzierung von Projekten in vier Bereichen: Biodiversität und Management natürlicher Ressourcen, Energieeinsparung und erneuerbare Energien, Bedrohung der Ozeane, Küsten- und Binnengewässer sowie Unterstützung beim Auslaufen ozonschichtabbauender Substanzen in Osteuropa (Kap. E 3.4.2). Projekte zum Bodenschutz können indirekt gefördert werden, soweit sie den Schutz von Biodiversität oder von Süßwasser umfassen. Die GEF wurde nach einer dreijährigen Pilotphase 1994 in ihre jetzige Struktur überführt. Die Projekte werden durch die „implementing agencies" UNEP, UNDP und Weltbank umgesetzt. NRO, Wissenschaft und der private Sektor spielen eine wichtige Rolle bei der Gestaltung und Durchführung der Programme. Die GEF hat 165 Mitglieder, die sich alle drei Jahre in der Generalversammlung treffen. Der „governing council" besteht aus 16 Vertretern der Entwicklungsländer, 14 Vertretern der entwickelten Ländern und zwei Vertretern von Ländern mit Ökonomien im Übergang zur Marktwirtschaft. Das Sekretariat wird von der Weltbank administrativ unterstützt. Die GEF dient als Finanzierungsmechanismus für die Klimarahmen- und die Biodiversitätskonvention. Für das Montrealer Protokoll zum Ozonabbau dient die GEF als supplementärer Partner: Während der multilaterale Fonds des Montrealer Protokolls Entwicklungsländer bei der Substitution ozonschichtabbauender Substanzen unterstützt, kann die GEF die Staaten im Übergang unterstützen, die wegen zu hoher Produktion und zu hohen Verbrauchs dieser Substanzen nicht vom multilateralen Fonds finanziert werden können (GEF, 2000).

Der Multilaterale Fonds zum Montrealer Protokoll (Montreal) wurde 1990 eingerichtet und leistet die finanzielle Unterstützung für die Entwicklungsländer bei der Reduzierung ozonschichtabbauender Substanzen. Von den 172 Unterzeichnerstaaten des Protokolls sind 128 Entwicklungsländer. Von 1991–1999 wurde knapp 1 Mrd. US-$ von 32 Industrieländern aufgebracht. Die Umsetzung von Länderstudien und Projekten in den Entwicklungsländern wird von UNDP, UNEP, UNIDO und Weltbank übernommen. Zusätzlich wird von mehreren Industriestaaten auf bilateraler Basis Unterstützung geleistet.

Institutionelle Defizite und Lösungswege

C

Institutionen und Organisationen C 1

Institutionen und *Organisationen* sind das Kernstück jeder Umweltpolitik. Institutionen sind gemeinschaftliche Einrichtungen (*instituere* – einrichten), mit denen gesellschaftliche Akteure ihre Beziehungen regeln, von dem Gewaltverbot der Vereinten Nationen bis hin zur Ehe. Die besondere politische Bedeutung der Institutionen hat in der Politologie im letzten Jahrzehnt zu einer Renaissance der Beschäftigung mit Institutionen in Form des „Neuen Institutionalismus" geführt. In der internationalen Politik werden die zentralen Institutionen dabei als „internationale Regime" bezeichnet, womit Regelwerke von gemeinsamen Grundsätzen, Normen, Regeln und Entscheidungsverfahren zwischen internationalen Akteuren (meist: Staaten) gefasst werden. Meist sind Institutionen in der internationalen Politik eng mit Organisationen verknüpft, also mit administrativen Einheiten mit eigenem Budget, Personalbestand und Briefkopf. Diese Definition der Organisation bezieht sich auf eine Einrichtung als administrative Einheit mit den genannten Merkmalen und nicht etwa auf den völkerrechtlichen Status der Einrichtung im UN-System wie etwa der völkerrechtliche Begriff der Sonderorganisation (Kap. E 2). Das Klimaregime beispielsweise ist eine Institution, die das Verhalten seiner Parteien mit Blick auf den Klimaschutz regelt und ihnen gewisse Pflichten auferlegt; das Klimasekretariat in Bonn gleicht wiederum einer kleinen internationalen Organisation.

Institutionen und Organisationen sind von der Politik geschaffen und können von ihr geändert und optimiert werden. Dieses hat den Beirat veranlasst, sich in diesem Gutachten gezielt mit der Frage einer Reform und Verbesserung des Systems internationaler Institutionen und Organisationen und insgesamt den „institutionellen Arrangements" (von Prittwitz, 2000) in der globalen Umweltpolitik auseinander zu setzen. Kap. C liefert hierzu das Handwerkszeug: Die bestehenden Institutionen werden exemplarisch nach einem systematischen Analyseraster untersucht und Lehren für die optimale Gestaltung neuer Institutionen und für die Verbesserung der bestehenden gezogen.

Der Beirat folgt dabei dem in der Politologie üblichen Muster des Politikzyklus, das den Bedingungen globaler Umweltpolitik und den Erfordernissen angewandter Politikberatung entsprechend leicht modifiziert wurde. So wird zunächst die Rolle von Institutionen und Organisationen während der Formulierung und den ersten Verhandlungen von politischen Problemen (*agenda setting*) (Kap. C 2) erörtert, dann die institutionellen Fragen in der Phase der Aushandlung und Weiterentwicklung internationaler Institutionen (Kap. C 3) diskutiert, um sich schließlich mit den Problemen der Umsetzung und der „Erfüllungskontrolle" zu beschäftigen (Kap. C 4). Diese Untersuchungen erfolgen meist anhand von drei Problemen globaler Umweltpolitik, die mit Blick auf ihren analytischen Nutzen gewählt wurden: jeweils ein Erfolgsfall, ein „mittel-erfolgreicher" Fall sowie eine eher wenig zufrieden stellende Regelung. Zusätzlich beschäftigt sich der Beirat mit den Lehren aus der Theorie der Spiele sowie den Chancen einer privaten transnationalen Zusammenarbeit zum Schutz globaler Umweltgüter.

Globale Umweltpolitik kann nur gelingen, wenn sie auch national und lokal umgesetzt wird. Das Motto „Global denken, lokal handeln" gilt treffend für die globale Umweltpolitik. Dennoch hat sich der Beirat in diesem Gutachten auf die Politik in den internationalen Institutionen konzentriert, weil deren nationale und lokale Umsetzung bereits in einer Reihe von Jahresgutachten ausführlich untersucht worden ist, etwa mit Blick auf Bodenschutzpolitik (WBGU, 1994), Wasserschutzpolitik (WBGU, 1998a) oder Biosphärenschutzpolitik (WBGU, 1999a). In Kap. C 5 wird auf diese Texte zur nationalen Umsetzung globaler Umweltpolitik explizit verwiesen, und die aus Sicht des Beirats besonders entscheidenden Prozesse der LOKALEN AGENDA 21 und die Bildungspolitik werden erneut hervorgehoben.

C 2 Die Rolle von Institutionen für Problemdefinition und Vorverhandlungen

C 2.1
Einleitung

Welche Rolle spielen Institutionen und Organisationen am Anfang einer internationalen Verhandlung, wenn Probleme definiert, Agenden strukturiert und erste Weichen zur Verhandlung eines Regimes gestellt werden? Warum erlangten manche Umweltprobleme einen höheren Stellenwert in der internationalen Politik als andere, selbst wenn diese aus ökologischer Sicht vielleicht ebenso schwerwiegend waren? Inwieweit tragen Institutionen und Organisationen dazu bei, dass globale Umweltprobleme auf die Tagesordnung der internationalen Politik gelangen, und welche Rolle spielen sie in der Vorverhandlungsphase eines Politikzyklus? Der Beirat hat zur Prüfung dieser Fragen drei Kernprobleme des Globalen Wandels (Ozon, Klima, Bodendegradation) ausgewählt, die international unterschiedlich effektiv geregelt sind und die – entscheidend für die Auswahl – einen unterschiedlichen Stellenwert auf der Agenda der internationalen Politik erlangen konnten. Einen umfassenden Überblick zum Umweltvölkerrecht bietet Beyerlin (2000).

C 2.2
Problemdefinition und Vorverhandlungsphase in der Ozonpolitik

Die Reaktion der internationalen Gemeinschaft auf die fortschreitende Zerstörung der stratosphärischen Ozonschicht gilt vielfach als Musterbeispiel einer effektiven internationalen Umweltpolitik. In den westlichen Industrieländern sind Fluorchlorkohlenwasserstoffe (FCKW) inzwischen fast vollständig aus dem Gebrauch genommen. Insgesamt wurde der weltweite Verbrauch von FCKW, Halonen und Methylchloroform durch das Ozonregime um etwa 80% vermindert; rechnet man alle ozonabbauenden Stoffe entsprechend gewichtet mit ein, ist der Verbrauch insgesamt um 70–75% gesunken (Oberthür, 1997, 1999a) (Kap. B 2.2).

C 2.2.1
Das Ozonproblem auf der internationalen und nationalen Agenda

Die Gefahr einer Schädigung der stratosphärischen Ozonschicht durch die Emission von FCKW wurde erst 1974 entdeckt (Luhmann, 1996). Die Sorge um die Ozonschicht entstand zunächst in den Industrieländern, wo noch Mitte der 80er Jahre fast alle FCKW produziert wurden. Zu den Befürwortern einer internationalen Regelung zählten insbesondere die USA; schon Ende der 70er Jahre war der FCKW-Verbrauch für Sprühdosen in den USA und einigen skandinavischen Ländern verboten worden.

Da angesichts der Globalität des Problems Maßnahmen nur weniger Staaten keinen Erfolg versprechen konnten, bemühten sich die USA, Finnland, Kanada, Norwegen, Schweden und die Schweiz, die so genannte „Toronto-Gruppe", seit Anfang der 80er Jahre um einen internationalen Vertrag zur Kontrolle des Ozonproblems (Kindt und Menefee, 1989; Parson, 1993; Benedick, 1998). Die übrigen Industrieländer waren jedoch zu dieser Zeit noch skeptisch und strebten weichere Regeln als die Toronto-Gruppe an. Es ist nicht abschließend zu klären, welche Faktoren für diese Differenz in der Betroffenheit der Industrieländer ursächlich war. Möglicherweise spielten in den USA kulturelle Faktoren, etwa die hohe Wertschätzung in der Bevölkerung für die NASA und die Weltraumforschung, eine gewisse Rolle (Benedick, 1998). Später trug auch die potenziell besonders große Gefährdung der Bevölkerung in den hohen Breitengraden – Kanada und Skandinavien – dazu bei, dass das Ozonproblem in diesen Ländern als vordringlich angesehen wurde.

Während die Zerstörung der Ozonschicht seit Mitte der 70er Jahre in den USA und Skandinavien und in geringerem Maß auch in Japan und der Europäischen Gemeinschaft thematisiert wurde, ließ sich in den Entwicklungsländern kein originäres Interesse an diesem Umweltproblem erkennen. Zur Wiener Regierungskonferenz im Jahr 1985 entsandten nur 12 Entwicklungsländer Delegierte, und selbst bei der

Montrealer Abschlusskonferenz im September 1987, auf der das Montrealer Protokoll über Stoffe, die die Ozonschicht schädigen, verabschiedet wurde, waren nur 30 Entwicklungsländer vertreten (Biermann, 1998b).

Wie ist dieses mangelnde Interesse an den Verhandlungen zu erklären? Eine gängige Sichtweise zwischenstaatlicher Umweltpolitik konzeptualisiert solche Probleme als Konflikt zwischen Verursachern und Betroffenen einer grenzüberschreitenden Umweltverschmutzung. Demnach bremsen „Verursacherstaaten" die Regimebildung, während die „Betroffenen" eher die Initiative für umfassende Normen ergreifen. Im Fall des Ozonproblems sind die wesentlichen Verursacher die Industrieländer. Mitte der 80er Jahre verbrauchten sie 90% der weltweit hergestellten FCKW, was dem 20fachen Pro-Kopf-Verbrauch der Entwicklungsländer entsprach. Auch galt die Begrenzung der FCKW-Freisetzung als teuer: Die allein für die USA geschätzten Umstellungskosten schwankten beispielsweise zwischen 3 Mrd. US-$ nach Angaben der US-Umweltbehörde bis zu vom Chemiekonzern DuPont geschätzten 135 Mrd. US-$ (Benedick, 1998).

Die mangelnde Aktivität der Entwicklungsländer ist anfangs durch die fehlende Information über das Ozonproblem zu erklären, dem UNEP und die US-amerikanische Diplomatie Ende der 80er Jahre durch Informationskampagnen abzuhelfen suchten. Informationsdefizite waren jedoch nicht allein die Ursache für das anfängliche Desinteresse im Süden. Vielmehr scheint es, dass die großen Entwicklungsländer zunächst bewusst die Verhandlungen oder zumindest die Zeichnung des Montrealer Protokolls von 1987 boykottiert haben, weil dieses in seinem spezifischen institutionellen Design, insbesondere seiner Lastenverteilung zwischen den Staaten, als nachteilig und „ungerecht" im Hinblick auf ihre wirtschaftlichen Interessen eingeschätzt wurde (für Indien etwa Rajan, 1997). So war im Norden der Bedarf an FCKW-haltigen Kühlschränken, Kühlanlagen oder Klimaanlagen weitgehend gesättigt, während die Entwicklungsländer aufgrund ihres Wirtschaftswachstums einen hohen Anstieg der Nachfrage nach diesen Gütern erwarteten. Deren Verbreitung wurde wiederum als Grundlage weiteren Wirtschaftswachstums gesehen. Soweit die Entwicklungsländer FCKW, FCKW-haltige oder davon abhängige Produkte selbst herstellten, hätten sie einen Teil ihres Investitionskapitals für die Produktionsumstellung verwenden müssen: Deren alleiniger Nutzen hätte in der Reparatur eines Umweltproblems gelegen, das vor allem durch die bisherige Wirtschafts- und Lebensweise der Industrieländer verursacht worden war.

All dies zusammen bewirkte, dass die Debatte über die Verringerung der FCKW-Nutzung im Süden nicht als Umweltproblem, sondern im Wesentlichen als Nord-Süd-Problem und als Entwicklungsproblem verstanden wurde. Noch heute werden beispielsweise in Indien die nationalen Maßnahmen zum Schutz der Ozonschicht im Umweltplan nicht als Teil der Umweltpolitik, sondern als Element der „internationalen Zusammenarbeit" aufgeführt (Chatterjee, 1995; Biermann, 1999), was anzeigt, dass das Land für sich selbst weiterhin keinen eigenen Handlungsbedarf sieht.

C 2.2.2
Rolle von Institutionen und Organisationen

Es ist unverkennbar, dass das Umweltprogramm der Vereinten Nationen (UNEP) selbst mit Blick auf die Industrieländer in den 80er Jahren eine wesentliche Funktion im agenda setting einnahm. UNEP richtete schon 1977 das Co-ordinating Committee on the Ozone Layer (CCOL) ein und verkündete den „Weltaktionsplan" zum Schutz der Ozonschicht. 1981 wies die UN-Expertenkonferenz zum Umweltvölkerrecht in Montevideo der Ausarbeitung von Rechtsnormen zum Schutz der Ozonschicht höchste Priorität zu. Auch die Wiener Konferenz zum Schutz der Ozonschicht von 1985 geht auf eine UNEP-Resolution zurück. In den frühen 80er Jahren, als das Problem in den USA nach dem Verbot der FCKW-Nutzung in Sprühdosen an öffentlicher Aufmerksamkeit verlor, war es vor allem UNEP, das die internationale Debatte über die Gefährdung der Ozonschicht am Leben erhielt (Benedick, 1998).

UNEP spielte ebenfalls eine wichtige Rolle in der Politikformulierung in den Entwicklungsländern, gerade weil es als Teil des UN-Systems als politisch neutral im Nord-Süd-Konflikt gilt und so dem Ozonproblem im Süden die erforderliche Akzeptanz verleihen konnte. UNEP ist Sitz des Sekretariats des Wiener Übereinkommens und seines Montrealer Protokolls und organisiert über sein Pariser Büro den Transfer FCKW-freier Technologie in die Entwicklungsländer. UNEP berät die „Ozone Focal Points", die in den Verwaltungen der meisten Entwicklungsländer eingerichtet worden sind und u. a. die Aufgabe haben, das Problembewusstsein in ihren Ländern zu erhöhen und im Dialog mit der Industrie nach Lösungen zu suchen. Nicht zuletzt organisierte UNEP die wissenschaftliche Bewertung zum Stand des Ozonproblems, die zahlreichen „ozone assessments" (Jung, 1999b). Es war zwar die Forschung der großen Industrieländer, besonders in den USA, die diese Bewertung überhaupt erst ermöglichten. Dennoch war es UNEP, das der Forschung einzelner Länder das erforderliche Gütesiegel der politischen Neutralität und der Akzeptabilität, insbesondere in den Entwicklungsländern, verlieh (Watson, 1998, persönliche Mitteilung).

Auch andere UN-Organisationen und -Programme spielen eine wichtige Rolle, beispielsweise in der Initiierung, Planung und Durchführung der FCKW-Konversionsprojekte in Entwicklungsländern. Ähnlich agieren diese Organisationen bei der Information über das Umweltproblem in den osteuropäischen Staaten und besonders der Russischen Föderation. Es kann insgesamt davon ausgegangen werden, dass ohne diese internationalen Organisationen sowie insbesondere auch ohne UNEP, das Ozonproblem in den meisten Staaten in Nord und Süd nicht den Stellenwert und im Süden nicht die Akzeptanz erlangt hätte, die seit den 80er Jahren erreicht wurde.

Obwohl das Ozonregime als eine der größten Erfolgsgeschichten der internationalen Umweltpolitik gilt, ist nicht zu verkennen, dass auch ein Reihe von Sonderfaktoren hierzu beigetragen haben. Insbesondere die US-amerikanische Industrie, die früh Ersatzstoffe für FCKW entwickelt hatte, leistete Ende der 80er Jahre keinen Widerstand gegen das Montrealer Ozon-Protokoll, sondern trat offensiv für dessen möglichst umfassende Anwendung in möglichst vielen Ländern ein. Insofern war das Ozonproblem eine Win-win-Situation für die Industrie des Nordens, der so ein bedeutender neuer weltweiter Markt für Ersatzstoffe und alternative Produktionsverfahren erwuchs – welcher häufig von denselben Unternehmen erschlossen werden konnte, die zuvor mit dem Verkauf von FCKW erhebliche Einnahmen erzielt hatten.

C 2.3
Problemdefinition und Vorverhandlungsphase in der Klimapolitik

Anders als die internationale Zusammenarbeit zum Schutz der Ozonschicht hat die Klimapolitik bisher noch keine einschneidende Verbesserung der Umweltsituation bewirkt (Kap. B 2.1). Nach wie vor steigen die Emissionen von CO_2 und anderen Treibhausgasen weltweit an. Nachdem der anthropogene Treibhauseffekt in den späten 60er Jahren zum Gegenstand der wissenschaftlichen Diskussion geworden war, wurde er international Ende der 80er Jahre auch politisch zum Thema. Dies kulminierte in der Aushandlung der Rahmenkonvention der Vereinten Nationen über Klimaänderungen ab 1990, die 1992 auf dem Erdgipfel in Rio de Janeiro zur Zeichnung aufgelegt wurde. Auf dessen Grundlage beschlossen die Vertragsstaaten 1997 im Protokoll von Kioto zur Klimarahmenkonvention erstmals verbindliche quantitative Pflichten der Industrieländer zur Minderung ihrer Treibhausgasemissionen (WBGU, 1998b).

C 2.3.1
Das Klimaproblem auf der internationalen und nationalen Agenda

Schon ab Ende der 60er Jahre galt als erwiesen, dass die CO_2-Konzentration in der Atmosphäre kontinuierlich ansteigt. In den 80er Jahren gelangte das Thema über eine Vielzahl von Konferenzen auf die internationale politische Tagesordnung. Zunächst griff die Weltkommission für Umwelt und Entwicklung, die so genannte Brundtland-Kommission, das Problem 1987 in ihrem Abschlussbericht auf. 1988 wurde es erstmals auf hochrangiger politischer Ebene diskutiert, auf dem G 7-Gipfel in Toronto sowie in der UN-Vollversammlung. Wegweisend wurde im gleichen Jahr eine weitere Konferenz in Toronto, die dazu aufrief, die CO_2-Emissionen bis 2005 um 20% (gegenüber 1988) zu senken. Dieses „Toronto-Ziel" wurde für ein Jahrzehnt zur Referenzgröße der internationalen Klimapolitik.

Wesentlich war hier die aktive Rolle der internationalen Organisationen: Bereits 1988 hatten die Weltorganisation für Meteorologie (WMO) und UNEP, die bis dahin die internationale wissenschaftliche Diskussion trugen, das Intergovernmental Panel on Climate Change (IPCC) ins Leben gerufen (Bodansky, 1993). Die Einschätzungen des IPCC wurden die weithin anerkannte wissenschaftliche Grundlage internationaler Klimapolitik (Kap. E 1).

Die Aushandlung eines Rahmenübereinkommens zum Klimaschutz stieß zunächst auf vielfältige Interessenkonflikte. Die Differenzen zwischen den Industrieländern waren schon früh deutlich geworden (Bodansky, 1993; Enquete-Kommission, 1990). Auf der einen Seite standen dabei die so genannten „Bremser", zu denen neben der UdSSR und Japan vor allem die USA zählten. Sie betonten die wissenschaftlichen Unsicherheiten und sprachen sich gegen weit reichende Pflichten zur Emissionsminderung aus (Breitmeier, 1996). Bei den USA und der UdSSR (später: Russland) ist dabei zu berücksichtigen, dass beide Länder zu den größten Kohle-, Öl- und Gasproduzenten der Welt gehören. Für den Einfluss von Industrievertretern bietet gerade das offene US-amerikanische politische System gute Möglichkeiten. Für die Position Russlands war und ist außerdem ihre Selbstwahrnehmung als potenzieller „Gewinner" einer Erderwärmung von Bedeutung (Oberthür, 1993; Oberthür und Ott, 1999).

Auf der anderen Seite befürworteten insbesondere die Europäer verbindliche Pflichten zur Begrenzung des Ausstoßes an Treibhausgasen. Die Europäer sahen sich nicht nur von den Auswirkungen der globalen Erwärmung (Meeresspiegelanstieg, Versteppung usw.) betroffen. Die starke Abhängigkeit von der Einfuhr fossiler Brennstoffe macht Klimaschutzmaßnahmen verhältnismäßig attraktiv, da sie die Importe verringern. Zudem war und ist die politische Akteurslandschaft stark mit Umweltinteressen (Verbände und Grüne Parteien) durchdrungen. Ein Beispiel für die unterschiedlichen Verhandlungspositionen verschiedener Nationen bei der Waldnutzung ist in Kasten C 2.3-1 dargestellt.

Die Entwicklungsländer hatten lange Zeit kein besonderes Interesse am Klimaproblem (Bodansky, 1993). Anders als im Fall des Ozonregimes – und gerade wegen der hier gemachten Erfahrung, dass rechtzeitig getroffene Entscheidungen die künftigen Verhandlungen bestimmen – brachten sie sich allerdings schon früh in die Klimadiskussion ein. Vor allem verwiesen sie dabei auf die Hauptverantwortung der Industrieländer für den zusätzlichen Treibhauseffekt, lehnten deshalb eigene bindende Pflichten ab und verlangten einen Finanz- und Technologietransfer (Biermann, 1998b). Schnell wurden aber zu Beginn der 90er Jahre auch in dieser Gruppe Interessenunterschiede deutlich. Zwei Gruppen artikulierten dabei vehement Positionen, die von der Mehrheit der Entwicklungsländer abwichen. Die Erdöl exportierenden OPEC-Staaten mit Saudi Arabien an der Spitze sträubten sich gegen eine wirksame Begren-

Kasten C 2.3-1

Unterschiede in der Verhandlungsposition von Nationen beim Klimaschutz am Beispiel der Waldnutzung

Bei den internationalen Verhandlungen um den Klimaschutz wird im Allgemeinen zwischen den Anliegen der Industrienationen und den Entwicklungsländern entlang eines Nord-Süd-Gefälles unterschieden. Im Kioto-Protokoll wurde diese Differenzierung sogar festgeschrieben mit der Unterscheidung zwischen den Annex-I-Staaten, die Reduktionsverpflichtungen übernahmen, und den Nicht-Annex-I-Staaten, die potenziell in einen Handel mit Kohlenstoff-Einheiten eintreten können, ohne eine Reduktionsverpflichtung übernommen zu haben. Die Verhandlungen über die Ausgestaltung des Kioto-Protokolls zeigen nunmehr, dass die Interessenlagen der Nationen komplexer sind, als es in der genannten Zweiteilung deutlich wird. Am Beispiel der Waldverteilung und forstökonomischer Interessen lässt sich dies darlegen.

Sechs Nationen (Russland, Brasilien, Kanada, USA, Indonesien und Zaire) besitzen 58% der globalen Waldfläche (25 Nationen besitzen 85% der Wälder) (FAO, 1999). Die Ziele, die mit diesem Besitz verfolgt werden, sind heterogen und abhängig von den wirtschaftlichen Ausgangsbedingungen: dem Einkommen und der Waldfläche pro Einwohner (Abb. C 2.3-1). Dabei sind die Länder mit hohem Pro-Kopf-Einkommen CO_2-Quellen, Länder mit niedrigem Pro-Kopf-Einkommen CO_2-Senken.

Es zeichnet sich ab, dass die Länder mit hohen Waldflächen pro Kopf diese vor allem für die wirtschaftliche Entwicklung einsetzen, auch wenn dies nicht mit Umweltzielen zu vereinbaren ist. Länder mit niedrigem Waldbestand und Einkommen sind auf die Holzimporte aus den Ländern mit hohem Waldaufkommen angewiesen. Damit ergibt sich nicht etwa eine Allianz zwischen den Ländern, die CO_2-Quellen sind (Annex-I-Staaten), sondern eine Allianz zwischen den Ländern, die den Wald für ökonomische Ziele einsetzen bzw. auf Importe angewiesen sind, gegen die Länder, die Umweltziele verfolgen. Im Kioto-Protokoll gibt es Anzeichen, dass auch dort ökonomische Ziele wichtiger sind als Umweltziele (CDM-Mechanismus). Um Umweltziele durchzusetzen, bedarf es großer Anstrengungen, diese Konstellation aufzubrechen.

Abb. C 2.3-1
Unterschiedliche Ziele bei der Waldnutzung in Abhängigkeit von Einkommen und Waldfläche pro Kopf.
Quelle: WBGU

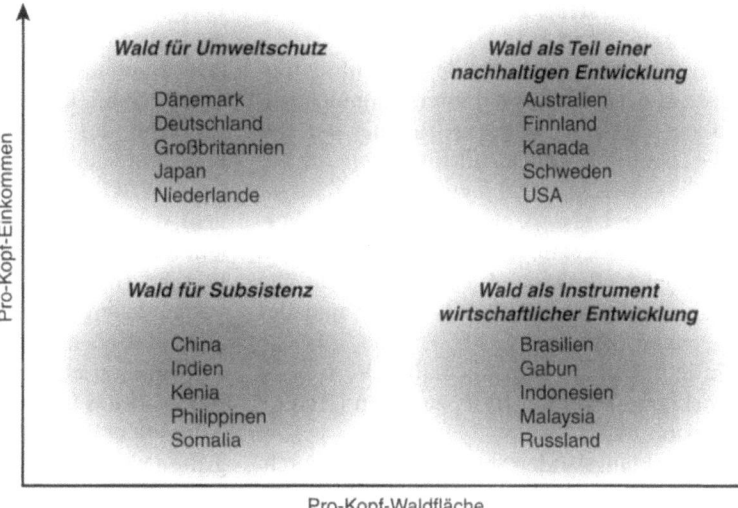

zung der CO_2-Emissionen, von der sie ihre Exportmärkte bedroht sahen. Im Gegensatz dazu befürworteten die von der Vereinigung kleiner Inselstaaten (Alliance of Small Island States, AOSIS) vertretenen Länder, die ihr Überleben durch einen Meeresspiegelanstieg bedroht sehen, schon frühzeitig weit reichende Reduktionsziele (Oberthür, 1993).

Diese Konstellation der Akteure blieb in den 90er Jahren verhältnismäßig stabil. Allerdings wechselten insbesondere einige nichteuropäische Industrieländer, die zunächst noch die EU-Position vertreten und anspruchsvolle nationale klimapolitische Ziele formuliert hatten, in das Lager der Bremser über (z. B. Kanada) (Oberthür und Ott, 1999). Dies ist nicht zuletzt darauf zurückzuführen, dass in der frühen Phase internationaler Klimapolitik die ökologische Dimension des Problems im Vordergrund stand (Bodansky, 1993), welche im Verlauf der 90er Jahre durch ökonomische Gesichtspunkte zunehmend überlagert wurde.

C 2.3.2
Rolle von Institutionen und Organisationen

WMO und UNEP nahmen in der Klimadiskussion bis zur Aufnahme offizieller Verhandlungen über eine Rahmenkonvention eine herausgehobene Stellung ein. Sie organisierten nicht nur zusammen mit dem Internationalen Rat wissenschaftlicher Vereinigungen (ICSU), einer Nichtregierungsorganisation, die ersten Konferenzen zum globalen Klimawandel sowie die wichtigen Weltklimakonferenzen. WMO und UNEP finanzierten auch das Weltklimaprogramm und gründeten 1988 das IPCC (Enquete-Kommission, 1990; Loske, 1996; van der Wurff, 1997). Beide Initiativen leisteten einen wesentlichen Beitrag zur Festigung der wissenschaftlichen Grundlagen politischen Handelns zur Bekämpfung der globalen Erwärmung (Kap. E 1).

In Form des IPCC wirken beide UN-Einrichtungen weiter auf den Fortgang der internationalen Klimapolitik ein. Das IPCC selbst ist zu einer der einflussreichsten internationalen Institutionen für die Klimapolitik geworden. 1990 legte das IPCC sogar einen Konventionsentwurf als Grundlage der Verhandlungen vor (Oberthür, 1993). Allerdings fühlten sich nicht immer alle Staaten, vor allem nicht alle Entwicklungsländer, durch WMO, UNEP und das IPCC vertreten (Bodansky, 1993). Eine Ursache hierfür ist in der zunächst mangelhaften Vertretung der Entwicklungsländer im IPCC zu sehen (Enquete-Kommission, 1990).

Die Entwicklungsländer setzten deshalb durch, die Klimaverhandlungen auf einer höheren politischen Ebene, nämlich der UN-Vollversammlung, anzusiedeln (Bodansky, 1993). Dies bedeutete für UNEP, das sich ebenso um das Mandat bemüht hatte, eine Niederlage und einen Bedeutungsverlust in der Klimapolitik (Oberthür, 1993). Im Verlauf der Klimapolitik brachte sich eine wachsende Zahl weiterer Akteure ein. Beispielsweise wurde der Klimaschutz ein Schwerpunkt der Globalen Umweltfazilität (GEF) (Ehrmann, 1997), die mit dem Finanzierungsmechanismus der Klimarahmenkonvention betraut wurde.

Auch das Ozonregime diente als Beispiel für Entstehung und Entwicklung des Klimaschutzregimes. Dies gilt für die rechtliche Struktur des Vertragssystems (Rahmenkonvention plus Protokolle) sowie für die Vorgehensweise, die geregelten Stoffe in einem „Korb" zusammenzufassen und nach ihrer Schädlichkeit zu gewichten. Allerdings gibt es auch Anhaltspunkte einer negativen Orientierung am Ozonbeispiel: Klimapolitische „Bremser" haben die Übertragung der Aspekte des Montrealer Protokolls, die als besonders wirksam gelten, teilweise erfolgreich bekämpft.

C 2.4
Problemdefinition und Vorverhandlungsphase in der Bodenpolitik

C 2.4.1
Der Bodenschutz auf der nationalen und internationalen Agenda

Das Ausmaß der weltweiten Bodenzerstörung gelangte erstmals Anfang der 90er Jahre in das Blickfeld einer breiteren internationalen Öffentlichkeit, als die erste globale Übersicht der Bodendegradation veröffentlicht wurde (GLASOD; Haber et al., 1999). Durch diese Erhebung wurde deutlich, dass die bisher nur lokal untersuchten Degradationen in ihrer Summe bereits ein dramatisches Ausmaß erreicht haben. Darauf aufbauend hat der Beirat das Problem der Bodendegradation in komplexen Krankheitsbildern oder Syndromen zusammengefasst (WBGU, 1994). Diese Analysen haben verdeutlicht, dass die Bodendegradation ein globales Problem darstellt, für das international Regelungsbedarf besteht. Insbesondere ist es notwendig, die bisher vorhandenen unverbindlichen Erklärungen zusammenzufassen und in eine völkerrechtlich verbindliche Form zu überführen. Damit würde Neuland betreten, da das komplexe Thema Böden von der internationalen Politik bisher nur eingeschränkt aufgegriffen wurde.

Während sich die in den 20er Jahren gegründeten ersten bodenkundlichen Vereinigungen überwiegend mit dem Produktionsfaktor Boden befassten, entstanden in den 60er Jahren unter dem Eindruck der beobachteten Bodendegradation die ersten internationalen wissenschaftlichen Organisationen, die den Schutz der Böden zum Ziel hatten: 1960 wurde die International Soil Conservation Organisation (ISCO) gegründet, 1966 folgte das Weltdaten(referenz)zentrum für Böden (ISRIC) des International Council of Scientific Unions (ICSU) und 1980 die European Society for Soil Conservation (ESSC). 1998 wurde von der internationalen Konferenz „Bodenschutzpolitiken in der europäischen Union", veranstaltet von der EU-Kommission, dem BMU und dem UBA, das „Bonner Memorandum" zum Bodenschutz in Europa verfasst und 1999 forderte das europäische Bodenforum, veranstaltet von der Europäischen Umweltagentur, auf seiner ersten Sitzung neben global ausgerichteten Strategien die Erstellung eines internationalen Basiskatalogs von Indikatoren.

Das erste politische Instrument zum Bodenschutz war die europäische Bodencharta von 1972. Der Plan, ein rechtlich verbindliches Instrument zu schaffen, scheiterte Anfang der 90er Jahre. Eine weitere wichtige Entscheidung auf europäischer Ebene ist die Empfehlung R(92)8 des Europarates von 1992, in der die Regierungen zur Einhaltung einer Reihe von Prinzipien zum Schutz der Böden aufgerufen werden.

Seit der ersten Weltumweltkonferenz 1972 in Stockholm, als ein verbessertes Informationssystem über Zustand und Degradation der Böden gefordert wurde, befindet sich der weltweite Bodenschutz auch im Blickfeld der Vereinten Nationen. Unter dem Eindruck der katastrophalen Dürren im Sahel konzentrierte sich die öffentliche Aufmerksamkeit in dieser Zeit auf die Bodendegradation in Trockengebieten. 1977 wurde von den Vereinten Nationen die Weltkonferenz über Desertifikation einberufen, der anschließend verabschiedete Aktionsplan scheiterte jedoch an finanziellen und konzeptionellen Mängeln. 1981 wurde schließlich unter der Schirmherrschaft der FAO die Weltbodencharta verabschiedet. Etwa zeitgleich entwickelten IUCN, UNEP und WWF die „World Conservation Strategie" (1980). 1982 wurde der Bodenschutz auch in der „World Charter for Nature" aufgegriffen. Einen neuen Schub erhielt das Thema durch die Konferenz der Vereinten Nationen zu Umwelt und Entwicklung (UNCED) von 1992, als das Problem der weltweiten Bodenzerstörung in mehreren Kapiteln der AGENDA 21, nicht aber in einem gesonderten Kapitel aufgegriffen wurde. Schließlich verabschiedete das Zwischenstaatliche Wälderforum der UN (IPF) 1996 ein Aktionsprogramm für den Umgang mit Wäldern, in dem Böden und Bodenschutz im Zusammenhang mit Plantagenwirtschaft und empfindlichen Ökosystemen behandelt werden. Allen diesen Erklärungen ist gemein, dass sie völkerrechtlich unverbindlich sind und daher nur beschränkt Wirkung zeigten. Allerdings entstand so ein internationaler Bezugsrahmen, an dem sich die Akteure orientieren konnten und der dazu beitrug, das Problem in die breite Öffentlichkeit zu tragen.

Eine neue Qualität erhielt die internationale Bodenschutzpolitik durch die auf der UNCED-Konferenz beschlossene Verabschiedung einer Konvention zum Schutz der Böden in Trockengebieten, des „Übereinkommens der Vereinten Nationen zur Bekämpfung der Wüstenbildung in den von Dürre und/oder Wüstenbildung schwer betroffenen Ländern, insbesondere in Afrika" (UNCCD). Dieses völkerrechtlich verbindliche Instrument entstand vor allem auf Initiative der afrikanischen Länder, die die UNCCD als „ihre" Konvention ansehen. Seit ihrem Inkrafttreten 1996 fanden drei Vertragsstaatenkonferenzen statt. Bei der Aushandlung der UNCCD haben die NRO und die Wissenschaft eine wichtige Rolle gespielt, die sich in der starken Stellung der NRO bei der Umsetzung der Konvention widerspiegelt (Corell, 1999). Auch setzten sich die OECD-Länder für eine starke Stellung der NRO ein, in der Hoffnung, mit der Umsetzung der Ziele der Konvention auch Demokratisierungsprozesse zu bewirken. Für NRO wie für Regierungen ist dieser Anspruch gleichermaßen mit einem Lernprozess verbunden. Mit diesem institutionellen Design könnte die UNCCD eine Vorbildfunktion übernehmen (Danish, 1995b).

Die UNCCD deckt, da sie sich nur auf Trockengebiete beschränkt (aride, semi-aride und subhumide Gebiete) nur einen Teil der globalen Bodenzerstörung ab, da sie unter dem Eindruck der großen Dürren im Sahel und dem gescheiterten Aktionsplan zur Desertifikationsbekämpfung von 1977 entstand. Dadurch hat die UNCCD einen ausdrücklichen Armutsbezug und setzt sich in dieser Hinsicht von den beiden anderen Rio-Konventionen zu Klima und biologischer Vielfalt ab.

Aber auch in parallel zum Bodenschutz in Trockengebieten laufenden Verhandlungsprozessen zu Klima und biologischer Vielfalt werden die Bezüge zu den Böden immer deutlicher. Die Diskussion um die Anrechnung biologischer Quellen und Senken zur Reduktion von Treibhausgasen und der Erhalt biologischer Vielfalt betreffen gleichermaßen den Bodenschutz. Diese Entwicklungen zeigen, dass in Bezug auf einen globalen Bodenschutz international eine Regelungslücke entstanden ist und lässt die Frage aufkommen, ob eine Beschränkung völkerrechtsverbindlicher Regelungen auf Trockengebiete noch zeitgemäß ist (Pilardeaux, 1999).

80   C **Institutionelle Defizite und Lösungswege**

Der Beirat hat diese Entwicklung frühzeitig erkannt und bereits 1994 die Schaffung einer globalen Bodenkonvention empfohlen und damit für diese Diskussion einen entscheidenden Impuls ausgelöst (WBGU, 1994). 1997 griff die Evangelische Akademie Tutzing diese Anregung auf und führte eine Konferenz mit Beteiligung international führender Umweltwissenschaftler durch, die die Erarbeitung des Entwurfs einer globalen Bodenkonvention empfahlen. 1998 wurde schließlich ein erster mehrsprachiger Entwurf vorgelegt (TISC, 1998).

Eine führende Rolle bei der Bewusstmachung der weltweiten Bodenzerstörung haben auch ISRIC und UNEP mit der Erstellung der GLASOD-Datenbank eingenommen. Mit der Erstellung dieser Datenbank, die die weltweite Bodenzerstörung auf der Grundlage von Experteneinschätzungen darstellt, wurde erstmals das Ausmaß dieses schleichenden Prozesses in seiner globalen Dimension deutlich. Inzwischen wird an der Erstellung einer neuen globalen Datenbank über den Zustand der Böden gearbeitet (Haber et al., 1999).

Mittlerweile unterstützen auch die beiden maßgebenden bodenkundlichen Vereinigungen, die International Union on Soil Sciences (IUSS) und seit 1996 die International Soil Conservation Organization (ISCO) diesen Vorschlag. Ein entscheidender Schritt ist auch, dass das Zentrum für Umweltrecht des IUCN in Bonn die Einrichtung einer Arbeitsgruppe zu Böden plant. Die aktuellste Unterstützung für eine globale Bodenkonvention kommt vom Sachverständigenrat für Umweltfragen, der sich in seinem Jahresgutachten 2000 ebenfalls für diesen Vorschlag ausspricht (SRU, 2000).

C 2.4.2
Rolle von Institutionen und Organisationen

Zuerst war es die Wissenschaft, die sich mit den Böden beschäftigte, zunächst als Untersuchungsgegenstand, dann als Schutzgut. Hierdurch angeregt folgten eine Reihe unverbindlicher politischer Absichtserklärungen zum Bodenschutz. Eine einschneidende Erfahrung für die internationale Gemeinschaft waren die Dürrekatastrophen und Hungerkrisen in den Trockengebieten Afrikas in den 60er und 70er Jahren, die deutlich machten, welche existenzielle Folgen der Verlust des Bodens haben kann. Diese Ereignisse prägen bis heute das Bild des Krisenkontinents. Eine erste politische Reaktion war die Einberufung der Weltkonferenz über Desertifikation von 1977 durch die UN. Auf den Erfahrungen des dort verabschiedeten und später gescheiterten Aktionsplan aufbauend, initiierten die afrikanischen Länder im Vorfeld des Erdgipfels von Rio de Janeiro (1992) die Vereinbarung einer Konvention zum Bodenschutz, allerdings auf Trockengebiete beschränkt. Der Erdgipfel war eine historische Gelegenheit, dieses Vorhaben erfolgreich umzusetzen. Die Vereinbarung der UNCCD war also auch von einer zeitgerechten Platzierung und der Nutzung eines günstigen Moments abhängig, in dem es galt, den vielbeschworenen Geist von Rio umzusetzen.

Ein weiterer entscheidender Schritt zur Sensibilisierung für die Bodendegradation war 1990 die Vorlage eines ersten globalen Zustandsberichts über die Böden, der die weltweite Bedeutung dieses schleichenden Prozesses der Staatengemeinschaft vor Augen führte. Der Impuls zur Diskussion einer *globalen* Bodenkonvention ging also wieder von der Wissenschaft aus. Von einer deutschen NRO aufgegriffen, hat sich diese Diskussion inzwischen internationalisiert und eine Eigendynamik entwickelt. Bei einer möglichen Erweiterung der UNCCD wird es vor allem darauf ankommen, ihren Entstehungshintergrund und die Interessen der Entwicklungsländer (Armutsbezug) zu berücksichtigen (Pilardeaux, 1998). Insgesamt zeigen die bisherigen Erfahrungen, dass in der Vorverhandlungsphase globaler Umweltregime die NRO, wissenschaftliche Einrichtungen und die Vereinten Nationen eine wichtige Vorreiterrolle übernehmen können. Dabei spielt der Zeitpunkt für einen solchen Vorstoß eine zentrale Rolle.

C 2.5
Handlungs- und Forschungsempfehlungen

Der Beirat folgert für Problemdefinition und Vorverhandlungsphase aus den divergierenden Erfahrungen der Ozon-, Klima- und Bodenschutzpolitik:

- *Internationale Organisationen*, die sich gezielt mit Umweltproblemen beschäftigen, sind unverzichtbare Akteure in Zeiten, wenn kein größerer Staat eine Führungsrolle in der Entwicklung und Umsetzung von Lösungsstrategien übernehmen will; sie sind ebenfalls unersetzlich als Foren für führungswillige Staaten, um innerhalb der Staatengemeinschaft für ihre Initiativen zu werben.
- Eine besondere Bedeutung haben unabhängige *wissenschaftliche Beratungsgremien*, wie das IPCC in der Klimapolitik. Deshalb könnte beispielsweise die Einrichtung eines „Intergovernmental Panel on Soils" ein Weg sein, den Stellenwert der Bodendegradation auf der internationalen und nationalen Agenda zu erhöhen.
- Umweltprobleme erlangen in verschiedenen Zusammenhängen und Ländern einen unterschiedlichen Stellenwert; gerade in Entwicklungsländern können umweltpolitische Debatten des Nordens schnell als Bedrohung wirtschaftlicher Entwick-

lungsziele wahrgenommen werden. Deshalb sollte in solchen Fällen von vornherein, auch in der Vorverhandlungsphase, auf eine *multilateral akzeptable institutionelle Ausgestaltung* geachtet werden, bei der wirtschaftliche und entwicklungspolitische Fragen im Sinne des Leitkonzepts einer „nachhaltigen Entwicklung" vor dem Umweltproblem nicht in den Hintergrund treten dürfen.

C 3 Institutionalisierung und Regimedynamik

C 3.1
Einleitung

Wie kann eine internationale Einigung bei bestimmten Problemen des Globalen Wandels besser und schneller erreicht werden? Im Mittelpunkt dieses Kapitels steht die Frage, inwieweit bestimmte „institutionelle Designs" oder „institutionelle Arrangements" (von Prittwitz, 2000) geeignet sind, eine schnelle und angemessene Reaktion auf Mängel bei der Bewältigung bestehender Probleme oder auf neu auftretende Probleme zu gewährleisten. Diese Fragen werden am Beispiel von drei Institutionen angesprochen, aber auch unter dem Blickwinkel eines verallgemeinerungsfähigen Modells, das als „Vorbild" für künftige institutionelle Gestaltungen dienen könnte.

C 3.2
Institutionalisierung und Regimedynamik beim Ozon

C 3.2.1
Verlauf der Institutionalisierung

Der Erfolg des Ozonregimes ist u. a. darin begründet, dass ein mehrstufiger Prozess von einer Rahmenkonvention über ein Protokoll und nachfolgende regelmäßige Verschärfungen angewandt worden ist. So enthält die Wiener Konvention zum Schutz der Ozonschicht von 1985 noch keine konkreten Pflichten zur Einschränkung der Emission von FCKW und anderen ozonabbauenden Stoffen, sondern fordert nur „angemessene Maßnahmen" und schafft einen Rahmen für Zusammenarbeit in der Forschung und Überwachung und für den Informationsaustausch. Darüber hinaus sieht sie regelmäßige Treffen der Parteien vor, um den Stand der wissenschaftlichen Forschung zu diskutieren und weitere Maßnahmen zu beraten (Greene, 1992). Erst das Montrealer Protokoll von 1987 enthält spezifische Pflichten der Vertragsstaaten zur Reduktion von Produktion und Verbrauch bestimmter ozonabbauender Stoffe. Bemerkenswert ist, dass das Montrealer Protokoll bereits die Unterschiede zwischen den Industrie- und Entwicklungsländern berücksichtigt und letzteren eine Sonderstellung einräumt (Art. 5).

Die Bestimmungen des Montrealer Protokolls reichten jedoch nicht, weil die Reduktionsziele nicht weit genug gingen, nur ein Teil der schädlichen Substanzen erfasst waren und wichtige Staaten wie China und Indien dem Regime fernblieben. Eine erste Änderung des Protokolls erfolgte deshalb 1990. Sie enthielt insbesondere eine Verbesserung der Bedingungen für Entwicklungsländer und führte dazu, dass auch China und Indien das Montrealer Protokoll ratifizierten (Hurlbut, 1993). Bis 1998 erfolgten zwei weitere Änderungen sowie insgesamt vier Verschärfungen („Anpassungen") der Reduktionsziele. 1999 wurden in Peking erneut Änderungen und Verschärfungen der Reduktionsziele beschlossen, die noch nicht in Kraft sind.

C 3.2.2
Wirkungen des spezifischen institutionellen Designs

Welche institutionellen Designs haben sich für den Erfolg dieses Regimes als besonders geeignet erwiesen und könnten deshalb auf andere Problemfelder übertragen werden? Zunächst ist festzuhalten, dass für das Ozonregime ein *Rahmenvertrag-/Protokoll-Ansatz* gewählt worden ist, wobei Protokolle jeweils gesondert ratifiziert werden müssen und daher auch nur die ratifizierenden Staaten binden. Wenngleich dieser Ansatz das Risiko birgt, dass viele Staaten allgemeine Bekenntnisse abgeben, aber keine konkreten Pflichten eingehen, hat gerade das Ozonregime gezeigt, dass dies nicht der Fall sein muss, wenn Pflichten mit akzeptablen Bedingungen gekoppelt werden. Hinzu kommt, dass bereits früh möglichst viele Staaten in das Regime integriert werden und ein Verhandlungsumfeld entsteht, das eine spätere Konsensfindung erleichtern kann. Der Beirat hält dies deshalb für ein geeignetes Modell, da eine Konvention mit strengen Pflichten einen Großteil der Staatengemeinschaft von vornherein von der weiteren Diskussion fern halten würde.

Die Ozonkonvention und das Montrealer Protokoll wurden von Industrie- und (nach 1990) Entwicklungsländern gleichermaßen angenommen, ungeachtet der Tatsache, dass das Ozonproblem in den Entwicklungsländern nach wie vor nicht einen herausragenden Stellenwert erlangt hat (Kap. C 2.2.2). Dass dennoch weit über die Hälfte der Staaten, die bislang das Montrealer Protokoll ratifiziert haben, Entwicklungsländer sind, lässt sich insbesondere darauf zurückführen, dass das Protokoll auf ihre speziellen Bedürfnisse eingeht (Birnie und Boyle, 1992).

Dies geschieht durch die unterschiedliche Behandlung bei den Reduktionszielen (*common but differentiated responsibilities*) (Benedick, 1998), aber auch und gerade durch die Einrichtung eines multilateralen Fonds zur Übernahme der den Entwicklungsländern durch die Einhaltung ihrer Pflichten zusätzlich entstehenden Kosten. Stimmberechtigte Mitglieder des Exekutivausschusses des Fonds sind je zur Hälfte Entwicklungs- und Industrieländer. Für die Ausgewogenheit der für Entscheidungen notwendigen Zwei-Drittel-Mehrheit sorgt das Erfordernis jeweils getrennter einfacher Mehrheiten beider Gruppen.

Wichtig sind auch die Bestimmungen über die Gewährung technischer Unterstützung. Neben der Pflicht, den Entwicklungsländern Technologie und unbedenkliche Ersatzstoffe unter günstigsten Bedingungen zu überlassen, bestimmt das Montrealer Protokoll zudem ausdrücklich, dass die Fähigkeit der Entwicklungsländer, ihre Pflichten einzuhalten, von der ausreichenden Gewährung finanzieller und technischer Unterstützung abhängt (Parson, 1993).

Sehr wichtig für die Weiterentwicklung des Montrealer Protokolls waren auch die Abstimmungsverfahren. Zwar bedürfen Änderungen des Protokolls jeweils der Ratifikation, um Bindungswirkung zu entfalten; jedoch erlangen Anlagen zum Protokoll oder deren Änderung (dies betrifft im Wesentlichen die Aufnahme neuer als ozonschädlich erkannter Stoffe in die Listen der geregelten Stoffe) Bindungswirkung durch Zwei-Drittel-Mehrheitsbeschluss auch für Staaten, die nicht zugestimmt haben. Letztere haben allerdings die Möglichkeit der ausdrücklichen, schriftlichen Ablehnung innerhalb einer Frist (*tacit-acceptance*-Verfahren).

Besonders bemerkenswert ist das Verfahren für die Anpassung des Ozonschädigungspotenzials und der Reduktionsziele für bereits in den Anhängen aufgelistete geregelte Stoffe an neue wissenschaftliche Erkenntnisse: Hier bindet eine Entscheidung ohne die Möglichkeit der Ablehnung durch einzelne Staaten durch Zwei-Drittel-Mehrheitsbeschluss. Um Ausgewogenheit zwischen den Industrie- und den Entwicklungsländern zu gewährleisten, muss eine Entscheidung auch hier von getrennten einfachen Mehrheiten beider Gruppen unterstützt sein. Ein solches Verfahren ermöglicht eine schnelle Reaktion auf neue wissenschaftliche Erkenntnisse unter gleichzeitiger Wahrung von Gruppeninteressen. Auf der hier gewählten Ebene ist der Souveränitätsverlust, der mit einem solchen Abstimmungsverfahren verbunden ist, gering. Der Beirat regt daher an, den Einsatz eines solchen Verfahrens bei vergleichbaren Entscheidungen in anderen Problemfeldern zu fördern, und empfiehlt das System der Mehrheitsbeschlüsse mit der Möglichkeit des Widerspruchs für einen im Rahmen des Erreichbaren guten Kompromiss.

Ein weiteres institutionelles Instrument des Ozonregimes sind Überprüfungsmechanismen (*review mechanisms*). Mit diesen verpflichten sich die Vertragsstaaten, in bestimmten Abständen die vertraglich vereinbarten Kontrollmaßnahmen anhand neuer wissenschaftlicher Erkenntnisse zu überprüfen. Zur Vorbereitung dieser Überprüfung bedienen sich die Vertragsstaaten eines jeweils zu bildenden Expertenrats. Der Beirat hält solche Überprüfungsmechanismen und dabei insbesondere den Aufbau von Termindruck für ein wichtiges Instrument, um eine kontinuierliche Debatte zu garantieren und die Anpassung des Regimes an neue Entwicklungen und Erkenntnisse zu fördern. Dieses System ist auf andere Problemfelder gut übertragbar.

Ferner verbietet das Montrealer Protokoll (unter Verwendung unterschiedlicher Zeitziele) den Handel von ozongefährdenden Stoffen mit Nichtvertragsstaaten. Hiermit sollen u. a. Wettbewerbsvorteile für Nichtvertragsstaaten verhindert werden. Für ein Umweltproblem, dessen Lösung vom globalen Handeln aller Staaten abhängt, ist eine solche Maßnahme entscheidend, weil die Attraktivität des Vertragsbeitritts gerade auch für solche Staaten erhöht wird, die von der finanziellen und technischen Hilfe profitieren können.

Letztlich haben auch nichtstaatliche Akteure die Ozonverhandlungen entscheidend beeinflusst, etwa durch das Fördern von Forschungsprojekten sowie die Beeinflussung der öffentlichen Meinung und der Regierungen (Benedick, 1998). Solche Akteure haben zwar keine Mitwirkungsrechte, können aber auf Wunsch Beobachterstatus bei den Sitzungen der Vertragsstaaten erhalten, sofern dies nicht von mindestens zwei Dritteln der Staaten abgelehnt wird. Der Beirat wiederholt daher seine bereits in vorangegangenen Gutachten ausgesprochene Empfehlung, die Anhörungsrechte von Umweltverbänden im Rahmen internationaler Umweltregime zu stärken.

C 3.3
Institutionalisierung und Regimedynamik beim Meeresschutz

C 3.3.1
Verlauf der Institutionalisierung

Wohl kaum ein Problem des Globalen Wandels ist derart komplex in seinen Ursachen und Folgen wie der Schutz der Weltmeere, eines der ältesten Handlungsfelder globaler Umweltpolitik. Die Meeresumweltpolitik zeichnet sich durch eine einzigartige Verschränkung globaler und regionaler Problemlagen und Interdependenzen aus. Die Ökosysteme der Regionalmeere sind durch die Einleitungen ihrer Anrainerstaaten bedroht, werden jedoch potenziell auch durch globale Faktoren geschädigt: den internationalen Schifffahrtsverkehr, die Aktivitäten der Fernfischerstaaten, weiträumige Luftverschmutzung und nicht zuletzt durch den drohenden Klimawandel und den Abbau der stratosphärischen Ozonschicht.

Entsprechend komplex ist die politische Institutionalisierung. Statt in nur einer Institution wie etwa im Klimaschutz haben die Staaten sich hier in mehreren Dutzend globalen und regionalen Verträgen und Aktionsprogrammen auf gemeinsame Regeln für einzelne Probleme verständigt. Im internationalen Meeresschutz sind erhebliche institutionelle Dynamiken auszumachen. Das OILPOL-Regime von 1954 wurde beispielsweise mehrfach geändert, bis es schließlich durch das nicht mehr auf Öleinleitungen beschränkte MARPOL-Abkommen (MARPOL, 1973) gänzlich ersetzt wurde. MARPOL selbst ist wiederum durch eine Reihe von Anlagen spezifiziert, die in der Regel einer gesonderten Ratifikation bedürfen und ebenfalls vielfache Änderungen und Verschärfungen erfahren haben (Beckert und Breuer, 1991; Biermann, 1994). Die gezielte Einleitung von Abfällen in die Meere (Dumping) ist durch ein Abkommen von 1972 bis auf wenige Reststoffe weltweit weitgehend verboten worden; auch hier gelang es, einen zunächst noch schwachen Umweltvertrag durch schrittweise Verschärfungen immer weiter zu stärken (König, 1997).

Hingegen ist die Meeresverschmutzung durch landseitige Einleitungen von den Schadstofffrachten der Flüsse bis hin zur weiträumigen Luftverschmutzung weit weniger institutionalisiert (Nollkaemper, 1996). 1995 wurde in Washington lediglich ein „Globales Aktionsprogramm zum Schutz der Meeresumwelt vor landseitigen Tätigkeiten" beschlossen, das seither eher schleppend umgesetzt wird (Biermann, 1998a, b). Nur für das Teilproblem der Einleitung persistenter organischer Schadstoffe (POPs) wird seit 1998 ein völkerrechtliches Spezialregime verhandelt, dessen Abschluss um 2001 zu erwarten ist (Biermann und Wank, 2000).

C 3.3.2
Wirkungen des spezifischen institutionellen Designs

Welche Lehren lassen sich aus den spezifischen institutionellen Designs der internationalen Meeresumweltpolitik ziehen? Zunächst ist hervorzuheben, dass das Hauptproblem der Meeresumweltpolitik die Schadstoffeinleitung von Land aus ist, welche für 80% der gesamten marinen Belastung verantwortlich ist. Hierzu zählen die weiträumige Luftverschmutzung, die Einleitungen von Schadstoffen über die Flüsse sowie aus den Küstensiedlungen. Die Besiedlung und Nutzung der Küstenzonen gerade in den Entwicklungsländern wächst weiter und wird zunehmende Meeresverschmutzung auslösen (Kap. B 2.3). Institutionell existiert hierzu bislang nur das Globale Aktionsprogramm von 1995, das aber weder über umfassende globale Entscheidungsverfahren noch über Monitoring- und Umsetzungsverfahren verfügt, wie sie beispielsweise in der Klima- oder in der Ozonpolitik bestehen. Landgestützte Meeresverschmutzung ist zwar zunächst ein Problem einzelner Regionen; dennoch machen die Folgen eines regionalen Versagens, etwa der Verlust der küstennahen biologischen Vielfalt und insbesondere der Korallenriffe, auch die landseitige Meeresverschmutzung zu einem globalen Kernproblem.

UNEP ging die landseitigen Emissionen bislang vor allem mit seinem Regionalmeerprogramm an, in dem nach und nach umweltpolitische institutionelle Regelungen zwischen den Anrainerstaaten einzelner Regionalmeere vereinbart werden konnten (Dejeant-Pons, 1987; Hohmann, 1989; Biermann, 1994). Diese UNEP-Initiative zielte vor allem auf Afrika, Asien und Lateinamerika, da die Industrieländer aus eigenem Antrieb schon in den 70er Jahren regionale Meeresschutzinstitutionen aufgebaut hatten (Haas, 1993). Erste Erfolge des UNEP-Programms sind unverkennbar. Der Beirat gibt indessen zu bedenken, ob es genügt, wenn sich afrikanische Staaten untereinander auf ein Verringern ihrer landseitigen Einleitungen verständigen, oder ob dieser Regionalismus der finanziell oft überforderten Entwicklungsländer nicht eher mit einer globalen Unterstützungsinitiative für die Regionalmeere im Süden begleitet und ergänzt werden sollte.

Der Beirat empfiehlt deshalb, die Umsetzung des Globalen Aktionsprogramms von 1995 verstärkt voranzutreiben, auch durch das Angebot finanzieller, technischer und administrativer Unterstützung für die überforderten Staaten in Afrika, Asien und Lateinamerika. Darüber hinaus hält er seine Empfehlung von 1995 aufrecht, stärkere globale Institutionen zur Bekämpfung der landseitigen Meeresverschmutzung aufzubauen. Auch sollte das rechtlich nicht verbindliche Globale Aktionsprogramm mittelfristig durch eine völkerrechtliche Konvention mit umfassenden Monitoring- und Berichtspflichten, entsprechenden Mechanismen zu Finanz- und Technologietransfer sowie einem verstärkten Programm zur Forschung, Beratung und Ausbildung ersetzt werden. Als Modell könnten hierfür einzelne Elemente der auf dem Erdgipfel in Rio auf den Weg gebrachten Konventionen übernommen werden, etwa der Desertifikationskonvention hinsichtlich der Aufstellung nationaler und regionaler Aktionsprogramme oder der Biodiversitätskonvention. Wo eine regionale Interdependenz der Anrainerstaaten eindeutig wissenschaftlich belegt werden kann, böte sich zudem die Einführung eines Emissionszertifikatehandels zwischen den Anrainern für bestimmte Emissionen an, soweit hierzu entsprechende Überwachungssysteme etabliert werden können.

Eher erfolgreich erscheint insgesamt die Eindämmung der Verschmutzung durch die Seeschifffahrt, auch wenn immer wieder auftretende Tankschiffhavarien fortbestehenden Handlungsbedarf belegen und keine Entwarnung gegeben werden kann. Die Erfahrungen aus diesem über 40-jährigen Institutionalisierungsprozess sind nicht im Detail auf andere Probleme übertragbar, zeigen aber doch die Bedeutung spezifischer institutioneller Designs. Hierzu zählt der Beirat beispielsweise die Erkenntnisse aus der Arbeit von Mitchell (1994), der den anfänglichen Misserfolg und späteren Erfolg der Regelungen gegen Öleinleitungen auf See auf Änderungen im spezifischen Design der jeweiligen Verbotsnormen zurückführte: Maximale Emissionsstandards haben nur dann Sinn, wenn sie von Vollzugsorganen überprüfbar sind, besonders auf See, aber auch in anderen Problemfeldern – dieses ist die wesentliche Lehre aus dem frühen OILPOL-Regime.

Begründet liegt der Erfolg des MARPOL-Regimes auch in seinem spezifischen System von Rahmenkonvention und Vertragsanlagen, also der Verknüpfung eines eher allgemeinen Vertrags, der fast alle relevanten Staaten einbinden kann, mit spezifischen Anlagen, die teils für alle Parteien verbindlich sind, teils aber nur für die Staaten, die die fragliche Anlage akzeptieren wollen, und die von den Anrainerstaaten eines Regionalmeeres auf deren Wunsch hin – und mit Einwilligung der übrigen Vertragsstaaten – für eingegrenzte, besonders gefährdete Meeresgebiete verschärft werden können (so genannte „Sondergebiete", wie beispielsweise die Nordsee für bestimmte Einleitungen). Trotz dieser grundsätzlichen Befürwortung der institutionellen Ausgestaltung des MARPOL-Regimes hält der Beirat weitere politische Anstrengungen für unverzichtbar. Er empfiehlt der Bundesregierung insbesondere, sich um eine stärkere Verbreitung der MARPOL-Standards zu bemühen. Dies wird, da in der Regel Entwicklungsländer betroffen sind, das Angebot weiterer finanzieller, technischer und administrativer Unterstützung erfordern.

Eine weitere institutionelle Innovation des MARPOL-Regimes ist das spezifische Verfahren in der Weiterentwicklung seiner Anlagen, das Staaten an durch Mehrheitsbeschluss vereinbarte Änderungen bindet, soweit sie nicht ausdrücklich widersprechen (*tacit acceptance procedure*) (Oberthür, 1997). Der Beirat hält ein solches Verfahren für einen idealen Kompromiss zwischen dem Erfordernis, schnell auf veränderte Problemlagen reagieren zu können, und dem fortbestehenden Beharren der Staaten auf ihrer Souveränität, welches echte Mehrheitsentscheidungen, wie in Art. 2 Abs. 9 des Montrealer Ozonprotokolls (Kap. C 3.3.1), für andere Problemfelder vorerst kaum realisierungsfähig scheinen lässt.

Die internationale Meeresumweltpolitik belegt zudem die entscheidende Rolle internationaler Organisationen. So war das Sekretariat der Internationalen Seeschifffahrtsorganisation (IMO) ein wesentlicher Akteur in der Initiierung, Planung und Umsetzung der Beschlüsse, die im Rahmen des MARPOL-Regimes getroffen wurden. Innovativ ist auch die Seeschifffahrtsuniversität, die von der IMO in Schweden eingerichtet worden ist, um u. a. Verwaltungsbeamte aus Entwicklungsländern aus- und fortzubilden.

Auch die Rolle des UNEP ist zu betonen. Vor allem die Regionalmeerprogramme in Afrika, Asien und Lateinamerika wären ohne die Initiative des UNEP als dem globalen institutionellen Zentrum für die regionalen Bemühungen nicht geschaffen worden. Allerdings ist festzustellen, dass die Initiative des relativ kleinen UNEP hier an seine Grenzen stößt: UNEP kann in den Hauptstädten der Anrainerstaaten zwar das Bewusstsein für die Notwendigkeit regionaler Meeresschutzpolitik schärfen und weltweit Informationen verbreiten; selbst eine gewisse Anschubfinanzierung ist möglich, wie beispielsweise bei der Initiierung des Mittelmeerschutzprogramms Mitte der 70er Jahre (Skjærseth, 1993; Biermann, 2000a). Umfassende finanzielle und technologische Unterstützung für die Entwicklungsländer kann UNEP jedoch nicht leisten, und gerade hier liegt im Süden, mit seinen sehr dicht besiedelten Küstenstädten und kaum vorhandener umweltpolitischer Infrastruktur im Küstenschutz, das Kernproblem. Auch für die wichtige Rolle von Nichtregierungsorganisationen gibt es zahlreiche Beispiele:

Das Walfangverbotsregime wäre ohne das Engagement der privaten Umweltverbände nicht so schnell und, so ist zu vermuten, für einige Arten auch zu spät erfolgt (Peterson, 1992).

Eine Besonderheit der Meeresumweltpolitik ist der großräumige Wandel ihrer politischen Grundlagen, insbesondere durch die Anerkennung der Ausschließlichen Wirtschaftszonen (EEZ) der Küstenstaaten von bis zu 200 Seemeilen Ausdehnung. *De facto* handelt es sich hiermit um die Zuteilung von Eigentumsrechten an vorherigen Gemeinschaftsgütern – und dies in erheblichem Ausmaß, finden sich doch über 90% der weltweiten Fischbestände heute in den EEZ (Gündling, 1983). Gemäß der Theorie der Gemeinschaftsgüter wäre zu erwarten, dass diese Zuerkennung von Eigentumsrechten den Schutz der Meeresressourcen verbessert, und tatsächlich gibt es Indizien, die in diese Richtung weisen. So hat die bessere Nutzung der Bestände in den EEZ zu einem stärkeren Wettbewerb um die Fischbestände der verbleibenden Hohen See geführt und neue internationale Konfliktlinien geschaffen, wie der „Heilbutt-Krieg" zwischen der EU und Kanada verdeutlicht. Ein neues Abkommen von 1994, noch in Folge der Rio-Konferenz von 1992, soll hier nun Abhilfe schaffen.

Insgesamt gibt der Beirat zu bedenken, dass vor allem die Nutzung der Hohen See, aber auch der EEZ, für den Transport und für die Ressourcenausbeutung (Bergbau und Fischfang) möglicherweise stärkere internationale Institutionen erfordert. Während in vielen umweltpolitischen Problemfeldern eher dezentrale Ansätze eine Lösung bieten, ist die „Freiheit der Meere" ein Beispiel für die Notwendigkeit internationaler Behörden, um als Treuhänder des globalen Gemeinschaftsguts der Meere gewisse einheitliche Standards für das Transportgewerbe, den Fischfang und den Bergbau einzuführen. Ansätze hierzu bestehen in der Internationalen Seeschifffahrtsorganisation (IMO) in London und der Internationalen Meeresbodenbehörde in Kingston, Jamaika. Eine Stärkung der Regelungskompetenz dieser Organisationen ist zu empfehlen (siehe auch WBGU, 1996a).

C 3.4
Institutionalisierung und Regimedynamik bei biologischer Vielfalt

C 3.4.1
Verlauf der Institutionalisierung

Das Übereinkommen über die biologische Vielfalt von 1992 (Biodiversitätskonvention) stellt einen Meilenstein der Politik zum Schutz der Biosphäre dar, welcher vom Beirat bereits umfassend analysiert und gewürdigt wurde, so dass auf die dort erarbeiteten ausführlichen Empfehlungen verwiesen werden kann (WBGU, 2000).

Mit Blick auf die institutionelle Behandlung dieses Problems ist festzustellen, dass sowohl die Nutzung als auch die Gefährdung biologischer Vielfalt dezentral stattfinden, es also nicht um die Verhinderung der weltweiten Emission bestimmter Stoffe geht, wie etwa beim Klimaschutz oder dem Ozonproblem. Weil zudem das Wissen über die biologische Vielfalt noch sehr unvollständig ist, keine umfassenden Status- oder gar Gefährdungsanalysen vorliegen und Mess- oder Vergleichbarkeit sehr problematisch sind, bleiben Erhaltung und nachhaltige Nutzung biologischer Vielfalt sowie der Vorteilsausgleich bei Nutzung genetischer Ressourcen äußerst komplexe Aufgaben.

Deshalb enthält die 1993 in Kraft getretene Biodiversitätskonvention keine konkreten, quantitativen Pflichten für die 179 Vertragsparteien (noch ohne USA), sondern schafft zunächst durch die Formulierung übergreifender Ziele, Grundsätze und Normen ein gemeinsames Verständnis, wie mit biologischer Vielfalt umgegangen werden soll (Suplie, 1995). Die Konvention enthält also weder Arten- oder Ökosystemlisten noch weltweite Flächenschutzziele noch spricht sie sich für „harte" Restriktionen aus. Statt dessen schafft sie mit der Verbindung von Erhaltung, nachhaltiger Nutzung und Vorteilsausgleich die konzeptionelle Grundlage für den Umgang mit biologischer Vielfalt. Die Umsetzung dieses globalen Rahmens muss vor allem in den Vertragsstaaten erfolgen, wobei die Konvention Hilfe durch Wissens- und Technologietransfer sowie durch ihren finanziellen Mechanismus leistet (Glowka et al., 1994).

Ein erstes Protokoll ist mit dem „Cartagena Protokoll über biologische Sicherheit" im Januar 2000 verabschiedet, mittlerweile von über 60 Staaten unterzeichnet worden und soll den sicheren Umgang mit gentechnisch veränderten Organismen verbessern helfen. Dieses Protokoll belegt die Entwicklungs- und Funktionsfähigkeit der Konvention. Möglicherweise kann das „International Undertaking on Plant Genetic Resources" ein weiteres Zusatzprotokoll werden. Dieses wird derzeit unter der Ägide der FAO neu verhandelt, um eine Übereinstimmung mit der Biodiversitätskonvention zu erzielen. Auch ein „Wälderprotokoll", wie es vom Beirat vorgeschlagen wurde (WBGU, 1996a, 2000), wäre eine mögliche und sinnvolle Ergänzung der Konvention.

Der Konvention steht ein zweiter Pfad zur inhaltlichen Entwicklung offen: die Arbeit an sektoralen Themen durch die Entwicklung von Arbeitsprogrammen oder Leitlinien. Die Vertragsstaatenkonferenz erörterte im Verlauf der Jahre eine Reihe von Ökosystemtypen und Querschnittsthemen. Dennoch sind institutionelle Defizite festzustellen (WBGU, 1999a), was zu einer Überprüfung der bestehenden institutionellen Strukturen in dem Regime führte, um Schwachstellen und eventuelle Lücken zu identifizieren. So wurde festgestellt, dass die wissenschaftliche Expertise besser eingebunden und die Umsetzung besser überprüft werden müssen, und es wurden entsprechende Vorschläge für die institutionelle Weiterentwicklung unterbreitet.

C 3.4.2
Wirkungen des spezifischen institutionellen Designs

Angesichts des ungebremsten Verlusts biologischer Vielfalt (WBGU, 2000) ist die Wirkung der Biodiversitätspolitik ungenügend. Im Folgenden wird analysiert, ob der bislang ausbleibende Erfolg auf Fehlkonstruktionen des institutionellen Designs zurückführbar ist. Hier wird nur auf die Biodiversitätskonvention eingegangen; die anderen Konventionen (z. B. CITES, CMS, Ramsar) und Organisationen zum Biosphärenschutz bleiben unberücksichtigt (hierzu WBGU, 2000).

In der Konvention gelten für alle Staaten die gleichen Pflichten, abgesehen von der Sonderpflicht der Industrieländer zum Technologietransfer und zur Übernahme der vereinbarten vollen Mehrkosten, die den Entwicklungsländern in der Erfüllung von Pflichten der Konvention entstehen. Die Konvention berücksichtigt sowohl den Gedanken des Naturschutzes und des Zugangs zu genetischen Ressourcen, die den Industrieländern besonders wichtig sind, als auch die nachhaltige Nutzung und den Vorteilsausgleich, beides wesentliche Ziele für Entwicklungsländer. Es finden also die Interessen beider Staatengruppen Berücksichtigung, was als wesentliche Voraussetzung für die breite Akzeptanz der Konvention gesehen werden kann (Biermann, 1998b).

Förderlich wirkt bei der Weiterentwicklung der Konvention die Einbindung der Nichtregierungsorganisationen und der Wissenschaft (innerhalb und außerhalb der Delegationen) in die Verhandlungen. Auch hier scheint der Rahmenkonventions-/Protokollansatz erfolgreich zu sein, da er eine breite Akzeptanz der Konvention ermöglicht hat und zudem eine flexible Anpassung an neu auftretenden Regelungsbedarf ermöglicht. Ebenso ist das stufenartige Abarbeiten von Themen (Ökosystemtypen, Querschnittsthemen) durch die Vertragsstaatenkonferenz sinnvoll, um den Parteien konkret konzeptionell bei der Umsetzung zu helfen.

Die Einbindung der Wissenschaft muss hingegen deutlich verbessert werden. Die Rolle des Unterausschusses für technische und technologische Unterstützung (SBSTTA) ist nicht eindeutig festgelegt: Er kann keine unabhängige, wissenschaftliche Expertise liefern, ist aber auch kein ausschließlich politisch gesteuertes Gremium. SBSTTA zeigt Tendenzen, zu einer vorgeschalteten „Mini-COP" zu werden. Wertvolle Verhandlungszeit wird oft für politisch motivierte Diskussionen verwendet, so dass auch angesichts umfangreicher Tagesordnungen für die wissenschaftliche Arbeit die Zeit fehlt, welche dann an externe Workshops oder das Sekretariat delegiert wird, was keine Lösung darstellt. Es fehlt ein koordinierter Input der wissenschaftlichen Gemeinschaft, so wie es mit dem IPCC im Klimaregime bereits Realität ist (Kap. E 1). Regelmäßige Berichte eines vom Beirat bereits vorgeschlagenen „Intergovernmental Panel on Biological Diversity" (IPBD) könnten hier helfen und die notwendige unabhängige wissenschaftliche Beratung sicherstellen (WBGU, 2000). SBSTTA würde dann als Transmissionsriemen zwischen Wissenschaft und Politik dienen, der aus den IPBD-Berichten wissenschaftlich begründete Beschlussvorlagen für die Vertragsstaatenkonferenz zu schmieden hätte. Bei der Auswahl der Wissenschaftler für das IPBD ist eine geographische Ausgewogenheit zu beachten, um die Akzeptanz der Berichte z. B. auch in Entwicklungsländern zu gewährleisten.

Das Abstimmungsverfahren der Konvention beruht derzeit auf dem Prinzip der Einstimmigkeit. Dies kann zu Blockadesituationen führen, die die Verhandlungen verzögern. Angesichts des ungebremsten Verlusts der biologischen Vielfalt empfiehlt der Beirat deshalb die Abkehr vom Veto-Prinzip hin zu einem System qualifizierter Mehrheitsentscheidungen, etwa nach dem Vorbild des Montrealer Protokolls, das getrennte, einfache Mehrheiten von Industrie- und Entwicklungsländern vorsieht.

Derzeit wird die nationale Umsetzung dadurch erschwert, dass keine klar quantifizierbaren Ziele vorgegeben werden und sich der Erfolg deshalb nicht leicht messen lässt. Es fehlen gemeinsam verabschiedete, konkret messbare Ziele, etwa in Form von Flächenschutzzielen oder Leitplanken (WBGU, 2000). Hinzu kommen ungelöste methodische Probleme der Indikatorentwicklung, aber auch grundsätzliche Widerstände gegen die Entwicklung Nationen übergreifender Indikatoren. Die Daten solcher Indikatorgrößen sollten in den vorgeschriebenen Nationalberichten veröffentlicht werden, was einerseits einen globalen Überblick über Zustand und Trends der biologischen Vielfalt erleichtern, andererseits auch in den Vertragsstaaten politischen Druck erzeugen würde, der die Umsetzung und die Bewusstseinsbildung beschleunigen kann.

Die Zusammenarbeit mit Nichtregierungsorganisationen wirkt aufgrund ihrer Erfahrungen in der praktischen Umsetzung in der Regel konstruktiv und förderlich. Die Einbindung der NRO in den Konventionsprozess, bei vielen Staaten auch in die Delegationen, wirkt positiv, könnte aber weiter verbessert werden. Nicht zu unterschätzen sind auch die Veranstaltungen am Rande der Konventionsverhandlungen, auf denen zu Tagesordnungspunkten oder zu neuen Themen oder Initiativen von Umweltverbänden Workshops oder Präsentationen abgehalten werden.

Die Konzeption der Biodiversitätskonvention als „Dachkonvention" musste gleich zu Beginn der Verhandlungen aufgegeben werden, da u. a. die unterschiedlichen biodiversitätsrelevanten Konventionen jeweils unterschiedliche Konstellationen in der Mitgliedschaft haben. Das Beispiel der Zusammenarbeit mit der Ramsar-Konvention im Bereich Binnengewässer zeigt aber, dass gemeinsame Bearbeitung von Themen, Vermeidung von Doppelarbeit und Arbeitsteilung möglich sind. Dieses Beispiel kann als Vorbild in der Zusammenarbeit mit anderen Konventionen und Organisationen auf überschneidenden Feldern dienen.

C 3.5
Alternative Pfade: Internationale Zusammenarbeit privater Akteure

Globale Umweltpolitik reicht über staatliche Regulierung durch internationale Regime hinaus. Internationale Problemlösungen zum Umweltschutz werden zunehmend in Konsultationen und Verhandlungen zwischen staatlichen und privaten Akteuren formuliert und durchgeführt. Im vergangenen Jahrzehnt sind hierbei eine Reihe internationaler Kooperationen im Sinne eines „Regierens ohne Regierung"(Rosenau und Czempiel, 1992; Young, 1994; Zürn, 1998) entstanden, in denen private Akteure, wie z. B. multinationale Unternehmen und Umweltverbände, eine führende Rolle spielen. In seiner Rede auf dem Weltwirtschaftsgipfel in Davos 1999 forderte auch UN-Generalsekretär Kofi Annan die internationalen Wirtschaftsunternehmen auf, einen globalen Pakt zu schließen, in dem bestimmte Prinzipien in Bezug auf Menschenrechte, Rechte der Arbeiter und Umweltschutz in ihren Tätigkeiten eingehalten und so eine entsprechende staatliche Politik unterstützt werden. Angemahnt werden dabei eine vorsorgeorientierte Vorgehensweise im Umweltschutz sowie Initiativen zur Förderung größerer Umweltverantwortung und zur Entwicklung und Verbreitung umweltfreundlicher Technologien.

Häufig verfolgen wirtschaftliche und zivilgesellschaftliche Akteure gemeinsame Ziele des internationalen Umweltschutzes auf der Basis von Selbstverpflichtungen. Empirische Studien zur Globalisierung zeigen, dass strategische Allianzen von Unternehmen seit Mitte der 80er Jahre einen Schub erhalten haben (Murray und Mahon, 1993; Beisheim et al., 1999). Hierbei sollen durch gemeinsame Forschung Kosten gesenkt, neue Märkte und Vertriebswege erschlossen oder internationale Umweltstandards mitgestaltet werden. Prominente Beispiele sind der World Business Council for Sustainable Development (WBCSD) und der European Business Council for a Sustainable Energy Future (e^5).

Der WBCSD beispielsweise ist eine Vereinigung von 120 Unternehmen aus 30 Staaten und 20 Industriesektoren auf der Basis gemeinsamer Pflichten zum Umweltschutz und zur nachhaltigen Entwicklung. Der Zusammenschluss wird damit begründet, dass eine Ausrichtung auf nachhaltige Entwicklung im unternehmerischen Interesse sei, auch mit Blick auf Wettbewerbsvorteile und Chancen auf neuen Absatzmärkten und Vertriebskanälen (Schmidheiny, 1992). Der WBCSD möchte die Rahmenbedingungen mitgestalten, nachhaltige Entwicklungen fördern und sieht hierfür drei Voraussetzungen: wirtschaftliches Wachstum, ein Umweltgleichgewicht und sozialer Fortschritt (WBCSD, 1998, 1999). Das globale Netzwerk des WBCSD soll auch dazu beitragen, in Entwicklungs- und Schwellenländern nachhaltige Entwicklung zu fördern. Der Council bemüht sich um ein besseres Verständnis darüber, was nachhaltige Entwicklung für Unternehmen wirklich bedeutet. Wenn es um Umweltqualitätsziele, nachhaltige Produkte, Produktionsverfahren oder Umweltmanagement geht, kooperieren Unternehmen oft nicht nur mit ihresgleichen, sondern verbünden sich auch mit Umweltverbänden, so dass sich Netzwerke grenzüberschreitender und globaler Allianzen bilden.

Zu dieser internationalen privaten Zusammenarbeit im Umweltschutz sind die weltweiten Initiativen zur Zertifizierung von Produkten, häufig unter der Bezeichnung *stewardship council*, zu zählen. Bei der Zertifizierung von Holz- und Fischprodukten verpflichten sich z. B. Unternehmen in Zusammenarbeit mit Umweltverbänden und staatlichen Institutionen, die natürlichen Ressourcen nachhaltig zu nutzen und den Verbrauchern umweltverträglich geerntete und verarbeitete Produkte anzubieten.

Der Forest Stewardship Council (FSC) beispielsweise gründete sich 1993 als international unabhängige und gemeinnützige Einrichtung aus Vertretern von Umweltgruppen, dem Holzhandel, der Forstwirtschaft, indigenen Völkern und Organisationen, die forstwirtschaftliche Produkte zertifizieren. Der FSC ist eine Einrichtung mit offizieller Mitgliedschaft und einer Generalversammlung als oberstem Organ. Die Generalversammlung ist in zwei abstimmberechtigte Kammern unterteilt, die alle 2–3 Jahre zusammentreten. Die erste Kammer vertritt mit 25 % der Stimmrechte die ökonomischen Interessen, die zweite Kammer mit 75 % der Stimmrechte die Umweltinteressen und sozialen Anliegen. Die Stimmrechte in jeder Kammer sind gleichgewichtet auf Entwicklungs- und Industrieländer verteilt.

Der FSC will ein umweltgerechtes, sozialverträgliches und ökonomisch tragfähiges Management der globalen Wälder unterstützen. Er zertifiziert Holz nicht selbst, sondern stellt für die Verbraucher sicher, dass die Organisationen, die die Zertifizierung vornehmen, als glaubwürdig gelten können. Dieses Ziel wird durch Evaluierung, Anerkennung und Überwachung jener Organisationen erlangt, die Zertifikate ausstellen. Die von der FSC bevollmächtigten Organisationen führen Waldinspektionen durch und erteilen Zertifikate, wenn die von der FSC vorgegebenen Kriterien erfüllt werden. Die Kriterien der FSC lassen sich auf alle Holzarten anwenden. Sie sind so flexibel gestaltet, dass nationale und regionale Standards berücksichtigt werden. Des Weiteren werden nationale Zertifizierungssysteme gestärkt, indem die Waldmanagementkapazitäten durch Ausbildung und nationale Initiativen zur Zertifizierung gefördert werden. Dazu werden nationale, regionale und lokale Arbeitsgruppen gebildet, die sicherstellen, dass die Zertifizierungen auf den tatsächlichen, lokal definierten Managementpraktiken beruhen.

Den Umweltverbänden kommt bei diesen Politikansätzen also besondere Bedeutung zu: Sie vertreten in der Regel öffentliche Interessen, etwa den Wunsch der Verbraucher nach umweltverträglichen Produkten. Auch spielen sie bei der Meinungsbildung eine wichtige Rolle, indem sie Informationen und Wissen über zertifizierte Produkte an die Öffentlichkeit weiterleiten und so zu deren Vermarktung beitragen. Zudem helfen die Umweltverbände bei der Umsetzung von Vereinbarungen und deren Kontrolle (Schmidt und Take, 1997; Take, 1998; Schmidt, 2000). Umweltverbände kontrollieren die Projekte jedoch nicht nur, sondern betreuen und begleiten sie auch (Sollis, 1996). Aufgrund mangelnder Kapazitäten und Ressourcen sind die politischen Systeme in Entwicklungsländern häufig nicht in der Lage, Projekte selbst umzusetzen, so dass Umweltverbände aus dem Norden Allianzen mit den Entwicklungsländern bilden (Bichsel, 1996; Take, 1999). In diesen strategischen Verbünden greifen die beteiligten staatlichen Institutionen nicht regulierend ein, sondern übernehmen vielmehr eine moderierende Rolle, etwa indem sie Kommunikation und Koordination unterstützen. Ob die internationale unternehmerische Zusammenarbeit oder Initiativen zur Zertifizierung zu einer nachhaltigen Nutzung globaler Ressourcen beitragen können, bleibt offen. Der Beirat sieht darin aber ein Anreizsystem, das neben der internationalen Zusammenarbeit der Staaten nicht vernachlässigt werden darf.

C 3.6
Lehren aus der Spieltheorie für internationale Verhandlungen

C 3.6.1
Einführung in die Theorie der Spiele

Die Betrachtung des agenda setting (Kap. C 2.2.2) zeigte, warum sich politische und öffentliche Debatten und die Medienberichterstattung auf bestimmte umweltpolitische Themen und Verhandlungen konzentrieren. Dieses gesteigerte Interesse entsteht aus der Erfahrung, dass zwischen den Erwartungen an die Ergebnisse einer Verhandlungsrunde und den faktisch erzielten Resultaten für die globale Umwelt zumeist eine deutliche Lücke klafft. Enttäuscht werden die Dauer der Verhandlungen, die wenig konkreten oder wenig anspruchsvollen Ziele der Vereinbarungen und die Vollzugsdefizite registriert.

Eine Erklärung für die Probleme, zu greifbaren und wirksamen Verhandlungslösungen in der internationalen Umweltpolitik zu gelangen, liefert die ökonomische Theorie der Spiele. Ihr Instrumentarium wurde in den vergangenen Jahren erweitert und verfeinert, um den Besonderheiten internationaler Verhandlungen in der Umweltpolitik Rechnung tragen zu können (Barrett, 1997a; Endres und Finus, 2000; Finus, 2000). Ziel der Spieltheorie ist die Analyse individuell-rationaler Verhaltensweisen in spezifischen Verhandlungssituationen. Die individuelle Rationalität der Politiker, der Mitarbeiter in Behörden und der Wähler verhindert häufig das Zustandekommen und die Einhaltung internationaler Vereinbarungen. Globale Umweltprobleme zeichnen sich durch die Notwendigkeit konzertierten Handelns vieler Länder aus. Für ein einzelnes Land ergeben sich dadurch Anreize zum Trittbrettfahren (Freifahrerverhalten), d. h. es wird darauf vertraut, dass andere Länder in den Umweltschutz investieren, um Schäden zu mindern. Dadurch werden im eigenen Land die wirtschaftlichen und sozialen Kosten des Umweltschutzes mit den damit möglicherweise verbundenen gesellschaftlichen Konflikten vermieden. Jedes Land verhält sich demnach rational, wenn es auf Handlungen anderer wartet. Zugleich kann ein Land allein nur wenig zum Schutz der globalen Umwelt beitragen. Die Bedeutung der Bundesrepublik als Emittent von Treibhausgasen ist weltweit zu ge-

ring, als dass mit einer Senkung des Kohlendioxidausstoßes im Alleingang eine Wirkung für das Weltklima erzielt werden könnte. Im Extremfall kann eine Konstellation entstehen, in der individuell-rationales Verhalten der Einzelstaaten in eine „Verhandlungssackgasse" führt, d. h.
- keine internationale Umweltvereinbarung entsteht, weil jedes Land fürchtet, von anderen ausgebeutet zu werden und selbst keine wirksamen Effekte für die globale Umwelt zu erzielen,
- eine internationale Umweltvereinbarung auf einem so kleinen gemeinsamen Nenner entsteht, dass sich faktisch nichts an den bestehenden Umweltgefährdungen ändert, oder
- eine internationale Umweltvereinbarung entsteht, die faktisch nicht umgesetzt wird, weil Verstöße weder zu kontrollieren noch zu sanktionieren sind.

Demnach genügt die Erwartung insgesamt positiver Impulse für die weltweite Umwelt durch ein internationales Abkommen nicht für seine Entstehung und Umsetzung. Vielmehr sind in einer Welt mit souveränen Einzelstaaten Vorteile für jedes einzelne Land erforderlich, damit es einer Vereinbarung beitritt und sie auch befolgt. So wird auch dem Gedanken der Erwartungssicherheit und der Unabhängigkeit von ethisch-moralischen Verhaltensweisen Rechnung getragen. Dass eine Umweltvereinbarung für jedes Land vorteilhaft ist, bietet demnach eine größere Sicherheit der Umsetzung und einen zusätzlichen Schutz gegen veränderte politische Machtverhältnisse und ökonomisch-soziale Krisen (Pies, 1994; Wink, 2000).

Die meisten globalen Umweltprobleme sind jedoch nur wenig geeignet, durch eine Vereinbarung gemeinsamen Umweltschutzes zu Konstellationen zu gelangen, die jedem Land Vorteile bieten (Klemmer et al., 2000). Hindernisse auf diesem Weg sind:
- die unterschiedliche Betroffenheit durch Umweltschäden, etwa die räumlichen Unterschiede der erwarteten Folgen einer Erwärmung der Erde,
- die unterschiedliche Bewertung der Umweltschäden und der Bedeutung des Zeithorizonts bis zu ihrer Entstehung, etwa die unterschiedliche Bewertung des Verlusts zukünftiger Optionen auf die Nutzung der Biosphäre,
- die unterschiedlichen Kosten einer Verhinderung der Umweltschäden, etwa die divergierenden Kosten der Umstrukturierung von Kraftwerken zur Reduktion von Treibhausgasen,
- die unterschiedliche Bewertung des Auftretens von Vermeidungskosten, etwa während eines wirtschaftlichen Entwicklungsprozesses in den Entwicklungsländern oder einer Phase struktureller Arbeitslosigkeit in westlichen Industrieländern.

Es werden in der Regel zusätzliche Anreize für einzelne Länder zur Mitarbeit benötigt, die durch internationale Verhandlungen oder den Inhalt der Umweltverträge ausgelöst werden können. Die ökonomische Theorie der Spiele hat Modelle entwickelt, um die Auswirkungen alternativer Designs von Verhandlungen und der Vertragsinhalte auf die Bereitschaft zum Beitritt zu Umweltvereinbarungen und zu ihrer Einhaltung zu untersuchen. Finus (2000) und Bloch (1997) geben einen Überblick über die bislang dominierenden Modellansätze der „reduzierten Spielstufen" und der „dynamischen Spiele". Aufgrund ihres theoretischen Ursprungs beziehen sich die Ergebnisse spieltheoretischer Untersuchungen nur in seltenen Fällen auf konkrete Umweltprobleme und Verhandlungen. Trotz ihrer bedingten Eignung für eine konkrete Politikberatung lassen sich jedoch einige allgemeine Aussagen herausfiltern, die auf Defizite bestehender Prozesse hinweisen und zugleich Aufschluss über zukunftsweisende Strategien für das Verhalten von Staatenvertretern in internationalen Verhandlungen bieten.

C 3.6.2
Strategische Gestaltung von Verhandlungen

Positive Anreize für Verhandlungen entstehen zum einen aus wiederholten Verhandlungen und dem damit verbundenen Aufbau einer Transaktionsatmosphäre sowie der Bildung von Koalitionen. Wiederholte Verhandlungssituationen werden durch die Vereinbarung wiederkehrender Konferenzen der Vertragsstaaten internationaler Abkommen sowie durch die Abfolge allgemeiner Absichtserklärungen in Konventionen und fortlaufenden Konkretisierungen in Folgeprotokollen erzeugt. Aus spieltheoretischer Sicht bedingen wiederholte Verhandlungen die Chance für jeden Verhandlungspartner, aus den Erfahrungen der Vorperiode zu „lernen" (Camerer et al., 1993; Wink, 2000). Verstöße gegen Vereinbarungen oder wenig konstruktives Verhandlungsverhalten werden daraufhin durch Sanktionen anderer Verhandlungspartner bedroht. Da nicht absehbar ist, wie häufig solche Folgeverhandlungen vorgenommen werden, wächst insgesamt die Verhandlungsdynamik und die Erwartungssicherheit, zu konkreten Regelungen zu gelangen. Durch eine Vernetzung einzelner Verhandlungen – beispielsweise zwischen der Klimarahmenkonvention und der Biodiversitätskonvention oder aber auch zwischen Umweltabkommen und der WTO, des IWF oder der Weltbank – kann zudem eine Transaktionsatmosphäre entwickelt werden, bei der jeder einzelne Verhandlungspartner bei einem Scheitern von Verhandlungen oder Verstößen gegen Vereinbarungen mehr verlieren würde, als er kurzfristig durch ein „Freifahren" gewinnen könnte. In diesem Zusammenhang sind vor allem die Reputationseffekte solcher Verhandlungen zu betonen (Hoel und Schneider, 1997).

Koalitionen zwischen Einzelstaaten sind vor allem bei Umweltproblemen sinnvoll, bei denen weltweit eine starke Heterogenität der Beiträge zu Umweltschäden oder zu ihrer Verhinderung sowie der Bewertung von Umweltschäden vorliegt (Barrett, 1997b; Botteon und Carraro, 1997; Finus und Rundshagen, 1998). Eine solche Heterogenität lässt weltweite substanzielle Verhandlungslösungen unwahrscheinlich erscheinen. Wenige, für ein Umweltproblem jedoch wichtige Einzelstaaten können durch eine Vereinbarung stärkere Impulse für den globalen Umweltschutz erzielen als eine mühselige universelle Einigung aller Staaten. So ist für den Klimaschutz davon auszugehen, dass eine Einigung auf eine Senkung von Treibhausgasemissionen zwischen den Anlage-I-Ländern zunächst entscheidend zum Einstieg in die Problemlösung beitragen kann, wenn es gelingt, Länder wie China und Indien in eine Koalition einzubinden.

Demgegenüber zeigen spieltheoretische Modelle eine geringe Erfolgswirksamkeit der häufig geforderten Einnahme einer einzelstaatlichen Vorreiterposition (Hoel, 1991; Endres, 1997; Finus und Rundshagen, 1998). Einseitige Emissionsreduktionen entlasten in der Regel andere Länder und bestärken diese, die Bereitschaft des Vorreiters zu Vorleistungen auch weiterhin auszunutzen. Im Extremfall kann es sein, dass die globale Umwelt weniger entlastet und das Vorreiterland zusätzlich mit besonderen Anpassungslasten konfrontiert wird. Wichtiger ist häufig eine Erhöhung der Anreize für andere wichtige Emissionsländer, Koalitionen beizutreten und zu einer gemeinsamen Implementation zu gelangen. Der Beirat empfiehlt der Bundesregierung daher, sich bei zukünftigen Verhandlungen der internationalen Umweltpolitik der Bedeutung von Koalitionen wichtiger Emittenten und der Verdeutlichung der Anreize wiederholter Verhandlungen mit verstärkter Beachtung zu widmen.

C 3.6.3
Strategische Gestaltung der Verhandlungsinhalte

Die konkrete Attraktivität einer Verhandlung und eines Abkommens ist untrennbar mit den erwarteten Wirkungen des Verhandlungsergebnisses verbunden. Fünf Optionen stehen grundsätzlich zur Verfügung, um die Anreize zum Abschluss eines internationalen Abkommens zu verstärken: Transfer- und Ausgleichsvereinbarungen, Sanktionen, die Verknüpfung von Verhandlungsinhalten, Verpflichtungen zu einem Monitoring sowie Vereinbarungen über konkrete Instrumente.

Die Vereinbarung von Transfers und Ausgleichsmaßnahmen empfiehlt sich vor allem in Fällen mit einer starken Heterogenität der beteiligten Länder und internationalen Verteilungseffekten eines Abkommens. So können soziale Härten abgefedert sowie technologische und institutionelle Kapazitäten zur Vertragserfüllung aufgebaut werden. Wichtig ist bei einer solchen Vereinbarung die Beachtung der Anreizwirkungen (Mäler, 1990; Heister, 1997). Aus der Sicht der Geberländer sind Vorkehrungen zur Sicherung der Einhaltung von Umsetzungsvorgaben zu treffen, für die Nehmerländer ist die Zuverlässigkeit des Transfers entscheidend. Disziplinierungseffekte sind durch die Vorgabe kurzer Zeiträume für die Überprüfung der Zahlung und Verwendung sowie die in einzelnen Fonds verwirklichte gegenseitige Kontrolle durch doppelte Mehrheitserfordernisse bei Entscheidungen (Mehrheit der Geber- und der Nehmerländer) zu erzielen. Allerdings ist die Attraktivität solcher Regeln vor dem Hintergrund jedes einzelnen Umweltproblems zu beurteilen. Gegen nichtmonetäre Transferleistungen, etwa Technologien oder Anlagen, sprechen die fehlende „Passgenauigkeit" der Entscheidungen der Geberländer an die Bedingungen in kapitalarmen Ländern und die geringe Flexibilität beim Auftreten von Vertragsverstößen. Der Beirat votiert daher für eine einzelsituative Prüfung der Gestaltung von Transfervereinbarungen. Insbesondere betont der Beirat die Bedeutung einer Verknüpfung mit Maßnahmen zur Stärkung des Engagements privater Investoren (Kap. D).

Die Intensität von Sanktionsvereinbarungen ist in den spieltheoretischen Modellen ein Gradmesser zur Beurteilung der Sicherheit einer Vertragserfüllung (Barrett, 1992; Finus und Rundshagen, 1998). Rationale Akteure werden Verträge nur befolgen, wenn die erwarteten Kosten einer Anpassung an den Vertrag nicht die erwarteten Sanktionen bei Vertragsverstößen – unter Beachtung der Wahrscheinlichkeit einer Aufdeckung von Verstößen – übersteigen. Idealtypisch müsste eine Sanktion so hart sein, dass sie abschreckend gegenüber Vertragsverstößen wirkt, zugleich weich genug, um Vertragsverletzer auch nach einer Sanktion an den Vertrag zu binden, aber nicht zu weich, um nicht Vertragsverstöße zu veranlassen, und schließlich nicht nachteilig für die anderen Vertragsstaaten. Angesichts dieser Schwierigkeiten verwundert es nicht, dass bislang eine geringe Vertragsdisziplin und wenig harte Sanktionen beobachtet werden (Kap. C 4.5.1). Allerdings ist im Einzelfall zu prüfen, wie Anreize zur Vertragseinhaltung entwickelt werden können. Oft erweisen sich „weiche" Sanktionen wie eine Publizierung von Vertragsverstößen und eine Verknüpfung der frühzeitigen Signalisierung von Problemen der Umsetzung mit Transfers als wirkungsvoller gegenüber „harten" Maßnahmen. Gerade die im Vergleich zu internationalen Handelsabkommen geringe politische Mobilisierung der Öffentlichkeit bei bestimmten umweltpolitischen Themenfeldern mindert jede Orientierung an „harten" Maßnahmen.

Mit dem Hinweis auf Handelsabkommen ist zugleich eine Form der Einigung auf Vertragsinhalte angesprochen, die auf Verhandlungspaketen (*issue linkages*) basiert (Heister, 1997; Botteon und Carraro, 1998; Finus, 2000). In diesen Paketen sind für jedes Land Elemente enthalten, die als vorteilhaft angesehen werden, und zugleich Konzessionen gegenüber anderen Ländern, die Anpassungslasten erfordern. Im Unterschied zu Transferleistungen beziehen sich hier demnach die Gegenleistungen auf andere Politikfelder. So können der Beitritt zu und die Einhaltung von Vertragsinhalten an einen Zugang zu bestimmten Technologien oder Märkten gebunden werden, wie dies beispielsweise im Abkommen zum Schutz der Ozonschicht der Fall war. Schwierigkeiten entstehen allerdings bei bedingter Stabilität, Exklusivität oder mangelnder Kompatibilität von Vertragsbestandteilen mit anderen Regelwerken (etwa der WTO). Diese Strategie eignet sich daher vor allem zur Einbeziehung einzelner besonders bedeutender Emittenten in Vertragskoalitionen oder zur kurzfristigen Durchsetzung eines Abkommens gegen unmittelbare Umweltgefahren.

Ein Monitoring wurde in den meisten internationalen Umweltabkommen oft erst im Zeitverlauf vereinbart und aufgebaut (Kap. C 4). Durch ein Monitoring werden Anreize zur Einhaltung der Abkommen gestärkt, vereinzelt setzen internationale „benchmarking"-Prozesse ein, um ein positives Image vor der Weltöffentlichkeit zu entwickeln. Probleme entstehen aufgrund geringer Anreize der Einzelstaaten, sich selbst zu kontrollieren oder eigene Vertragsverstöße aufzudecken. Impulse zu einem verstärkten Monitoring können durch das Engagement von Nichtregierungsorganisationen, aber auch durch Labellingstrategien privater Unternehmen ausgelöst werden (Karl und Orwat, 1999). Voraussetzung der Wirksamkeit eines Monitoring ist jedoch das Interesse der Weltöffentlichkeit. Erst wenn Vertragsverstöße Gegenstand öffentlicher Diskussion und innenpolitischer Machtprozesse werden, erhalten die Ergebnisse eines Monitoring Gewicht und werden Suchprozesse nach innovativen Umweltschutzsystemen ausgelöst. Der Beirat empfiehlt der Bundesregierung daher, den Aufbau unabhängiger Monitoringsysteme und privater Informationsinstrumente zu unterstützen.

Die Attraktivität internationaler Umweltabkommen kann nicht zuletzt durch die Auswahl von Instrumenten zur Einhaltung der Vereinbarungen beeinflusst werden. Aus ökonomischer Sicht werden die Effizienzpotenziale flexibler und an Marktprozessen ansetzender Instrumente wie ein internationaler Handel mit Emissionszertifikaten oder die Vereinbarung internationaler Haftungsregeln besonders betont (WBGU, 1999a). Demgegenüber bedingen die geringe praktische Erfahrung und die erhöhte Unsicherheit über die Verteilungsfolgen und Durchsetzbarkeit ihrer Einführung eine Bevorzugung internationaler Emissionsquoten (Endres, 1997; Finus und Rundshagen, 1998). Trotzdem zeigt die Klimapolitik, wie wichtig eine Verknüpfung von Emissionsquoten mit einem internationalen Emissionshandel sein kann. Aus spieltheoretischer Sicht erscheint ein solcher Weg vor allem sinnvoll, um zu vergleichsweise schnellen und stabilen Verhandlungsergebnissen zu gelangen. Der Beirat empfiehlt der Bundesregierung daher, sich verstärkt am Aufbau eines internationalen Emissionshandels im Rahmen der Klimarahmenkonvention unter Beachtung der Notwendigkeit einer Präzisierung des Umgangs mit Kohlenstoffsenken zu beteiligen (WBGU, 1998b).

C 3.6.4
Ausblick

Die spieltheoretische Analyse der Verhandlungen in der internationalen Umweltpolitik befindet sich noch an ihren Anfängen. Insbesondere fehlen Anwendungen der theoretischen Ergebnisse auf konkrete Verhandlungen und Annäherungen an realitätsnähere Annahmen über den Informationsstand und die Handlungsbedingungen der Beteiligten (Becker-Soest, 1998; Endres und Ohl, 2000). In Zukunft werden Forschungsimpulse vor allem in folgenden Bereichen erwartet:
– bei der Beachtung polit-ökonomischer Anreize,
– bei der Berücksichtigung der Unsicherheit über Umweltrisiken und beim Ablauf von Anpassungsprozessen an internationale Vereinbarungen,
– bei der Einbeziehung der Anreizeffekte in institutionellen Mehrebenensystemen wie der EU,
– bei der Berücksichtigung der evolutiven Perspektive von Verhandlungen entlang institutioneller Zeitpfade,
– bei der Analyse von Lernprozessen während der Verhandlungen.

Ungeachtet dessen sieht der Beirat die vorliegenden Ergebnisse der Spieltheorie als einen wichtigen Einstieg zur Analyse internationaler Verhandlungen an.

C 3.7
Handlungs- und Forschungsempfehlungen

Das institutionelle Design allein entscheidet nicht über den Erfolg eines Regimes, auch externe Faktoren sind bestimmend. So fällt auf, dass das Problem der Ozonschichtausdünnung weltweit große Aufmerksamkeit nicht nur bei Wissenschaftlern, sondern auch bei der übrigen Bevölkerung erregt hat und gemeinhin als direkte Bedrohung empfunden wird, nicht aber das Problem der Meeresverschmutzung durch landseitige Emissionen und der Verlust biologischer Vielfalt, was den relativen Erfolg des Ozonregimes wohl mit erklärt. Ähnlich unterschiedlich stellt sich die Komplexität dieser drei Problemfelder dar. Für das Ozonregime gilt: Bestimmte Stoffe sind für die Zerstörung der Ozonschicht verantwortlich, die offensichtliche Antwort auf das Problem ist daher, Produktion und Verbrauch dieser Substanzen zu stoppen. Die Ursachen für die Verschmutzung der Weltmeere und den Verlust biologischer Vielfalt sind vielfältiger. Beides hat für die Entwicklung der drei Regime eine große Rolle gespielt.

Dennoch ist eine sinnvolle institutionelle Gestaltung für ein erfolgreiches Regime unverzichtbar. Wesentliche Ziele sind hierbei – neben konkreten Pflichten zur Lösung des eigentlichen Problems – eine hohe Akzeptanz der getroffenen Vereinbarungen und Mechanismen, die die Umsetzung sowie eine schnelle und problemorientierte Weiterentwicklung des Regimes ermöglichen. Die Erfahrungen der hier untersuchten internationalen Institutionen ergeben eine Reihe von Lehren für ein sinnvolles institutionelles Design, um Verhandlungen zu fördern:

- *Rahmenvertrag-/Protokoll-Ansatz ist erfolgreich.* Das Modell allgemeiner, weithin akzeptabler Rahmenkonventionen und spezifischer Protokolle oder Anlagen, die nicht von allen Staaten mit getragen werden müssen, hat sich bewährt. Für das Ozonregime, das MARPOL-Regime und die Biodiversitätskonvention wurde dieser Ansatz gewählt, auch wenn der Grund für die Auswahl eines solchen Ansatzes eher darin zu sehen ist, dass sich die Signatarstaaten zunächst nicht auf konkrete Pflichten einigen konnten. Zumindest die beiden erstgenannten Regime haben in der Folgezeit wiederholt Verschärfungen ihrer Vereinbarungen erfahren, die auf breiter Basis mitgetragen wurden. Die Vertreter einer idealistischen, aber wenig realistischen Maximalposition, die beklagen, dass ein Rahmenvertrag-/Protokoll-Ansatz eine „Aufweichung" des Umweltschutzes bewirkt, weil einzelne Staaten es bei der Zeichnung des Rahmenvertrags bewenden lassen, übersehen, dass diese Staaten striktere Vereinbarungen von vornherein nicht mittragen würden und sich so möglicherweise frühzeitig aus allen weiteren Verhandlungen verabschiedet hätten. Ein Rahmenvertrag-/Protokoll-Ansatz hat den Vorteil, von Anfang an möglichst viele Staaten in die weiteren Verhandlungen einzubinden.

- *Verfahren der „schweigenden Zustimmung" fördern.* Eine weitere Gemeinsamkeit des Montrealer Protokolls mit dem MARPOL-Regime ist die Anwendung eines *tacit-acceptance*-Verfahrens für die Weiterentwicklung der Anlagen. Hier geht das Montrealer Protokoll für einen wichtigen Bereich sogar noch einen Schritt weiter, indem es für die Verschärfung von Reduktionszielen für Stoffe, die bereits in den Anlagen aufgelistet sind, qualifizierte Mehrheitsentscheidungen vorsieht. Durch beide Verfahren können Entscheidungen erheblich beschleunigt werden. Zumindest das *tacit-acceptance*-Verfahren eignet sich auch zur Übertragung auf andere Problemfelder.

- *Berücksichtigung der besonderen Bedürfnisse der Entwicklungsländer.* Der große Erfolg des Montrealer Protokolls ist u. a. auf die Berücksichtigung der besonderen Bedürfnisse der Entwicklungsländer, insbesondere die Vereinbarungen über eine finanzielle und technische Unterstützung und das System der „gemeinsamen, aber unterschiedlichen Verantwortlichkeiten und Fähigkeiten" zurückzuführen. Diesen Vereinbarungen ist es zu verdanken, dass das Montrealer Protokoll unter den Entwicklungsländern eine hohe Akzeptanz gefunden hat. In der Regel haben die Entwicklungsländer weder die finanziellen noch die technischen Möglichkeiten, Umweltschutzabkommen effektiv umzusetzen. Zudem befürchten sie, in ihrer Entwicklung gehindert zu werden, und gehen häufig davon aus, dass die Probleme in der Vergangenheit von den Industriestaaten verursacht wurden. Die Berücksichtigung der besonderen Situation der Entwicklungsländer wird daher auch in zukünftigen Verhandlungen eine entscheidende Rolle spielen. Auch in der (im Vergleich zum Montrealer Protokoll jüngeren) Biodiversitätskonvention werden die besonderen Bedürfnisse der Entwicklungsländer beachtet, allerdings ist der Finanzierungsmechanismus noch nicht abschließend geregelt. Mit Blick auf globale und regionale Interdependenzen ist auch festzuhalten, dass vordergründig regionale Probleme zu globalen Problemen werden können, wenn die Akteure einer bestimmten Region kurzfristig finanziell und technisch überfordert sind und globale Interessen, etwa der Schutz der biologischen Vielfalt, gefährdet sind. In solchen Fällen sind globale Institutionen und Lösungsstrategien unerlässlich.

- *Stärkung von Überprüfungsmechanismen in Regimen.* Ein weiteres erfolgreiches Instrument des Ozonregimes ist nach Auffassung des Beirats der Überprüfungsmechanismus, der die Vertragsstaaten praktisch dazu zwingt, das Vertragswerk unter Berücksichtigung neuer Erkenntnisse regelmäßig zu überprüfen. Von besonderer Bedeutung ist in diesem Zusammenhang der Einsatz wissenschaftlicher Expertenräte, deren Expertise Grundlage der Verhandlungen ist. Ein solcher Überprüfungsmechanismus ist besonders geeignet, die Weiterentwicklung eines Regimes zu fördern, und ist auch auf andere Problemstellungen gut anwendbar. Bei der Auswahl der Experten ist dabei deren geographische Ausgewogenheit zu beachten, um die Akzeptanz auch in den Entwicklungsländern zu gewährleisten.
- *Stärkerer Einbezug der Beratung durch private Interessengruppen.* Wie bereits in vorangegangenen Gutachten empfiehlt der Beirat eine weitere Stärkung der Anhörungsrechte privater Interessengruppen in internationalen Institutionen und Organisationen, wobei eine gewisse Parität zwischen den Verbänden des Nordens und des Südens erstrebenswert ist. Eine Möglichkeit zur Erreichung dieses Ziels wäre die finanzielle Förderung der Konferenzteilnahme von Vertretern der Zivilgesellschaft des Südens. Denkbar wäre auch die stärkere Förderung von zivilgesellschaftlichen „Denkfabriken" in Entwicklungsländern.
- *Stärkung internationaler Organisationen und Programme.* Internationale Organisationen sind wichtige Akteure in einer Reihe von Problemfeldern, insbesondere bei der Initiierung, Begleitung und Überprüfung von Regimebildungsprozessen, und sollten deshalb entsprechend gestärkt werden.

Wege zur besseren Kontrolle der Umsetzung internationaler Vereinbarungen

C 4.1
Einleitung

Es reicht nicht aus, ehrgeizige internationale Institutionen zum Schutz der Umwelt zu schaffen – diese müssen auch in die Praxis umgesetzt werden. Wie kann die Politik durch geeignete institutionelle Designs dafür Sorge tragen, dass die Umsetzung globaler Vereinbarungen ausreichend kontrolliert und gegebenenfalls auch sanktioniert wird? Hier sind drei Elemente zu behandeln:
- geeignete Verfahren und Mechanismen zur Sammlung von Informationen über den Stand der Umsetzung,
- geeignete Verfahren zur Bewertung der Berichte und sonstigen Erkenntnisse sowie zur ersten Diskussion über die internationale Reaktion auf Umsetzungsdefizite,
- Instrumente zur Reaktion auf festgestellte Schwierigkeiten und Umsetzungsdefizite.

Diese Elemente eines sinnvollen institutionellen Designs zur besseren Umsetzung internationaler Vereinbarungen werden an drei Beispielen erörtert: dem Regime zum Schutz der Großen Seen in Nordamerika als Beispiel für grenzüberschreitende Wasserressourcen, dem Regime zur Desertifikationsbekämpfung sowie dem Klimaregime. Wegen der (erneut) besonders innovativen Rolle des Ozonregimes wird dessen Erfüllungskontrollverfahren in einem Kasten ebenfalls dargestellt.

C 4.2
Die Kontrolle der Umsetzung in den Institutionen zu grenzüberschreitenden Wasserressourcen in Nordamerika

C 4.2.1
Ausgangslage

Seit Beginn des 20. Jahrhunderts arbeiten die USA und Kanada an den Großen Seen bei der Überwachung von Wasserverschmutzung eng zusammen (WBGU, 1998a). Beide Länder einigten sich 1909 auf den „Grenzwasservertrag", der erste Regelungen zur Verhinderung der Wasserverschmutzung wie auch Mechanismen zur Schlichtung von Streitigkeiten, insbesondere im Hinblick auf die Wasserqualität, enthielt. Angesichts großer Probleme mit der Phosphatbelastung und Eutrophierung bei einigen der Großen Seen vereinbarten beide Staaten 1972 das Abkommen über die Wasserqualität der Großen Seen, welches 1978 erweitert wurde. In einem Umsetzungs-Protokoll von 1987 wird zum ersten Mal versucht, einen ökosystemaren Ansatz mit dem Ziel der Sicherung der Wasserqualität wirksam umzusetzen.

Die Erfüllung des Abkommens wird einerseits dezentral organisiert, indem beide Staaten die Hauptverantwortung auf die bundesstaatlichen bzw. Provinz-Regierungen übertragen haben. Dennoch spielt die schon im Grenzwasservertrag von 1909 eingesetzte Internationale Gemeinsame Kommission (International Joint Commission, IJC) eine wesentliche Rolle. Beide Länder entsenden jeweils drei Vertreter in diese Kommission, welche in den USA vom Präsidenten und in Kanada vom Premierminister ernannt werden. Die Kommission soll Streitigkeiten in Bezug auf Nutzung und Qualität der Gewässer verhindern bzw. lösen sowie die Regierungen beider Staaten beraten. Mittlerweile unterstehen sämtliche Grenzgewässer zwischen den USA und Kanada der IJC.

C 4.2.2
Kontrolle der Umsetzung der Vereinbarungen

Die Kontrolle der Erfüllung der Grenzgewässerabkommen liegt bei der IJC, die die Umsetzung der vereinbarten Beschlüsse in beiden Ländern kontrollieren muss. Dafür hat die Kommission über 20 Ausschüsse eingesetzt, die bei der Kontrolle der Umsetzung beraten. Hinzu kommen acht Projektgruppen mit spezifischen Zuständigkeiten, um Strategien zur Umsetzung bestimmter Ziele aus den Abkommen zu entwickeln. Alle Gremien werden zu gleichen Teilen von US-amerikanischen und kanadischen Experten besetzt. Hervorzuheben ist die zweijährliche Berichtspflicht der IJC an die beteiligten Zentral- und Regionalregierungen über die Erfüllung der Ziele, deren Grundlage die von den Kontroll- und beratenden Gremien übermittelten Informationen bilden. Das Budget der Kommission deckt nur die Kosten ihrer eigenen Arbeit ab, erlaubt aber keine Finanzierung umweltpolitischer Programme. Diese Kluft zwischen der Befugnis, Anweisungen für die Umsetzung der in den Abkommen gesetzten Ziele zu geben, und dem Geldmangel, diese zu verwirklichen, ist eine Hauptursache für Frustration und Enttäuschung bei vielen Interessengruppen in diesem Gebiet (Renn und Finson, 1991).

Für die Großen Seen gibt es insgesamt vier Beratungsgremien (Science Advisory Board, Water Quality Board, Council of Great Lakes Research Managers, Annex-II Advisory Committee) sowie das International Advisory Board on Air Pollution als überregionales Beratungsgremium. Diese Gremien haben eine wichtige Kontrollfunktion, da sie die Monitoringprogramme wissenschaftlich begleiten, bewerten und Probleme identifizieren. Diese Informationen und Empfehlungen werden an die IJC weitergeleitet.

Von diesen Gremien sind das Wasserqualitätsgremium und der Wissenschaftliche Beirat am wichtigsten. Das Wasserqualitätsgremium ist Hauptberater der IJC bei allen Aspekten, die von der Erfüllung des Abkommens über die Wasserqualität der Großen Seen betroffen ist. Die Mitglieder dieses Gremiums repräsentieren die Bundes- und Länderbehörden, die für Gestaltung und Durchsetzung der Umweltpolitik verantwortlich sind. Dieses Gremium soll die Empfehlungen der Kommission für die Behörden in praktische Richtlinien umsetzen und die Wirksamkeit und Angemessenheit der Programme durch Vergleich, Bestandsaufnahme und Analyse aller Daten und Informationen bewerten. Der Wissenschaftliche Beirat wurde 1978 geschaffen, um die Kommission und das Wasserqualitätsgremium bei der Erfüllung ihrer Aufgaben wissenschaftlich zu beraten. Nach Renn und Finson (1991) ist das Wasserqualitätsgremium im Vergleich zur Internationalen Kommission und dem Wissenschaftlichen Beirat weitaus vorsichtiger und konservativer mit seinen politischen Formulierungen, was vermutlich die administrative Vorliebe für Kontinuität der etablierten Programme und für Vereinbarungen im Einvernehmen mit den – oft gegnerischen – Interessengruppen widerspiegelt.

Die beiden Vertragsparteien selbst treten jährlich zusammen, um die Arbeitspläne für die Umsetzung der Abkommen zu koordinieren und Fortschritte zu bewerten. Das Abkommen von 1978 enthält hierfür eine Berichtspflicht der beiden Länder über ihre Politik zur Erfüllung der Verträge, allerdings wird eine regelmäßige Berichterstattung nur alle sechs Jahre gefordert. Für bestimmte Programme (u. a. die Weiterentwicklung und Implementierung der Remedial Action Plans und der Lakewide Management Plans), die im Anhang des Abkommens aufgeführt werden, besteht seit 1987 eine 2-jährige Berichtspflicht der Vertragsparteien an die Kommission. Die erste Serie der Berichte im Jahr 1988 wurde dabei in den USA vom nationalen Programmbüro der Großen Seen der Environmental Protection Agency (EPA) zusammengestellt, der kanadische Bericht von den Regierungen Kanadas und Ontarios. Der Unterschied in der Verantwortlichkeit für die Berichte reflektiert auch die unterschiedlichen Strategien der beiden Regierungen für die Umsetzung (Renn und Finson, 1991). Durch die Pflicht der Regierungen, einen Bericht über die Arbeit an den Großen Seen abzugeben, findet eine Anpassung der Umweltpolitik beider Länder statt und die Erfolge und Misserfolge früherer Politik werden ausgewertet. Diese Länderberichte haben somit die Verantwortlichkeit und Kommunikation verstärkt.

C 4.3
Die Kontrolle der Umsetzung in der Bekämpfung von Bodendegradation in Trockengebieten

C 4.3.1
Einleitung

Für die Beobachtung und Bewertung der Bodenzerstörung in Trockengebieten (Kap. B 2.5) gibt es keine genauen Basisdaten und Monitoringsysteme (Oldeman, 1999). Auch für das „Übereinkommen der Vereinten Nationen zur Bekämpfung der Wüstenbildung in den von Dürre und/oder Wüstenbildung schwer betroffenen Ländern, insbesondere in Afrika" (Desertifikationskonvention – UNCCD) gibt es keine konkreten, zeitlich festgelegten Reduktionsverpflichtungen etwa für die Bodendegradation. Dennoch sollen die im Folgenden beschriebenen Mechanismen dazu beitragen, den Stand der Umsetzung international zu evaluieren, Defizite auszumachen und zu beheben.

Die nationalen Aktionsprogramme werden durch die Vertragsstaatenkonferenz regelmäßig behandelt, indem die Staaten über die erzielten Fortschritte berichten (Art. 10 Abs. 2 UNCCD). In eigenen regionalen Anlagen für Afrika, Lateinamerika, Asien und den nördlichen Mittelmeerraum werden teilweise sehr detaillierte Vorgaben für die Durchführung dieser Aktionsprogramme aufgestellt. Ein innovatives Element ist dabei die Pflicht der Entwicklungsländer zur Beteiligung der Zivilgesellschaft an der Erstellung, Durchführung und Evaluierung nationaler Aktionsprogramme (Art. 10 UNCCD). Während für die NRO beim Ozonregime keine Mitwirkungsrechte bestehen, sind sie bei der Desertifikationskonvention Teil des offiziellen Programms und unersetzliche Katalysatoren bei der Erfüllung der Pflichten. Damit sind die NRO, die bereits bei der Aushandlung der UNCCD mitwirkten, so umfassend wie bei keiner anderen Konvention integriert (Danish, 1995a; Reckkemmer, 1997; Corell, 1999).

Das entscheidende Kontrollinstrument der Desertifikationskonvention ist die detaillierte Berichtspflicht gegenüber der Vertragsstaatenkonferenz, die in unregelmäßigen Abständen auch den Termin der Berichterstattung festlegt (Art. 26 UNCCD). Bei Bedarf unterstützt das Sekretariat die Länder bei der Berichterstellung. Die Berichtspflicht bezieht sich vor allem auf die Erarbeitung und Umsetzung nationaler Aktionsprogramme, aber auch die Industrieländer sind in ihrer Geberfunktion eingebunden und berichten ihrerseits über ihre technische und finanzielle Unterstützung. Dabei sind sie nicht nur Unterstützer bei der Umsetzung, eine beachtliche Zahl von Industrienationen zählt selbst zur Gruppe der „betroffenen Länder", wie etwa Australien, die USA, Kanada und die nördlichen Mittelmeeranrainer (außer Frankreich).

Die ersten Nationalberichte über die Umsetzung der Ziele der Desertifikationskonvention wurden 1999 auf der dritten Vertragsstaatenkonferenz vorgelegt (Pilardeaux, 2000a). Große Defizite bestehen allerdings in der Bewertung dieser Berichte durch die Vertragsstaatenkonferenz, auf der eine eingehende Analyse nicht stattfand. Deshalb wurde beschlossen, auf der 4. Vertragsstaatenkonferenz im Dezember 2000 eine Ad-hoc-Arbeitsgruppe einzurichten, die sich mit der Bewertung der Nationalberichte beschäftigt.

C 4.3.2
Kontrolle der Umsetzung der Vereinbarungen

Grundlage einer Bewertung aller Umsetzungsmaßnahmen durch die Vertragsstaatenkonferenz sind neben den Nationalberichten vor allem die Empfehlungen des Ausschusses für Wissenschaft und Technologie. Durch die zeitliche Überlappung von Vertragsstaatenkonferenzen und den Sitzungen dieses Ausschusses ist es allerdings nicht möglich, die wissenschaftlichen Ergebnisse effektiv in die Vertragsstaatenkonferenz einzuspeisen. Daher empfiehlt es sich, diese Sitzungen zeitlich von den Vertragsstaatenkonferenzen abzukoppeln, wie es auch bei der Biodiversitäts- und Klimarahmenkonvention der Fall ist (Kap. E 1).

Zudem konnte der Ausschuss für Wissenschaft und Technologie seine Funktion bisher nicht hinreichend erfüllen, da er überwiegend mit politischen Verhandlern statt Wissenschaftlern besetzt ist und sich bisher zu wenig auf wissenschaftliche Fragen der Umsetzung konzentriert (Pilardeaux, 2000a). Der Ausschuss kann allerdings aus einer Liste von Experten Ad-hoc-Arbeitsgruppen mit maximal zwölf Mitgliedern zusammenstellen, welche regional ausgewogen sein müssen. Themen mit hohem und aktuellem Wissensbedarf sind nach Ansicht des Beirats neben der eingehenden Analyse und Bewertung der Nationalberichte z. B. die Untersuchung des Mechanismus für eine umweltverträgliche Entwicklung (CDM) der Klimarahmenkonvention und seine Relevanz für die Desertifikationskonvention oder die Frage nach Leitplanken für Bodendegradation. Ob der vorhandene Wissensbedarf durch den Ausschuss für Wissenschaft und Technologie gedeckt werden kann, hängt von seiner zukünftigen Arbeitsweise ab. Alternativ könnte auch darüber nachgedacht werden, ob die wissenschaftliche Expertise nicht besser extern eingerichtet werden sollte, etwa in Form eines Intergovernmental Panel on Soils (IPS). Dann hätte der Ausschuss für Wissenschaft und Technologie, wie im Fall IPCC/SBSTA bei der Klimarahmenkonvention, die Funktion, die wissenschaftlichen Erkenntnisse für die Vertragsstaatenkonferenz politisch aufzubereiten.

Für die mit der Umsetzung verbundenen finanziellen Fragen ist der so genannte „Globale Mechanismus" zuständig. Der Globale Mechanismus, der beim International Fund for Agricultural Development (IFAD) angesiedelt ist, wird von UNDP, UNEP, der Weltbank, GEF, FAO, dem Sekretariat der Desertifikationskonvention und den regionalen Entwicklungsbanken unterstützt. Der Globale Mechanismus ist ein Instrument, das überwiegend zur Information betroffener Länder über vorhandene Finanzmittel aus der bi- und multilateralen Zusammenarbeit dienen soll. Somit stellt die bi- und multilaterale Entwicklungszusammenarbeit, die bereits vor der Konvention bestand, die wesentliche finanzielle Grundlage für die Umsetzung der Desertifikationskonvention dar (neben den Eigenleistungen betroffener Länder). Allerdings wird in den Nationalberichten der Geberländer nicht hinreichend transparent, wie sich das Mittelaufkommen für Desertifikationsbekämpfung in den letzten Jahren entwickelt hat – wohl auch, weil alle Maßnahmen für ländliche Entwicklung, Armutsbekämpfung oder Ernährungssicherung auch zur Desertifikationsbekämpfung beitragen und eine klare Trennung der Mittelverwendung schwierig ist. Fest steht hingegen, dass die Beiträge der OECD-Staaten für die Entwicklungszusammenarbeit, gemessen in Prozent des

Bruttosozialproduktes, den niedrigsten Stand seit fünfzig Jahren erreicht haben (Kap. E 3).

In der Desertifikationskonvention wurden keine Kriterien festgelegt, wie hoch das finanzielle Engagement des Nordens ausfallen soll. Daher kann bei einer Unterschreitung des von den Weltkonferenzen der vergangenen Jahre wie UNCED, Habitat II, dem Weltsozialgipfel oder der Welternährungskonferenz anerkannten 0,7%-Ziels auch nicht von „Nichterfüllung" gesprochen werden, obgleich davon die Umsetzung der Desertifikationskonvention direkt betroffen ist, da sie im Wesentlichen durch die bi- und multilaterale Zusammenarbeit finanziert wird. Einen eigenen Bereich bei der GEF gibt es für die Desertifikationskonvention nämlich nicht, weil die GEF die Entwicklungsländer nur bei Projekten unterstützt, die im globalen Umweltinteresse liegen. Erstattet werden nur die dabei entstehenden Mehrkosten. Aus Sicht der GEF handelt es sich bei der Desertifikation nicht um ein globales Problem (Kürzinger, 1997). Allerdings können seit 1996 Mittel für Desertifikationsbekämpfung eingesetzt werden, wenn davon das Klima oder die Biodiversität betroffen sind.

Für die internationale Bodenschutzpolitik fehlt es, analog zur Biodiversität (WBGU, 2000), an ausreichender wissenschaftlicher Beratung. So wurde zwar mit der FAO/UNESCO-Weltbodenkarte, der Global Soil Degradation Database (GLASOD) von 1990 und mit dem 1992 von UNEP erstellten kommentierten Weltatlas der Desertifikation ein erster wissenschaftlicher Überblick vorgelegt, allerdings wurde diese Arbeit nicht kontinuierlich fortgeführt und verfeinert. Zudem sind die GLASOD-Daten hauptsächlich qualitativ und beruhen auf Expertenmeinungen (Oldeman, 1999). Eine interessante Entwicklung ist der Aufbau eines Global and National Soil and Terrain Digital Database Program (SOTER). Mit SOTER soll über die nächsten 10–15 Jahre eine Datenbank über Böden, Bodennutzung und Bodendegradation geschaffen werden (Oldeman, 1999). Langfristig bedarf es aber einer Struktur, die die Bodenveränderungen im Anschluss an SOTER überwacht. Hinzu kommt aktueller Beratungsbedarf zur Rolle biologischer Senken bei der Umsetzung internationaler Umweltregime, zur Abschätzung globaler Leitplanken für Bodendegradation oder der Entwicklung von Indikatoren. Hierzu würde sich besonders ein noch einzurichtender „Internationaler Ausschuss über Böden" (International Panel on Soils) eignen. In einem solchen Gremium könnten die weltweit führenden Wissenschaftler zusammengeführt werden, wie dies in der Klimapolitik bereits erreicht wurde.

C 4.4
Die Kontrolle der Umsetzung in der Klimapolitik

C 4.4.1
Einleitung

Die erste Verpflichtungsperiode des Kioto-Protokolls zur Klimarahmenkonvention soll im Jahr 2008 beginnen (Kap. C 2.3). Einer der wichtigsten Verhandlungspunkte für die Inkraftsetzung ist die Regelung der Verpflichtungserfüllung. Dies betrifft die Pflicht zur Erstellung nationaler Jahresberichte über Quellen und Senken von Treibhausgasen und über die eingeleiteten Maßnahmen einschließlich ihrer Erfolgsbewertung sowie die Pflicht der Parteien in Anlage B zum Kioto-Protokoll (Industrieländer) zur Begrenzung ihrer Emissionen. In der Konvention und im Kioto-Protokoll wurden zwar schon Regelungen vereinbart, die aber weiter ausgestaltet werden müssen. Auch über die Mechanismen zur Erfüllungskontrolle der Klimarahmenkonvention wird weiter verhandelt.

In den Vereinbarungen ist ein mehrseitiges Beratungsverfahren (*Multilateral Consultative Process*) vorgesehen, in dem Vertragsparteien mit Schwierigkeiten bei der Umsetzung der Konvention beraten, das Verständnis der Konvention gefördert sowie das Entstehen von Streitigkeiten verhindert werden soll. Dieses Verfahren kann von einer einzelnen Vertragspartei, einer Gruppe von Vertragsparteien oder von der Vertragsstaatenkonferenz initiiert werden, nicht jedoch vom Sekretariat. Über Größe und Zusammensetzung des Organs wurden bisher keine Beschlüsse gefasst, vor allem wegen der Uneinigkeit in der Frage, ob die Experten entsprechend einer geographisch ausgeglichenen Verteilung oder je zur Hälfte von Industrie- und Entwicklungsländern nominiert werden sollen (Oberthür und Ott, 1999).

Die Basis für die Feststellung der Einhaltung der im Kioto-Protokoll eingegangenen Verpflichtungen sind die nationalen Mitteilungen der Vertragsparteien und die Überprüfung dieser Mitteilungen. Diese Verpflichtungen sind in Art. 7 und 8 des Kioto-Protokolls geregelt. Für die Überprüfung sind so genannte „sachkundige Überprüfungsgruppen" (*expert review teams*) vorgesehen (Art. 8). Diese berichten dem Sekretariat, von dem sie auch koordiniert werden. Das Sekretariat leitet die Berichte an die Vertragsparteien weiter und informiert die Vertragsstaatenkonferenz zum Protokoll. Die genauere Ausgestaltung der Arbeit der sachkundigen Überprüfungsgruppen ist noch nicht festgelegt. Die Vorschläge reichen von einer Überprüfung der nationalen Emissionsverzeichnisse über regelmäßige Treffen der Experten bis zu

Besuchen der Experten in den Vertragsstaaten. Weitergehende Vorstellungen schlagen eine Einbindung zertifizierter Prüfer aus dem privaten Sektor (private sector auditors) vor (Hargrave et al., 1999). Beispiele für derartige Überprüfungen sind bei den Rüstungskontrollvereinbarungen, der ILO (International Labour Organisation) und beim UN-Menschenrechtsausschuss zu finden (OECD, 1998). Auch die Einbeziehung zwischenstaatlicher Organisationen, wie z. B. das National Greenhouse Gas Inventory Programme von IPCC, OECD und IEA, in die Überprüfung der nationalen Verzeichnisse und die Erfüllung der Verpflichtungen stellt eine Option dar, die eine Prüfung verdient (OECD, 1999).

C 4.4.2
Kontrolle der Umsetzung der Vereinbarungen

Art. 18 autorisiert die Vertragsstaatenkonferenz zum Protokoll, bei Nichteinhaltung aktiv zu werden oder diese Autorität an ein anderes Organ zu delegieren. Die fundamentale Bedeutung der Erfüllungskontrolle erfordert die Einrichtung eines dauerhaften Organs (Compliance Body), damit die Kontinuität der Arbeit gewahrt ist sowie Vertrauen wachsen kann (Hargrave et al., 1999). Angestrebt wird eine kleine Einrichtung, die aus wissenschaftlichen, technischen und juristischen Experten besteht. Es wird zur Zeit verhandelt, wie die Zusammensetzung geregelt werden soll. Als Alternativen stehen eine geographisch gleichwertige Repräsentation aus den fünf regionalen UN-Gruppen, eine Repräsentation der Anlage-I- und Nicht-Anlage-I-Parteien zu gleichen Teilen oder eine stärkere Repräsentanz von Anlage-I-Staaten, die von den Entscheidungen des Compliance Body betroffen sind, zur Diskussion. Die Zuziehung externer Experten bleibt umstritten.

Als Argumente für eine Einbindung des privatwirtschaftlichen Sektors in den Überprüfungsprozess werden Kosteneffizienz und niedrige Preise aufgrund der Konkurrenz anbietender Firmen angeführt. Die Entstehung eines bürokratischen Apparates würde verhindert und eine größere Präsenz in den zu überprüfenden Ländern realisiert werden, wodurch eine schnellere Reaktion auf potenzielle Nichterfüllung ermöglicht werden könnte. Auch der Aufbau eines größeren Pools von Prüfern, ihre Regierungsunabhängigkeit und die Verantwortlichkeit bei Fehlern werden als Vorteile angesehen. Gegen die Einbeziehung privater Prüfer wird vor allem die Gefährdung der Unabhängigkeit durch eine zu große finanzielle Abhängigkeit vom Auftraggeber angeführt. Die Komplexität der Aufgaben könnte möglicherweise einen umfangreicheren Apparat erfordern, als ihn private Auditoren aufbauen könnten.

Eine Qualitätskontrolle durch die Zertifizierung durch das Sekretariat oder eine beauftragte Einrichtung ist unabdingbare Voraussetzung für die Einbindung privater Auditoren. Ebenso wichtig ist die Beschränkung ihrer Funktion auf eine technische „Vorprüfung", wobei die Details überprüft und die Ergebnisse als übersichtliche Verzeichnisse an das Sekretariat und an die „sachkundigen Überprüfungsgruppen" übergeben werden. Bei diesen muss die Verantwortung für die größtmögliche Genauigkeit der Informationen bleiben. Ob die beiden Komponenten der Erfüllungskontrolle – also die unterstützenden und die durchsetzenden Maßnahmen – in einem oder in getrennten Gremien behandelt werden sollen und wie der Übergang zwischen beiden geregelt wird, ist ungeklärt. Die EU und viele Umweltverbände bevorzugen z. B. ein Compliance Committee mit zwei getrennten Zweigen, da Unterstützung und Durchsetzung grundlegend unterschiedliche Ansätze verlangen.

Welche Informationen genutzt werden dürfen, um Aktivitäten des Compliance Body auszulösen, ist noch nicht vereinbart. Die Bandbreite reicht von der Beschränkung auf Informationen der Vertragsparteien bis zum Vorschlag, dass das Organ selbst entscheiden kann, welche Quellen es für angemessen hält. Dieses würde implizieren, dass auch unabhängige Experten – also auch Umweltverbände – Informationen an das Organ, das Sekretariat oder eine vorgeschaltete Stelle einreichen könnten. Der Beirat hält eine Beschränkung auf die Vertragsparteien für zu eng, die Zulassung unabhängiger Experten sollte daher geprüft werden.

Um eine Nichteinhaltung der Pflichten am Ende der Verpflichtungsperiode zu verhindern, wurden Modelle vorgeschlagen, die z. B. eine jährliche Überprüfung der Bilanz zwischen Emissionsrechten und tatsächlichen Emissionen enthalten (Hargrave et al., 1999). Eine Besonderheit des Kioto-Protokolls wird der Emissionshandel sein. Hier besteht die Gefahr des voreiligen Verkaufs von Emissionsrechten, die eine Partei am Ende der Verpflichtungsperiode selbst benötigt. Eine Gegenmaßnahme könnte das Verkaufsverbot von Emissionsrechten sein, über die eine Partei nicht aktuell verfügt, d. h. die sie z. B. erst aus Minderungsmaßnahmen erwartet. Im Zusammenhang mit dem Emissionshandel ist die Frage der Haftung von Bedeutung, d. h. ob Verkäufer, Käufer oder beide im Falle der Nichteinhaltung der verkaufenden Vertragspartei haften (Hargrave et al., 1999). Es wurde noch nicht beschlossen, wie das Verfahren bei einer Feststellung der Nichteinhaltung der Pflichten aussehen soll und welche Konsequenzen diese nach sich ziehen kann. Vorherige Informationen über die Konsequenzen fördern die Vorhersagbarkeit und Anstrengungen für die Erfüllung der Pflichten. Besonders wichtig erscheint dem Beirat, dass die Konsequenzen einer Nichteinhaltung so gestaltet werden, dass der Schaden, der durch die Nichteinhaltung entsteht (also die überhöhten Emissionen) durch Maßnahmen korrigiert wird, die zumindest die gleiche Menge an Treibhausgasen ohne großen Zeitverzug einsparen. Die Einrichtung eines Erfüllungs-Fonds (*Compliance Fund*; Wiser und Goldberg, 1999), in den Parteien einzahlen können, die in Gefahr der Nichteinhaltung stehen, stellt hier einen interessanten Vorschlag dar. Aus diesem Fonds würden Projekte finanziert, die verlässliche treibhausgasreduzierende Wirkung haben. Einen zusätzlichen Nutzen kann dieser Fonds beim Technologietransfer entfalten, wenn die Projekte bevorzugt in Entwicklungsländern durchgeführt werden. In den Entwürfen der Arbeitsgruppe, die auf den nächsten Vertragstaatenkonferenzen zur Klimarahmenkonvention behandelt werden, findet sich auch das Instrument eines *compliance action plan*, der den Vertragsstaaten die Möglichkeit geben soll, innerhalb kurzer Zeit nach Feststellung einer Nichterfüllung einen detaillierten Plan für die Wiederherstellung *(restoration)* aufzustellen.

Als mögliche Formen der Bestrafung bei Nichteinhaltung werden politische, ökonomische, oder Protokoll-interne Sanktionen diskutiert. Dies könnte z. B. den Verlust des Stimmrechts in der Konferenz der Parteien zum Protokoll, die öffentliche Bekanntmachung, Geldstrafen und Handelsbeschränkungen, die Pflicht zum Kauf von Emissionsrechten oder Begrenzungen des Rechts, Emissionsrechte zu handeln, bedeuten. Für das Erreichen der Ziele der Klimarahmenkonvention und des Kioto-Protokolls ist es von entscheidender Bedeutung, dass eine sinnvolle und von breiter Akzeptanz getragene Balance zwischen „weichen" Management-Maßnahmen und „harten" Bestrafungsmaßnahmen gefunden wird, die starke Anreize zur Erfüllung der Verpflichtungen setzt und somit eine Nichterfüllung weitgehend verhindert.

Wegen der besonders wichtigen Rolle des Ozonregimes nicht zuletzt bei der Konzeption des Klimaregimes werden dessen Erfüllungskontrollverfahren im Kasten C 4.4-1 dargestellt.

C 4.5
Handlungs- und Forschungsempfehlungen

Die Fallstudien zeigen eine Reihe hilfreicher institutioneller Ausgestaltungen, die im Rahmen einer internationalen Erfüllungskontrolle eine erhebliche Rolle spielen. Auf fortbestehende Ausgestaltungsdefizite und mögliche Verbesserungen in den jeweiligen Regimen ist bereits in den einzelnen Unterkapiteln hingewiesen worden. Gerade die institutionelle Gestaltung der internationalen Erfüllungskontrolle kann zum Erfolg des gesamten Regimes wesentlich beitragen und sollte daher entsprechend organisiert sein. Obwohl die spezifische Struktur eines Kernproblems Abweichungen erfordern kann, erweisen sich die im Folgenden zusammengefassten Charakteristika als besonders Erfolg versprechend.

C 4.5.1
Verfahren zur Sammlung von Informationen über den Stand der Umsetzung

Die Fallstudien haben gezeigt, dass zur Sammlung relevanter Informationen über den Stand der Umsetzung vor allem auf das Berichtswesen zurückgegriffen wird. Die zum Teil sehr detaillierte Pflicht der Regierungen, über ihre bisherige nationale Umsetzung zu berichten, ermöglicht eine Auswertung von Erfolgen und Misserfolgen früherer Politik und bildet somit die Grundlage für verbesserte, weiterführende Maßnahmen.

- Aufgrund der bisherigen Erfahrungen stellt sich die *Berichtspflicht* über die Politik der Mitgliedstaaten zur Umsetzung ihrer Pflichten als unerlässliche Voraussetzung für internationale Erfüllungskontrolle dar. Sie ermöglicht national durch die Pflicht zur Bestandsaufnahme eine Überprüfung der jeweiligen Politikmaßnahmen und stärkt gleichzeitig die Verantwortlichkeit und Kommunikation der nationalen Behörden. Zur Gewährleistung der Einheitlichkeit und Vergleichbarkeit der Berichte empfehlen sich detaillierte internationale Vorgaben für die zu beantwortenden Fragen. Wie das Beispiel des Desertifikationsbekämpfungsregimes zeigt, lohnt sich im Rahmen der Berichterstattung bei Bedarf auch eine Unterstützung der Länder durch das Sekretariat.

- Der Beirat empfiehlt darüber hinaus weitergehende Rechte zur Informationsbeschaffung, wie beispielsweise die im Ozonregime oder auch im Washingtoner Artenschutzabkommen vorgesehenen Rückfragen und Ad-hoc-Untersuchungen vor Ort durch internationale Gremien. So müssen bei Bedarf durch gezielte Nachfragen ungenaue oder unvollständige Angaben präzisiert werden. Solche Verfahren können neben der Erhöhung des Informationswerts und damit der Vergleichbarkeit präventiv eine möglichst genaue, wahrheitsgemäße Darstellung der entsprechenden Informationen durch die Staaten bewirken.

- Das Beispiel des Desertifikationsbekämpfungsregimes zeigt, dass neben staatlichen Berichten vor allem im ersten Stadium der Erfüllungskontrolle die Beteiligung und Unterstützung durch Nichtregierungsorganisationen wichtig ist. Sie können hier bei der Erstellung und ersten Ausführung der

> **Kasten C 4.4-1**
>
> **Erfüllungskontrolle in der Ozonpolitik**
>
> Das Ozonregime war auch in Fragen der Erfüllungskontrolle innovativ und wegweisend für die Entwicklung des Klimaregimes. Auf den ersten Blick bietet sowohl das Wiener Übereinkommen über den Schutz der Ozonschicht von 1985 als auch dessen Montrealer Protokoll von 1987 die üblichen Methoden des Völkerrechts, um mit der Nichterfüllung eines Vertrags durch einzelne Staaten umzugehen. So können die Parteien den Internationalen Gerichtshof anrufen, Schiedsgerichte einrichten oder sich um die „Guten Dienste" Dritter sowie Vermittlung und Schlichtung bemühen. Solche bilateralen und etwa mit Blick auf den Internationalen Gerichtshof eher konfrontativen Methoden versprachen jedoch nur wenig Erfolg in der realen Umsetzung. In der Regel bricht ein Staat so wichtige Verträge wie das Montrealer Protokoll ja nicht aus Vorsatz, sondern eher aus Unvermögen oder aufgrund meist finanzieller Probleme.
>
> Deshalb vereinbarten die Staaten 1987 in Montreal, ein gesondertes Nichterfüllungsverfahren zu schaffen, welches 1992, als das Montrealer Protokoll in Kraft war, endgültig festgeschrieben wurde (Ehrmann, 1998; Ott, 1998; Victor, 1998). Im Mittelpunkt dieses Verfahrens steht ein eigenständiges Organ der Vertragsstaaten, der „Umsetzungsausschuss", in den die Vertragsstaatenkonferenz zehn Staatenvertreter nach einem regional ausgewählten Schlüssel entsendet. Zum einen dient dieser Ausschuss der Informationsbeschaffung: Er soll Erkenntnisse über die mögliche Nichterfüllung durch einzelne Parteien sammeln, kann das Sekretariat in Nairobi beauftragen, sich um weiteres Wissen zu bemühen, und darf auch in den betroffenen Staaten mit deren Einwilligung selbst nachforschen.
>
> Daneben ist der Umsetzungsausschuss aber auch ein Verhandlungsgremium, nämlich zur Vereinbarung angemessener Maßnahmen, wenn tatsächlich einem Staat die Nichterfüllung vorgeworfen werden kann. Jede Partei kann sich im Umsetzungsausschuss über andere Parteien beschweren, auch das Sekretariat darf den Ausschuss auf die mögliche Nichterfüllung einzelner Staaten hinweisen, und nicht zuletzt dürfen Parteien sich selbst anzeigen, wenn sie die Reduktionspflichten des Vertrags oder andere Bestimmungen nicht einhalten können.
>
> Der Ausschuss soll in solchen Fällen versuchen, eine einvernehmliche Lösung zu erreichen. Die letzte Entscheidung trifft in jedem Fall die Vertragsstaatenkonferenz, die selbst bereits eine Liste denkbarer Gegenmaßnahmen beschlossen hat. So kann die Vertragsstaatenkonferenz positive Anreize setzen, um den nicht erfüllenden Staat zur Einhaltung des Vertrags zu bringen, etwa durch das Angebot der Unterstützung mit Finanzmitteln und Umweltschutztechnologie. Theoretisch könnte die Vertragsstaatenkonferenz auch negative Anreize schaffen, etwa bestimmte Rechte der Parteien aufheben bis hin zu Handelsbeschränkungen nach Art. 4 des Protokolls. Man könnte dem nicht erfüllenden Staat im Fall eines Entwicklungslands auch das Recht auf Finanz- und Technologietransfer gleichsam „als Strafe" entziehen. Es ist allerdings kaum denkbar, dass die Privilegien eines Entwicklungslands gemäß Art. 5 des Protokolls aufgehoben werden (zehnjähriges Verzögerungsprivileg), wenn das Land seine um zehn Jahre verzögerten Fristen nicht erfüllt. Zudem wurde in der Londoner Vertragsänderung *de facto* (obgleich nicht *de jure*) bestimmt, dass Nichterfüllungsverfahren gegen Entwicklungsländer auszusetzen sind, soweit das Entwicklungsland nachweisen kann, dass dies durch die mangelnde Unterstützung der Industrieländer verursacht sei (Biermann, 1998a, b).
>
> Bislang standen Russland und andere osteuropäische Staaten im Mittelpunkt des Nichterfüllungsverfahrens. Diese Länder hatten sich 1987, als sie noch im Rahmen des „Rates für gegenseitige Wirtschaftshilfe" gemeinsam agierten, den gleichen Reduktionspflichten unterworfen wie die westlichen Industrieländer. Nach den Umwälzungen von 1989 wurde jedoch offensichtlich, dass der Reduktionszeitplan bei FCKW und den anderen Stoffen in Osteuropa und der Russischen Föderation nicht mehr einzuhalten war. Die meisten osteuropäischen Staaten blieben zudem ihre Zahlungen an den Multilateralen Ozon-Fonds für Entwicklungsländer schuldig und verlangten stattdessen selbst finanzielle Unterstützung. Der Umsetzungsausschuss verfolgte hier eher eine kooperative Strategie: Die GEF stellt Mittel zur Verfügung, um den FCKW-Verzicht in Osteuropa und Russland voranzubringen, und die einschlägigen internationalen Organisationen und Programme (UNEP, UNDP, UNIDO und die Weltbank) tragen zur Unterstützung Russlands bei (Victor, 1998).
>
> Der große „Test" des Nichterfüllungsverfahrens steht indessen noch aus, wenn die Entwicklungsländer als Gruppe die Herstellung und den Verbrauch von FCKW und anderen ozonabbauenden Stoffen einstellen müssen. Der Beirat empfiehlt, auch hier den kooperativen, nichtkonfrontativen Weg des Montrealer Protokolls weiterzuverfolgen.

Aktionsprogramme und damit unmittelbar bei der Umsetzung mitwirken. Die NRO dienen als wertvolle Kontaktstelle zwischen lokaler, nationaler und internationaler Ebene und stellen die Anhörung gesellschaftlicher Belange sicher. Der Beirat empfiehlt, auch bei Regimen, bei denen die Mitwirkung von NRO nicht unmittelbar integriert ist, solche Möglichkeiten der Kommunikation zu schaffen. Zumindest sollte – wie beim Regime der Großen Seen – die regelmäßige Veranstaltung von Workshops eine solche Rückkopplung gewährleisten.

- Die Mitwirkung von Umweltverbänden hat sich aber auch bei der Sammlung und Aufbereitung von Informationen sowie bei der Erstellung von Leitfäden zur Umsetzung und Trainingsprogrammen bewährt. Ein Beispiel für wertvolle Zusammenarbeit ist hier das Washingtoner Artenschutzabkommen (WBGU, 2000). Bei Vorbehalten oder zögerlicher Haltung gegenüber einer institutionalisierten Übertragung von Aufgaben im Rahmen anderer Regime gewinnt eine vertrauenschaffende Auswahl der NRO an Bedeutung. Auch die Umsetzung der Ziele der Desertifikationskonvention bewirkt für NRO wie für Regierungen einen Lernprozess, wodurch die Konvention eine wichtige Funktion bei der Förderung „guter Regierungsführung" erfüllt. Weil die Desertifikationskonvention wegen ihrer starken Bezüge zur Armutsbekämpfung als „Entwicklungskonvention"

eine Sonderstellung unter den globalen Umweltkonventionen einnimmt, könnte sie auch von den Geberstaaten genutzt werden, um die soziale Entwicklung armer Länder verstärkt zu fördern.
- Interessant ist die im Rahmen der Klimapolitik diskutierte Möglichkeit, *zertifizierte* private Prüfer in die Informationssammlung einzubinden. Diese müssten ihrerseits durch entsprechende Berichte einen Rückbezug zum Sekretariat oder – falls vorhanden – zu einem gesonderten Ausschuss aufweisen. Dies verspricht den Vorteil, dass solche Prüfer öfter, eventuell ständig in den Vertragsstaaten wären und unabhängig und sorgfältig die Daten der Länder überprüfen könnten.
- Schließlich sollte auch die Rolle (schon bestehender) eigenständiger wissenschaftlicher Gremien im Rahmen der Erfüllungskontrolle gestärkt werden. Wie beim Desertifikationsbekämpfungsregime bedarf es hierfür eine effektivere Erfüllungskontrolle der Entwicklung eines „Kernsets" globaler Indikatoren und Leitplanken. Im Gegensatz zur Klimarahmenkonvention und zum Montrealer Ozonprotokoll wurden bei der Desertifikationskonvention (noch) keine quantitativ definier- und überprüfbaren Reduktions- oder Schutzziele für einem vorgegebenen Zeitraum festgelegt. Dies würde voraussetzen, dass z. B. zulässige Obergrenzen der Bodenzerstörung festgelegt werden. Um eine solche Bezugsgröße zu ermitteln, müssen Leitplanken der weltweiten Bodenzerstörung geschätzt werden (WBGU, 1998a), also konkrete Werte, deren Überschreitung zu einem irreversiblen und für die Menschen existenzbedrohenden Zustand der Umwelt führen würde. Hier besteht dringender Forschungsbedarf.
- Regelmäßige wissenschaftlich-technische Bestandsaufnahmen der Umweltsituation ermöglichen durch die Bereitstellung neuester wissenschaftlicher Erkenntnisse die Konkretisierung vertraglicher Pflichten, etwa durch die Ermittlung von Leitplanken als Grundlage von Reduktions- oder Schutzzielen. So wird eine verbesserte internationale Reaktion gefördert. Die Besetzung solcher Gremien sollte geographisch ausgewogen mit unabhängigen wissenschaftlichen Experten erfolgen, um nicht ein zweites politisches Nebenorgan zu schaffen und die ausschließliche Befassung mit wissenschaftlichen Aufgaben zu gewährleisten. Insgesamt könnte sich die Organisation und Arbeitsweise am Vorbild des IPCC orientieren, der im Rahmen des Klimaregimes diese Aufgabe übernimmt.
- Aus diesem Grund setzt sich der Beirat für die Einrichtung eines internationalen unabhängigen wissenschaftlichen Expertengremiums für den globalen Bodenschutz ein, etwa in Form eines Internationalen Ausschusses über Böden (International Panel on Soils). Die Beiträge dieses Gremiums könnten der Diskussion um den internationalen Bodenschutz mehr Objektivität verleihen. Auch die Wissenschaft würde hiervon durch verbesserte Koordination und Vernetzung profitieren. Der Beirat empfiehlt, bei der Einrichtung eines Boden-Panels auf den Erfahrungen von UNEP und IPCC aufzubauen, um eventuelle Konstruktionsschwächen von vornherein zu vermeiden.

C 4.5.2
Verfahren zur Bewertung der Berichte sowie zum Beschluss internationaler Reaktionen auf Umsetzungsdefizite

Im Rahmen der Bewertung der zur Verfügung stehenden Informationen bleiben die Einschätzung und Entscheidung den jeweiligen Hauptorganen der Regime (Vertragsstaatenkonferenz, Gemeinsame Kommission) vorbehalten, in dem sich die Vertreter der Mitgliedstaaten versammeln. Dem vorgeschaltet sind bei Regimen mit einer großen Zahl von Mitgliedstaaten jedoch oft Prüfungen und Zusammenfassungen beispielsweise durch das Sekretariat (Ozonregime), sachkundige Überprüfungsgruppen oder einen Umsetzungsausschuss.
- Die Entwicklung in den untersuchten Regimen belegt die Zweckmäßigkeit der Übertragung von Organisation und Zusammenfassung der nationalen Berichte auf das Sekretariat oder ein eigenes Gremium. So werden eine faktische und rechtliche Aufbereitung, Bewertung und Zusammenfassung der zahl- und umfangreichen Berichte ermöglicht.
- Bei der Diskussion über Reaktionsmaßnahmen empfiehlt der Beirat die Einrichtung eines gesonderten, legitimierten Gremiums zu prüfen. So werden die schnelle Behandlung von Umsetzungsschwierigkeiten und eine einvernehmliche Lösung auch zwischen Vertragsstaatenkonferenzen möglich. Diese Strategie hat sich im Ozonregime im Fall Russlands und einiger osteuropäischer Staaten bewährt und scheint auch auf andere Regime übertragbar. Im Rahmen der Sitzungen dieses Gremiums sollten u. a. folgende Verfahrensschritte möglich sein: Evaluierung der relevanten Informationen, Befragungen des betroffenen Mitgliedstaats, Analyse der Gründe für Umsetzungsdefizite, Vorüberlegungen und Verhandlungen über erforderliche Maßnahmen und gegebenenfalls Entscheidung oder Empfehlung einer Maßnahme an die Vertragsstaatenkonferenz mit Darlegung der Gründe für diese Entscheidung. Die Beset-

zung des Gremiums sollte angesichts der entscheidungstragenden Aufgaben mit Staatenvertretern nach einem vorher festgelegten Schlüssel erfolgen, denen einige Experten und Wissenschaftler beigeordnet sind. Feste Verfahrenskriterien können hier Vertrauen schaffen. Die Kontinuität der Arbeit kann am besten durch ein ständiges Gremium, das auf Betreiben vorher festzulegender Akteure oder Organe tätig wird, gewahrt werden.

- Mit Blick auf das Desertifikationsregime zeigt sich das Problem, dass die Umsetzung vielfach auf die Erstellung nationaler Aktionsprogramme und deren Finanzierung durch die OECD-Länder reduziert wird. Die Desertifikationskonvention bietet jedoch einen weiter reichenden Rahmen, weil sie als Ausgangspunkt für die Entwicklung einer umfassenden Nachhaltigkeitspolitik der betroffenen Länder und die Entwicklung demokratischer Strukturen dienen kann. In dieser Funktion als Katalysator einer umfassenden gesellschaftlichen Entwicklung liegt ihr besonderer Wert. Um ihre Ziele weiterhin vorantreiben zu können, ist nach Ansicht des Beirats deshalb ein verstärktes finanzielles Engagement notwendig. Der Beirat empfiehlt, den Abwärtstrend bei den Mitteln für die öffentliche Entwicklungszusammenarbeit umzukehren, um die Umsetzung der Desertifikationskonvention langfristig nicht zu gefährden. Angesichts des zunehmenden Problemdrucks im Zeitalter des Globalen Wandels wäre es, wie der Beirat bereits mehrfach empfohlen hat (WBGU, 1993, 1998a-2000), angemessen, 1% des Bruttosozialproduktes für die öffentliche Entwicklungszusammenarbeit anzustreben (WBGU, 1999a). Die Rio+10-Konferenz könnte als Ausgangspunkt für eine solche Trendwende genutzt werden.

C 4.5.3
Instrumente zur Reaktion auf festgestellte Schwierigkeiten und Umsetzungsdefizite

Hinsichtlich der Reaktionen auf Umsetzungsdefizite zeigen die Fallstudien stark variierende Ausgestaltungen. Während beim Regime der Großen Seen die Gemeinsame Kommission lediglich Empfehlungen aussprechen kann, ist man sich im Klimaregime wohl einig, auf jeden Fall politische, ökonomische oder Protokoll-interne Sanktionen für die Nichteinhaltung vorzusehen. Obwohl auch harte Reaktionen hätten ergriffen werden können, verhielt sich der Umsetzungsausschuss im Ozonregime bei Russland und einigen osteuropäischen Staaten überwiegend kooperativ. Auch im Rahmen der Desertifikationsbekämpfung scheinen harte Maßnahmen keinen Sinn zu machen, da eine Nichterfüllung kaum festgestellt werden kann. Hierzu fehlt es an konkreten, zeitlich festgelegten Pflichten und hinreichend genauen Basisdaten und Monitoringsystemen für die Beobachtung und Bewertung der Bodenzerstörung in Trockengebieten.

Diese Erkenntnisse und die Tatsache, dass der Großteil der Nichterfüllung eher auf Unvermögen als auf Nichtwillen zurückzuführen ist, rücken kooperative Wege in den Vordergrund. Solche nichtkonfrontativen Maßnahmen stärken die internationalen Beziehungen durch ihre partnerschaftliche Wirkung und versprechen dadurch mehr Transparenz und Ehrlichkeit. Garantierte, an keine Voraussetzungen geknüpfte Instrumente zur Erfüllungshilfe können allerdings der Motivation, aus eigener Finanzkraft die Pflichten zu erfüllen, auch abträglich sein. Zudem haben in einigen Fällen auch konzertierte Sanktionen zu einer raschen Behebung der Umsetzungsdefizite beigetragen (Beispiel Washingtoner Artenschutzabkommen, WBGU, 2000). Der Beirat empfiehlt daher, zur Reaktion auf Umsetzungsschwierigkeiten und Nichterfüllung verschiedene Wege vorzusehen, um flexible, den Gründen für die Umsetzungsschwierigkeiten angepasste Entscheidungen im Einzelfall zu ermöglichen. Die hierzu notwendige sorgfältige Evaluierung aller relevanten Informationen kann durch den oben beschriebenen gesonderten Ausschuss gewährleistet werden. Indem sowohl konfrontative als auch nichtkonfrontative Maßnahmen ergriffen werden können, sinkt auch die Gefahr, dass durch ein Vertrauen auf auswärtige Hilfe von vornherein weniger Mittel im Staatshaushalt für die Erfüllung der Pflichten ausgewiesen werden.

Die konkrete Umsetzung der Entscheidung über Reaktionen sollte durch das oben empfohlene Umsetzungsgremium begleitet werden. Nach angemessener Zeit empfiehlt sich eine Überprüfung der Folgen und der Zweckmäßigkeit der gewählten Maßnahme.

Gerade mit Blick auf die derzeitigen Diskussionen zur Erfüllungskontrolle in der Klimapolitik sollte unbedingt die Anwendung nichtkonfrontativer Maßnahmen im Vordergrund stehen, um die Länder in die Lage zu versetzen, ihre Pflichten zu erfüllen. Dies würde dem Klima insgesamt mehr nützen als strenge Strafen, die noch dazu den Beitritt zum Protokoll und die Übernahme von Pflichten für viele Staaten unattraktiv machen könnte. Es ist jedoch eine Tendenz zu beobachten, dass eine strengere Erfüllungskontrolle von vielen Staaten gewünscht wird, da der rechtsverbindliche Charakter der Pflichten und die bindenden Ziele des Protokolls auch Mittel erfordern, diese durchzusetzen. Deshalb ist neben einer unterstützenden Politik, u. a. aus Wettbewerbsgründen, auch eine nicht zu schwache Erfüllungskontrolle notwendig, um die Vertragsparteien zur Umsetzung der Ziele zu ermuntern und „Trittbrettfahren" zu vermeiden. Daher ist der Beirat auch gegen die Einführung des „borrowing", also der Nutzung von Emissionsrechten aus nachfolgenden Verpflichtungsperioden.

Bei der technischen Überprüfung der Einhaltung der Pflichten ist eine Beteiligung des Privatsektors über zertifizierte Auditoren zu empfehlen. Allerdings müssen Regelungen gefunden werden, die eine strikte Neutralität der Überprüfung gewährleisten. Eine Beteiligung privater Akteure als Informationsquellen (über eine Information des Sekretariats) sowie als Beobachter in einem Nichterfüllungsverfahren ist hierbei wünschenswert.

Bei der Diskussion um einen Automatismus bei Gegenmaßnahmen ist abzuwägen, bis zu welchem Grad dieses eingeführt werden sollte. Ein Katalog bestimmter Antworten auf Verfehlungen wird zwar von Artikel 18 des Kioto-Protokolls gefordert, könnte langwierige Verhandlungen verkürzen und eine verlässliche Basis von vorauszusehenden Reaktionen liefern. Aber sowohl die Aushandlung eines solchen Katalogs als auch dessen spätere Anwendung sind problematisch. Eine zu strikte Anwendung automatischer Gegenmaßnahmen kann dazu führen, dass sich Staaten ungerecht behandelt fühlen und andere davon abgehalten werden, das Protokoll zu unterzeichnen und zu ratifizieren. Daher scheint es dem Beirat ratsam, die Reaktionen auf Verletzungen der Pflichten in einem gewissen Rahmen flexibel zu gestalten und dem Einzelfall anzupassen.

Lokale und nationale Umsetzung: Bildungspolitik und Lokale Agenda 21

C 5

C 5.1
Einleitung

Die Wirkung internationaler Vereinbarungen ist nur so gut, wie ihre globalen Ziele auf nationaler und lokaler Ebene umgesetzt und darüber hinaus effektiv, effizient und sozial gerecht erreicht werden. Die Konventionen müssen sich letztlich in Veränderungen von Produkten und Produktionsweisen, aber auch in Veränderungen von umweltrelevanten Einstellungen, Werthaltungen, Verhaltensmustern, also insgesamt von Lebensstilen manifestieren. Diese Umsetzungen können zum einen durch schnell wirksame Gesetze oder ökonomische Maßnahmen erfolgen, zum anderen aber auch durch eher längerfristig angelegte Strategien der Bewusstseinsbildung. Dazu gehören z. B. Diskurse in der Öffentlichkeit, „Runde Tische" oder Umweltbildungsangebote für unterschiedliche Zielgruppen.

Die meisten internationalen Übereinkommen zu globalen Umweltproblemen verpflichten die Staaten zur Förderung der Bewusstseinsbildung und zur Veränderung von Lebensstilen, aber auch zu Wissensmehrung und Vermittlung von Fertigkeiten zum schonenden Umgang mit den natürlichen Ressourcen. Dabei werden explizit Bildungsprozesse in Schule und Hochschule genannt und auf die vielfältigen außerschulischen Kontexte zum Lernen für eine nachhaltige Entwicklung hingewiesen. So enthalten die Klimarahmenkonvention (Art. 6), die Biodiversitätskonvention (Art. 12 und 13), die Desertifikationskonvention (Art. 19), die Rio-Deklaration (Grundsatz 10) sowie die AGENDA 21 (Kap. 28 und 36) Aufrufe an alle Staaten, solche Bildungsprozesse zu unterstützen und umzusetzen. Ein wichtiges Forum für eine integrative Diskussion von Umwelt- und Entwicklungsproblemen ist die CSD (Kap. E 1.4).

Die Umsetzung der AGENDA-21- und CSD-Empfehlungen erfolgt auf unterschiedlichen Ebenen. So sind etwa in der EU zahlreiche Institutionen entstanden, die mit der nationalen Umsetzung der Lösung von (globalen) Umwelt- und Entwicklungsproblemen betraut sind, aus denen Programme wie das 5. Umweltaktionsprogramm als Instrument zur Umsetzung der Ziele nachhaltiger Entwicklung hervorgingen. Zwischen den verschiedenen Ausschüssen und Arbeitsgruppen der EU und der CSD gibt es einen intensiven Austausch. In der EU stellt EUROSTAT die statistischen Grundlagen für die Nachhaltigkeitspolitik bereit. EUROSTAT ist auch am CSD-Arbeitsprogramm für die Entwicklung von Nachhaltigkeitsindikatoren beteiligt. Seit 1993 existiert außerdem mit der European Environment Agency (EEA) eine Einrichtung, die umweltrelevante Informationen anbietet.

Für die Aktivitäten zu weltweiten Bildungsprogrammen ist die UNESCO zuständig. So sind auch die CSD-Aktivitäten im Bildungsbereich bei der UNESCO angesiedelt, während die übrigen CSD-Projekte vom CSD-Sekretariat in New York geleitet werden, was einheitliche bzw. vernetzte Aktivitäten erschwert.

C 5.2
Lernen für eine nachhaltige Entwicklung – Kenntnisstand und weitere Aktivitäten

In diesem Kapitel sollen beispielhaft zwei Aktionsfelder analysiert werden, die eng zusammenhängen. Zum einen geht es um Ansätze im Bereich formaler Bildung (etwa in Schule und Hochschule), zum anderen um Programme und Aktivitäten auf kommunaler und regionaler Ebene (vor allem im Sinne einer LOKALEN AGENDA 21).

C 5.2.1
Initiativen der CSD

PRINZIPIEN FÜR DEN LERNPROZESS
In der 4. und 6. Sitzung der CSD wurde ein Arbeitsprogramm zur Umsetzung von Kap. 36 der AGENDA 21 zu Bildung, öffentlichem Bewusstsein und Training beschlossen. Zu diesem Thema fand 1997 in Thessaloniki eine internationale Konferenz statt, für

die die UNESCO das wegweisende Dokument „Educating for a Sustainable Future: A Transdisciplinary Vision for Concerted Action" erstellt hatte. Dadurch wurden einige Missverständnisse zum Konzept „Lernen für eine nachhaltige Entwicklung" ausgeräumt:
- Angestrebt ist nicht Lernen *über* eine nachhaltige Entwicklung sondern Lernen *für* eine nachhaltige Entwicklung (einschließlich der Handlungsoptionen).
- Lernen für eine nachhaltige Entwicklung beschränkt sich nicht auf Umweltbildung, sondern muss soziale und ökonomische Dimensionen gleichberechtigt mit einbeziehen.
- Lernen für eine nachhaltige Entwicklung geht nicht nur die Bildungsministerien an, sondern berührt alle Politikfelder (Umwelt, Arbeit, Verkehr usw.) und betrifft alle gesellschaftlichen Gruppen (und nicht etwa nur Schüler und Studenten).
- Lernen für eine nachhaltige Entwicklung darf sich nicht auf Kinder beschränken, sondern muss im Sinne nachhaltiger Entwicklung als lebenslanger Prozess verstanden werden.

Die UNESCO versucht, durch Aufklärungsarbeit dieses spezifische Verständnis der Konzepte zu verbreiten. Auf der 6. Sitzung der CSD (1998) wurde Bildung für eine nachhaltige Entwicklung weiter konkretisiert.

Öffentliches Bewusstsein und Verständnis
Damit Menschen wirksam an Aktivitäten zu nachhaltiger Entwicklung teilnehmen können, müssen sie Hintergrundwissen besitzen. Lokale Aktivitäten sind dazu besonders Erfolg versprechend, weil hier eher individuelles Interesse zu erwarten ist und damit eine Chance auch für informelle Bildungsprozesse in der Kommune und für lokale Umweltprogramme in Industrie- und Entwicklungsländern eröffnet wird (UN-CSD, 1998).

Da Umwelt- und Entwicklungsbelange sehr komplexe Sachverhalte und somit schwer kommunizierbar sind, muss in Bildungsansätzen für eine nachhaltige Entwicklung mit einfachen Beispielen aus dem Alltag begonnen werden, ohne jedoch die globale Einbettung des Problems zu vernachlässigen. Daraus folgt, dass Bildung für eine nachhaltige Entwicklung zielgruppenspezifisch gestaltet sein muss, viele Wissensdomänen umfassen und Lernen in alle Lebensbereiche integrieren muss. Dazu ist eine verstärkte Zusammenarbeit zwischen den verschiedenen gesellschafts- und naturwissenschaftlichen Disziplinen erforderlich (WBGU, 1996a; UN-CSD, 1998).

Notwendige Veränderungen im formalen Bildungswesen
Vor allem sollten die Wechselbeziehungen zwischen Ökologie, Ökonomie, Kultur und sozialer Entwicklung in die Lehrpläne aufgenommen werden. Dazu gehört auch die Vermittlung ethischer Werte, kooperativen Verhaltens und solidarischen Handelns. Diese Veränderungen müssen sich in allen Ebenen durchsetzen (Schule, Aus- und Weiterbildung) (UN-CSD, 1998).

Interdisziplinarität
Bildung für nachhaltige Entwicklung erfordert disziplinübergreifende Problemanalysen und -lösungen. Disziplinäre Lehre ist zwar Voraussetzung für ein in die Tiefe gehendes Wissen; viele wichtige zukunftsweisende Entdeckungen werden jedoch an den Grenzen zwischen verschiedenen Disziplinen gemacht (WBGU, 1993, 1996b). Die noch immer bestehenden festen Grenzen zwischen den akademischen Disziplinen sollten aufgeweicht werden; Karriere- und Promotionsmöglichkeiten müssen auch im interdisziplinären Rahmen ermöglicht werden (WBGU, 1993, UN-CSD, 1998).

C 5.2.2
Nationale Aktivitäten zur Bildung für eine nachhaltige Entwicklung

Seit der Rio-Konferenz sind in fast allen Nationen der Welt Bildungsaktivitäten entstanden, die über den Schutz der Umwelt hinaus den komplexen Ansatz einer nachhaltigen Entwicklung thematisieren (WBGU, 1996a). Generell lässt sich heute überall eine Zunahme der Bildungsbemühungen feststellen, allerdings mit sehr großen nationalen Unterschieden. Nach wie vor ist es schwierig, einen systematischen Überblick zu gewinnen und damit eine Bewertung der globalen Aktivitäten vorzunehmen. Die folgenden Beispiele nationaler Initiativen geben jedoch einen guten Einblick in die Variationsbreite der Programme.

In *Deutschland* ist Umweltbildung seit über 20 Jahren ein Begriff. Seit UNCED werden die ökonomischen und soziokulturellen Dimensionen im Sinne einer Bildung zu nachhaltiger Entwicklung verstärkt mit einbezogen. Trotzdem ist der Begriff der „nachhaltigen Entwicklung" erst 13% der deutschen Bevölkerung bekannt (Kuckartz, 2000). Die Bund-Länder-Kommission für Bildungsplanung und Forschungsförderung hat 1998 in einer zukunftsweisenden Initiative einen Orientierungsrahmen für eine Bildung für nachhaltige Entwicklung verabschiedet (BLK, 1998). Inzwischen wurde unter dem Titel „Das Leben im 21. Jahrhundert gestalten lernen" ein umfangreiches Projekt gestartet, in dem von jedem Bundesland u. a. das von der CSD vorgegebene Leitbild im Sekundarschulbereich umgesetzt werden soll (BLK, 2000). Das Projekt, an dem 14 Bundesländer beteiligt sind, umfasst ein Finanzvolumen von 25 Mio. DM für fünf Jahre. Auch Konzepte für die Hochschulbildung enthalten ähnliche Zielvorstellungen, wie sie in den CSD-Papieren entwickelt werden. So soll den Richtlinien entsprechend vermehrt die Zusammenarbeit zwischen Natur- und Sozialwissenschaften gefördert werden, Umweltbildung soll sich in Richtung einer „Ökologischen Zukunftsforschung" orientieren und Rückkopplungen zwischen menschlichem Handeln und natürlichen Systemen mit einbeziehen. Forschung und Lehre sollen auch zu lokalen Problemlösungen beitragen. Dazu muss die Durchlässigkeit zwischen Hochschule, Wirtschaft, Kommune und Bürgern verbessert werden (BLK, 1998).

In den *Niederlanden* gibt es ein dem BLK-Orientierungsrahmen vergleichbares Regierungsprogramm „Extra Impulse to Environmental Education", das durch das „National Committee for international co-operation and sustainable development (NCDO)" verwaltet wird. Außerdem existiert dort die „Dutch Inter Departmental Steering Group on Environmental Education", ein Zusammenschluss aus sechs Ministerien. Eine solche Bündelung von Nachhaltigkeitsaktivitäten findet sich bisher nur in wenigen anderen Staaten. Sie ist jedoch vor allem dann von großem Vorteil, wenn es um die internationale Konsultation und Kooperation geht. Doppelarbeit und Parallelentwicklungen können so vermieden werden.

Wo lassen sich in schulischen und außerschulischen Lernkontexten die vielfach geforderten Veränderungen in Bildungsinstitutionen bereits nachweisen?

In *Deutschland* liegt in der schulischen Bildung der Schwerpunkt häufig noch auf der Umweltdimension. Vereinzelt gibt es aber auch schon Schulen, die sich auf mehreren Ebenen dem Thema nachhaltige Entwicklung widmen. So existiert z. B. in Duisburg eine Agenda-Schule, in der Unterrichtsinhalte, Schulbau, Ausstattung und Schulleben nach AGENDA-21-Aspekten neu gestaltet werden. Das Motto „Global denken, lokal handeln" zeigt sich z. B. in der Regenwassernutzung für die Toilettenspülung und in der Begrünung der Dächer oder in pädagogischen Schwerpunkten wie soziales Lernen, Umwelt- und Medienerziehung (caf/Agenda-Transfer, 1999). Auf Hochschulebene ist das Konzept der „Nachhaltigen Universität Lüneburg" ein äquivalentes Beispiel. Die deutsche UNESCO-Kommission hat im Sommer 2000 ein Internet-Lernprogramm für Lehrer zur Weiterbildung für „Nachhaltige Entwicklung" (www.blk21.de) begonnen.

Eine Evaluation außerschulischer Umweltbildungsaktivitäten in Deutschland aus den Jahren 1998/99 ergab, dass mit ca. 4.600 Einrichtungen weitaus mehr Aktivitäten im Bereich der Umweltbildung angeboten werden als vermutet wurde (Giesel et al., 2000). Allerdings werden die Themen AGENDA 21, Energiegewinnung und Energiesparen, Konsum und Lebensqualität, die im Zusammenhang mit der Diskussion um ein nachhaltiges Deutschland zunehmend an Bedeutung gewinnen sollten, nur bei einem knappen Drittel der befragten Umweltbildungseinrichtungen behandelt. Daran zeigt sich, dass die öffentliche Diskussion über nachhaltige Entwicklung schneller voranschreitet als es den Einrichtungen gelingt, darauf zu reagieren. Die Analysen weisen nach, dass es viele Einrichtungen gibt, die sich mit den klassischen Umweltthemen der Naturerkundung, -erfahrung und -sensibilisierung sowie der „klassischen" Aufklärung über Umwelt- und Naturschutz auseinander setzen. Für diese Einrichtungen wäre eine Erweiterung um die Themen der AGENDA 21 mit sozialen und ökonomischen Aspekten mit einer grundlegenden Identitätsänderung verbunden. Der Beirat empfiehlt, Neugründungen von Einrichtungen, die sich spezieller mit Themen wie Technik, Konsum, Mobilität usw. beschäftigen, durch Kampagnen voranzutreiben und finanziell zu unterstützen. In der Evaluation zeigte sich außerdem, dass die meisten Einrichtungen methodisch vor allem „herkömmlich" vorgehen: Innovative und partizipative Methoden, wie Zukunftswerkstätten, interaktive Lernangebote und Kreativmethoden, werden nur von knapp einem Zehntel der Einrichtungen genutzt. Der Beirat empfiehlt, diese Methoden durch die Präsentation erfolgreicher Beispiele bekannter zu machen und Weiterbildung für solche Ansätze zu unterstützen.

Einer multinationalen Initiative von Großbritannien, Deutschland, der Niederlande und Schweden unter dem Titel „Sustainability Centres in the North Sea Region" (SCNR) ist die Förderung der Einrichtung von so genannten Nachhaltigkeitszentren in Europa zu verdanken. Ziele, die in den Zentren verfolgt werden sollen, sind u. a. Indikatoren und Kriterien für eine nachhaltige Raumplanung aufzustellen sowie Beispielprojekte zu sammeln, in denen sich Nachhaltigkeitsprinzipien bereits im Handeln manifestiert haben. In dem Projekt werden Kommunen ebenso wie Planer, Universitäten, NRO und private Akteure mit einbezogen. Ein Unterziel der SCNR ist die Bildung eines universitären Netzwerks für nachhaltige Entwicklung, das Sustainability Centres Universities Network. Solche Netzwerke haben noch großen Seltenheitswert und sind als äußerst vorbildhaft und förderungswürdig zu bewerten.

In *Tschechien* sind mehr als 1.000 Schulen an 15 Umweltbildungsprojekten beteiligt. Zum Teil handelt es sich dabei um internationale Projekte (z. B. GLOBE zu Ozon). Die Projekte haben sich von rein wissensorientierten zu eher handlungsorientierten Unterrichtseinheiten gewandelt. Ein Pilotprojekt für Umweltbildung existiert in Nord-Böhmen, der Region mit den größten Landschaftsschäden und der stärksten Luftverschmutzung in Tschechien. In Kooperation mit einer deutschen Partnerorganisation sollen hier Modellprogramme aufgebaut werden. Zur Intensivierung des LOKALE-AGENDA-21-(LA-21-)Prozesses, der in Tschechien noch nicht weit fortgeschritten ist, sollen eine bessere Kommunikation zwischen Organisationen und Einrichtungen, die vor Ort aktiv sind, sowie Bildungsveranstaltungen für Lehrer gefördert werden.

Die *Ostsee-Anrainerstaaten* haben das „Baltic Sea Project" als ein schulisches Umweltbildungsprojekt ins Leben gerufen. Schwerpunkt des Programms ist Bewusstseinsbildung bei Schülern für Umweltprobleme, die die Ostsee sowie deren kulturelle, soziale und ökologische Zusammenhänge betreffen. Das „Baltic Sea Project" ist ein positives Beispiel für die länderübergreifende Vernetzung von Bildungsanstrengungen im Schulbereich. Solche Vernetzungen sollten in Zukunft dahingehend verstärkt werden, dass die Initiativen, die die verschiedenen Konventionen, LA-21-Aktivitäten oder auch einzelnen Organisationen (z. B. UN, UNESCO, OECD) und NRO auslösen, zur Vermeidung von Konkurrenz oder Doppelarbeit koordiniert werden.

Internationale Konferenzen, mögen sie auch wissenschaftlich nicht immer produktiv sein, sind deswegen bedeutsam, weil sie Aufmerksamkeit für grenzüberschreitende Probleme und entsprechende Bewältigungsstrategien erzeugen. Internationale Konferenzen zur Umweltbildung wurden bisher von einzelnen Staaten organisiert, wie etwa die 7. Konferenz zur Umwelterziehung in Italien (2000). Eine Weltkonferenz zur Bildung für nachhaltige Entwicklung könnte das Thema noch besser befördern.

C 5.3
Erfolgreiche AGENDA-21-Aktivitäten

Die Ziele der AGENDA 21 und verschiedener Konventionen werden teilweise auch durch LA-21-Prozesse umgesetzt (WBGU, 1998a). Diese Aktivitäten sind weltweit stark angestiegen. 1996 wurden 1.812 LA-21-Prozesse in 64 Ländern gezählt (ICLEI, 1997). Ein Großteil dieser Prozesse fand in Europa statt: 1.576 europäische Kommunen (87%) hatten damals mit einem LA-21-Prozess begonnen, 236 LA-21-Prozesse (13%) wurden in Afrika, Asien, Australien, Mittlerer Osten, Nordamerika, Karibik sowie Südamerika gezählt. Bei diesen Zahlen ist allerdings zu beachten, dass die Bekanntheit solcher Projekte noch sehr gering ist: So gaben z. B. in Deutschland in einer repräsentativen Umfrage nur 15% der Befragten an, schon einmal von einer LOKALEN-AGENDA-21-Gruppe in der eigenen Gemeinde gehört zu haben (Kuckartz, 2000). Nach Einschätzung von ICLEI arbeiten inzwischen rund 5.000 Kommunen zum Thema LA-21. Allerdings hat sich die Tendenz von 1997 etwas geändert: Die meisten LA-21-Prozesse werden zwar immer noch in Europa durchgeführt (ca. 75 %), aber die Anzahl der Kommunen in Afrika, Asien, Südamerika steigt (ICLEI, 2000). In vielen Ländern finden sich erfolgreiche Beispiele für Bottom-up-Bewegungen, die z. B. lokale Wasserprojekte durchführen. Oft sind diese Projekte nicht direkt der LA 21-Initiative zuzurechnen, dennoch wird gerade hier der „Geist von Rio" verwirklicht (Kasten C 5.3-1).

Eine Unterstützung der deutschen LA-21-Prozesse ist u. a. auch durch drei wegweisende Schritte der Bundesregierung gemäß Beschluss vom 26.7.2000 zu erwarten: So wurde ein Staatssekretärsausschuss für Nachhaltige Entwicklung („Green Cabinet") eingerichtet, ein Rat für Nachhaltige Entwicklung gegründet und die so genannte „Nachhaltigkeitsstrategie" als politische Handlungsmaxime verabschiedet. Diese drei Elemente sollen dazu beitragen, die 1992 auf der Konferenz für Umwelt und Entwicklung in Rio de Janeiro festgesetzten Beschlüsse umzusetzen.

ERFAHRUNGEN AUS PROJEKTEN ZUR
BEWUSSTSEINSBILDUNG
Projekterfahrungen mit Jugendlichen zeigen, dass es bei Themen zu nachhaltiger Entwicklung wichtig ist, die „Sprache der Schüler" zu sprechen, weil sonst die Gefahr besteht, dass sie die Aktivitäten in die „grüne Ecke" abschieben und dafür kein Interesse zeigen. Ein erfolgreicher Ansatz, Jugendliche für Umwelt- und Gesundheitserziehung zu begeistern, war z. B. eine interaktive Radioshow in Kenia, bei der Information und Unterhaltung in einer wirkungsvollen Weise kombiniert wurden (UN-ECOSOC, 1998).

Bei der lokalen Bildungsarbeit sollten auch die Erfahrungen und das Wissen älterer Menschen genutzt werden, da diese oft auf Fähigkeiten zurückgreifen können, die Helfer von außen nicht aufweisen. Wird das Wissen von Indigenen berücksichtigt, kommt es jedoch oft vor, dass verschiedene Personen unterschiedliche Praktiken vorschlagen. Wenn Curricula mit Hilfe des Wissens indigener bzw. lang ortsansässiger Personen gestaltet werden sollen, sollten Beispiele aus verschiedenen Regionen herangezogen werden (UN-ECOSOC, 1998).

> **Kasten C 5.3-1**
>
> **Beispielhafte Bottom-up-Projekte zur Implementierung einer nachhaltigen Wasserversorgung**
>
> Immer wieder wird die Wichtigkeit von Bottom-up-Bewegungen betont, wenn Projekte erfolgreich verlaufen sollen. Dies zeigt z. B. das Water Bank Project in Thailand, wo Dorfbewohner und NRO bei dem Bau eines Regenwasserauffangbeckens aktiv beteiligt waren und weitere Personen zur Mitarbeit motiviert haben. Oft sind gerade Menschen aus kleineren Volksgruppen oder aus ländlichen Gebieten zunächst sehr misstrauisch, wenn fremde Personen an sie herantreten; die Beachtung der Religion spielt dabei z. T. eine große Rolle, um Zugang zu bestimmten Bevölkerungsschichten zu erhalten. Günstig ist es, wenn Entwicklungshelfer mit in dem Dorf leben und den Alltag dort kennen, wo Neuerungen implementiert werden sollen, wie ein Wasserprojekt in Deccan Trap, Indien, gezeigt hat. Dort wurden den Bewohnern dreier Dörfer neue Bewässerungstechniken von Assistenten vorgestellt, die sich im Dorf niedergelassen hatten und das meist harte Alltagsleben mit der Dorfbevölkerung teilten, was die Effektivität des Projektes stark steigerte (UN-ECOSOC, 1998). Schlüsselfaktoren für erfolgreiche Projekte sind außerdem Öffentlichkeitskampagnen und die enge Zusammenarbeit verschiedener Institutionen (wie z. B. die Kooperation zwischen lokaler Verwaltung, Gesundheitsamt und Bürgern bei der erfolgreichen Umsetzung von Wasser- und Sanitärprojekten). Bei der Implementierung neuer Technologien in einem Entwicklungsland (z. B. eines Solarkochsystems in Kenia und Honduras) ist es wichtig, den zukünftigen Nutzern aus unterschiedlichen kulturellen Kontexten, mit besonderen Gewohnheiten und soziokulturellen Normen, gezielte Anleitungen zu geben und entsprechend Ausbildung bzw. Training vorzusehen. Außerdem muss für die Instandhaltung und Pflege dieser Geräte z. B. durch freiwillige Helfer gesorgt werden, um auch langfristig die Erfolge aufrecht halten zu können. Dies wurde an einem Wasserleitungsprojekt in Nepal deutlich, bei dem ein Dorf mit neuen sanitären Leitungen versehen wurde. Gerade bei Projekten zum Süßwassermanagement zeigt sich immer wieder, dass Wasser nicht nur ein ökonomisches, sondern auch ein soziales Gut ist (WBGU, 1998a): Gemeinsame Aktivitäten der Wasserverwaltung können zu guter Nachbarschaft und gemeinsamen Erfolgserlebnissen führen, wie es beim oben genannten Water Bank Project in Thailand der Fall war. In Verbindung mit einem Belohnungssystem können Instandhaltungsaktionen, bei denen Bewohner aus verschiedenen Nachbarschaften zusammenarbeiten, Volksfestcharakter bekommen, wie etwa ein kommunales Sanitärprojekt in Ghana zeigte. Dort führte eine monatlich ausgesetzte Belohnung für die sauberste Region zu gemeinschaftlichen Aktionen mit Mitgliedern mehrerer Nachbargemeinden, die von der Bevölkerung sehr positiv bewertet wurden (UN-ECOSOC, 1998).

BEWERTUNG

Soweit es überhaupt möglich ist, einen verlässlichen Überblick über die Aktivitäten, ihre Methoden und ihre Ergebnisse zu gewinnen, fällt auf, dass es bisher keine wissenschaftliche Fundierung und insbesondere keine systematische Evaluation der Ergebnisse bzw. der Effekte gibt. Der Bezug auf eine Nachhaltigkeitsstrategie als globale Aufgabe zur Lösung globaler Probleme ist oft nicht erkennbar. Außerdem fehlen weitgehend Vernetzungen zwischen den verschiedenen Projekten und auch zwischen verschiedenen Ländern, so dass es wenig Gelegenheit zum Lernen voneinander gibt, zur Steigerung der Motivation zum Mitmachen und Weitermachen, vor allem aber auch zur systematischen Zusammenführung und Weiterentwicklung von Erkenntnissen. Durch eine bessere Koordination von Programmen und den sie fördernden bzw. initiierenden Institutionen könnten und müssten bei den weltweit verbreiteten Bildungs- und kommunalen Aktivitäten für eine nachhaltige Entwicklung schnellere und wirkungsvollere Fortschritte gemacht werden. Auch wenn die Vielfalt der unterschiedlichen Verantwortlichkeiten und Institutionen in den einzelnen Ländern und in den länderübergreifenden Kooperationen scheinbar eine unüberwindbare Barriere bedeutet, plädiert der Beirat dafür, das Lernen für eine nachhaltige Entwicklung als ein wichtiges Politikfeld „nachhaltig" zu fördern und vor allem auch internationale Organisationen, etwa die UNESCO, in die Lage zu versetzen, global wirksamer zu arbeiten.

C 5.4
Handlungs- und Forschungsempfehlungen

HANDLUNGSEMPFEHLUNGEN

- Lernen für eine nachhaltige Entwicklung (im Sinne formaler Bildungsmaßnahmen und kommunaler Nachhaltigkeitsprozesse) muss als wichtiger Bestandteil von Umweltpolitik begriffen und mit anderen Strategien (z.B. rechtlichen, ökonomischen, technologischen) systematisch verknüpft werden.
- Der Tendenz zur Zersplitterung und Folgenlosigkeit von Programmen und Projekten muss entgegengewirkt werden durch Vernetzung, Koordination und insbesondere Evaluation der Aktionen. Dazu sollten nationale und internationale Konferenzen sowie transnationale Netzwerke gefördert werden.
- In allen Folgekonferenzen der Konventionen zu Umwelt- und Entwicklungsproblemen sollten die Themen Bewusstseinsbildung, Lernen und kommunale Agendaprozesse ständige Tagesordnungspunkte sein und damit der Langfristigkeit dieser Prozesse Rechnung tragen.
- Maßnahmen im Bildungsbereich, die dem Kon-

zept einer nachhaltigen Entwicklung folgen und die überprüfbaren Kriterien einer erfolgreichen Bildung genügen, müssen vorrangig gefördert werden. Alle Staaten sollten, wie in Deutschland bereits praktiziert, alle zwei Jahre darüber einen Bericht vorlegen.

- Staatliche und nichtstaatliche Projekte müssen stärker untereinander und miteinander vernetzt werden; Bildungsmaßnahmen müssen stärker in die (umfassenderen) kommunalen Lernprozesse integriert werden.
- Die Kooperation zwischen institutionellen Bildungseinrichtungen (Schulen, Hochschulen) und LOKALE-AGENDA-21-Initiativen sollte vermehrt gefördert werden.
- Der organisatorische und strukturelle Wandel von Bildungseinrichtungen im Sinn einer nachhaltigen Entwicklung (z.B. in Form von Ökoaudits, Ressourcenschonung etc.) muss unterstützt werden.

FORSCHUNGSEMPFEHLUNGEN
- Nationale und internationale Evaluationsstudien, die über die bisher geübte Praxis der Sammlung von „Erfolgsgeschichten" hinausgehen, müssen verstärkt gefördert werden.
- Untersuchungen zu Erfolg versprechenden Strategien der Bildung für eine nachhaltige Entwicklung müssen vermehrt unter Berücksichtigung verschiedener Kontexte (ökonomische, technische, soziokulturelle Rahmenbedingungen), verschiedener Zielgruppen sowie von differenziellen Lernbedingungen erfolgen.
- Interdisziplinäre Forschung über neue Lernkonzepte, neue Organisationsstrukturen für das Lernen und innovative Strategien der Bewusstseinsbildung für Fragen und Strategien der nachhaltigen Entwicklung muss verstärkt gefördert werden.

Institutionelle Wechselwirkungen   D

Umwelt und Ansätze einer internationalen Handelsordnung   D 1

D 1.1
Globalisierungsprozesse – die Millenniumsherausforderung internationaler Umweltpolitik

Nicht erst die Bilder von Straßenkämpfen während der WTO-Konferenz und die eingeworfenen Fensterscheiben anlässlich des Weltwirtschaftsforums in Davos veranschaulichen, dass die Begriffe Freihandel und Globalisierung inzwischen zu „Kampfbegriffen" geworden sind, die als Sinnbild für eine Aushöhlung sozialer Standards, eine Zunahme weltweiter Unterschiede zwischen „Arm und Reich", eine problematische Angleichung von Konsumstilen und für viele nicht zuletzt auch als Ursachen für weltweite Umweltschäden gelten. Beide Tatbestände stehen hierbei in engem Zusammenhang. So ist es neben dem absoluten und relativen Bedeutungsverlust der Transportkosten vor allem der Abbau der Handelsbarrieren, der die Globalisierung beschleunigte, den weltweiten Zugriff auf natürliche Ressourcen erleichterte und über zusätzliche Wachstumsimpulse den Ressourcenverbrauch und damit die Emissionen steigerte. Insofern wird mit den Globalisierungsprozessen auch das Spannungsfeld von Wachstum und Umwelt berührt.

Der Beirat weiß um die Brisanz des Themas und möchte sich gegebenenfalls in einem späteren Gutachten ausführlich mit dem Spannungsfeld von Handel, Globalisierung, Wirtschaftswachstum und globalen Umweltproblemen auseinander setzen. Die folgenden Ausführungen dienen primär einer ersten Differenzierung der oft ideologielastigen Debatte über eine Disziplinierung globaler Marktkräfte und vor allem einer Betrachtung der politischen Handlungsoptionen aus Sicht der internationalen Umweltpolitik (zu kontroversen Einschätzungen Daly und Goodland, 1994; Klemmer, 1999). Mit Blick auf das Thema dieses Gutachtens erscheint vor allem letzteres von Bedeutung.

Die Globalisierung von Kapital-, Absatz- und Beschaffungsmärkten zählt ebenso wie die Internationalisierung von Entscheidungen über Unternehmensstandorte und Wanderungen qualifizierter Arbeitskräfte zu den Grundcharakteristika wirtschaftlicher und sozialer Entwicklung im vergangenen Jahrzehnt, die zugleich auf die Handlungsbedingungen und -optionen internationaler Umweltpolitik ausstrahlen (zu den Entwicklungen u. a. Bender, 1998; UNCTAD, 1999; WTO, 1999). Für die Umweltpolitik werden ambivalente Konsequenzen diskutiert:

- einerseits eine Zunahme globaler Umweltprobleme aufgrund vermehrter Transportleistungen, wachstumsinduzierter Ressourcenverbräuche, eines gesteigerten Zugriffs auf Naturräume, einer Erweiterung des weltweiten Produktionsvolumens mit potenziell umweltgefährdenden Stoffen und Verfahren sowie geringeren Möglichkeiten nationaler Kontrollen und Schutzbestimmungen gegenüber multinationalen Unternehmen und grenzüberschreitenden Wertschöpfungsketten, und
- andererseits eine Erweiterung des weltweiten Transfers von Wissen, verbesserte Entwicklungschancen für wirtschaftlich schwache und daher auf den Abbau von Beständen natürlicher Ressourcen angewiesener Länder sowie ein Export von Standards zum Schutz der natürlichen Umwelt angesichts einer zunehmenden Weltöffentlichkeit.

Der Beirat warnt daher vor einer pauschalen Dämonisierung des Freihandels, der durch ihn ausgelösten Globalisierungsprozesse und seiner Folgen. Unter Forschungsaspekten spricht er sich für eine differenzierte Untersuchung der Wechselbeziehungen zwischen Handel, Globalisierung und Umwelt und unter umweltpolitischen Aspekten für eine Einbeziehung ergänzender institutioneller Anreize zur Identifizierung und Verminderung globaler Umweltschäden aus. Er sucht nach einem institutionellen Anreizsystem, welches die durchaus nicht auszuschließenden problematischen Folgen für die globale Umwelt mindert. Neben der Frage, wie solche Anreize auszulösen sind, ist vor allem die Frage, wer für solche Anreize zuständig sein soll, Gegenstand vielfältiger Debatten. Insbesondere die Rolle der Welthandelsorganisation (WTO) und ihr Verhältnis zu weltweiten Umweltstandards zählen zu den politisch umstrittenen

Themen. Glauben doch viele, primär über eine selektive Beeinflussung des Welthandels der Umwelt besser Rechnung tragen zu können.

D 1.2
Die WTO und ihr Verhältnis zu internationalen Umweltstandards

Die WTO entstand im Rahmen der Uruguay-Runde des Allgemeinen Zoll- und Handelsabkommens (GATT). Ihr Ziel ist eine weltweite Handelsliberalisierung durch Prinzipien wie die Meistbegünstigung, die Inländerbehandlung, das Verbot mengenmäßiger Beschränkungen und generell die Verhinderung einer Diskriminierung von Handelspartnern (zur Struktur und Entwicklung des Handelsregimes Helm, 1995; WBGU, 1996a; Leirer, 1998; Moncayo von Hase, 1999). Gerade aus Sicht der Umweltpolitik kann diese Funktion von entscheidender Bedeutung sein. Protektionistische Subventionen umweltgefährdender Produkte können eingeschränkt werden, der Zugang kapitalarmer Länder zu internationalen Märkten und ausländischen Investitionen wird verbessert, Armut und dauerhafte Abhängigkeit werden auf diese Weise verringert und möglicherweise armutsbedingte Umweltschäden gemildert. Durch den Wettbewerb werden zudem Anreize geschaffen, durch einen effizienteren Einsatz vorhandener Ressourcen Innovationsprozesse auszulösen. Dies ist unter Nachhaltigkeitsaspekten in der Regel zu begrüßen. Sicherlich gilt, dass – allein schon wachstumsbedingt – auch Umweltrisiken auftreten können, die aber eher dem Spannungsfeld Wachstum und Umwelt und weniger dem Beziehungsgeflecht Handel und Umwelt zugeschrieben werden müssen.

Positiv hervorzuheben sind auch die Erfolge des GATT/WTO-Regimes bei der Verringerung protektionistischer Bestimmungen und die zunehmende Akzeptanz der internationalen Streitschlichtung gegenüber einer vormals vornehmlich unilateralen Sanktionierung (O'Neal Taylor, 1997; Knorr, 1997).

Sie bieten, wie unten beschieben, möglicherweise auch eine Chance für mehr Umweltschutz. Allerdings sind auch weiterhin Benachteiligungen der Entwicklungsländer auf den Agrar- und Textilmärkten mit nicht auszuschließenden Negativeffekten für die globale Umwelt (etwa Intensivierung der Bodennutzung in der EU und Behinderung pluraler Bodennutzungsformen in den Entwicklungsländern) festzustellen. Der Beirat hat hierauf bereits in früheren Gutachten (WBGU, 1996b) hingewiesen.

Da die WTO u. a. auch nationale Regelungen auf ihre Verträglichkeit mit einem diskriminierungsfreien Welthandel prüfen muss, kann sie in Konflikt mit nationalen Regelungen zum Schutz der Umwelt geraten. Hierbei ist aber festzustellen, dass, auch wenn eine erschöpfende rechtliche Klärung des Verhältnisses des WTO-Regimes zu nationalen und internationalen Umweltstandards noch aussteht, schon heute die Berücksichtigung von Umweltbelangen durch verschiedene Ausnahmevorschriften des GATT-Abkommens möglich ist. Zu nennen ist hier vor allem Art. XX des GATT-Abkommens (Kasten D 1.2-1), der zwar die Umwelt als Ausnahmetatbestand für handelsbeschränkende Maßnahmen nicht ausdrücklich nennt, wohl aber Maßnahmen für zulässig erklärt, die zum Schutz des Lebens oder der Gesundheit von Menschen, Tieren und Pflanzen erforderlich sind (Art. XX lit. b) und die dem Erhalt nichterneuerbarer Naturschätze dienen, wenn sie mit Einschränkungen für die inländische Produktion bzw. den Verbrauch verbunden sind (Art. XX lit. g). Dieses gilt allerdings nur, wenn die umweltpolitisch begründeten Handelsbeschränkungen weder verdeckte Handelsschranken darstellen noch willkürlich oder ungerechtfertigt zwischen Staaten diskriminieren, in denen gleiche Bedingungen herrschen.

Diese Vorschrift wird ergänzt durch Regelungen in den Nebenabkommen zum GATT:
- Insbesondere die im Rahmen der WTO angenommenen Übereinkommen über die Anwendung gesundheitspolizeilicher und pflanzenschutzrechtlicher Maßnahmen und über technische Handels-

---

Kasten D 1.2-1

Artikel XX des GATT-Abkommens

ARTICLE XX

GENERAL EXCEPTIONS

Subject to the requirement that such measures are not applied in a manner which would constitute a means of arbitrary or unjustifiable discrimination between countries where the same conditions prevail, or a disguised restriction on international trade, nothing in this Agreement shall be construed to prevent the adoption or enforcement by any contracting party of measures:

...

(b) necessary to protect human, animal or plant life or health;

...

(g) relating to the conservation of exhaustible natural resources if such measures are made effective in conjunction with restrictions on domestic production or consumption. ...

Quelle: WTO

schranken lassen ebenfalls Ausnahmen zugunsten des Schutzes von Leben und Gesundheit von Menschen, Tieren und Pflanzen zu. Das Übereinkommen über technische Handelsschranken erwähnt darüber hinaus ausdrücklich die Umwelt als legitimen Zweck.

- Das Übereinkommen über Landwirtschaft nimmt unter bestimmten Umständen direkte Zahlungen, die unter Umweltprogrammen erfolgen, ausdrücklich von der Verpflichtung der Mitgliedsstaaten zur Reduktion nationaler landwirtschaftlicher Subventionen aus.
- Erwähnenswert ist schließlich, dass das Übereinkommen zur Errichtung der WTO 1994 im Gegensatz zum GATT 1947 die Notwendigkeit des Umweltschutzes und das Ziel nachhaltiger Entwicklung in seiner Präambel ausdrücklich nennt und damit anerkennt.

Spätestens seit der gescheiterten „Millenniums-Runde" von Seattle (Kasten D 1.2-2) hat die Forderung, umweltpolitische Standards stärker im WTO-Recht zu verankern, vor allem bei den Industrieländern sowie deren Umweltverbänden Freunde gefunden. Auch die EU tritt für derartige Vorschläge ein. Die Brisanz dieser Forderungen besteht darin, dass sie auf eine Bewertung von Produktions- und Herstellungsverfahren anderer Länder zielen können und in diesem Falle von diesen, und zwar bevorzugt von Entwicklungsländern, als nicht gerechtfertigte Einmischung in ihre inneren Angelegenheiten, wenn nicht sogar als „Umweltkolonialismus" des Nordens angesehen werden.

Bekannt geworden sind Fälle wie der Thunfisch-Delphin-Konflikt zwischen Kanada, Mexiko und den USA sowie der Garnelen-Schildkröten-Fall zwischen den USA und einigen asiatischen Ländern. So müssen nach dem US-Gesetz über bedrohte Tierarten US-amerikanische Garnelenfischer bestimmte Netze benutzen, welche den Beifang von Meeresschildkröten verhindern oder zumindest verringern. Seit 1989 verbieten die USA die Einfuhr von Garnelen, die von ausländischen Fischern ohne solche Netze gefangen werden, was dazu führte, dass einige betroffene Länder wie Indien, Malaysia, Pakistan und Thailand die Durchführung eines Verfahrens vor dem Schiedsgericht der WTO beantragten (WTO, 1998; Altemöller, 1998), um sich gegen die kostenwirksame Oktroyierung von Verfahrensstandards auf ihre Länder zu wehren.

Die angegriffene US-Gesetzgebung wurde dahingehend kritisiert, dass es nicht um die Abwehr von Umweltschäden im Importland, sondern um die Durchsetzung von Produktionsstandards und damit eines spezifischen Umweltschutzes gegenüber dem Herstellungs- oder Exportland gehe, was als problematisch angesehen wurde. Die USA verloren zwar aufgrund von Unstimmigkeiten in ihrer Gesetzgebung diesen Prozess – grundsätzlich wurden aber, was mit Blick auf das Thema Handel und Umwelt wichtig ist, handelsbeschränkende Maßnahmen zur Abwehr von Produkten mit unter Umweltaspekten problematischen Herstellungsverfahren als unter Art. XX des GATT-Abkommens zulässige umweltpolitische Ausnahmen anerkannt. Das zeigt, dass es durchaus möglich wäre, über Entscheidungen des WTO-Gerichts im Rahmen von Schlichtungsverfahren bestimmten Umweltaspekten stärkere Geltung zu verschaffen. Damit könnte das Berufungsgremium der WTO zu einem interessanten umweltpolitischen Impulsgeber werden.

Sollte diese jüngste Entscheidung des WTO-Gerichts eine umweltpolitische Wende sein, könnte sich jedoch möglicherweise ein Konfliktpotenzial aufbauen, weil sich viele Entwicklungsländer gegen die *unilaterale* Vorgabe von Produktionsstandards entschieden wehren, hier aber von einem Schiedsgericht (einer Art Expertengremium) im Rahmen eines Streitschlichtungsverfahrens eine alle Länder betreffende Umweltpolitik ins Spiel gebracht wird. Noch ist offen, wie die Entwicklungsländer auf einen solchen umweltpolitischen Kurswechsel reagieren würden. Das Gremium nahm in diesem Fall eine sehr behutsame Interpretation von Art. XX GATT vor. Die betroffenen Schildkröten sind zwar im Rahmen des Übereinkommens über den internationalen Handel mit gefährdeten Arten frei lebender Tiere und Pflanzen (CITES) bereits als vom Aussterben bedroht klassifiziert worden, aber das Regelwerk von CITES greift hier nicht direkt, weil es nur den *unmittelbaren Handel mit gefährdeten Schildkröten* verbietet (Art. I-X CITES), nicht jedoch das unbeabsichtigte Töten von Schildkröten im Rahmen des Fischfangs oder anderen menschlichen Handelns wie Meeresverschmutzung über Flüsse usw. Umgekehrt erkannten die Parteien jedoch in der CITES-Präambel ausdrücklich an, dass „peoples and States are and should be the best protectors of their own wild fauna and flora", was wiederum eine gewisse Verpflichtung zur Berücksichtigung von Aspekten des Artenschutzes beinhaltet.

Einerseits konnten sich die USA nicht darauf berufen, durch ihre Handelsgesetzgebung gegen Verstöße der Entwicklungsländer gegen CITES vorzugehen, weil diese – solange der unbeabsichtigte Beifang von Schildkröten nicht international gehandelt wird – beim betriebsüblichen Garnelenfang nicht vorliegen. Andererseits gibt es die „Selbstverpflichtung" der CITES-Präambel und wandern die Meeresschildkröten sowohl in Gebiete der Hohen See als auch der ausschließlichen Wirtschaftszone, so dass hier die USA ein gewisses Schutzinteresse geltend machen konnten, das vom Schiedsgericht auch aner-

Kasten D 1.2-2

Die WTO-Ministerkonferenz in Seattle – Eine Bewertung aus umweltpolitischer Sicht

Die dritte WTO-Ministerkonferenz in Seattle im Dezember 1999 ist bei der Einleitung einer neuen multilateralen Liberalisierungsrunde gescheitert. Die Gründe für dieses Scheitern sind vielfältig und spiegeln sich in den äußerst heterogenen Interessen der einzelnen Staaten und Staatengruppen wider. Die Absicht der EU bestand darin, eine umfassende, neue Liberalisierungsrunde im Rahmen der WTO (sog. „Millenniums-Runde") einzuleiten. Oberstes Ziel einer solchen Runde wäre die weitere Fortsetzung der Liberalisierungsbemühungen im internationalen Handel gewesen. Des weiteren wären nahezu alle Themen, die derzeit im Rahmen der Gestaltung einer internationalen Handelsordnung diskutiert werden, Gegenstand von WTO-Verhandlungen geworden, z. B. Erweiterung der Regeln in den Bereichen Landwirtschaft und Dienstleistungen, Abbau von Zöllen für Nichtagrarerzeugnisse, Schaffung eines multilateralen Rahmens von Regeln für internationale Investitionen, internationale Wettbewerbspolitik und die Behandlung von umwelt- und sozialpolitischen Aspekten.

Diesen umfassenden Agendawünschen der EU standen wesentlich eingeschränktere Interessen der USA und der Entwicklungsländer gegenüber. Insbesondere bei der Klärung vieler offener Fragen im Verhältnis von internationalem Handel und Umweltschutz befand sich die EU in einer Defensivposition und besaß in diesem Themengebiet nahezu keinen Koalitionspartner. Während die USA eher wenig an umweltpolitischen Fragen interessiert waren und sich mehr auf einen verbesserten Marktzugang – z. B. in der Informationstechnologie und bei den Dienstleistungen – konzentrierten, sprachen sich die Entwicklungsländer vehement gegen die verstärkte Berücksichtigung von Umwelt- und Sozialstandards im WTO-Vertragswerk aus, weil sie in niedrigen Standards einen wichtigen Wettbewerbsvorteil auf dem Weltmarkt sehen. Die Forderungen der Industrieländer nach einer Angleichung der Umwelt- und Sozialstandards weisen sie mit dem Vorwurf zurück, dass die Industrieländer nur daran interessiert seien, unter dem Deckmantel des Umweltschutzes ihre heimischen Märkte gegen Produkte aus Entwicklungsländern abzuschotten („Ökoprotektionismus"). Die Entwicklungsländer betonen ihren nachholenden wirtschaftlichen Entwicklungsbedarf, bevor sie in der Lage seien, die gleichen Standards wie die Industrieländer einzuführen.

Diese Interessenkonflikte verdeutlichen, dass der Abbau von Handelsschranken in vielen Fällen mit dem Ziel, negative Umweltauswirkungen durch Handelsaktivitäten zu vermeiden, kollidiert. Das Verhältnis von Handel und Umwelt weist zahlreiche Berührungspunkte auf, die bisher nur ungenügend im internationalen Handels- und Umweltrecht geregelt werden. Nur wenige Aspekte sind in Seattle zur Sprache gekommen. Aus umweltpolitischer Sicht wäre insbesondere die Klärung folgender Fragen wünschenswert gewesen:
1. Wie kann das Verhältnis der WTO zu multilateralen Umweltabkommen geregelt werden?
2. Welche Kriterien und Verfahren sollten bei der Bestimmung der Zulässigkeit von Handelsbeschränkungen aufgrund von Produktionsstandards und Öko-Labelling angewendet werden?
3. Wie kann das Vorsorgeprinzip im WTO-Vertragswerk verankert werden?

Eine systematische Behandlung dieser essenziellen umweltpolitischen Aspekte hat in Seattle nicht stattgefunden. Hier besteht demnach weiterhin ein großer Handlungsbedarf. Neben der Landwirtschaft, die grundsätzlich starke Bezüge zur Umwelt aufweist, stand aus umweltpolitischer Sicht insbesondere die Biotechnologie im Mittelpunkt. Die USA und Kanada drängten darauf, einen besseren Marktzugang für gentechnisch veränderte Produkte durchzusetzen. Dazu sollte im Rahmen der WTO eine Arbeitsgruppe eingesetzt werden, um die Verknüpfung von Biosafety-Fragen mit Handelsaspekten zu untersuchen. Die EU war bezüglich des Umgangs mit genetisch veränderten Organismen (GMOs) grundsätzlich anderer Meinung. Es wurde das Vorsorgeprinzip betont, das den Staaten das Recht geben soll, bei mangelnder wissenschaftlicher Kenntnis über das Risikopotenzial von GMOs Einfuhrbeschränkungen zu erheben. Zugleich wurde eine Behandlung der Fragen im Rahmen des WTO-Vertragswerks abgelehnt und auf die zu diesem Zeitpunkt noch nicht abgeschlossenen Verhandlungen zum Biosafety-Protokoll verwiesen.

Im Lauf der Verhandlungen trat die EU von der ursprünglich vertretenen Ansicht zurück und unterstützte nunmehr die Behandlung von Biosafety-Fragen durch eine WTO-Arbeitsgruppe. Da man sich letztlich bei der Ministerkonferenz nicht auf eine gemeinsame Erklärung einigen konnte, wurde die WTO-Arbeitsgruppe zu Biosafety-Fragen nicht gegründet. Dies ist aus umweltpolitischer Sicht positiv zu bewerten. Die Behandlung von Biosafety-Fragen sollte bei der Fachkompetenz der Biodiversitätskonvention verbleiben. So ist die Ende Januar 2000 in Montreal erzielte Einigung auf ein Zusatzprotokoll über die biologische Sicherheit als großer Erfolg zu werten. Wäre in Seattle beschlossen worden, eine WTO-Arbeitsgruppe zum Thema Biosafety einzurichten, hätte man dies als eine Höherwertigkeit der WTO-Regeln interpretieren können. Damit wäre ein bedenklicher Präzedenzfall geschaffen worden, der auch andere multilaterale Umweltvereinbarungen hätte entscheidend schwächen können.

Die Diskussionen in Seattle über den richtigen Ort zur Behandlung der Fragen der biologischen Sicherheit verdeutlichen, welch großer Klärungsbedarf beim Verhältnis zwischen multilateralen Umweltabkommen und Handelsaspekten besteht. Diese Aspekte werden nach dem Scheitern der WTO-Ministerkonferenz wie bisher im WTO-Ausschuss „Handel und Umwelt" behandelt. Rechtsverbindliche Beschlüsse können allerdings erst auf der nächsten Ministerkonferenz getroffen werden.

Dennoch dürften die Ereignisse von Seattle einen nachhaltigen Einfluss sowohl auf die weitere institutionelle Gestaltung der internationalen Handelsordnung als auch auf die internationale Umweltpolitik haben. Wie nie zuvor hat die Ministerkonferenz eine außerordentlich hohe öffentliche Aufmerksamkeit erregt. Die gewalttätigen Proteste in den Straßen von Seattle, die letztlich sogar dazu führten, dass in der Stadt der Notstand ausgerufen, die Nationalgarde herbeigerufen und eine Ausgangssperre verhängt wurde, werden noch lange in Erinnerung bleiben und den Ablauf zukünftiger WTO-Verhandlungen erheblich beeinflussen. Die Demonstrationen sind ein Ausdruck dafür, dass der WTO zunehmend die politische Verantwortung für die negativen Folgen der Globalisierungsprozesse zugeschrieben wird. Das Verhältnis von Handel und Umwelt wird in Zukunft unter Beobachtung einer besonders aufmerksamen Zivilgesellschaft diskutiert und verhandelt werden müssen.

kannt wurde. Nach Auffassung des WTO-Gerichts kam eine Rechtfertigung des Einfuhrverbots der USA nach Art. XX GATT jedoch u. a. deshalb nicht in Betracht, weil es die USA versäumt hatten, zunächst mit den betroffenen Staaten in Verhandlungen über den Schutz der Meeresschildkröten zu treten. Damit wird deutlich, dass es durchaus berechtigt erscheint, Umweltschutzaspekte im Rahmen von Schlichtungsverfahren zu berücksichtigen. Vertreter der Entwicklungsländer verweisen jedoch darauf, dass man statt einseitiger Importverbote den Schutz von Schildkröten im Indischen Ozean eher durch direkten Technologietransfer, etwa über die GEF, unterstützen sollte.

Losgelöst davon, dass es hier nicht um ein „entweder – oder" gehen darf, sondern unter Umweltaspekten eine ausgewogene Verknüpfung beider Maßnahmen gefunden werden muss, stellt der Beirat fest, dass das Streitschlichtungsverfahren unter Umständen zu einer interessanten Option zur Einbringung von Umweltbelangen in die Welthandelsordnung werden könnte, wobei aber offen ist, wie stark das Schlichtungsgremium Handlungsspielräume zum Zwecke der Umwelt nutzen wird. Dies gilt vor allem in Bezug auf so genannte unilaterale Vorgaben.

Unilaterale Vorgaben sind, wie die Demonstrationen von Seattle gezeigt haben, der Wunsch zahlreicher Umweltschutzgruppen. Gerade sie fordern generelle Umweltstandards auch für Produktionsverfahren zum Schutz globaler Umweltgüter, wobei der Sanktionsmechanismus der WTO mit der Zulassung unilateraler Handelssanktionen als wirksamer Hebel zur Durchsetzung ansonsten „zahnloser" Umweltabkommen angesehen wird (WBGU, 1996b; Chittka, 1996). Umgekehrt fürchten Entwicklungsländer weiterhin die Nutzung solcher Umweltschutzstandards als Mittel zur protektionistischen Abwehr ihrer Wettbewerbsvorteile, die sich häufig auf vergleichsweise günstigere Lohnkosten und die reichliche Verfügbarkeit natürlicher Ressourcen stützen. Diese Konstellation führt zu einer Koalition zwischen Umweltschützern, Gewerkschaften und Unternehmen strukturell schwacher Wirtschaftssektoren in den Industrieländern gegen Vertreter der Entwicklungsländer und „neuer", auf Handel angewiesener Wirtschaftssektoren.

Vorwürfe eines „Öko-Dumping" bergen dabei aufgrund mangelnder Definitionen und begrifflicher Eindeutigkeit die Gefahr, dass den weltweit unterschiedlichen Bewertungen von Umweltnutzungen nur unzureichend Rechnung getragen wird (WBGU, 1996b; Karl und Ranné, 1997; Klemmer und Wink, 1998; Klemmer, 1999). Der Beirat beobachtet daher mit Sorge das sich zwischen den Ländern des Nordens und des Südens aufbauende Konfliktpotenzial. Er sieht das Risiko, dass es anstelle wirksamer Impulse für einen Schutz der Umwelt zu einem Rückfall in protektionistische Zeiten kommen kann, in dem sowohl Entwicklungsländer als auch die Umwelt Verlierer sein können (Klemmer, 1999; Biermann, 2000b; Langhammer, 2000b). Er sieht auch den Einwand, dass unilaterale Standards nicht dem Grundgedanken der Rio-Erklärung entsprechen, gemäß dem internationale Umweltpolitik vor allem im Konsens erfolgen soll. Gerade wegen der zu erwartenden Widerstände befürchtet er auch, dass der Weg, Umweltaspekte über das Streitschlichtungsverfahren in die Welthandelsordnung einzubringen, nur bedingt dazu geeignet ist, allein verfolgt zu werden. Es geht vor allem darum, Länder zum umweltpolitischen Mitwirken zu veranlassen.

Die Lösung dieses Problems – angemessene Durchsetzung von Umweltstandards versus Umweltkolonialismus bzw. ökologisch getarnten Protektionismus – kann nur darin bestehen, insbesondere solche Standards zu akzeptieren, die Ausdruck eines multilateralen Abstimmungsprozesses sind. Die entscheidende Frage lautet somit: Wie kann man im Rahmen des WTO-Streitbeilegungsmechanismus zwischen legitimen und nichtlegitimen Handelsbeschränkungen unterscheiden? Die Antwort besteht darin, dass man *multilateral* abgestützte Beschränkungen in der Regel erlaubt, *unilaterale* hingegen in der Regel verbietet. Wegen des umfangreichen Bestands an multilateral vereinbarten Umweltstandards wäre insofern eine Verknüpfung von Umwelt- und Handelspolitik möglich, was letztlich zu einer umfassenden und international einvernehmlichen „Ergrünung" der WTO führen könnte.

Deshalb kommt es zukünftig darauf an, die Vielzahl *multilateraler* Umweltabkommen mit ihren Vorgaben für den Umgang mit internationalen Umweltgütern und das WTO-Regime zu verzahnen (Baker, 1993; Leirer, 1998). Abkommen wie das Montrealer Protokoll über den Schutz der Ozonschicht enthalten schon heute die Option von Handelsbeschränkungen gegenüber Nichtvertragsstaaten wie auch – im Rahmen eines umfassenden Nichterfüllungsverfahrens – gegenüber Vertragsparteien, die das Regime verletzen (Kap. C 3.2).

Welche grundsätzlichen Möglichkeiten bestehen somit, Umweltaspekte in die Welthandelsordnung zu integrieren bzw. über Sanktionsmechanismen, was letztlich angestrebt würde, mehr globalen Umweltschutz durchzusetzen? Wie aufgezeigt werden konnte, gibt es zwei Optionen, die beide relevant erscheinen. Ein erster Weg besteht darin, keine konkreten Reformen im WTO-Regelwerk vorzunehmen und damit die Auslegung des Handelsrechts dem Streitschlichtungsmechanismus der WTO zu überlassen, die Entscheidung aus der Politik insofern in die Rechtsprechung zu verlagern. Dafür spricht die im

Rahmen der WTO erfolgte Reform und Juridifizierung des Streitbeilegungsmechanismus sowie die Tatsache, dass die im Sinn des allgemeinen Völkerrechts ausgelegten Vorschriften des GATT durchaus Raum dafür lassen, Handelsfreiheit und Umweltschutz unter Beachtung des Verhältnismäßigkeitsgrundsatzes in Konkordanz zu bringen. Dieser Weg erlaubt grundsätzlich schnelleres Handeln und schafft mehr Flexibilität. Ob das Schiedsgericht jedoch zu einem entscheidenden Impulsgeber werden kann, ist fraglich. Ganz wird es sich nicht von der Stimmungslage der Mitglieder abkoppeln können und darum, was seine umweltpolitische Impulsgeberfunktion betrifft, möglicherweise hinter den Erwartungen zurückbleiben. Problematisch werden könnte auch der Mangel an politischer Kontrolle über die Entscheidungen, und es erscheint zweifelhaft, ob es den Zielen des Umweltschutzes, des Freihandels und einer einvernehmlichen Weltordnung dient, wenn Grundsatzentscheidungen über das Verhältnis von Handel und Umwelt nicht am Verhandlungstisch sondern durch Rechtsexperten getroffen werden. Langfristig könnte dies die politische Akzeptanz der WTO gerade in Entwicklungsländern unterminieren.

Ein zweiter Weg, der zumindest mit dem ersten kombiniert werden sollte, besteht darin, das Verhältnis multilateraler Umweltabkommen mit dem Handelsrecht explizit auf dem Verhandlungswege zu klären und dem Streitbeilegungsmechanismus von den Staaten genauere Vorgaben im Sinn politisch fixierter Leitplanken mit hohem Verbindlichkeitswert zu machen. Hierzu finden sich in der Literatur Vorschläge (Biermann, 2000b), die der Beirat als beachtenswert ansieht und zumindest als Option diskutiert sehen möchte. So könnte man

1. umweltpolitisch motivierte *Handelsbeschränkungen* unmittelbar im Rahmen des Welthandelsregimes aushandeln und beschließen (WTO Environment Code / Agreement on Environment),
2. durch multilaterale Umweltabkommen motivierte Handelsbeschränkungen einzelner Vertragsparteien mit einer *Ausnahmegenehmigung* nach Art. IX Abs. 3-4 WTO-Übereinkommen gestatten (waiver),
3. eine Klarstellung des Verhältnisses internationaler Umweltabkommen zu Pflichten aufgrund des Welthandelsregimes durch Konkretisieren des Art. XX lit. b und lit. g GATT im Wege einer *Vertragsänderung* erreichen,
4. oder einen *Auslegungsbeschluss* der Ministerkonferenz nach Art. IX Abs. 2 WTO-Übereinkommen anstreben, durch den die Umweltausnahmen des Art. XX GATT verbindlich ausgelegt und bestimmte multilaterale Umweltübereinkommen explizit als Ausnahme von den WTO-Kernregeln anerkannt werden.

Die Aushandlung und Ratifikation eines WTO Environment Code oder eine Vertragsänderung (etwa Art. 104 NAFTA entsprechend) sind politisch sehr aufwändig, und es erscheint nicht abzusehen, ob angesichts des derzeitigen Widerstands vieler Staaten gegenüber Umweltklauseln eine Ratifikation durch zwei Drittel der 136 WTO-Mitglieder erfolgen würde. Die Möglichkeit einer Ausnahmeregelung (waiver) für durch Umweltverträge motivierte Handelsbeschränkungen wiederum erscheint der Bedeutung des Umweltthemas nicht angemessen, weil „waiver" im WTO-Vertrag für zeitlich beschränkte Sonderfälle vorgesehen sind und regelmäßig von der Ministerkonferenz überprüft werden müssen. Dies widerspricht den Intentionen der Handelsbeschränkungen (etwa des CITES-Regimes), die gerade zeitlich nicht beschränkt, sondern Teil des normativen Gesamtrahmens einer auch ökologisch orientierten Weltordnungspolitik sein sollen. Insofern erscheint der Weg eines Auslegungsbeschlusses der Ministerkonferenz am ehesten gangbar.

Wollte sich die Staatengemeinschaft auf einen solchen Auslegungsbeschluss einigen, durch den unilateral verfügte Beschränkungen des Handels mit extraterritorialer Wirkung von weithin akzeptierten Handelsbeschränkungen aufgrund internationaler Umweltverträge konkret abgegrenzt würden, müssten hierfür klare Abgrenzungskriterien festgelegt werden. Zum einen ließe sich ein *quantitatives* Kriterium festlegen, nach dem handelsbeschränkende Bestimmungen eines internationalen Umweltvertrags gegenüber dem WTO-Recht vorrangig sein sollen, etwa wenn x Prozent der WTO-Parteien auch Partei des jeweiligen internationalen Umweltvertrags sind. Eine solche starre Regel wird jedoch dem Einzelfall möglicherweise nicht gerecht, so dass die Ministerkonferenz die Möglichkeit der Schaffung von Einzelfallgerechtigkeit festlegen muss. Andererseits könnte *qualitativ* bestimmt werden, dass ein internationaler Umweltvertrag bestimmte Eigenschaften unabhängig von der Zahl seiner Parteien haben muss, um Vorrang vor dem GATT zu beanspruchen. Beispielsweise ließe sich verlangen, dass der internationale Umweltvertrag unter der Schirmherrschaft der Vereinten Nationen oder ihrer Sonderorganisationen verhandelt wurde, von dem Umweltprogramm der Vereinten Nationen *ex ante* gebilligt worden ist, während seiner Verhandlung Länder aus unterschiedlichen Weltregionen und mit unterschiedlichem wirtschaftlichen und sozialen Entwicklungsgrad einschloss, tatsächlich nur grenzüberschreitende oder globale Umweltprobleme erfasst, das Ausmaß der zulässigen Handelsbeschränkungen genau umschreibt oder Finanz- und Technologietransfer an Entwicklungsländer garantiert.

Eine qualitative Definition *ex ante* müsste so breit sein, dass alle gegenwärtigen, aber auch die vergleichbaren künftigen internationalen Umweltverträge akzeptiert werden, andererseits eng genug, um Missbrauch einiger weniger Staaten zu vermeiden. Hierfür einen Kompromiss auszuhandeln, dürfte aber erhebliche politische Ressourcen erfordern. Da die Erfordernisse künftiger Umweltprobleme nicht vorhersehbar sind, müsste der Ministerkonferenz in jedem Fall die Möglichkeit verbleiben, künftige internationale Umweltverträge, die den qualitativen Test verfehlen, aber weithin als legitim angesehen werden, dem GATT voranzustellen. Insgesamt würde eine quantitative *Ex-ante*-Bestimmung somit dem Einzelfall nicht gerecht, während eine qualitative *Ex-ante*-Bestimmung erhebliche politische Ressourcen erforderte, wenn sie überhaupt gelingt.

Wollte die Staatengemeinschaft sich demnach auf einen Auslegungsbeschluss der Ministerkonferenz einigen, wäre anzuraten, die Entscheidung, welche Abkommen konkret erfasst werden sollen, ebenfalls explizit in dem Ministerratsbeschluss zu regeln. Die Ministerkonferenz könnte mit einem bestimmten Quorum eine Liste internationaler Umweltverträge festlegen, welche die Ausnahmetatbestände des Art. XX GATT erfüllen. Dieses kann regionale und globale Übereinkommen einschließen. Auch könnte die Liste jederzeit erweitert werden, sobald neue Umweltverträge vereinbart werden. Eine erste Fassung dieser Anlage, also eine Liste bestimmter Umweltverträge, wäre integraler Bestandteil der Entscheidung der Ministerkonferenz.

Im Detail sind verschiedene Ausgestaltungen eines solchen Auslegungsbeschlusses der Ministerkonferenz denkbar. Als Beispiel wird in Kasten D 1.2-3 ein Entwurf aus der Fachliteratur wiedergegeben. Dieser Diskussionsbeitrag würde unilaterale, umweltpolitisch begründete Importverbote hinsichtlich der Herstellungsverfahren im Ausland effektiv eindämmen und damit eine Ergrünung der WTO auf strikt multilateralem Wege bewirken.

Auch wenn ein derartiges Vorgehen derzeit die einzige Möglichkeit mit Erfolgsaussicht zu sein scheint, bestehen Zweifel an einer aus umweltpolitischer Sicht befriedigenden Veränderung des *status quo*. Insbesondere sollte auch im Rahmen dieser Option geprüft werden, ob in konkreten, aber an strenge Voraussetzungen gebundenen Ausnahmefällen noch unilaterale Maßnahmen zugelassen werden sollen. Zu diesem Zweck ließe sich der Auslegungsbeschluss zusätzlich mit einer Öffnungsklausel versehen, die dem Streitbeilegungsmechanismus weiterhin gestattet, unilaterale Importverbote zu erlauben (etwa „The foregoing does not affect in any way the competences of the Dispute Settlement Mechanism to decide on further exceptions"). In jedem Fall erkennt der Beirat hier einen erheblichen Forschungsbedarf.

Angesichts der Vollzugsdefizite und geringen Verhandlungsfortschritte zahlreicher internationaler Umweltabkommen sowie der vergleichsweise marginalen Bedeutung einschlägiger UN-Organisationen wird zudem häufig die Einrichtung einer Parallelorganisation zur WTO mit Zuständigkeit für den Schutz der Umwelt gefordert (Esty, 1994a; Biermann und Simonis, 2000). Der Beirat wird in Kap. E 2 ausführlicher auf die Möglichkeiten einer Internationalen Umweltorganisation eingehen. Bereits hier macht er aber darauf aufmerksam, dass die internationalen Standortentscheidungen der Unternehmen einen Anschauungsunterricht darüber geben können, wie Umwelt- und Sozialstandards als Kostenfaktor die Attraktivität als Investitionsstandort und die Wettbewerbsfähigkeit einer Volkswirtschaft beeinträchtigen können. Defizite sieht der Beirat jedoch noch im Bereich der Rohstoffgewinnung. Für die Vereinbarung und Durchsetzung internationaler Umweltstandards kommt es daher auf die Verdeutlichung der Vorteilhaftigkeit entsprechender Investitionen in Umweltschutz und seine Voraussetzungen (Human- und Sozialkapital) an. Der Beirat sieht, sofern in den betroffenen Ländern die institutionellen Rahmenbedingungen den Umweltschutz angemessen berücksichtigen, die Mobilisierung privater Anreize zur Entwicklung und Durchsetzung von Umweltstandards als einen entscheidenden Hebel zur Erzielung dieser Vorteilhaftigkeit an. Hierzu zählen private Vereinbarungen über Umweltschutz-Labels und Umweltqualitätsnormen, die Stärkung einer grenzüberschreitenden Haftung für Umweltschäden und die Förderung internationaler Investitionen in den Umweltschutz durch Modifikationen des Stiftungs- und Steuerrechts (Chang, 1997; WBGU, 1999b; OECD, 2000). Der Beirat wird sich gegebenenfalls in seinem Gutachten über das Verhältnis zwischen Handel und Umwelt mit diesen institutionellen Ansatzpunkten ausführlicher beschäftigen.

Entgegen vielfältigen Medienberichten und Aussagen einiger Umweltschutzgruppen stellt das GATT/WTO-Regime mit seinen Ansätzen zur Verhinderung der Diskriminierung ausländischer Handelspartner in Verbindung mit den oben erwähnten Ausnahmetatbeständen, die eine Berücksichtigung von Umweltbelangen ermöglichen, auch eine Chance für den weltweiten Umweltschutz dar. Erst durch einen gleichberechtigten Zugang zu internationalen Märkten und die Schaffung von Rechtssicherheit für internationale Investitionen besteht Aussicht auf eine Überwindung häufig beklagter Gefährdungen der Umwelt durch Armut, Protektionismus und kontraproduktive Subventionen insbesondere in den Bereichen Landwirtschaft und Fischerei. Allerdings

> **Kasten D 1.2-3**
>
> **Beispiel aus der Fachliteratur für eine denkbare Ausgestaltung eines Auslegungsbeschlusses der WTO-Ministerkonferenz zu Handel und Umwelt**
>
> Draft Decision on the Interpretation of Certain Provisions Relating to the Protection of Human, Animal or Plant Life or Health, or the Environment
>
> *The Ministerial Conference,*
> *Recalling* Principle 12 of the Rio Declaration on Environment and Development that trade policy measures for environmental purposes should not constitute a means of arbitrary or unjustifiable discrimination or a disguised restriction on international trade, that unilateral actions to deal with environmental challenges outside the jurisdiction of the importing country should be avoided and that environmental measures addressing transboundary or global environmental problems should, as far as possible, be based on an international consensus,
> *Reaffirming* that the relations of Parties in the field of trade and economic endeavour should be conducted with a view to raising standards of living, ensuring full employment and a large and steadily growing volume of real income and effective demand, and expanding the production of and trade in goods and services, while allowing for the optimal use of the world's resources in accordance with the objective of sustainable development, seeking both to protect and preserve the environment and to enhance the means for doing so in a manner consistent with their respective needs and concerns at different levels of economic development,
> *Concerned* that disputes about the interpretation of Article XX lit. b and lit. g of the General Agreement on Tariffs and Trade have given rise to conflicts which may threaten both effective environmental policy and the expansion of world trade,
> *Hereby decides as follows:*
> 1. Article XX lit. g of the General Agreement on Tariffs and Trade may allow any Member of the WTO to enact trade policy measures that address transboundary or global environmental problems, including such measures that may provide for standards related to processes and the production of goods, provided that these measures are prescribed by any one of the multilateral environmental agreements listed in Annex I to this decision.
> 2. Trade policy measures that aim at protecting human, animal or plant life or health, or the environment, and that are prescribed by any one of the multilateral environmental agreements listed in Annex I to this decision shall be deemed to be necessary in the context of Article XX lit. b of the General Agreement on Tariffs and Trade.
> 3. The provisions of any one of the multilateral environmental agreements listed in Annex I to this decision shall be deemed, to the extent that they prescribe technical regulations or standards, to be international standards in the context of Article 2, paragraphs 4 and 5, of the Agreement on Technical Barriers to Trade (1994).
> 4. Sanitary or phytosanitary measures which are prescribed by any one of the multilateral environmental agreements listed in Annex I to this decision shall be deemed to be international standards in the context of Article 3, paragraphs 1 to 3, and presumed to be in accordance with Article 2, paragraphs 1 to 3, of the Agreement on the Application of Sanitary and Phytosanitary Measures (1994).
> 5. Any Member of the WTO may initiate a proposal to amend Annex I to this decision by submitting such proposal to the Ministerial Conference. The Ministerial Conference shall decide, at its next session, whether the Annex shall be amended accordingly. Such decisions shall be taken by a three-fourth majority.
> In its considerations, the Ministerial Conference shall take into account that lack of full scientific certainty shall not be used as a reason for postponing cost-effective measures to prevent environmental degradation where there are threats of serious or irreversible damage.
>
> ANNEX I
>
> Convention on International Trade in Endangered Species of Wild Fauna and Flora, done Washington, 3 March 1973.
>
> Convention on the Control of Transboundary Movements of Hazardous Wastes and Their Disposal, done Basel, 22 March 1989.
>
> Protocol (to the Convention on the Protection of the Ozone Layer of 22 March 1985) on Substances that Deplete the Ozone Layer, done Montreal, 16 September 1987, as modified by the Amendment adopted in London, 29 June 1990, and the Amendment adopted in Copenhagen, 25 November 1992, according to the rules laid down in the Montreal Protocol."
>
> Quelle: Biermann, 2000b

sollte auch nicht der Fehler begangen werden, die WTO als Umweltorganisation mit explizitem Auftrag zur Entwicklung internationaler Standards für den Schutz der Umwelt zu verstehen. Diesem Verständnis stehen Interessen und (fehlende) Kapazitäten in der WTO sowie die beschränkte Durchsetzbarkeit internationaler Standards in einer globalisierten Welt gegenüber. Der Beirat sieht hingegen eine große Chance in der Aktivierung der Triebkräfte des Globalisierungsprozesses zugunsten privater Initiativen für internationale Umweltstandards und empfiehlt der Bundesregierung,

- auf einen beschleunigten Abbau der Subventionen, insbesondere im Agrar- und Fischereibereich, hinzuwirken,
- in der EU darauf hinzuarbeiten, dass handelsbeschränkende Maßnahmen im GATT/WTO-Regime auf mulilateralen Abstimmungsprozessen bzw. multilateralen Umweltschutzabkommen aufbauen, und
- die Voraussetzungen für eine Stärkung privater Initiativen (Labels, Normierungen und Stiftungen) verbessert werden.

Wechselwirkung mit Finanzinstitutionen   D 2

D 2.1
Die Bedeutung der Weltbank-Gruppe für die globale Umweltpolitik

ZUR STRUKTUR DER WELTBANK-GRUPPE
Die Weltbank-Gruppe (Kap. B 4.5) besteht u. a. aus der Internationalen Bank für Wiederaufbau und Entwicklung (IBRD) und der Internationalen Entwicklungsorganisation (IDA) (Hoering, 1999). Die IBRD besitzt zwei Töchter: Die Internationale Finanz-Corporation (IFC), die in private Unternehmen in Entwicklungsländern investiert, und die Multilaterale Investitionsgarantie-Agentur (MIGA), die ausländische Investoren in Entwicklungsländern gegen nichtmarktliche Risiken absichert. Offiziell ist die Weltbank eine Unterorganisation der UN, die allerdings nicht der UN-Kontrolle unterliegt. Die wichtigste Aufgabe der Weltbank-Gruppe besteht in der Unterstützung ihrer Kreditnehmer bei der Armutsbekämpfung. Mit Krediten sollen die Voraussetzungen für die wirtschaftliche Entwicklung in den Empfängerländern und damit die Lebensbedingungen verbessert werden.

IBRD und IDA unterscheiden sich hinsichtlich der Aufgaben und der Mittelbeschaffung: Die IBRD gehört den Regierungen von 181 Staaten (1999), die entsprechend ihrer wirtschaftlichen und politischen Bedeutung Kapitalanteile gezeichnet haben. Die Höhe der gezeichneten Kapitalanteile bestimmt das Gewicht eines Landes bei anstehenden Entscheidungen (gewichtetes Stimmrecht). Zur Finanzierung ihrer Kredite nimmt die IBRD überwiegend Kredit von den internationalen Kapitalmärkten auf. Die Kreditvergabe erfolgt zu Zinsbedingungen, die sich an den internationalen Finanzmärkten orientieren. Daher wird die IBRD – im Gegensatz zur IDA – auch als „hartes Kreditfenster" bezeichnet. Vorrangig werden Kredite für Projekte und Strukturanpassungsprogramme vergeben.

Die IDA unterstützt insbesondere ärmere Entwicklungsländer mit einem jährlichen Bruttosozialprodukt pro Kopf der Bevölkerung von weniger als 925 US-$ (1997). Zur Zeit sind dies 70 Länder. Die Kreditkonditionen sind wesentlich günstiger als bei den IBRD-Krediten, da die IDA ihre Finanzmittel vorrangig aus Einzahlungen der stärker industrialisierten bzw. entwickelten Mitgliedsländer bezieht, also aus Steuermitteln und aus Überweisungen von IBRD-Gewinnen. Im Abstand von drei Jahren finden den „Wiederauffüllungs-Verhandlungen" statt.

„ERGRÜNUNG" DER WELTBANK
Insbesondere aus umweltpolitischer Sicht wurde die Kreditvergabepolitik der Weltbank kritisiert, weil grundsätzlich keine Überprüfungen der Auswirkungen von finanzierten Projekten auf die Umwelt durchgeführt wurden (Mikesell und Williams, 1992; Rich, 1994; Hoering, 1999). Bekannte Beispiele aus dieser Negativbilanz der Weltbank sind z. B. das Polonoroeste Programm zur Förderung der regionalen Entwicklung (Northeastern Brazil Integration Development Program) oder die Kohleförderungsanlage in Singrauli, Indien, die zur Zeit weltweit die größte einzelne Emissionsquelle von CO_2 ist (Sharma, 1996). Des weiteren stand die Weltbank aufgrund der Finanzierung von Staudammvorhaben oder anderer Großprojekte immer wieder im Mittelpunkt der Kritik. Hier wurden großflächige, umfassende Umgestaltungen von naturnahen Bereichen ohne ausreichende Folgenabschätzung durchgeführt, die meist mit einer Zwangsumsiedlung einer großen Anzahl von Betroffenen verbunden war.

Ausgehend von zunehmender Kritik hat die Weltbank in den 90er Jahren bei der Berücksichtigung umweltrelevanter und sozioökonomischer Auswirkungen ihrer Finanzierungspolitik eine erstaunliche Entwicklung durchgemacht, so dass diese Kritik nicht mehr so undifferenziert aufrechtzuerhalten ist. Einen besonderen Anstoß zur Integration von umweltrelevanten und sozioökonomischen Belangen in das Unternehmensmanagement erfuhr die Weltbank durch die UNCED-Beschlüsse in Rio. Das neue umwelt- und entwicklungspolitische Leitbild der nachhaltigen Entwicklung wurde in den Zielkanon der Weltbank aufgenommen. Dieser Prozess wurde vielfach als „Ergrünung der Weltbank" umschrieben und

kann in zwei Stufen nachgezeichnet werden (World Bank, 1999):
1. *Entwicklung einer Umweltverträglichkeitsprüfung für finanzierte Projekte.* Um potenziell negative Effekte von Weltbank-Projekten auf die Umwelt und verwundbare Bevölkerungsgruppen zu vermeiden, wurden spezielle Umweltverträglichkeitsprüfungen und Sicherheitsmaßnahmen bei Planung und Durchführung eingeführt. Weil nicht alle Projekte gleich umweltrelevant sind und somit einer fallspezifischen Umweltprüfung bedürfen, teilt die Weltbank die Projekte in drei Kategorien ein:
   - Kategorie A: Volle Bewertung der Umwelteinwirkungen (für das fiskalische Jahr 1999 wurden 10% der Projekte dieser Kategorie zugeordnet).
   - Kategorie B: Begrenzte Bewertung der Umwelteinwirkungen (35%).
   - Kategorie C: Keine Bewertung der Umwelteinwirkungen (55%).
2. *Gezielte Förderung des Umweltschutzes.* Zusätzlich zur Einführung von Umweltverträglichkeitsprüfungen und Sicherheitsmaßnahmen wurde ein Programm zur gezielten Förderung des Umweltschutzes entwickelt. Dieses Programm umfasst nicht nur Maßnahmen zur Finanzierung von Umweltschutzinvestitionen, sondern ist als Ansatz zur Förderung nachhaltiger Entwicklungsprozesse umfassender geplant. Um dieses Ziel zu erreichen, konzentriert sich die Weltbank auch zunehmend auf die Stärkung umweltpolitischer Kapazitäten, insbesondere in den Entwicklungsländern. Durch den Versuch, Umweltaspekte in die wirtschaftspolitischen Strategien der betreffenden Länder zu integrieren, geht die Weltbank weit über den ersten Schritt, die Vermeidung negativer Umweltauswirkungen, hinaus.

Als federführende Institution der Globalen Umweltfazilität (GEF) engagiert sich die Weltbank zunehmend auch im Bereich der globalen Umweltfinanzierung. So fördert sie meist zusammen mit der GEF Projekte in fünf Schlüsselbereichen:
1. Schutz der Biodiversität,
2. Einstellung der Produktion ozonschichtzerstörender Substanzen,
3. Klimaschutz,
4. Schutz internationaler Gewässer,
5. indirekt Bodenschutz in Trockengebieten, sofern Klimaschutz oder Schutz der biologischen Vielfalt betroffen sind.

In ihrer Funktion als ausführende Institution für das Montrealer Protokoll unterstützt die Weltbank Programme, die den Einsatz ozonschichtschädigender Substanzen in 20 Ländern vermeiden helfen. Aufgrund der Bedeutung Chinas für eine erfolgreiche Umsetzung des Montrealer Protokolls ist die Unterstützung des chinesischen Programms zum Ausstieg aus der FCKW-Produktion als besonderer Erfolg zu werten (World Bank, 1999). Neben den Aktivitäten mit der GEF und dem Montrealer Protokoll engagiert sich die Weltbank auch in anderen Initiativen mit Bezügen zum globalen Umweltschutz. 1999 wurde ein Prototyp eines CO_2-Fonds eingeführt (PCF – Prototype Carbon Fund). Die Funktion dieses neuen Fonds besteht darin, das Ergreifen von technischen Maßnahmen zur CO_2-Reduktion innerhalb der im Kioto-Protokoll festgeschriebenen flexiblen Mechanismen anzuleiten und zu unterstützen (World Bank, 1999).

Trotz dieser Entwicklung wird die Weltbank noch von vielen Umweltgruppen kritisiert. Insbesondere die Wälderpolitik und die umweltpolitischen Wirkungen der Strukturanpassungspolitik sind zentrale Kritikpunkte. Hierzu legte das World Resources Institute (WRI) eine Studie vor, in der die Auswirkungen von Strukturanpassungsprogrammen der Weltbank auf den Schutz der Wälder untersucht wurden (Seymour und Dubash, 2000). Die Vergabe konditionierter Kredite zur Unterstützung makroökonomisch orientierter Strukturpolitik in wälderreiche Länder hat demnach vielfach zu unerwarteten Veränderungen der Anreizstrukturen bei der Nutzung von Holzressourcen geführt, insbesondere wurde die Abholzung tropischer Regenwälder stark gefördert. Die Weltbank war bei der Änderung ihrer Wälderpolitik (z. B. in Papua-Neuguinea, Kamerun und Indonesien) unterschiedlich erfolgreich. Um erforderliche Reformen in der nationalen Wälderpolitik zu unterstützen, sollte die Weltbank – so die Empfehlung der erwähnten Studie – verstärkt die politisch-ökonomischen Bedingungen im Entwicklungsland beachten. Beispielsweise lassen sich die Erfolgschancen von Reformen wesentlich erhöhen, wenn die wichtigsten nationalen Akteure in die Planung und Implementation der finanzierten Projekte und Anpassungsprogramme eingebunden werden („stakeholder engagement"). Insgesamt ist die Tendenz, Umweltaspekte verstärkt in die Weltbank zu integrieren, unverkennbar und sollte weiter vorangetrieben werden. Dennoch ist es weiterhin erforderlich, die Beachtung von Umweltstandards durch die Weltbank kritisch zu prüfen.

Ansätze zum institutionellen Reformbedarf

Die Weltbank ist zur größten Quelle von Finanzmitteln zur Förderung von Umweltschutzprojekten geworden. Das gesamte Portfolio an Investitionen in den Umweltschutz stieg von 2 Mrd. US-$ (1990) auf 11,5 Mrd. US-$ (1996) (Umana, 1997). Aus diesem Grund sind Forderungen nach einer umfassenden

Reform der Weltbank sehr ausgewogen zu diskutieren und zu bewerten. Dabei ist folgendes zu berücksichtigen:
- Es muss beachtet werden, dass die Bedeutung von Umweltaspekten in Organisation und Strategie der Weltbank kontinuierlich zugenommen hat. Für Projekte, bei denen große Umweltauswirkungen zu befürchten sind, werden umfangreiche Umweltverträglichkeitsprüfungen durchgeführt. Zudem ist die Förderung von Umweltschutzmaßnahmen, zunehmend auch im Bereich der globalen Umweltprobleme, ein fester Bestandteil der Weltbankpolitik geworden. Auch wenn die umweltpolitische Strategie noch konsistenter in die Weltbankaktivitäten integriert werden könnte, ist insgesamt die Entwicklung der Weltbank in den letzten Jahren überwiegend positiv zu bewerten. Dies gilt umso mehr, wenn man sich vor Augen führt, dass ihre primäre Aufgabe in der Förderung produktiver internationaler Investitionsvorhaben zur Armutsbekämpfung zu sehen ist. Mit diesem Ziel ist der Beitrag der Weltbank für den (globalen) Umweltschutz u. U. größer als bei einer übermäßigen Berücksichtigung von Umweltaspekten. Mit Blick auf diese wichtigen Funktionen der Weltbank sind Forderungen nach einer noch weitergehenden „Ergrünung" der Weltbank daher kritisch zu beurteilen. Diese Forderungen können letztlich zu einer Überfrachtung der Weltbank führen, die deren primären Zweck gefährden könnte.
- Von Seiten der Entwicklungsländer und vieler Nichtregierungsorganisationen (NRO) wird immer wieder der dominante Einfluss der Industrieländer in der Weltbank kritisiert. Dieser Einfluss liegt zwar unbestreitbar vor, dennoch ist zu berücksichtigen, dass die meisten Mittel der Weltbank, insbesondere für die IDA, von den Industrieländern zur Verfügung gestellt werden. Somit ist ihr Wunsch nach einer gewissen Mitbestimmung über die Verwendung der Mittel (bzw. über die Vergabe von Krediten, Bestimmung des Führungspersonals) nicht nur nachvollziehbar, sondern hinsichtlich der Akquirierung von zusätzlichen Finanzmitteln sogar vorteilhaft (Kap. E 3).

In Anbetracht dieser Rahmenbedingungen sollten sich institutionelle Reformvorschläge nur auf ausgewählte Bereiche der Weltbank-Gruppe beziehen. Vor allem sollten die von der Weltbank bereits selbst angestoßenen Veränderungen weiter vorangetrieben werden. Die Gründe für einen (partiellen) Reformbedarf der Weltbank sind:
- Die Funktion der Weltbank-Gruppe im Bereich der Finanzierung globaler Umweltpolitik (Kap. E 3) ist durch einen ausgeprägten Querschnittscharakter gekennzeichnet, d. h. bei der Wahrnehmung ihrer Aufgabe berührt die Weltbank viele unterschiedliche umweltpolitische Problemfelder. Ein Beispiel ist der Konflikt, der durch die bestehenden (angebotsorientierten) Prioritäten der Weltbank im Bereich der Energieversorgung mit den Bemühungen um eine effektive (nachfrageorientierte) Klimapolitik entsteht (WBGU, 1995).
- Es sollte eine weitere Erhöhung der Transparenz der Weltbankpolitik angestrebt werden. Dies würde ihre Akzeptanz in der Öffentlichkeit wesentlich verbessern.

Um diese beiden Aspekte adäquat zu berücksichtigen und die Effizienz und Effektivität der Aufgabenerfüllung zu erhöhen, empfiehlt der Beirat folgende Maßnahmen:
- Die Zusammenarbeit mit wichtigen UN-Programmen (UNDP, UNEP) und bedeutenden internationalen Umweltübereinkommen sollte ausgebaut werden (Kap. F). Vorteile einer verstärkten Zusammenarbeit wären z. B. die Nutzung des Sachverstandes der betreffenden Umweltkonventionen zur Festlegung von Standards für Umweltverträglichkeitsprüfungen und eine beratende Funktion von UNDP und UNEP bei der Auswahl zu finanzierender Projekte.
- Um die Transparenz und Akzeptanz der Weltbankaktivitäten zu steigern, sollte die Zusammenarbeit mit NRO weiter ausgebaut werden. Hierbei ist insbesondere an einen verstärkten Austausch von Informationen und weniger an eine Beteiligung von NRO an Bankentscheidungen gedacht.
- Die stärkere Einbeziehung des Privatsektors bei der Planung und Durchführung von Projekten verspricht in vielen Fällen Effektivitäts- und Effizienzgewinne. Daher sollten solche „Public Private Partnerships" gefördert werden.
- Die Strukturanpassungsprogramme sind eingehender auf ihre Umweltwirkungen zu prüfen. Die Ergebnisse solcher Studien sollten für operationelle und strategische Änderungen bei der Planung und Implementation dieser Programme genutzt werden.

D 2.2
Interdependenzen zwischen IWF und globaler Umweltpolitik

Wie die Weltbank ist auch der Internationale Währungsfonds (IWF) das Ziel vielfältiger Kritik seitens internationaler Wissenschaftler und Umweltschutzgruppen. Bereits im Vorfeld der IWF-Jahrestagung 2000 sorgte neben der Frage der zukünftigen Besetzung des IWF-Direktoriums ein Bericht der International Financial Institution Advisory Commission (IFIAC; auch: Meltzer-Kommission) für den US-

Kongress für weltweites öffentliches Aufsehen, da neben der Reformierung der IBRD in Richtung einer World Development Agency mit einem ausschließlichen Auftrag der Aufbauhilfe für die schwächsten Länder und der Bereitstellung weltweiter öffentlicher Güter auch eine radikale Beschneidung der Aufgaben, Kompetenzen und finanziellen Ausstattung des IWF gefordert wurde (IFIAC, 2000). Zugleich dokumentierten Demonstrationen und Aufrufe während der IWF-Jahrestagung die Unzufriedenheit der Gegner einer fortschreitenden Globalisierung mit der Funktion und Aufgabenwahrnehmung durch den IWF. Für den in diesem Gutachten relevanten Bereich der internationalen Umweltpolitik konzentriert sich die Kritik dieser Gruppen unmittelbar auf zwei Felder (French, 1995; Cornia et al., 1989; Oxfam Policy Department, 1995; Chossudovsky, 1998):
- die mittelbaren Auswirkungen der an die Unterstützung des IWF gekoppelten nationalen Maßnahmen zur Strukturanpassung für die Umwelt in den betroffenen Ländern,
- die einseitige Konzentration der Politik des IWF auf die Erhaltung bzw. Erzielung eines Ausgleichs der Zahlungsbilanzen ohne Beachtung der Folgewirkungen für das Zustandekommen und die Einhaltung internationaler Umweltverträge.

Über die unmittelbaren Folgen für die globale Umwelt hinaus stellt der IWF ein wichtiges Beispiel für die Entstehung und Funktionsweise internationaler Zusammenarbeit in einem Segment dar, das zu den entscheidenden Schwachpunkten zahlreicher Umweltverträge zählt: die Finanzierung internationaler Aufgaben. Seine Erfahrungen sind daher auch bei der Entwicklung neuer Finanzierungsmechanismen für die globale Umwelt- und Entwicklungspolitik zu beachten (Kap. E 3.2). Die folgenden Ausführungen setzen sich dementsprechend mit der Beantwortung von drei Fragen im Wirkungsgeflecht zwischen IWF und globaler Umweltpolitik auseinander:
1. Welche Aufgabe kann und soll der IWF im Rahmen internationaler Umweltpolitik übernehmen?
2. Inwieweit sind die bestehenden institutionellen Strukturen dazu geeignet, diese Aufgaben zu erfüllen?
3. Welche Reformempfehlungen für den IWF sind aus der Sicht internationaler Umweltpolitik herzuleiten?

Ausgangspunkt der Beantwortung dieser drei Fragen ist die Betrachtung der grundsätzlichen Aufgaben des IWF (zu Struktur und Aufgaben des IWF Hoering, 1999; Khan, 1999; Siebert, 1998). Der IWF wurde im Zuge des Abkommens von Bretton Woods geschaffen, um Finanzierungsmittel zur Sicherung der Funktionsweise des bereits seit nahezu drei Jahrzehnten abgelösten Systems stabiler Wechselkurse zur Verfügung zu stellen. Die Staaten zahlen als Mitglieder des IWF einen Beitrag in Form von Sonderziehungsrechten (SZR), die für zinsgünstige und teilweise nur begrenzt rückzahlbare Kredite und Darlehen zur Überwindung kurzfristiger Liquiditätsengpässe bzw. zur Unterstützung struktureller Finanzreformen eingesetzt werden. Gerade die jüngsten Finanzkrisen in Südostasien zeigen die Bedeutung einer solchen internationalen Krisenintervention (Kho und Stulz, 1999; IMF, 1999). Zugleich machen sie aber auch die Grenzen der Früherkennung und Disziplinierung der Einzelstaaten deutlich. Nicht zuletzt die Feststellung dieser Grenzen löste die Kontroversen über den zukünftigen Zuschnitt der Aufgaben des IWF und entsprechende institutionelle Vorkehrungen aus (IFIAC, 2000; Frenkel, 1999; Vasquez, 1999; Frenkel und Menkhoff, 2000).

Mit dieser Zielsetzung versteht sich der IWF ausdrücklich nicht als unmittelbarer umweltpolitischer Akteur. Ungeachtet dessen hat das Eingreifen des IWF umweltpolitische Folgen. Dazu zählen typischerweise die Nebeneffekte der nationalen Strukturanpassungsprogramme. Diese werden durch den IWF in Verbindung mit Kreditgewährungen gefordert, um zu gewährleisten, dass entstandene Zahlungsbilanzdefizite dauerhaft abgebaut werden können (Killick, 1995). Wichtige Bestandteile der Strukturanpassungsprogramme sind der Abbau von Subventionen und Sozialleistungen sowie die Förderung der Warenausfuhr. Auf diese Weise sollen die öffentlichen Ausgaben gemindert, die Wettbewerbsfähigkeit und Attraktivität für internationale Investoren und Kapitalzuflüsse erhöht und das Vertrauen der internationalen Kapitalmärkte in die Wirtschaftskraft des Landes und seine Währung gestärkt werden. Wichtig für das Verständnis dieser Maßnahmen ist die Trennung zwischen kurz- und mittelfristigen Folgen. Kurzfristig verschärft sich durch den Abbau von Sozialleistungen und Subventionen der Anpassungsdruck in den betroffenen Volkswirtschaften (Abcd, 1998). Das offene Auftreten struktureller Arbeitslosigkeit und zunehmende Belastungen für wirtschaftlich schwächere Bevölkerungsgruppen sind die Folgen. Für die Umwelt verbindet sich mit diesen kurzfristigen Effekten ein erhöhter Nutzungsdruck aufgrund
- fehlender finanzieller Mittel betroffener Staaten zur Einhaltung nationaler und internationaler Verpflichtungen zum Umweltschutz,
- der Abhängigkeit wirtschaftlich schwächerer Gruppen von der Versorgung mit natürlichen Ressourcen,
- zunehmender Konzentration von Bevölkerungsgruppen in Slums mit negativen Folgen für die menschliche Gesundheit sowie die Boden- und Wasserqualität,

- der Verlagerung der landwirtschaftlichen Ressourcennutzung auf exportrelevante Pflanzen und Tiere mit teilweise umweltgefährdenden Produktionsverfahren und -mitteln.

Mittelfristig werden demgegenüber durch Finanz- und Sozialreformen Voraussetzungen geschaffen, damit die Effizienz der Umweltnutzung und die Unabhängigkeit wirtschaftlich schwächerer Gruppen von der kurzfristigen Nutzung natürlicher Ressourcen gesteigert wird. Die Erfahrungen nach der Finanzkrise in Südostasien zeigen, dass durch die Krise dringend erforderliche Anpassungen wirtschaftlicher Strukturen, abgeschotteter Märkte und ineffizienter Unternehmenskonzentrationen angestoßen wurden (Kho und Stulz, 1999; Siebert, 1998; Frenkel 1999; IFIAC, 2000). Mit einer solchen Anpassung gehen Chancen zum Aufbau neuer Bildungssysteme, zur Schaffung dezentraler lokaler Institutionen sowie zur Umgestaltung der Produktionsstrukturen und Produktpaletten einher. Die Stärkung internationaler Wettbewerbsprozesse verschärft grundsätzlich den Druck, modernere Technologien einzusetzen und erhöht somit Anreize, die Ressourcenintensität von Produktionsverfahren und Produkten zu mindern. Zugleich kann der Zwang, Märkte zu öffnen und öffentliche Ausgaben zu senken, die Attraktivität politischer Maßnahmen schwächen, die auf eine kurzfristorientierte Nutzung natürlicher Ressourcen hinauslaufen. Häufig üben gut organisierte, aber Minderheiteninteressen vertretende Gruppen entsprechend Druck aus, wie z. B. bei der Tropenwaldnutzung in Südosien (Ariyoshi et al., 2000). Voraussetzung solcher Reformen ist die Durchsetzung langfristiger Strukturanpassungen und die Etablierung neuer institutioneller Systeme auf lokaler Ebene, die in einen internationalen Kontext eingebunden werden.

Der Beirat sieht in dieser Initiierung langfristiger Reformimpulse eine entscheidende Aufgabe des IWF im Kontext internationaler Umweltpolitik. Es kann nicht Aufgabe des IWF sein, selbst umweltpolitische Standards zu definieren und in Strukturanpassungsprogramme zu integrieren, da weder entsprechende Kapazitäten verfügbar sind noch der Bedarf an einer weiteren internationalen Körperschaft für eine solche Aufgabe gegeben ist. Dabei sind die politischen Aussichten auf eine Bereitstellung von Finanzmitteln des IWF für Umweltzwecke eher gering (Jakobeit, 2000). Wichtig ist es jedoch, den IWF zu nutzen, um
- kurzfristigen Ausschlägen auf den internationalen Kapitalmärkten durch ein effektives Frühwarnsystem und Anreize zur Strukturanpassung vorzubeugen, da solche Ausschläge den Nutzungsdruck auf natürliche Ressourcen erhöhen,
- private Finanz- und Kapitalmärkte durch internationale Regeln und Standards zu unterstützen (Frenkel und Menkhoff, 2000), damit z. B. auch die private Finanzierung internationaler Umweltschutzprojekte und -strukturen erleichtert wird (Kap. E 3) und
- die Transparenz der Wirkungen nationaler Institutionen durch Verpflichtungen zu einer Dokumentation wirtschaftlicher, sozialer und ggf. auch ökologischer Folgen mit der Folge eines erhöhten Drucks durch die Weltöffentlichkeit zu fördern (Siebert, 1998).

Der Beirat empfiehlt der Bundesregierung, entsprechende Initiativen zu einer Stärkung der Kernkompetenzen des IWF intensiver und im Hinblick auf kurzfristige Entscheidungen zu verfolgen. Dies beinhaltet auch eine deutliche Abgrenzung gegenüber den Aufgabenstellungen der Weltbank, die nicht nur öffentlichkeitswirksam von der Meltzer-Kommission gefordert, sondern auch bereits innerhalb des IWF als strategisches Ziel diskutiert wird (IFIAC, 2000; Fischer, 2000; Langhammer, 2000a). Darüber hinaus spricht sich der Beirat dafür aus zu prüfen, inwieweit innerhalb der Strukturanpassungsprogramme Verpflichtungen aus nationalen und internationalen Umweltabkommen von der Minderung öffentlicher Ausgaben ausgenommen werden können. Es kann wiederum nicht Ziel des IWF sein, selbst Projekte im Bereich der globalen Umwelt- und Entwicklungspolitik zu fördern, allerdings erleichtert eine Koordination mit längerfristig und strukturell ausgerichteten Aktivitäten anderer Organisationen die Akzeptanz und Wirksamkeit der Strukturanpassungsprogramme.

Die Zukunft der Wechselwirkungen zwischen IWF und globaler Umweltpolitik trägt jedoch nicht nur inhaltliche Züge. Organisatorisch steht der IWF vor allem aus zwei Gründen in der Kritik:
- zum einen aufgrund einer einseitigen Dominanz kapitalgebender Länder in der Entscheidungsfindung, und
- zum anderen aufgrund der begrenzten Wirksamkeit von IWF-Maßnahmen.

Die Dominanz der Entscheidungsmacht beruht auf der Verteilung von Stimmrechten (Chossudovsky, 1998; French, 1995). Die Stimmrechte orientieren sich ausschließlich an den eingezahlten Beiträgen, was zugleich sicherstellt, dass die Kapitalgeber über die Sicherheit verfügen, die Verwendung der Gelder steuern zu können. Da die Kreditvergabe an teilweise einschneidende Eingriffe in nationale Souveränitätsrechte der Finanzpolitik gekoppelt ist, richtet sich der Widerstand der Kapitalnehmer gegen eine „moderne Form des Kolonialismus". Allerdings zeigen bspw. spieltheoretische Analysen, dass ohne eine solche Sicherheit der Kapitalgeber Anreize der Kapitalnehmer zunehmen, den Fonds als „billige" Finanzierungsquelle ohne eigene Disziplin zu beanspruchen (Kap. E 3). Die Kapitalgeber würden sich daraufhin weigern, Gelder bereitzustellen. Gerade aus umweltpolitischer Sicht ergibt sich in diesem Zusammenhang die Chance einer Entwicklung von „Paket-Lösungen", d. h. in der Verknüpfung von Vereinbarungen innerhalb internationaler Umweltabkommen mit Einigungen über die Zuweisung von Mitteln innerhalb des IWF. Um diesen Zweck zu erzielen, bedarf es einer eindeutigen Trennung der Aufgaben und Organisation des IWF und internationaler Umweltabkommen, damit die einzelnen „Paketbestandteile" auch tatsächlich zu erkennen sind und ihre Einhaltung separat bzw. transparent zu kontrollieren ist.

Die Entstehung der Finanzkrise in Südostasien wie auch Krisenerscheinungen in Mexiko und Lateinamerika in den vergangenen Jahren legten die Schlussfolgerung nahe, dass der IWF seinem eigentlichen Ziel, der Stabilisierung der Weltfinanzmärkte, nur unzureichend nachkommen kann. Als besonders problematisch wird in diesem Zusammenhang die Funktion des IWF als einem „lender of the last resort" und die damit verbundenen Anreize angesehen (Siebert, 1998; Fischer, 1999). Damit ist die Funktion des IWF umschrieben, als Kreditgeber einzugreifen, wenn aufgrund eines Liquiditätsengpasses kein anderer Kapitalgeber zu finden ist. Probleme wirft dieses Vorgehen neben fehlenden Anreizen für staatliche Entscheidungsträger zur Bewahrung fiskalischer Disziplin auch bei den Risikoentscheidungen privater Banken auf. Private Investoren werden durch die Absicherung des IWF veranlasst, höhere Risiken bei Kreditgewährungen in finanziell schwachen Ländern einzugehen als ökonomisch gerechtfertigt (IFIAC, 2000; Frenkel, 1999). Die damit verbundene Gefahr zunehmender Finanzkrisen in wirtschaftlich schwachen Ländern betrifft mittelbar die Verfügbarkeit von Umweltressourcen, da gravierende ökonomische Krisen tendenziell den Nutzungsdruck erhöhen. Der Beirat unterstreicht daher den auch von der „Meltzer-Kommission" hervorgehobenen Handlungsbedarf hinsichtlich der Formulierung und Einhaltung von Eingreif- und Kreditvergabekriterien des IWF. Die dort vorgeschlagenen Kriterien sind jedoch so restriktiv, dass sie die Aktivitäten des IWF auf ein Minimum beschränken würden. Der Beirat plädiert daher für ein Fortschreiten des mit dem Financial Stability Forum in Basel beschrittenen Weges hin zu einem Ordnungsrahmen für die Finanzmärkte bei zugleich eindeutiger und frühzeitiger Ankündigung des Vorgehens seitens des IWF im Krisenfall, dem Ausbau von Frühwarnsystemen und notfalls der Einführung von Strafzahlungen gegenüber Ländern und Akteuren bei Vorliegen eindeutiger Verursachungen ökonomischer Krisen (Siebert, 1998). Zusammenfassend sieht der Beirat in einem konsequenten Aufbau der Stabilisierungsfunktion des IWF, einer Beseitigung von Fehlanreizen, einer Überwindung innerorganisatorischer Koordinationsprobleme und einer verbesserten Abstimmung mit nationalen und internationalen Umweltvereinbarungen entscheidende Beiträge für eine Verbesserung der Effektivität globaler Umweltpolitik. Die Chance liegt weniger in einem „greening the IMF" als vielmehr in einem „enabling for green activities by the IMF".

Wechselwirkungen mit Entwicklungsinstitutionen: Bezüge des UNDP zur Umweltpolitik

D 3.1
Aktivitäten des UNDP zum Umweltschutz

Das Entwicklungsprogramm der Vereinten Nationen (UNDP) ist das zentrale Finanzierungs-, Koordinierungs- und Steuerungsgremium für die operativen entwicklungspolitischen Aufgaben der Vereinten Nationen. In 132 Ländern ist UNDP mit einem Regionalbüro vertreten. Die thematischen Schwerpunkte des Programms liegen in den Bereichen Armutsbekämpfung, Geschlechterfragen, gute Regierungsführung und Umweltschutz.

Insgesamt flossen von 1994–1997 24% der Finanzmittel in Umweltprojekte, allerdings ist der Beitrag von UNDP für eine nachhaltige Entwicklung sehr viel umfassender, da z. B. auch die Ausgaben für gute Regierungsführung oder Armutsbekämpfung dieses Ziel unterstützen. Die meisten Projekte werden von Trägerorganisationen (der UN und ihrer Nebenorgane bzw. neuerdings auch NRO und private Consulting-Firmen) durchgeführt, die Auswahl und Koordination der Projekte wird von UNDP-Repräsentanten vor Ort geregelt. Die Politik des Programms wird von einem Vorstand festgelegt, dem 36 Mitgliedsstaaten angehören.

Im Bereich Umweltschutz führt UNDP eine Reihe von Projekten durch. So hilft die *Sustainable Energy and Environment Division* (SEED) seit 1994 Entwicklungsländern bei der Umsetzung von Programmen, die Umweltschutz und Nutzung natürlicher Ressourcen zur Armutsbekämpfung integrieren. SEED ist auch für die programmatische Weiterentwicklung der UNDP-Strategien im Umweltbereich verantwortlich und besteht aus einer Reihe von Unterprogrammen, wie z. B. dem Programm *Capacity 21*, das Entwicklungsländer bei der Integration der Prinzipien und Ziele der AGENDA 21 in nationale Politiken unterstützt, oder dem *Energy and Atmosphere Programme*, das eine nachhaltige Energiepolitik in den Entwicklungsländern fördert. Auch zu Forstpolitik und Süßwasser- sowie Meeresschutzpolitik gibt es Projekte.

Das UNDP ist einer der Träger der GEF und eines der vier Organe, die den multilateralen Ozonfonds verwalten, an der Umsetzung der Ziele des Montrealer Protokolls beteiligt ist und zahlreiche Entwicklungsländer bei der Umstellung auf nichtozonschädigende Stoffe unterstützt. Bei UNDP ist auch das *Office to Combat Desertification and Drought* (UNSO, vormals UN Sahelian Office) angesiedelt, das betroffene Länder bei der Umsetzung der Ziele der Desertifikationskonvention unterstützt.

D 3.2
Reformansätze bei UNDP

In den vergangenen Jahren war UNDP in die Kritik geraten, weil es ihm nicht gelang, die gestellten Aufgaben hinreichend zu erfüllen. Es gilt vielmehr als schwache entwicklungspolitische Einrichtung, was unter anderem an einer geringen und zudem sinkenden Mittelausstattung liegt (1991: 1,022 Mrd. US-$ Jahresetat, 1997: 0,778 Mrd. US-$). Dennoch zählt das UNDP immer noch zu den größten Gebern im UN-System. Die Finanzierung erfolgt über freiwillige Beiträge, wobei durch die erheblichen Schwankungen zwischen den einzelnen Jahren Planungsunsicherheiten bestehen. Vor allem die Geberländer beklagen eine aus ihrer Sicht schlechte Aufgabenerfüllung, zu geringe Leistungsstandards und eine schwache Rechenschaftsstruktur. Diese Kritik der Geberländer ist einer der Gründe für die nachlassende Beitragsbereitschaft (Kap. E 3). Nachteilig auf das UNDP hat sich auch das Ende des Kalten Krieges ausgewirkt, da seither ein abnehmendes politisches Interesse an der Entwicklungszusammenarbeit der Vereinten Nationen zu beobachten ist. Ein bedeutender Strukturfehler ist die Übertragung vielfältiger Aufgaben an das UNDP, ohne das Programm mit entsprechenden Durchsetzungsinstrumenten auszustatten und politisch zu stärken. Dabei bietet das UNDP konzeptionell und bei der operativen Arbeit wichtige Potenziale, wie z. B. den Koordinierungsmechanismus für runde Tische, einen hohen Identifikationsgrad der Programmländer mit UNDP-Maßnahmen und langjährige Erfahrung (Klingebiel, 1999). Die Regierungen der Entwicklungsländer schätzen am UNDP die wenig konditionierte Mittelvergabe und die vergleichsweise umfassenden politischen Mitspracherechte.

Ausdruck der Reformbemühungen bei UNDP ist die Tatsache, dass sich das Programm in den vergangenen zehn Jahren stark verändert hat. Inzwischen ist ein bedeutender Teil der Durchführungsverantwortung an die Länder übergegangen, so dass das UNDP seine eigene operative Einheit verloren hat. Stattdessen gibt es ein eigenständiges Büro für UN-Projektdienste (UN Office for Project Services, UNOPS). Zwischen 1992 und 1997 sanken die Verwaltungskosten um 19%, die Mitarbeiterzahl um 15% (in der Zentrale gar um 31%). Von den rund 5.300 Mitarbeitern arbeiten über 80% in Regionalbüros. Zudem hat sich die Finanzierungsstruktur durch die Verlagerung von den Eigenmitteln (core sources) zu neuen Quellen (non-core sources) verlagert. Schließlich prägt der seit 1990 erscheinende und weltweit geschätzte Bericht über die menschliche Entwicklung inzwischen ein neues Bild von UNDP in der Öffentlichkeit.

In jüngerer Zeit macht die Weltbankgruppe im Bereich der technischen Zusammenarbeit dem UNDP Konkurrenz (Rudischhauser, 1997). Seitens der USA, Japans und Deutschlands scheint es einen Trend zur Verlagerung der politischen Prioritäten zugunsten der finanziell besser ausgestatteten Weltbankgruppe zu geben, mit der Folge, dass nicht mehr reine Zuschüsse, sondern vermehrt (mehr oder weniger subventionierte) Kredite vergeben werden (Hüfner, 1997). Hinzu kommen stagnierende Beiträge und Zuwendungen. Hält dieser Trend an, ist die traditionelle Rolle des UNDP als Koordinator der technischen Zusammenarbeit innerhalb des UN-Systems gefährdet, zumal der Jahresetat der Weltbank schon heute etwa das zehnfache des UNDP-Etats beträgt (1996). Insbesondere die Entwicklungsländer befürchten eine weitere Verstärkung des Ungleichgewichts zwischen den Vereinten Nationen („ein Land, eine Stimme"-System) und den Bretton Woods Institutionen („ein Dollar, eine Stimme"-System) (Agarwal et al. 1999). Daher spricht sich der Beirat für eine klare und ausgewogene Aufgabenteilung sowie einer koordinierten Zusammenarbeit zwischen einem zu stärkenden UNDP und der Weltbankgruppe aus.

Nach Ansicht von Klingebiel (1999) könnte UNDP eine zentrale Rolle bei der Schaffung günstiger Rahmenbedingungen in den Entwicklungsländern übernehmen, ohne die eine erfolgreiche Umsetzung der Ziele globaler Umweltregime nicht möglich ist. Erstens könnte der Themenbereich gute Regierungsführung, Krisenprävention und Friedenskonsolidierung ausgebaut werden. Hier hat UNDP eine besondere Legitimation, weil von der allgemeinen Erklärung der Menschenrechte bis zum Pakt über wirtschaftliche soziale und kulturelle Rechte die wichtigsten Vereinbarungen hierzu von der UN getroffen wurden. Zweitens könnte UNDP durch den Aufbau eines systematischen Folgeprozesses dazu beitragen, dass die auf den Weltgipfeln der 90er Jahre getroffenen Vereinbarungen effektiv und effizient umgesetzt werden, insbesondere durch die gezielte Förderung und Einbindung der örtlichen Institutionen. Drittens, so Klingebiel (1999), sollte UNDP durch den Aufbau geeigneter Kapazitäten den Entwicklungsländern helfen, ihre Entwicklungszusammenarbeit zukünftig weitgehend selbst zu koordinieren und damit ein Stück zur Kapazitätenbildung beitragen. Solche Vorschläge gehen nach Ansicht des Beirats in die richtige Richtung, allerdings bedarf die Stärkung des UNDP als Finanzierungs- und Koordinierungsorgan für die operativen Tätigkeiten der Vereinten Nationen einer breiter gefassten Ausrichtung, die im Sinn der AGENDA 21 Entwicklungs- und Umweltfragen gleichermaßen berücksichtigt.

D 3.3
Stärkung des UNDP als Finanzierungs- und Koordinierungsorgan

Das UNDP verliert als Finanzierungs- und Koordinierungsorgan für die operativen Tätigkeiten der UN zunehmend Gewicht gegenüber der finanziell sehr viel besser ausgestatteten Weltbankgruppe. Um das Vertrauen der Geber in das Entwicklungsprogramm zu stärken, empfiehlt der Beirat die Verwendungseffizienz des UNDP effektiver zu überwachen (Kap. E 3). Zudem sollte das UNDP im UN-System in seiner Zuständigkeit für Entwicklungsfragen gestärkt werden. Insbesondere sollte geprüft werden, welche Möglichkeiten bestehen, das UNDP mit einem exklusiven Mandat und mit Entscheidungsbefugnissen außerhalb der eigenen Programme auszustatten.

Die Akzeptanz des UNDP beruht in erster Linie auf der Sachkompetenz und der Mittelausstattung (die in den letzten Jahren stark gelitten hat). Der Beirat betont, dass die Mittelausstattung des UNDP bei weitem nicht ausreicht, um die anstehenden globalen Probleme angemessen zu behandeln. Eine Stärkung des UNDP ist aus der Sicht des Beirats auch wünschenswert, weil das Programm unter den Entwicklungsländern ein besonderes Vertrauen genießt. Dieser Vertrauensvorschuss ist insbesondere bei Projekten wichtig, die gute Regierungsführung, Krisenprävention und Friedenskonsolidierung fördern.

Das UNDP koordiniert neben zahlreichen Entwicklungsprojekten auch Projekte zum Schutz natürlicher Ressourcen. Der Beirat empfiehlt zu prüfen, inwiefern Umwelt- und Entwicklungsziele im Rahmen der Projektarbeit des UNDP besser zusammengeführt werden könnten. In diese Richtung geht auch die Umwelt- und Armutsinitiative von UNDP und der Europäischen Union (das erste Ministerforum hierzu fand im September 1999 statt), die Umweltschutz und Armutsbekämpfung nicht als Gegensatz verstanden wissen will und nach Möglichkeiten sucht, beide Ziele zu erreichen.

Das in seiner Kooperations- bzw. Koordinationsfunktion gestärkte Umweltprogramm der Vereinten Nationen (UNEP) (Kap. E 2) sollte eine umweltpolitische Einflussmöglichkeit auf UNDP erhalten und könnte unter Berücksichtigung bestehender multilateraler Vereinbarungen Umweltstandards für UNDP erarbeiten. Der von UNDP herausgegebene Jahresbericht zur menschlichen Entwicklung könnte zukünftig auch Umweltaspekte berücksichtigen, insbesondere bei der Erarbeitung neuer Indizes. Hier könnte UNDP nach Ansicht des Beirats einen wichtigen Beitrag zu einem integrierten Berichtswesen über globale Umwelt- und Entwicklungsprobleme leisten. Der Beirat betont zudem wie wichtig es ist, die Erfahrungen aus der operativen Tätigkeit von UNDP auch an UNEP zu vermitteln, um sicherzustellen, dass diese Projekterfahrungen auf die strategische Weiterentwicklung des Programms rückwirken können.

Ohne eine verlässliche Finanzierung in Verbindung mit einer verbesserten Effizienzkontrolle wird UNDP die skizzierten Ziele nicht erreichen können. Zur Motivation der Geber ist es daher wichtig, nicht nur die beschriebenen konzeptionellen Neuerungen voranzutreiben und Entscheidungsbefugnisse zu stärken, sondern auch eine effiziente Kontrolle der Mittelverwendung sicherzustellen. Von entscheidender Bedeutung wird letztlich sein, dass über die anzustrebenden weiteren Reformen ein intensiver Dialog zwischen Geber- und Programmländern geführt wird.

Globale Umweltpolitik: Bewertung, Organisation und Finanzierung

E

Bewertung von Umweltproblemen E 1

E 1.1
Einleitung

Der Beirat konzentriert sich in diesem Kapitel vor allem auf die Rolle der wissenschaftlichen Politikberatung bei der Bewertung globaler Umweltveränderungen und schlägt insbesondere die Schaffung einer unabhängigen Instanz vor, die die internationale Gemeinschaft auf besonders risikoreiche Entwicklungen aufmerksam machen kann. In diese Überlegungen wird auch die Kommission für nachhaltige Entwicklung einbezogen. Darüber hinaus wird die Einrichtung unabhängiger wissenschaftlicher Panels nach dem Beispiel des zwischenstaatlichen Ausschusses über Klimaänderungen (Intergovernmental Panel on Climate Change, IPCC) vorgeschlagen. Zur Rolle der internationalen Forschung sowie zu den globalen Monitoring- und Frühwarnsystemen hat der Beirat bereits in früheren Gutachten ausführlich Stellung genommen (WBGU, 1996b, 1999a).

E 1.2
Unabhängige Instanz für Bewertung und Frühwarnung

In seiner Vision einer strukturellen Neuordnung der globalen Umwelt- und Entwicklungspolitik sieht der Beirat die Notwendigkeit für eine unabhängige Instanz mit überragender ethischer und intellektueller Autorität zur Erkennung und Bewertung von Risiken des Globalen Wandels. Er empfiehlt der Bundesregierung, die Gründung einer *Earth Commission* zu prüfen und den Vereinten Nationen einen entsprechenden Vorschlag zu unterbreiten (Abb. F 1.1). Diese aus 10–15 Persönlichkeiten bestehende *Earth Commission* soll das für den Umweltschutz und die Wahrung der Rechte und Interessen zukünftiger Generationen nötige Langfristdenken gewährleisten sowie Impulse für Forschung und politisches Handeln geben. Insbesondere solche Themen, die trotz ihrer existenziellen Bedeutung vernachlässigt werden, könnten von der *Earth Commission* öffentlichkeitswirksam auf die internationale Agenda gebracht werden.

Die durch die UN-Generalversammlung zu berufende *Earth Commission* sollte mit Persönlichkeiten von höchster moralischer Autorität besetzt sein, die in der Weltöffentlichkeit Gehör finden, etwa nach dem Modell der Brandt- oder der Brundtland-Kommissionen. Eine solche Kommission würde gewissermaßen die globalisierte Form des deutschen „Rates für nachhaltige Entwicklung" darstellen. Unterstützt werden könnte die *Earth Commission* bei Bedarf durch die Zuarbeit wissenschaftlicher Panels (Kap. E 1.3), deren Hauptaufgabe allerdings die Beratung der Vertragsstaatenkonferenzen der Rio-Konventionen sein sollte.

Der *Earth Commission* könnten Vorschlagsrechte für zu behandelnde wissenschaftliche Fragen durch die Panels eingeräumt werden. Diese Umweltanalysen würden von der *Earth Commission* aufbereitet und dahingehend bewertet, ob eine „Warnung" an die Weltöffentlichkeit und die Vereinten Nationen über drohende, möglicherweise irreversible Umweltveränderungen ausgesprochen werden sollte. Wissenschaftliche Panels und *Earth Commission* sollten nicht eigenständig forschen, sondern Forschung anregen, deren Ergebnisse auf Politikrelevanz prüfen, um die politischen Entscheidungsträger über besonderes bedenkliche Entwicklungen des Globalen Wandels zu unterrichten.

Damit die Funktion der Frühwarnung ausreichend Gewicht und politisches Mandat besitzt, sollte der *Earth Commission* bei der Generalversammlung der Vereinten Nationen ein Recht zur Anhörung eingeräumt werden bzw. zum Anstoß von Initiativen zur Bewältigung von Problemen bzw. Fehlentwicklungen des Globalen Wandels. Sie sollte zu regelmäßigen Berichten an den UN-Generalsekretär verpflichtet werden, in denen die globale Umweltsituation bewertet wird. Dabei könnte die CSD ein Diskussionsform für diese Berichte darstellen. Die *Earth Commission* sollte zusammen mit den wissenschaftlichen Panels insbesondere vier Aufgabenschwerpunkte wahrnehmen:

- *Zusammenschau*: Sie sollte den bestmöglichen Nutzen aus den bestehenden Monitoringsystemen ziehen, um den jeweiligen Zustand des Systems Erde zu charakterisieren. Ebenso sollte bei Bedarf Monitoring aufgebaut werden.
- *Früherkennung und Frühwarnung*: Sie sollte auf der Basis wissenschaftlicher Daten und Erkenntnisse die Weltöffentlichkeit und insbesondere die Vereinten Nationen vor drohenden und potenziell irreversiblen globalen Umweltschädigungen warnen.
- *Identifizierung von Leitplanken*: Sie sollte „Leitplanken" für die internationale Umweltpolitik identifizieren, um die noch akzeptablen Übergangsbereiche und die inakzeptablen Zustände aufzuzeigen.
- *Rechenschaftspflicht*: Sie sollte dem Generalsekretär der Vereinten Nationen einen jährlichen Rechenschaftsbericht vorlegen, in dem die wichtigsten Umweltprobleme und -entwicklungen nach dem neuesten Stand der Kenntnisse bewertet werden.

E 1.3
Die Rolle wissenschaftlicher Politikberatung

Der Beirat hat in seinen Gutachten vielfach auf die Bedeutung einer unabhängigen wissenschaftlichen Politikberatung für die Prozesse der Problemidentifizierung und -lösung hingewiesen (WBGU, 1996b, 1999a, 2000). Wegen der Komplexität globaler Probleme ist die systematische Vermittlung wissenschaftlicher Erkenntnisse und Früherkennungsstrategien unerlässlich für die politischen Steuerungsorgane. Zur Unterstützung regime-interner wissenschaftlicher Organe, die häufig nur konkrete Aufträge der Vertragsstaatenkonferenzen bearbeiten, fehlt es in der globalen Umwelt- und Entwicklungspolitik an Gremien zur wissenschaftlichen Beratung nach dem Beispiel des Zwischenstaatlichen Ausschusses über Klimaänderungen (IPCC), die ihre Empfehlungen der internationalen Gemeinschaft, den Vertragsstaaten und allen interessierten Akteuren zugänglich machen. Dazu gilt es die vorhandenen wissenschaftlichen Netzwerke besser zu bündeln und in Form von themenspezifisch einzurichtenden Panels der Nutzung durch die internationale Politik zuzuführen. Diese Panels sollten sich aus den weltweit führenden Wissenschaftlern zusammensetzen.

Wie der Beirat bereits in früheren Gutachten dargelegt hat, ist Wissen der Schlüssel zur Bewältigung der Herausforderungen des Globalen Wandels, der aber bislang nur unzureichend genutzt wird (WBGU, 1999a). Die Ursachen reichen von einer mangelnden Integration partikulären Wissens über den asymmetrischen Zugang zu Wissen bis zu ineffektiven Strukturen der Wissensvermittlung. Um dieses Wissen besser zusammenzuführen, hat der Beirat bereits mehrfach die Einrichtung verschiedener wissenschaftlicher Panels empfohlen (WBGU, 1999a, 2000). Im aktuellen Gutachten greift der Beirat diese einzelnen Empfehlungen wieder auf und entwickelt sie weiter zu einem Verbund wissenschaftlicher Panels im Rahmen des *Earth Assessment*, einem der drei Bausteine einer übergeordneten Struktur zur Stärkung der internationalen Umweltpolitik (*Earth Alliance*, Kap. F).

E 1.3.1
Erfahrungen mit dem IPCC

Die Erfahrungen aus den Verhandlungsprozessen der internationalen Umwelt- und Entwicklungspolitik verdeutlichen einen wachsenden Bedarf an fundierter und unabhängiger wissenschaftlicher Beratung (Kap. B, Kap. C). Dabei ist zu beachten, dass der Einfluss der Wissenschaft auf die Politik jedoch wesentlich davon abhängt, *wie* diese Erkenntnisse gewonnen wurden und *wer* sie vorbringt. Dies war eines der Motive für die Einrichtung des IPCC im Jahr 1988 durch die WMO und UNEP. Inzwischen wurden die Einschätzungen des IPCC, das nicht an die Beschlüsse der Vertragsstaatenkonferenz gebunden ist, die weithin anerkannte wissenschaftliche Grundlage der internationalen Klimapolitik. Das Fundament der Arbeit des IPCC ist eine breite, internationale Beteiligung von Wissenschaftlern und ein differenziertes mehrstufiges Peer-Review-Verfahren. Die Zusammenfassungen für Entscheidungsträger beim IPCC werden allerdings Zeile für Zeile von Regierungsvertretern redigiert, während der Hauptteil des Berichts und der drei Arbeitsgruppen nicht einem solchen politischen Einfluss unterliegt (Agrawala, 1997). Hinzu kommt, dass – mit dem Ziel politikrelevanter zu arbeiten – zumindest in Teilbereichen der wissenschaftliche Charakter des IPCC dadurch aufzuweichen droht, dass interessengeleiteten Akteuren Einflussmöglichkeiten gegeben wird (Jung, 1999b). Derzeit ist dies nach den Erfahrungen des Beirats allerdings nicht feststellbar.

Da die Entwicklungsländer nicht über ausreichende Forschungskapazitäten verfügen, sind sie häufig im IPCC unterrepräsentiert (Enquete-Kommission, 1990; Agrawala, 1997). Allerdings hat sich durch die finanzielle Unterstützung des IPCC die Zahl der Teilnehmer aus Entwicklungsländern seit 1988 kontinuierlich gesteigert. Dabei kann es nach Ansicht des Beirats nicht darum gehen, eine allzu starre Erfüllung regionaler Repräsentanzen zu fordern, da dies die wissenschaftliche Glaubwürdigkeit des IPCC gefährden würde. Es kommt vielmehr darauf an, die wissenschaftliche Kompetenz in den Entwicklungsländern zu fördern, um langfristig einen Ausgleich zu schaffen.

E 1.3.2
Unterstützung globaler Umweltpolitik durch wissenschaftliche Panels

Die Unschärfe der wissenschaftlichen Grundlagen, Begriffe und Konzepte, die in den Verhandlungen der internationalen Umweltpolitik verwendet werden, ist in den vergangenen Jahren immer deutlicher geworden und bildet ein Hindernis bei der Ausarbeitung bzw. Umsetzung von Entscheidungen der Vertragsstaaten. Im Hinblick auf den UNCED-Folgeprozess besteht Handlungsbedarf in folgenden Bereichen:
- Es fehlt ein abgestimmter Beitrag der wissenschaftlichen Gemeinschaft zu den Problemen des Globalen Wandels. Für einzelne Umweltbereiche sind die Erkenntnisse über Zustand, Degradationsdynamik und mögliche Folgewirkungen noch sehr lückenhaft bzw. fehlen vollständig (Kap. B). Dies gilt beispielsweise für den Verlust biologischer Vielfalt und die Zerstörung der Böden. Erst regelmäßige wissenschaftliche Bestandsaufnahmen können die konkrete Ausgestaltung vertraglicher Pflichten ermöglichen, etwa durch den Einsatz eines zu entwickelnden Basiskatalogs globaler Indikatoren (Kap. C).
- Es fehlt eine Instanz, die sich übergreifend mit den zentralen Themen des Globalen Wandels und der Bestimmung von „Sicherheitsstreifen" oder Leitplanken befasst, um die internationale Gemeinschaft möglichst früh über bedrohliche Entwicklungen der Umwelt zu informieren. Leitplanken, die die Grenzen absoluter Nichtnachhaltigkeit aufzeigen, würden eine wissenschaftlich begründete Grundlage für die Ermittlung von Reduktions- oder Schutzzielen einzelner Umweltregime bilden. Hierzu hat der Beirat in seinem Jahresgutachten 1998 einen Ausschuss für Risikobewertung (Risk Assessment Panel, RAP) vorgeschlagen, der u.a. ein internationales Verfahren zur Risikoevaluierung initiiert (WBGU, 1999a).
- Für die Umsetzung wissenschaftlicher Forschungsergebnisse in politikrelevante Handlungsoptionen fehlt häufig die Integration disziplinärer Ansätze und Sichtweisen.
- Für die Information der Öffentlichkeit bedarf es einer Struktur, die vorhandenes „Risikowissen" bündelt und zugänglich macht.

Mit der vorhandenen Struktur, bei der lediglich die Klimarahmenkonvention über ein unabhängiges wissenschaftliches Beratungsgremium verfügt, lassen sich die skizzierten Aufgaben nicht bewältigen. Zwar gibt es z. B. für die wissenschaftlich-technische Beratung zum Biodiversitäts- und Desertifikationsregime zwei zuständige Organe: SBSTTA (Nebenorgan für wissenschaftliche, technische und technologische Beratung der Biodiversitätskonvention) und CST (Ausschuss für Wissenschaft und Technologie der Desertifikationskonvention). Deren Funktion ist es, auf spezifische Anfrage der Vertragsstaatenkonferenz wissenschaftliche Expertisen anzuregen und auszuwerten. Die Ergebnisse dieser Expertisen müssen daraufhin in Beschlussvorlagen für die Vertragsstaatenkonferenz gebündelt werden. SBSTTA und CST sind als nachgeordnete, weisungsgebundene Gremien der Vertragsstaatenkonferenz eng in deren Arbeitsprogramm eingebunden. In der Klimarahmenkonvention gibt es den Zwischenstaatlichen Ausschuss über Klimaänderungen (IPCC), dessen Berichte vom Nebenorgan für wissenschaftliche und technologische Beratung (SBSTA) für die Vertragsstaatenkonferenz aufbereitet werden. Eine solche Beratungsstruktur fehlt aber für die Biodiversitäts- und die Desertifikationskonvention, bei denen die notwendige unabhängige wissenschaftliche Arbeit im Kräftefeld der politischen Interessen nicht zu realisieren ist. Häufig sind bei den SBSTTA- bzw. CST-Sitzungen anstelle unabhängiger Wissenschaftler Regierungsvertreter anwesend und führen die Beratungen eher unter einem politischen Blickwinkel.

Aus den Erfahrungen von IPCC empfiehlt der Beirat, für die Beratung und Begleitung, etwa der internationalen Boden- und Biodiversitätspolitik, vergleichbare wissenschaftliche Gremien oder Panels einzurichten. In einem *Zwischenstaatlichen Ausschuss über biologische Vielfalt* (Intergovernmental Panel on Biological Diversity – IPBD) (WBGU, 2000) oder einem *Zwischenstaatlichen Ausschuss über Böden* (Intergovernmental Panel on Soils – IPS) ließen sich anerkannte Wissenschaftler zusammenführen, die kontinuierlich und unabhängig arbeiten und wissenschaftliche Politikberatung leisten könnten. Der Beratungsbedarf ist umfassend: Bei der Konvention zur Bekämpfung der Bodendegradation in Trockengebieten bedarf es z. B. für eine effektivere Umsetzung der Beschlüsse eines „Kernsets" globaler Indikatoren (Beobachtung und Berichtswesen) und Leitplanken (Schutz- bzw. Reduktionsziele). Die hier bestehenden Ansätze, über die nächsten 10–15 Jahre eine Datenbank über Böden, Bodennutzung und Bodendegradation zu schaffen, sind vielversprechend. Langfristig ist aber eine Struktur notwendig, die die Bodenveränderungen kontinuierlich überwacht und bewertet (Kap. C 4.3).

Ebenso essenziell ist die Zusammenführung der internationalen Biosphärenforschung in einem wissenschaftlichen Expertenausschuss, da auch in der Biosphärenpolitik ein Mangel an fundierter und unabhängiger wissenschaftlicher Politikberatung festzustellen ist. Hierzu hat der Beirat bereits ausführlich Stellung genommen (WBGU, 2000). Darüber hinaus könnte ein Ausschuss für Risikobewertung (*Risk Assessment Panel*) dazu dienen, als Netzwerkknoten die verschiedenen nationalen Risikoerfassungen und -bewertungen systematisch zusammenzubringen und aufeinander abzustimmen. Dieses Panel sollte weniger auf eine Analyse einmal erkannter Umweltprobleme als vielmehr auf die frühzeitige Identifikation von neuartigen, erst ansatzweise identifizierbarer Risiken des Globalen Wandels ausgerichtet sein. Zu den Aufgaben des Panels hat der Beirat bereits ausführlich Stellung genommen (WBGU, 1999a).

Die Beiträge dieser Panels könnten der Diskussion um den internationalen Umweltschutz mehr Gewicht verleihen. Schließlich würden die empfohlenen unabhängigen Panels den Vertragsstaaten sowie allen interessierten Akteuren wissenschaftliche Politikberatung zu aktuellen Fragen und Problemen aus dem politischen Prozess bieten und darüber hinaus auf von der Politik vernachlässigte Themen hinweisen können. Die wissenschaftlichen Ergebnisse dieser Panels würden auch von der vom Beirat vorgeschlagenen *Earth Commission* genutzt. Zu prüfen wäre, ob statt „zwischenstaatlich" die Bezeichnung „international" gewählt werden sollte, um die politische Unabhängigkeit der einzurichtenden Panels zu unterstreichen.

Es ist allerdings zu berücksichtigen, dass durch eine Verlagerung der wissenschaftlichen Aufgaben an unabhängige Gremien den bestehenden nachgeordneten wissenschaftlichen Ausschüssen zunehmend eine Vorbereitungsrolle für die Vertragsstaatenkonferenzen zukommt. Bereits heute ist eine solche Entwicklung bei der Klimarahmenkonvention und der Biodiversitätskonvention zu beobachten, wo die Sitzungen dieser Nebenorgane (SBSTTA bzw. SBSTA und SBI) sich mittlerweile zu „Mini-Vertragsstaatenkonferenzen" entwickelt haben, die zahlreiche Beschlüsse der Vertragsstaatenkonferenzen vorbereiten. Eine solche Entwicklung findet bei der Desertifikationskonvention derzeit nicht statt, da die Sitzungen des Ausschusses für Wissenschaft und Technologie zeitlich an die Vertragsstaatenkonferenzen gekoppelt sind und eine Vorbereitung der Vertragsstaatenkonferenz daher kaum möglich ist. Eine Weiterentwicklung der bestehenden wissenschaftlichen Nebenorgane bzw. Ausschüsse in die beschriebene Richtung erscheint dem Beirat sehr sinnvoll, da somit wissenschaftliche Erkenntnisse eingespeist und für die Vertragsstaatenkonferenzen aufbereitet werden können. Die wissenschaftlichen Nebenorgane bzw. Ausschüsse würden damit eine wichtige Scharnierfunktion zwischen Wissenschaft und Politik übernehmen, wie es bereits bei der Klimarahmenkonvention der Fall ist.

Auch auf der Ebene der Europäischen Union fehlt es an einer koordinierten wissenschaftlichen Politikberatung. Daher sollte den bestehenden nationalen Umwelt- und Nachhaltigkeitsräten in der Europäischen Union die Möglichkeit gegeben werden, mit gemeinsamen Gutachten die Umwelt- und Entwicklungspolitik Brüssels beratend zu begleiten. Insbesondere die Vorbereitungen zur Rio+10-Konferenz würden sich aus der Sicht des Beirats hierzu anbieten. In der Verhandlungspraxis des UNCED-Folgeprozesses spricht die Europäische Union schon lange mit gemeinsamer Stimme. Daher ist es an der Zeit eine Struktur zu schaffen, die eine EU-weite Kooperation der nationalen Gremien zur wissenschaftlichen Politikberatung ermöglicht bzw. einen wissenschaftlichen Rat auf EU-Ebene, in dem Mitglieder nationaler Beratungsgremien vertreten sind. Die regelmäßigen Treffen der europäischen Umwelt- und Nachhaltigkeitsräte, die sich zum Verbund der European Environmental Advisory Councils (EEAC) zusammengeschlossen haben und gemeinsam einen Focal Point finanzieren, sind ein erster Schritt in diese Richtung.

E 1.4
Die Rolle der CSD

In der vom Beirat vorgeschlagenen Struktur eines *Earth Assessment* würde der Kommission für nachhaltige Entwicklung (CSD) eine wichtige Bindeglied- und Dialogfunktion im Meinungsbildungsprozess zwischen *Earth Commission* sowie den Staaten, der Wissenschaft, den Nichtregierungsorganisationen und der internationalen Umweltorganisation einnehmen. In dieser Neupositionierung könnte nach Ansicht des Beirats eines der zukünftigen Aufgabenfelder der CSD liegen, die 2001 ihre von UNCED festgelegte Rolle der Abarbeitung einzelner Themen der AGENDA 21 erfüllt haben wird. Als funktionale Kommission des ECOSOC ist die CSD ohne zeitliche Limitierung eingeführt worden. Auf der Rio+10-Konferenz wird daher neu über die zu behandelnden Themen entschieden. Der *Earth Commission* könnte auch gegenüber der CSD ein Vorschlagsrecht für die zu behandelnden Themen eingeräumt werden, die aus wissenschaftlicher Sicht besonders wichtig sind, die bisher aber nicht die nötige politische Aufmerksamkeit erlangt haben. Zudem könnte die CSD das Diskussionsforum für die Berichte der *Earth Commission* werden.

Hierfür wäre die CSD besonders geeignet, da sie das zwischenstaatliche Forum im UN-Verbund ist, auf dem Fragen zur Nachhaltigkeit über alle Sektoren hinweg angesprochen werden. Die CSD ist das zentrale Forum für Fragen von Umwelt *und* Entwicklung. Neben dieser integrativen Rolle erfüllt die CSD eine wichtige Unterstützungsfunktion in der internationalen Umwelt- und Entwicklungspolitik, da sie den für die politischen Entscheidungen nötigen konsens- und normbildenden Verarbeitungsprozess innerhalb der Staatengemeinschaft initiiert. Diese sehr wichtige Funktion gilt es auch zukünftig beizubehalten und in dem vom Beirat vorgeschlagenen System der Bewertung von Risiken des Globalen Wandels zu integrieren. Schließlich ist die Wissenschaft in der CSD bisher eher unterrepräsentiert. Daher schlägt der Beirat vor zu prüfen, ob die Wissenschaft im CSD-Prozess eine prominentere Rolle einnehmen könnte, etwa indem Vertreter der wissenschaftlichen Panels auf den zweitägigen „multi stakeholder dialogues", die am Anfang einer jeden CSD-Sitzung stehen, über neueste Erkenntnisse berichten.

E 1.5
Handlungsempfehlungen zur Bewertung globaler Umweltprobleme

Insgesamt sollte die Bewertung von Umweltproblemen in Form einer Integration von Erd-Rat, wissenschaftlicher Politikberatung und der CSD gestaltet werden. Nach Ansicht des Beirats ist ein solches Zusammenspiel von ethischer Autorität, neuester wissenschaftlicher Expertise und offener Diskussion in einer UN-Institution unabdingbar, um die komplexen Probleme des Globalen Wandels angemessen und nach dem Vorsorgeprinzip bewerten zu können. Dabei kommt es vor allem darauf an, diesen Bewertungsprozess dynamisch zu gestalten und stets den sich ändernden Rahmenbedingungen und Erkenntnissen anzupassen. Der Erd-Rat sollte nicht nur eine umweltpolitische „gelbe Karte" zeigen, sondern bei günstiger Entwicklung auch eine Entwarnung aussprechen können.

E 2 Reform des Organisationengefüges globaler Umweltpolitik

E 2.1
Einleitung

Während der Beirat in Kap. C vorrangig Erfahrungen mit einzelnen Umweltregimen aufzeigt, sich in Kap. D mit der Politikverflechtung und in Kap. E 1 mit der wissenschaftlichen Bewertung des Globalen Wandels auseinander gesetzt hat, beschäftigt er sich nun gezielt mit der Frage der geeigneten organisatorischen Fundierung globaler Umweltpolitik. Anschließend wird er sich in Kap. E 3 mit dem übergreifenden Problem der Finanzierung befassen. Dabei verstehen sich diese Ausführungen als ein aktionsorientierter Beitrag zu den Vorbereitungen für die Rio+10-Konferenz im Jahr 2002, bei der die Institutionenfrage eines der Schwerpunktthemen sein wird.

Wie in den bisherigen Abschnitten ausgeführt, erkennt der Beirat in der gegenwärtigen globalen Umweltpolitik eine Reihe von Fortschritten, doch ohne Zweifel bleiben erfolgreiche internationale Verhandlungen mühsam und langwierig. Wegen des strukturbestimmenden Souveränitätsprinzips beruht die Entscheidungsfindung in internationalen Umweltverhandlungen weiterhin im Grunde auf dem Konsensprinzip, auch wenn die Staaten sich in manchen Regimen inzwischen auf das Instrument der Mehrheitsentscheidung für bestimmte Fragen geeinigt haben. Wie in Kap. C gezeigt, konnten Mehrheitsentscheidungen beispielsweise im Rahmen des Montrealer Protokolls von 1987 über Stoffe, die die Ozonschicht schädigen eingeführt werden, sowie innerhalb der Globalen Umweltfazilität (WBGU, 1996b). Diese Durchbrüche blieben indes Ausnahmen, und in anderen Bereichen globaler Umweltpolitik hat das Konsensprinzip geradezu eine Renaissance erlebt. Die Folge der grundsätzlichen Konsensorientierung, gerade beim Vertragsschluss, bewirkt, dass umweltpolitische „Bremser" oft nur durch Zugeständnisse zum Mitmachen bewegt werden können oder wirksame Maßnahmen gänzlich verhindern (Sand, 1990). Ebenso bleibt die Umsetzung und Durchsetzung internationaler Umweltpolitik in weiten Bereichen defizitär.

Wegen des häufig konstatierten Mangels an Koordination und Wirkungskraft der globalen Umweltpolitik wurde deshalb in den letzten Jahren der Ruf nach einer umfassenden Umgestaltung des internationalen Institutionen- und Organisationengefüges laut, wobei bislang in der wissenschaftlichen Diskussion kein Konsens über die notwendigen Schritte erzielt werden konnte (Esty, 1994a, b, 1996; Runge, 1994; Biermann und Simonis, 2000). Der aktuellste Vorstoß in diese Richtung stammt vom französischen Premierminister Lionel Jospin und der französischen Umweltministerin Dominique Voynet, die im Juni 2000 ankündigten, die französische EU-Präsidentschaft zur Beförderung der Diskussion um eine internationale Umweltorganisation zu nutzen. Bereits 1999 sprach sich der ehemalige WTO-Exekutivdirektor Renato Ruggiero dafür aus, als Gegengewicht zur WTO eine „Internationale Umweltorganisation" zu gründen, ohne jedoch konkreter zu werden. Ein Jahr zuvor schlug der französische Präsident Jacques Chirac die Einrichtung einer internationalen Umweltorganisation vor.

International gilt auch Deutschland als Befürworter der Gründung einer UN-Sonderorganisation für Umweltfragen, nachdem der damalige Bundeskanzler Helmut Kohl 1997 offiziell auf der UN-Sondergeneralversammlung zu Umwelt und Entwicklung gefordert hatte, „[...] global environmental protection and sustainable development need a clearly-audible voice at the United Nations. Therefore, in the short term, I think it is important that cooperation among the various environmental organisations be significantly improved. In the medium term this should lead to the creation of a global umbrella organization for environmental issues, with the United Nations Environment Programme as a major pillar" (Kohl, 1997). Dies war im Ergebnis deckungsgleich mit der gemeinsamen Erklärung von Brasilien, Deutschland, Singapur und Südafrika vom Juni 1997, ebenfalls auf der Sondergeneralversammlung der Vereinten Nationen. Wie diese von Deutschland vorgeschlagene „global umbrella organization for environmental issues" im Detail ausgestaltet werden sollte, wurde nicht genauer ausgeführt.

Auch nach dem Regierungswechsel von 1998 steht die Bundesregierung weiterhin hinter dieser Initiative. Beispielsweise erklärte die umweltpolitische Sprecherin der SPD-Bundestagsfraktion am 25. Januar 1999: „Wir brauchen [...] eine Bündelung der unübersichtlichen und zersplitterten internationalen Institutionen und Programme. UNEP, CSD und UNDP sollten in einer Organisation für nachhaltige Entwicklung zusammengeführt werden. Eine enge Verbindung zu Weltbank, Weltwährungsfonds, Welthandelsorganisation und UNCTAD [UN Conference on Trade and Development] sind anzustreben, um Umweltdumping zu verhindern und insgesamt eine der AGENDA 21 entsprechende nachhaltige umweltverträgliche Entwicklung zu erreichen" (zitiert nach: epd-Entwicklungspolitik 5/99).

Der Beirat hat sich bereits in früheren Gutachten für die Gründung einer Internationalen Umweltorganisation ausgesprochen (WBGU, 1996a, 1999a). In diesem Gutachten wird dieser Vorschlag erneut aufgegriffen und umfassend erläutert. Zunächst wird dargelegt, was eine organisatorische Reform globaler Umweltpolitik leisten und nicht leisten sollte (Kap. E 2.2). Daran anschließend wird ein Modell eines organisatorischen Umbaus des internationalen Organisationensystems in drei Stufen vorgestellt (Kap. E 2.3). Dabei empfiehlt der Beirat nicht *a priori*, dass langfristig sämtliche Stufen durchlaufen und Stufe 3 am Ende unbedingt erreicht werden sollte. Vielmehr rät er der Bundesregierung, zunächst nur den ersten Schritt anzustreben, dessen Wirksamkeit zu prüfen und weitere Schritte erst in Erwägung zu ziehen, wenn der vorhergehende Schritt nicht den gewünschten Erfolg erbrachte.

E 2.2
Funktionen einer Neustrukturierung

KOORDINIERUNGSBEDARF
Welches sind die Probleme, die den Ruf nach der Gründung einer internationalen Umweltorganisation laut werden ließen? Zunächst ist festzustellen, dass mit der starken Zunahme der Zahl internationaler Umweltvereinbarungen in den letzten drei Jahrzehnten der Koordinierungsbedarf der Umweltpolitik beträchtlich gewachsen ist. Es drohen Doppelarbeit, Kompetenzüberschneidungen und Zielkonflikte, etwa zwischen den einzelnen Vertragsstaatenkonferenzen, aber auch den jeweiligen Konventionssekretariaten und den UN-Programmen und -Abteilungen. Schwierigkeiten bestehen dabei sowohl zwischen einzelnen Umweltabkommen als auch zwischen Institutionen innerhalb und außerhalb des Umweltbereichs. So werden z. B. internationale Regeln zum Schutz der Wälder zurzeit von fünf verschiedenen Institutionen beraten, dem International Tropical Timber Agreement, der Landwirtschaftsorganisation der Vereinten Nationen (FAO), der Klimarahmenkonvention, der Biodiversitätskonvention sowie dem Zwischenstaatlichen Forum für Wälder.

Es gibt kaum einen Bereich der internationalen Umweltpolitik, in dem derartige Probleme nicht zunehmend deutlich werden. Beispielsweise ist die Klimapolitik nur wenig mit der Biodiversitäts- und Bodenpolitik abgestimmt. Für diese wurden jeweils eigenständige Sekretariate eingerichtet, welche sich de facto zu kleinen Sonderorganisationen mit eigener Agenda entwickelten. Das Anrechnen von Treibhausgassenken im Kioto-Protokoll zur Klimarahmenkonvention könnte etwa Anreize in der Wälderpolitik setzen, die den Zielen der Biodiversitätspolitik zuwiderlaufen, weil in diesem Protokoll das Abholzen von (artenreichen) Urwäldern und das anschließende Aufforsten mit (artenarmen, aber schnellwachsenden) Plantagen als klimapolitische Maßnahme prämiert wird (WBGU, 1998b; allgemein zu diesen Problemen Chambers, 1998; Oberthür, 1997; Oberthür und Ott, 1999; Young, 1997; Young et al., 1999).

Nicht zuletzt zur Koordination der entstehenden internationalen Umweltpolitik war 1972 das UN-Umweltprogramm gegründet worden, ein zunächst vergleichsweise eigenständiger Akteur mit klar abgegrenzten Aufgaben. Die Zunahme internationaler Umweltverträge führte indessen zu einer erheblichen Zergliederung des Systems, da neu geschaffene Konventionssekretariate, teils aus politischen Gründen, dem UNEP nicht oder nur lose eingegliedert wurden und sich dadurch starke Partikularinteressen entwickeln konnten, was insgesamt einer koordinierten und effizienten globalen Umweltpolitik wenig zuträglich war. Zusätzlich sind verschiedene UN-Sonderorganisationen im Umweltschutz aktiv geworden, ohne dass das relativ kleine UNEP eine normsetzende und programmbildende Kraft hätte aufbauen können. Die Finanzierung der zentralen Umweltverträge mit Nord-Süd-Relevanz wiederum wurde teils der Weltbank in Form der Globalen Umweltfazilität (GEF) institutionell eingegliedert, teils eigenständigen sektoralen Fonds übertragen (Kap. E 3; Ehrmann, 1997; Biermann, 1997).

Das Problem der Zergliederung ist seit längerem bekannt. Die Vernetzung einzelner Organisationen, Programme und Büros wird seit 1972 versucht. Es gelang jedoch nicht, das Partikularinteresse einzelner Abteilungen, Programme und Konventionssekretariate zu überwinden, so dass die vergleichsweise ineffektive und ineffiziente Zersplitterung des internationalen Institutionen- und Organisationengefüges in der Umweltpolitik eher zugenommen hat. Die

Rio-Konferenz von 1992 gebar aus der damaligen Debatte um eine institutionelle Reform nur eine weitere Unterkommission des Wirtschafts- und Sozialrats, die Kommission für nachhaltige Entwicklung (CSD) (Kap. B 4.3). Aufgrund ihrer spezifischen institutionellen Verankerung, die ihr kaum mehr zubilligt als das Recht, Empfehlungen an den ECOSOC weiterzuleiten, konnte sich die CSD neben UNEP, den Konventionssekretariaten und den UN-Sonderorganisationen sicher als Forum für Debatten, aber kaum für Entscheidungen entwickeln.

CAPACITY BUILDING
Auch mit Blick auf den dringend erforderlichen Aufbau von *Handlungskapazitäten* in den Entwicklungsländern leidet das internationale System an einem Ad-hoc-Ansatz, der den Erfordernissen der Transparenz, Effektivität und Beteiligung der Betroffenen schon jetzt nicht gerecht wird – und der Bedarf an Finanz- und Technologietransfer von Nord und Süd wird weiter wachsen. So haben die Industrieländer zugesagt, die Mehrkosten der Entwicklungsländer wie schon in der Ozonpolitik, so auch in der Klimapolitik zu erstatten, wenn diese sich in den nächsten Jahrzehnten zu quantitativen Emissionsminderungszielen bei Treibhausgasen verpflichten. Vergleichbares gilt für die künftigen Kosten der Bodenschutz- und Biodiversitätspolitik im Süden. Hinzu kommen bald wohl Transferpflichten zur Begrenzung der Freisetzung persistenter organischer Schadstoffe. Überdies erfordert ein künftiger internationaler Emissionszertifikatehandel im Klimaschutz etwa in Form des Mechanismus für eine umweltverträgliche Entwicklung (Clean Development Mechanism, CDM), der 1997 in Kioto beschlossen wurde, einen beträchtlichen institutionellen Unterbau.

Befürworter der Gründung einer UN-Sonderorganisation für Umweltfragen führen hier an, dass eine solche Organisation – etwa der Weltgesundheitsorganisation entsprechend – stärker das Problembewusstsein fördern und den weltweiten Informationsstand als Entscheidungsgrundlage verbessern könnte, wobei dieses sowohl die Information über das Erdsystem und die gegenwärtigen Umwelt- und Entwicklungsprobleme wie auch die Information über den Stand der Umsetzung der internationalen und nationalen Politik zur Steuerung des Globalen Wandels einschließen sollte. Natürlich muss dabei das Rad nicht neu erfunden werden: Sämtliche Umweltverträge verpflichten schon heute ihre Parteien zu regelmäßiger Berichterstattung. Sonderorganisationen wie die Weltorganisation für Meteorologie (WMO), die Internationale Seeschifffahrtsorganisation (IMO) oder die WHO sammeln und verbreiten wertvolles Wissen und fördern weitergehende Forschung; die CSD leistet wichtige Beiträge beim Ausarbeiten von Indikatoren für nachhaltige Entwicklung. Nicht zuletzt ist UNEP auf vielen dieser Gebiete aktiv.

Doch weiterhin fehlt das umfassende Koordinieren, Bündeln und entscheidungsorientierte Aufbereiten und Weiterleiten dieses Wissens (Kap. E 1). Was gegenwärtig von den verschiedenen internationalen Akteuren erarbeitet wird, benötigt einen zentralen Fixpunkt im internationalen Institutionensystem. UNEP könnte dieser Fixpunkt sein, doch reichen die Ressourcen und derzeitigen Kompetenzen dieses der UN-Vollversammlung beigeordneten Programms nicht. Hier wäre eine Alternative, das UNEP aufzuwerten hin zu einer vertraglich abgesicherten, finanziell mit zusätzlichen Mitteln ausreichend gestützten und institutionell eigenständigen Internationalen Umweltorganisation. Wie schwach UNEP ausgestattet ist, wird an einem Vergleich der Mitarbeiterzahlen deutlich: Das weltweit agierende UNEP verfügt nur über rund 530 Mitarbeiter (2000), während das deutsche Umweltbundesamt (UBA) 1.032 (1999) und die US-amerikanische Umweltagentur (EPA) sogar auf 18.807 Mitarbeiter (1999) zurückgreifen können.

Durch eine Aufwertung von UNEP könnten auch Regimebildungsprozesse besser unterstützt werden, beispielsweise durch das Initiieren und Vorbereiten von Verträgen. Ein Vorbild könnte auch die ILO sein, die nach einem festgelegten Verfahren einen umfassenden Corpus von „ILO-Konventionen" ausgearbeitet hat, die eine Art globales Arbeitsgesetzbuch darstellen. Verglichen mit der ILO ist die globale Umweltpolitik in der Regimebildung bislang weit disparater und von Kompetenzstreitigkeiten zwischen verschiedenen UN-Sonderorganisationen gekennzeichnet, in denen das kleine UNEP die Umweltinteressen nicht genügend wahren konnte.

PRO UND KONTRA EINER
UN-SONDERORGANISATION FÜR UMWELTFRAGEN
Angesichts der auch von Deutschland angestoßenen Debatte um die Gründung einer UN-Sonderorganisation für Umweltfragen ist jedoch zu betonen, dass diese kein Allheilmittel sein kann. Viele Probleme, die bei den derzeit bestehenden kleinen Abteilungen vor allem bei UNEP und CSD bestehen, werden nicht von einem Tag auf den anderen verschwinden. Übergreifend ist zudem zu berücksichtigen, dass internationale Organisationen selten als Beispiele für hohe Effizienz gelten. In ihnen kommt es leicht zu institutionellen Verfestigungen, die eine mangelnde Anpassungsfähigkeit und folglich Bürokratismus nach sich ziehen. So gelten die Vereinten Nationen insgesamt bei manchen Beobachtern als Beispiel für Ineffizienz. Aber dies spricht auch nicht unbedingt für eine Aufrechterhaltung des Status quo, denn

schon heute sind die Sekretariate internationaler Regime oft an globale Einrichtungen angegliedert und haben dementsprechend mit Bürokratisierungstendenzen zu kämpfen. Jedes Sekretariat, jedes kleine Umweltprogramm benötigt seinen eigenen administrativen Apparat, von der Personalkostenabrechnung bis hin zu EDV-Dienstleistungen. Die Gründung einer neuen internationalen Umweltorganisation, die etwa die Konventionssekretariate und das UNEP verschmelzen würde, würde insofern zwar eine neue Bürokratie schaffen – aber zugleich mehrere kleinere überflüssig machen.

Dennoch muss deutlich gemacht werden, was eine neue internationale Umweltorganisation nicht leisten sollte, beziehungsweise was unbedingt zu vermeiden ist. So sollte sichergestellt werden, dass eine solche Organisation nicht eigenständig Projekte durchführt. Projektkoordination vor Ort sollte weiterhin, je nach Fachkompetenz, von UNDP (Kap. D 3.3), der Weltbank (Kap. D 2), der FAO oder der UNIDO geleistet werden, wobei die neue internationale Umweltorganisation lediglich als Auftraggeber und inhaltlicher Betreuer auftreten würde. Es würde die Ineffizienz des Gesamtsystems deutlich erhöhen, wenn neben den projektorientierten Einrichtungen im UN-System noch eine weitere projektdurchführende Organisation geschaffen würde.

Auch sollte durch eine organisatorische Neustrukturierung keine Finanzierungsorganisation neben UNDP (Kap. D 3.3), der Weltbank oder der Globalen Umweltfazilität (Kap. B 4.5) geschaffen werden. Allerdings müsste eine internationale Umweltorganisation ausreichend mit Finanzmitteln ausgestattet sein, um ihre Mitarbeiter angemessen zu entlohnen und ihre inhaltliche Arbeit durchführen zu können – die derzeitigen finanziellen Engpässe im UN-System haben teils ein Ausmaß erreicht, das dessen effektiver Arbeit entgegen steht.

Letztlich haben die bisherigen Debatten deutlich gemacht, dass Vorbehalte gegenüber der Gründung einer Internationalen Umweltorganisation insbesondere in den Entwicklungsländern existieren. Die Erfahrung mit der Initiative der Bundesregierung von 1997 zeigt, dass derartige politische Vorstöße in schwieriges Fahrwasser geraten, soweit Deutschland sich nicht auf den Konsens und die Unterstützung der europäischen Partnerländer stützen kann. Deshalb scheint empfehlenswert, zunächst innerhalb der Europäischen Union eine gemeinsame Position zur Reform der UN im Umweltbereich zu erarbeiten, zumal offensichtlich nun Frankreich verstärkt für eine Internationale Umweltorganisation eintreten will.

In einem weiteren Schritt ist unbedingt sicherzustellen, dass alle Initiativen in diesem Themenfeld gemeinsam von Industrie- und Entwicklungsländern getragen werden. Der Beirat empfiehlt der Bundesregierung deshalb nachdrücklich, sich gezielt um Koalitionen mit wichtigen Entwicklungsländern zu bemühen, um die Akzeptanz einer politischen Initiative von vornherein sicherzustellen. Der Beirat begrüßt daher die Vier-Länder-Initiative der Bundesregierung von 1997, gemeinsam mit Südafrika, Brasilien und Singapur vorzugehen, und empfiehlt, weitere politische Schritte in diese Richtung zu unternehmen.

Um die Akzeptanz von Reformvorschlägen durch die Entwicklungsländer zu erhöhen, empfiehlt der Beirat zudem, Entscheidungsverfahren in Erwägung zu ziehen, die Nord und Süd eine gleichberechtigte Stellung einräumen – etwa nach dem Muster der nord-süd-paritätischen Entscheidungsverfahren des Montrealer Protokolls, des Ozonfonds oder der GEF (Kap. B 4.5). Dies könnte gewährleisten, dass die Entscheidungen der neuen Organisation zu Strategie und Programm den Interessen weder der Entwicklungsländer noch der Industrieländer widersprechen. Ohne Zustimmung der Mehrheit der Entwicklungsländer und ohne Einwilligung der Mehrheit der Industrieländer ist eine globale Umwelt- und Entwicklungspolitik nicht möglich. Nord-süd-paritätische Entscheidungsverfahren sind im Ergebnis ein „dritter Weg" zwischen dem süd-orientierten Entscheidungsverfahren der UN-Vollversammlung (ein Land, eine Stimme) und der nord-orientierten Prozedur der Bretton-Woods-Organisationen (ein Dollar, eine Stimme) – sie könnten möglicherweise auch als Grundlage einer internationalen Umweltorganisation dienen (Biermann und Simonis, 2000).

E 2.3
Neustrukturierung des Organisationengefüges

Im folgenden entwickelt der Beirat drei Stufen einer organisatorischen Reform des UN-Systems im Umweltbereich, welche auf dem Status quo aufbauen. Jede Stufe sollte dabei gesondert geprüft werden. Keineswegs möchte der Beirat dieses Modell als eine zwangsläufige Abfolge von Schritten verstanden wissen, die mit Notwendigkeit auf die letzte Stufe hin streben. Vielmehr ist zu erwarten, dass schon der Übergang von einer Stufe auf die nächste erhebliche Verbesserungen in der globalen Umweltpolitik erbringt. Erst wenn dieses nicht der Fall sein sollte, sollte der Übergang auf die nächsthöhere Stufe geprüft werden.

E 2.3.1
Stufe 1: Kooperation verbessern

Das bestehende Organisationengefüge wurde in den vorhergehenden Kapiteln ausführlich erörtert und in seinen Defiziten dargestellt. Deshalb scheint es dem Beirat notwendig, weitere Schritte in Richtung einer verbesserten Kooperation der verschiedenen Organisationen und Programme zu unternehmen. Diese Kooperation sollte in Stufe 1 weiterhin eine Zusammenarbeit gleichberechtigter Partner bleiben. Auch werden die Funktionen der CSD, der GEF, der verschiedenen Konventionssekretariate und Vertragsstaatenkonferenzen sowie die umweltpolitischen Abteilungen und Programme der einzelnen Sonderorganisationen nicht berührt. Dies entspricht auch dem Grundgedanken einer sog. Segmentierungsstrategie globaler Umweltpolitik, bei der die Kernkompetenz zur Behandlung einzelner Umweltprobleme bei den spezialisierten Konventionen liegt. Dies fördert eine klare und bereichsbezogene Verantwortlichkeit.

Zentral scheint dem Beirat in dieser Phase zunächst die Einrichtung einer hochrangigen Umwelt-Management-Gruppe zu sein, welche aus dem Leitungspersonal der umweltpolitisch orientierten UN-Sonderorganisationen und -Programme bestehen sollte, wie es von der sog. Töpfer-Task-Force empfohlen wurde (Kasten E 2.3-1). Der Umweltschutz könnte innerhalb dieser Gruppe durch eine entsprechende Aufwertung des UNEP gefördert werden. Diese Aufwertung könnte durch eine finanzielle und administrative Stärkung des UNEP erfolgen, um dessen Aufgaben im Bereich der wissenschaftlichen Koordination, der Öffentlichkeitsarbeit, des Technologietransfers und der Beratung von staatlichen und privaten Akteuren in Entwicklungsländern besser erfüllen zu können.

Gegebenenfalls könnte diese Stärkung durch die Aufwertung des UNEP zu einer Organisation innerhalb des Systems der Vereinten Nationen geschehen. Eine solche Aufwertung würde die Rechte der Konventionssekretariate, der Vertragsstaatenkonferenzen und der übrigen UN-Sonderorganisationen nicht beeinträchtigen, sondern neben einer entsprechenden finanziellen und personellen Stärkung vor allem die Aufwertung des Umweltthemas innerhalb der „Familie" der UN-Sonderorganisationen bedeuten.

Die Aufwertung des UNEP könnte sich entweder orientieren am Beispiel der Weltgesundheitsorganisation, also einer UN-Sonderorganisation mit eigenem Budget und eigener Mitgliedschaft, oder am Beispiel der UN-Konferenz über Handel und Entwicklung (UNCTAD), einer UN-internen Körperschaft, die von der UN-Generalversammlung zur Zusammenarbeit bei der internationalen Handelspolitik eingerichtet worden ist.

Die Gruppe der UN-Sonderorganisationen ist das Ergebnis der funktionalen Spezialisierung innerhalb des UN-Systems, mit der „Organisation der Vereinten Nationen" (UNO) als Zentrum inmitten einer Gruppe von unabhängigen UN-Sonderorganisationen für besondere Politikbereiche, wie etwa für Ernährung und Landwirtschaft (FAO, seit 1945), Bildung, Wissenschaft und Kultur (UNESCO, seit 1945), Gesundheit (WHO, 1946), Luftverkehr (ICAO, 1944) oder Meteorologie (WMO, 1947). Manche der Sonderorganisationen sind weit älter als die UNO selbst, so etwa die Weltpostunion, die bis ins Jahr 1874 zurückreicht. Die meisten Sonderorganisationen sind jedoch nahezu zeitgleich mit der UNO gegründet worden, weil die Regierungen damals befürchteten, dass die Überfülle von Aufgaben die UNO überfordern würde. Gleichwohl sind alle UN-Sonderorganisationen eng mit der UN verbunden, insbesondere mit dessen ECOSOC.

Umweltprobleme waren 1945 jedoch noch kein Thema, so dass der Begriff Umwelt nicht einmal in der UN-Satzung genannt wird. Erst 1972 wurde ein UN-Umweltprogramm innerhalb der UNO gegründet, ohne Rechtspersönlichkeit, ohne eigenes Budget und laut Gründungsdokument mit nur einem „kleinen Sekretariat". Dieses UNEP ist mit den UN-Sonderorganisationen für die anderen Politikfelder nicht zu vergleichen. Sollte nun die Internationale Umweltorganisation als eine weitere UN-Sonderorganisation eingerichtet werden, würde diese auf einem Gründungsvertrag aufbauen, der von einer bestimmten Zahl von Staaten ratifiziert werden müsste, um in Kraft treten zu können. Eine solche Organisation könnte ihr eigenes Budget haben, etwa auf Beiträgen der Mitgliedstaaten basierend, und sie könnte auch treuhänderisch die Mittel innovativer Finanzinstitutionen verwalten (Kap. E 3).

Eine UN-Sonderorganisation für Umweltfragen könnte zudem gegebenenfalls mit Mehrheitsentscheidungen auch bestimmte Standards beschließen, die alle Mitglieder binden würden. Die Vollversammlung der Internationalen Umweltorganisation könnte ferner Verträge aushandeln und beschließen, die dann innerhalb der Organisation zur Zeichnung aufgelegt werden könnten. Die ILO verlangt beispielsweise von ihren Mitgliedstaaten, dass sie innerhalb eines Jahres nach Annahme einer ILO-Konvention diese den entsprechenden staatlichen Einrichtungen zur Erörterung und gegebenenfalls Ratifikation weitergeleitet haben. Dieses geht weit über die Vollmachten etwa des UNEP-Verwaltungsrates hinaus. Auf der anderen Seite würde eine neue Organisation nicht notwendigerweise sofort zur Auflösung von UNEP führen, vor allem wenn nicht alle UN-Mitglieder dieser beitreten wollen. Im Übergang, vielleicht auch später, könnte eine neue UN-Sonderorganisation insofern die Gefahr der Doppelarbeit und Ineffizienz fördern statt vermindern. Auf lange Sicht sollte aber nach der Gründung und Implementation ei-

Kasten E 2.3-1

Die „Töpfer Task Force"

UN-Generalsekretär Kofi Annan richtete 1998 die „*United Nations Task Force on Environment and Human Settlements*" ein, um Vorschläge für eine Stärkung von UNEP und Habitat (United Nations Centre on Human Settlements) zu erarbeiten. Vorsitzender wurde der Direktor des UNEP, Klaus Töpfer. Motiv für die Einrichtung der Task Force war die allgemein geteilte Überzeugung, dass durch die institutionelle Fragmentierung in zahlreiche separate umweltbezogene Prozesse ein Verlust an Effektivität entstanden ist. Aufgabe der Task Force war es, die Strukturen umweltbezogener Aktivitäten im Rahmen der UN zu überprüfen, deren Effizienz und Effektivität zu bewerten und Vorschläge zur Verbesserung der Umweltarbeit der UN auf globaler Ebene sowie der Rolle des UNEP als führender Umweltorganisation vorzulegen. Auch sollten Empfehlungen für eine Stärkung der Rolle des UNEP als Hauptquelle für umweltbezogene Informationen der CSD gemacht werden.

Die Task Force bestand aus 21 namhaften Experten, traf vier Mal zusammen und übergab ihren Bericht 1998 an den Generalsekretär. Sie fasste ihren Befund in 24 Empfehlungen zusammen. Deren Umsetzung soll die Koordination zwischen den verschiedenen Organisationen, Programmen und Konventionen verstärken und die allgemeine politische Kohärenz verbessern, um die Arbeit der UN im Umwelt- und Siedlungsbereich wiederzubeleben. Die Empfehlungen verlangen Entscheidungen und Maßnahmen sowohl auf der zwischenstaatlichen als auch auf der Sekretariatsebene.

EINRICHTUNG EINER ENVIRONMENTAL MANAGEMENT GROUP
Der wichtigste Vorschlag der Task Force war die Einrichtung einer *Environmental Management Group* unter Leitung des UNEP-Direktors, um Informationsaustausch, neue Initiativen und den Planungsrahmen besser zu koordinieren und dadurch einen rationellen und effektiven Einsatz der Ressourcen zu gewährleisten. Diese Gruppe soll ein Forum für den Austausch zwischen den analytischen und normsetzenden Aktivitäten des UNEP und der operativen Rolle des UNDP bieten.

Es werden regelmäßige Konsultationen zwischen UNEP und den Vertretern der Konventionen (Präsidenten der Vertragsstaatenkonferenzen, Leiter der Sekretariate) vorgeschlagen, um übergreifende Themen zu bearbeiten. Die Abstimmung zwischen den einzelnen Programmen der Konventionen und denen des UNEP soll verbessert und Synergien genutzt werden. Der Generalsekretär, die Regierungen und Vertragsstaatenkonferenzen werden aufgerufen, Lösungen für die durch die geographische Zersplitterung der Sekretariate verursachte Ineffizienz und erhöhten Kosten zu suchen. Die Task Force betont die Wichtigkeit, Nairobi als UN-Standort zu stabilisieren und zu stärken. Unter anderem sollen die Themen Sicherheit, Ausnutzung von Synergien zwischen UNEP und Habitat und die Entwicklung einer gemeinsamen Finanzstrategie sowie einer Zusammenlegung der Verwaltungen angesprochen werden.

FRÜHWARNFUNKTION
UNEP und Habitat sollten nach Meinung der Task Force eine Informations- und Frühwarnfunktion übernehmen. Sie sollen in die Lage versetzt werden, bereits in einem frühen Stadium die Regierungen über negative Entwicklungen, die präventive oder Hilfsmaßnahmen der internationalen Gemeinschaft erfordern, zu informieren. Dazu ist eine Verstärkung der Rolle als Informationsdienstleister notwendig, um einen besseren Informationsaustausch für einen „guten Umgang" mit der globalen Umwelt durch die internationale Gemeinschaft zu ermöglichen. Daher sollte das Earthwatch-System überprüft und zu einem effektiven, wissenschaftlich fundierten System weiterentwickelt werden. Ebenso sollen Indikatoren für nachhaltige Entwicklung erstellt sowie die Kapazitäten für Daten- und Informationsaustausch ausgebaut werden. Diese sollen ausdrücklich Informationen von Nichtregierungsorganisationen einschließen.

Die Task Force betont zudem die Notwendigkeit einer effizienten Nutzung der GEF. Dazu soll die Zusammenarbeit zwischen UNEP, UNDP und Weltbank intensiviert werden.

Die Task Force gab auch eine Reihe von Anregungen, wie die Einbeziehung von Privatwirtschaft, Nichtregierungsorganisationen (besonders aus dem Süden) und anderen Gruppen der Zivilgesellschaft in die Arbeit der UN gestärkt werden kann.

Zur Verbesserung der Koordination und Kohärenz zwischenstaatlicher Einrichtungen im Umweltbereich schlägt die Task Force u.a. ein globales Umweltforum auf Ministerebene vor, das sich jährlich im Rahmen der Sitzung des UNEP Governing Council treffen und mit der Überprüfung der Umweltagenda der UN und ihrer Umsetzung beschäftigen soll. Die Treffen sollen an unterschiedlichen Orten stattfinden, regionale Themen aufgreifen und durch Debatten mit aktuellem Inhalt Medienaufmerksamkeit erregen. Für eine verbesserte Abstimmung mit der CSD und den Vertragsstaatenkonferenzen sollte dieses Forum auch Beiträge zu den CSD-Sitzungen erarbeiten. Das erste globale Umweltministerforum fand im Mai 2000 in Malmö statt.

---

ner Internationalen Umweltorganisation das bestehende UN-Umweltprogramm auslaufen.

Das UNCTAD-Modell, also eine UN-interne Körperschaft, scheint zur Zeit die wohl realistischste Lösung zu sein. UNCTAD wurde 1964 durch eine Entschließung der UN-Vollversammlung eingerichtet. Ihr Status als halb-autonome Sonderkörperschaft innerhalb der UN bleibt weitgehend einzigartig. In gewisser Weise hat UNCTAD einen höheren Status als das UNEP. Dennoch erscheint die Aufwertung des UNEP zu einer halb autonomen UN-internen Körperschaft nicht als ausreichend ehrgeiziger Schritt.

Die Schaffung einer Internationalen Umweltorganisation vom Typ I, entweder nach dem WHO/ILO-Modell oder nach dem UNCTAD-Modell, würde *eo ipso* nicht den Status der verschiedenen Umweltverträge berühren. Es ist allerdings wahrscheinlich, dass ein stärkerer umweltpolitischer Akteur innerhalb des UN-Systems letztlich zu einer gewissen Verschiebung von Machtgewichten zwischen den Organisationen und insbesondere zu einer Verlagerung von

Kompetenzen zur neuen Organisation auf Kosten von FAO, UNESCO und UNIDO führen könnte.

Die Zustimmung der Entwicklungsländer ließe sich dadurch fördern, dass diese Internationale Umweltorganisation vom Typ I eine Stärkung der für die Entwicklungsländer zentralen Funktionen des UNEP implizieren würde, etwa Informationsbeschaffung und -verbreitung sowie Technologietransfer. Mit Blick auf die Zustimmung der Entwicklungsländer ist zudem sicherzustellen, dass die Internationale Umweltorganisation vom Typ I nicht auf unmittelbar globale Umweltprobleme wie den Klimawandel oder die Verdünnung der Ozonschicht beschränkt bleibt, sondern auch die Bewältigung von Umweltproblemen mit umfasst, die sich global kumulieren, wie Bodendegradation, Biodiversitätsverlust, Dezimierung von Wäldern oder Süßwasserverknappung. Solche Umweltprobleme gefährden in den Entwicklungsländern zurzeit weitaus mehr Menschenleben als unmittelbar globale Umweltprobleme (WBGU, 1999a). Im Mittelpunkt der Internationalen Umweltorganisation vom Typ I sollten deshalb Schutz von Süßwasserressourcen, Böden, biologischer Vielfalt und Wäldern, Sicherheit und Umgang mit Chemikalien sowie Luftreinhaltung (auch innerhalb von Wohnräumen) stehen. Unmittelbar globale Umweltprobleme, wie die Gefährdung der stratosphärischen Ozonschicht oder des Klimas, müssen auch von dieser Organisation erfasst werden, sollten jedoch nicht im Zentrum stehen, auch weil hierzu – jedenfalls in den Augen der Entwicklungsländer – die Hauptverantwortung weiterhin bei den Industrieländern liegt und deshalb andere Organisationen, etwa die OECD, entsprechende Aufgaben übernehmen könnten.

Eine solche Internationale Umweltorganisation muss keine „scharfen Zähne" besitzen, sondern könnte durchaus mit „weichen" Durchsetzungsmechanismen Erfolg haben. Die Organisation sollte beispielsweise das Recht haben, Informationen über den Stand der Umwelt und der Umweltpolitik in den einzelnen Ländern zu sammeln, auszuwerten und in geeigneter Form zu veröffentlichen, insbesondere im Vergleich zu den internationalen Verpflichtungen, die die jeweiligen Staaten eingegangen sind. Wie Levy (1993) am Beispiel des europäischen Luftreinhalteregimes gezeigt hat, kann die rein vergleichende Information über verschiedene Länder wesentliche politische Initiativen in weniger umweltbewussten Staaten auslösen.

E 2.3.2
Stufe 2: Koordinierende Dachorganisation mit eigenständigen Ausschüssen einrichten

Sollte verbesserte Kooperation der internationalen Organisationen und Programme, einschließlich gegebenenfalls der Gründung einer neuen Organisation nach dem Muster der WHO bzw. UNCTAD, nicht reichen, die erkannten Defizite zu begrenzen, wäre die Stärkung des Umweltschutzes durch eine verbesserte *Koordination* der einzelnen Akteure in Erwägung zu ziehen. Eine solche Koordination würde in gewisser Weise eine begrenzte Hierarchisierung im Organisationengefüge erforderlich machen. Sollte eine solche Stufe mittelfristig notwendig werden, böte sich das Modell der Welthandelsorganisation (WTO) an. Dort wurde das Sekretariat des Allgemeinen Zoll- und Handelsabkommens (GATT) zu einer eigenständigen internationalen Organisation aufgewertet und zugleich wurden diverse multilaterale und plurilaterale Handelsabkommen unter das „Dach" des Rahmenvertrags zur Gründung der WTO gebracht. Dadurch haben sämtliche Handelsabkommen dasselbe Sekretariat, eben die WTO, was eine ineffiziente Zersplitterung in viele administrative Einheiten verhindert. Ferner unterliegen die Handelsabkommen dem gleichen Streitschlichtungssystem. Dennoch bleibt ein gewisser Dezentralismus im Entscheidungssystem gewahrt, weil die spezifischen Beschlüsse für die zentralen Handelsabkommen in gesonderten Konferenzen erfolgen, welche als „Ausschüsse" der WTO-Ministerkonferenz angegliedert sind. Analog ließe sich mittelfristig überlegen, auch die verschiedenen Vertragsstaatenkonferenzen im Umweltschutz einem gemeinsamen Rahmenübereinkommen zur Gründung einer Internationalen Umweltorganisation zu unterwerfen und sie dann wie bei der WTO als gesonderte und in hohem Maße selbständige Ausschüsse der Ministerkonferenz fortbestehen zu lassen. Die Gründung einer solchen Organisation vom Typ II wird von Entwicklungs- und Industrieländern wohl nur dann akzeptiert werden, wenn beide Seiten über die Fortentwicklung der Organisation effektive Vetorechte erhalten. Gerade hierfür böte sich die Übernahme des nord-süd-paritätischen Entscheidungsverfahrens des Montrealer Protokolls an.

Für Entwicklungsländer bestünde durch die Gründung einer Internationalen Umweltorganisation vom Typ II ein besonderer Vorteil in der räumlichen Zentralisierung von Verhandlungen. Bislang waren sehr viele der kleineren Entwicklungsländer von der Menge weltweit tagender internationaler Verhandlungsausschüsse, Vertragsstaatenkonferenzen, Unterausschüsse und Expertengremien personell überfordert und kaum in der Lage, die wissenschaftlichen, politischen und wirtschaftlichen Implikationen der komplexen Verhandlungsmaterie, beispielsweise eines globalen Emissionszertifikatehandels im Klimaschutz oder des sicheren internationalen Umgangs mit gentechnisch veränderten Organismen, angemessen zu verfolgen. Viele Entwicklungsländer orientieren sich deshalb politisch an den großen Akteuren des Südens. Selbst den Wortführern der G-77, wie beispielsweise Indien oder China, stehen oft nicht genügend Sachverständige zur Verfügung, um die „globale Verhandlungskarawane" zu verfolgen. So wurden beispielsweise die indischen Interessen auf internationalen Verhandlungen häufig von den Botschaftsvertretern vor Ort wahrgenommen, so dass Indiens Botschafter in Finnland substanziell an Verhandlungen über ein globales Verbot der vielfältigen ozonabbauende Stoffe teilnehmen musste (Rajan, 1997). Deshalb wird es häufig als Vorteil einer Internationalen Umweltorganisation angesehen, dass die umweltpolitischen Verhandlungen zentral an ihrem Sitzort organisiert werden könnten, was fast allen Entwicklungsländern den Aufbau eines professionellen Diplomatenteams von Umweltexperten an diesem Organisationssitz ermöglichen würde. Dasselbe gilt für Vertreter der Umweltschutzverbände und anderer Nichtregierungsorganisationen des Südens, die sich das bisherige Verhandlungssystem wechselnder Konferenzen in fast allen Hauptstädten der Welt kaum leisten können, wohl aber eine ständige Vertretung in einer einzigen „globalen Umwelthauptstadt". Selbst Industrieländer könnten durch eine solche Zentralisierung erhebliche Reise- und Personalkosten sparen.

Klärungsbedarf gäbe es allerdings in Stufe 2 mit Blick auf die Entwicklungsaspekte des globalen Projekts einer „nachhaltigen Entwicklung". Global kann Umweltschutz nicht vom übrigen Politikgeschehen isoliert gesehen werden. Bei politischen Vereinbarungen und Programmen, beispielsweise zum Schutz von Tropenwäldern oder zur Regulation des Verbrauchs fossiler Brennstoffe, sind unweigerlich wirtschafts- und entwicklungspolitische Kernbereiche betroffen. Eine Internationale Umweltorganisation des Typs II muss dies berücksichtigen. Sie sollte nach Ansicht des Beirats nicht Entwicklung als solche fördern, wie es etwa das UN-Entwicklungsprogramm (UNDP) oder die Weltbank versuchen (Kap. D 2 und Kap. D 3), aber die neue Organisation sollte gleichwohl in ihrer Politik gewährleisten, dass Armutsbekämpfung und wirtschaftliche Entwicklung im Süden nicht gefährdet werden und die globale Umweltpolitik dem Kriterium einer global gerechten Lastenverteilung genügt. Deshalb ist es wichtig, dass sich dies im Statut der Organisation – analog etwa zur Erklärung über Umwelt und Entwicklung von Rio de Janeiro 1992 – widerspiegelt. Weiter geht der Vorschlag von Biermann und Simonis (2000), diese Ausrichtung auch in den Titel einer neuen Organisation aufzunehmen und diese als „Weltorganisation für Umwelt und Entwicklung" zu bezeichnen.

Manche streben eine weit größere Integration an und plädieren für eine Verschmelzung von UNEP und UNDP (so beispielsweise die umweltpolitische Sprecherin der SPD-Bundestagsfraktion in einer Erklärung vom 25. Januar 1999). Angesichts des UNDP-Kernbudgets von etwa 700 Mio. US-$ wäre dies eine „Elefantenhochzeit" in der internationalen Institutionenfamilie. Industrieländer haben sich seit langem einer internationalen Organisation für Entwicklungsfragen widersetzt, so dass das Aufwerten von UNDP und UNEP zu einer „Weltorganisation für nachhaltige Entwicklung" kaum umsetzbar erscheint. Andererseits könnten manche Industrieländer vielleicht Gefallen an der UNDP-UNEP-Synthese finden, wenn sich hierdurch das entwicklungspolitische UN-Budget insgesamt reduzieren ließe, es also zu vereinigungsbedingten Einsparungen käme. Der frühere UNDP-Chef Gustave Speth hat sich grundsätzlich für eine Internationale Umweltorganisation, aber gegen deren Verschmelzen mit seiner eigenen Institution ausgesprochen (Speth, 1998). Ähnlicher Widerstand ist von seinem Nachfolger zu erwarten und angesichts des Gewichts des UNDP nicht zu unterschätzen. Ein Hauptproblem ist der Projektcharakter der Arbeit des UNDP, den UNEP nicht besitzt und der auch für die hier diskutierte Internationale Umweltorganisation nicht sinnvoll ist, wie auch die erhebliche Größendifferenz zwischen UNEP und UNDP. Beides würde möglicherweise die hier angestrebten politikstimulierenden und kooperationsfördernden Wirkungen einer Internationalen Umweltorganisation vor dem Hintergrund der entwicklungspolitischen Projektarbeit des UNDP erheblich ins Hintertreffen geraten lassen.

E 2.3.3
Stufe 3: Zentralisierung und Zusammenführung unter einer Organisation?

Es ist zu früh zu urteilen, ob die Stufen 1 oder 2 genügen werden, der wachsenden globalen Umwelt- und Entwicklungskrise zu begegnen. Dennoch möchte der Beirat mit Blick auf langfristige Entwicklungen auch Hinweise geben, wie auf das Scheitern der Stufen 1 und 2 gegebenenfalls mit weiteren Institutionalisierungsschritten reagiert werden könnte.

In Stufe 3 würde das institutionelle Gefüge der globalen Umweltpolitik grundsätzlich umstrukturiert werden, insbesondere durch die Einrichtung einer neuen, allem übergeordneten Organisation. Das

Ziel wäre, die internationale Umweltpolitik stärker zu zentralisieren und zu hierarchisieren sowie Entscheidungsprozesse zu beschleunigen, indem das Konsensprinzip überwunden bzw. repräsentativ besetzte, kleinere Entscheidungsgremien, etwa ein Umweltsicherheitsrat, eingeführt werden und Minderheiten so ihre Blockademacht verlieren. Die Einhaltung internationaler Umweltstandards wäre in der Folge einer derartigen Hierarchisierung mit Hilfe von Zwangsmaßnahmen, aber auch erhöhter finanzieller und technischer Hilfestellung zu gewährleisten. Die Vielzahl sich unabhängig voneinander dezentral entwickelnder Institutionen, deren wechselseitiges Verhältnis bisher kaum bewusst gestaltet wurde, könnte so gebündelt werden, um Koordinationsprobleme leichter lösen zu können. Der Vorschlag zur Einrichtung einer Globalen Umweltorganisation von Daniel Esty (1994b) läuft beispielsweise auf eine solche Zentralisierung und Hierarchisierung hinaus.

Solche Vorschläge geben dem Aspekt der globalen Regierung (*government*) den Vorzug gegenüber horizontalen, nichthierarchischen Organisationsmustern (*governance*). In der bisherigen Theoriedebatte wurde dies allerdings oft als wenig realistisch oder wenig wünschenswert gekennzeichnet, sowohl von Seiten des Neorealismus, der jegliche Form der Institutionalisierung des internationalen Systems für unrealistisch und unwahrscheinlich hält (Waltz, 1959, 1979), als auch von Seiten des neoliberalen Institutionalismus, der die Möglichkeit des Regierens im internationalen System auf Grund von vernetzten problemfeldspezifischen Regimen und nicht durch Souveränität einschränkende Organisationen betont (Haas et al., 1993; Victor et al., 1998; Young, 1997; Zürn, 1997).

Mittelfristig wird eine Souveränität einschränkende Hierarchisierung sicherlich auf erheblichen Widerstand stoßen, in Nord wie in Süd. Dies gilt beispielsweise für solche Vorschläge, die auf die Gründung eines Umweltsicherheitsrates (Palmer, 1992) oder eines Internationalen Umweltgerichtshofs mit bindender Rechtsprechung hinzielen (Zaelke und Cameron, 1990; Fues, 1997). Zumindest ersteres erforderte zudem eine Änderung der Charta der Vereinten Nationen, welche die Ratifikation durch zwei Drittel der UN-Mitglieder sowie von China, Frankreich, Großbritannien, Russland und den Vereinigten Staaten erfordert. Weitreichende Souveränitätseinschränkungen scheinen bei einem solchen Quorum zurzeit ausgeschlossen.

Scharfe Durchsetzungsmechanismen einer Internationalen Umweltorganisation würden am Ende zudem nur gegenüber denjenigen Staaten praktikabel sein, die sich schon heute vom „Ökoimperialismus" bedroht sehen: den Entwicklungsländern (Agarwal und Narain, 1991; Agarwal et al., 1999). Gerade gegenüber diesen Staaten wirkte eine Internationale Umweltorganisation mit „scharfen Zähnen" deshalb möglicherweise kontraproduktiv (Biermann und Simonis, 2000): Um sich nicht dem ökologischen Durchsetzungswillen reicher Industrieländer auszuliefern, blieben sie eventuell der Organisation entweder fern oder würden für ein Aufweichen der Standards der Umweltverträge kämpfen und striktere verweigern.

Eine Zentralisierung, bei der mehrere Problemfelder zusammengefasst würden, böte zwar besondere Möglichkeiten von Koppelgeschäften über die Grenzen der vorher getrennten Bereiche hinweg. Bei einer solchen Ausweitung des Verhandlungsbereichs besteht jedoch die Gefahr vermehrter Verhandlungsblockaden, da möglicherweise zu viele Sachaspekte verquickt werden (Sebenius, 1983). Zudem besteht bei einer Zentralisierung das Risiko, dass institutionelle Innovationen, die sich in Nischen bilden und anschließend Schule machen, erschwert werden. In einer zentralisierten Struktur haben selbst Neuerungen in Randbereichen tendenziell immer sehr viel weitere Implikationen, da der unmittelbar geregelte Bereich institutionell mit vielen anderen verbunden ist. So ist zum Beispiel vorstellbar, dass die Möglichkeit für Mehrheitsentscheidungen, die im Montrealer Protokoll niedergelegt sind, in einer zentralisierten Struktur nicht durchsetzbar gewesen wäre, weil viele Akteure den Präzedenzfall gefürchtet hätten.

Zur Lösung des Problems der Koordination zwischen verschiedenen Umweltorganisationen bietet eine institutionelle Zentralisierung in Form einer Souveränität einschränkenden Weltorganisation offensichtliche Potenziale. Die erforderlichen Koordinationsleistungen könnten aber grundsätzlich auch im Rahmen der bestehenden Strukturen und im Rahmen einer bescheideneren organisatorischen Lösung erreicht werden, etwa im Wege der Einrichtung einer nicht Souveränität einschränkenden Internationalen Umweltorganisation mit beschränktem Mandat (Typ I oder II).

E 2.4
Handlungs- und Forschungsempfehlungen zur Organisation globaler Umweltpolitik

Das Institutionen- und Organisationengefüge internationaler Umweltpolitik ist bisher durch seine dezentrale Struktur gekennzeichnet: In meist problemfeldspezifischen Institutionen wurden verschiedene institutionelle Elemente miteinander kombiniert. Dadurch wird bisher auf der Grundlage des herrschenden Konsensprinzips die Annahme verbindlicher Entscheidungen zum Schutz der Umwelt und eine wirksame Durchsetzung getroffener Beschlüsse erschwert. Zudem hat das System internationaler Institutionen im Umweltbereich (und darüber hinaus) vermehrt mit Koordinationsdefiziten zu kämpfen.

Hier Abhilfe zu schaffen stellt die Herausforderung für Bestrebungen zur institutionellen Reform internationaler Umweltpolitik dar. Die Bandbreite entsprechender Vorschläge reicht von der Einrichtung einer allmächtigen Weltorganisation mit Zuständigkeit für den Umweltbereich bis zur alleinigen Einführung neuer Verfahrenselemente im Rahmen bestimmter Umweltvereinbarungen („inkrementeller Wandel") (Oberthür, 1999b). Eine hierarchische Umstrukturierung internationaler Umweltpolitik scheidet nach Ansicht des Beirats derzeit aus, weil sie angesichts des in den internationalen Beziehungen strukturbildenden Souveränitätsprinzips nicht realisierbar ist.

Insgesamt hält der Beirat jedoch die Gründung einer hier als Stufe 1 bezeichneten Aufwertung des UNEP hin zu einer nicht Souveränität einschränkenden Internationalen Umweltorganisation als zusätzliches Element einer horizontal organisierten globalen Governance-Struktur in der internationalen Umweltpolitik für einen Erfolg versprechenden Weg. Ein organisatorisches Zentrum für eine dezentrale internationale Nachhaltigkeitsstrategie, das in seiner Form den Interessen der meisten Staaten gerecht wird, erscheint geboten. Wie das Politikfeld „Umweltschutz" innerhalb der Nationalstaaten in den 70er und 80er Jahren durch die Einführung eigenständiger Umweltministerien institutionell gestärkt wurde, so sollte auch jetzt das globale Politikfeld „Umweltschutz" durch eine eigenständige Sonderorganisation gestärkt werden, um Partikularinteressen einzelner Programme und Organisationen zu minimieren und Doppelarbeit, Überschneidungen und Inkonsistenzen zu begrenzen.

Im Wesentlichen sollte die neue Organisation die internationale Umweltpolitik wieder zusammenführen, Kapazitäten in Entwicklungsländern durch den Transfer von Wissen und Technologie aufbauen, zur besseren Umsetzung beitragen sowie das Umfeld zur Aushandlung neuer Institutionen kooperationsfördernder gestalten. Ob mittelfristig weitere Schritte – also die hier genannten Stufen 2 und 3 – erforderlich werden, lässt sich zurzeit kaum abschätzen. Im Sinne der Präferenz des Beirats für das Subsidiaritätsprinzip sollte zunächst Stufe 1 angestrebt werden, bevor auf der Basis einer sorgfältigen Effektivitätsanalyse weitere Schritte erwogen werden sollten. Nur so ist zudem das Vertrauen der Entwicklungsländer für eine Reform des UN-Systems im Umweltbereich zu erlangen.

Denn trotz aller Diskussion um die Gründung einer Internationalen Umweltorganisation darf nicht vergessen werden, dass die globale Umweltkrise mehr ist als ein Problem des Umweltschutzes – es handelt sich um eine globale Umwelt- *und* Entwicklungskrise, die Anstrengungen und neue globale Politikansätze auch im Bereich der „traditionellen" Entwicklungszusammenarbeit erfordert. Eine Rücknahme der drastischen Kürzungen der Bundesregierung im Bereich der öffentlichen Entwicklungsfinanzierung wäre ein zentraler Beitrag auch für die Förderung einer effektiven und global akzeptablen Umweltpolitik.

E 3 Aufbringung und Verwendung von Finanzmitteln in der globalen Umweltpolitik

E 3.1
Der Stellenwert des Finanzaspekts

Die Lösung der Frage, wie der globale Umweltschutz finanziert werden soll, spielt eine entscheidende Rolle in nahezu allen Phasen der globalen Umweltpolitik (Kap. C). Während die nationale Umweltpolitik ganz überwiegend durch die staatliche Hoheitsgewalt durchgesetzt wird, ist die globale Umweltpolitik durch das Konsensprinzip gekennzeichnet, d. h. die Implementation globaler Umweltpolitik ist überwiegend von der Zustimmung aller Länder abhängig. Weil viele Maßnahmen zum Schutz globaler Umweltgüter in Entwicklungsländern effizienter sind (z. B. geringere Kosten einer Erhöhung der Energieeffizienz zur Vermeidung von Treibhausgasemissionen) bzw. nur dort möglich sind (z. B. Schutz des tropischen Regenwaldes), ist die Zustimmung der Entwicklungsländer zu internationalen Umweltvereinbarungen häufig von der Bedingung abhängig, dass die reicheren Industrienationen die Kosten für die Umsetzung von internationalen Umweltkonventionen zumindest teilweise übernehmen. Den Entwicklungsländern kommt somit eine wachsende Verhandlungsmacht zu, die sich im besonderen Maß in der Mitsprache über die Verwendung der Finanzmittel zeigt (Biermann, 1998b).

Dieser grundlegenden Ausgangssituation bei der Gestaltung globaler Umweltpolitik trägt die AGENDA 21 Rechnung. Die Finanzierung des globalen Umweltschutzes sollte nach dem Grundsatz der „gemeinsamen, aber unterschiedlichen Verantwortlichkeit" erfolgen. In den Konventionen zum Schutz der Ozonschicht, des Klimas und der biologischen Vielfalt haben sich die Industrieländer dann auch verpflichtet, die „vollen vereinbarten Mehrkosten" der Entwicklungsländer zu übernehmen, die diesen durch die Umsetzung der Verträge entstehen. Der Begriff der „vollen vereinbarten Mehrkosten" ist ein weicher, interpretationsbedürftiger Terminus, der zwischen den Vertragsparteien konträr diskutiert wird. In der AGENDA 21 wird der jährliche Finanzbedarf für ihre Umsetzung auf 600 Mrd. US-$ für den Zeitraum 1993–2000 geschätzt, von denen die internationale Gemeinschaft 125 Mrd. US-$ aufbringen sollte. Der Beirat wies bereits in einem früheren Gutachten darauf hin, dass damals auf Deutschland angesichts seiner Beitragsquote zu den Vereinten Nationen von 8,93% für 1993 ein Betrag von etwa 11,16 Mrd. US-$ entfallen würde. Bezogen auf das deutsche Bruttosozialprodukt von 1993 – dem ersten Jahr des Planungszeitraums der AGENDA 21 – hätte dies 0,59% des deutschen Bruttosozialprodukts entsprochen. Die Übernahme derartiger Verpflichtungen wäre dem international vereinbarten und auf den Weltkonferenzen im UNCED-Folgeprozess erneut bestätigten Ziel eines BSP-Anteils für Entwicklungszusammenarbeit von 0,7% schon sehr nahe gekommen. Da die wirtschaftliche Zusammenarbeit mit den Entwicklungsländern mehr umfasst als die „reinen Rio-Folgekosten", ergibt sich eine über die 0,7% deutlich hinausgehende Verpflichtung (WBGU, 1998a). Vor diesem Hintergrund ist die auch hiermit wieder bekräftigte Empfehlung des Beirats zu sehen, langfristig eine Erhöhung auf 1% des BSP anzustreben. Vorweg sollte das Ziel, 0,7% des BSP für die globale Umwelt- und Entwicklungspolitik aufzuwenden, wieder ins Auge gefasst werden. Trotz der schwierigen Haushaltslage sollte die Bundesregierung versuchen, dieses Ziel – zumindest in einer mittelfristigen Perspektive – umzusetzen.

Die Forderung muss umso anspruchsvoller erscheinen, als die öffentlichen Leistungen Deutschlands in der Entwicklungszusammenarbeit in den letzten Jahren kontinuierlich zurückgegangen sind. Auch in den meisten anderen Industrieländern – insbesondere in denjenigen Staaten, die die größten absoluten finanziellen Beiträge in der Entwicklungszusammenarbeit leisten – hat die Bereitschaft, weitere Finanzmittel aus öffentlichen Haushalten bereitzustellen, deutlich nachgelassen (Tab. E 3.1-1).

Diese Ausführungen verdeutlichen, dass die Behandlung des Finanzierungsaspekts der globalen Umweltpolitik insbesondere die beiden folgenden Rahmenbedingungen beachten muss:
- Der Bedarf an Finanzmitteln für den globalen Umweltschutz scheint enorm hoch zu sein. Nicht

Tabelle E 3.1-1
Öffentliche Entwicklungshilfezahlungen von OECD-Ländern 1993 und 1998 (Official Development Assistance, ODA; abzüglich Schuldenrückzahlungen; sortiert nach der absoluten Höhe der Entwicklungshilfezahlungen, 1998).
Quelle: World Bank (2000c)

	ODA [Mio. US-$]		ODA [% BSP]		mittlere jährliche Veränderung [%]
	1993	1998	1993	1998	1992–93 bis 1997–98
Japan	11.259	10.640	0,27	0,28	-0,8
USA	10.123	8.786	0,15	0,10	-8,3
Frankreich	7.915	5.742	0,63	0,40	-5,7
Deutschland	6.954	5.581	0,35	0,26	-4,7
UK	2.920	3.864	0,31	0,27	0,6
Niederlande	2.525	3.042	0,82	0,80	2,3
Italien	3.043	2.278	0,31	0,20	-12,7
Dänemark	1.340	1.704	1,03	0,99	3,8
Kanada	2.400	1.691	0,45	0,29	-3,9
Schweden	1.769	1.573	0,99	0,72	-3,7
Spanien	1.304	1.376	0,28	0,24	0,3
Norwegen	1.014	1.321	1,01	0,91	2,7
Australien	953	960	0,35	0,27	-0,3
Schweiz	793	898	0,33	0,32	-2,1
Belgien	810	883	0,39	0,35	-0,8
Österreich	544	456	0,30	0,22	-2,6
Finnland	355	396	0,45	0,32	-5,6
Portugal	235	259	0,28	0,24	-1,2
Irland	81	199	0,20	0,30	19,8
Neuseeland	98	130	0,25	0,27	3,9
Luxemburg	50	112	0,35	0,65	18,2
Total	56.486	51.888	0,30	0,24	-3,6

zuletzt verdeutlichen dies die verschiedenen Jahresgutachten des Beirats (WBGU, 1993–2000) und die Ausführungen zu den sechs großen globalen Umweltproblemen in Kapitel B.

- Aufgrund des bei der Mehrheit der Geberländer verfolgten Konsolidierungskurses, wegen abnehmender Prioritäten für den globalen Umweltschutz vor dem Hintergrund nationaler wirtschaftlicher Probleme (z. B. Arbeitslosigkeit), aber auch wegen des abnehmenden Vertrauens in die Effizienz der Mittelverwendung, nimmt der Umfang der von den Industrieländern bereitgestellten Mittel kontinuierlich ab.

Im UN-System werden diese grundlegenden Finanzierungsprobleme unter dem Begriff der „globalen Entwicklungspartnerschaft" schon seit längerer Zeit diskutiert. 1997 verabschiedete die UN-Generalversammlung eine Resolution mit dem Auftrag, im Jahr 2001 eine hochrangige zwischenstaatliche Veranstaltung zum Thema der Entwicklungsfinanzierung durchzuführen. Zentrale Themen dieser Konferenz werden die internationale Entwicklungszusammenarbeit, einschließlich des Schuldenerlasses, aber auch Aspekte des internationalen Geld-, Finanz- und Handelssystems zur Unterstützung wirtschaftlicher Entwicklung sein. Der Beirat begrüßt die Bemühungen der UN, dieses wichtige Thema auf einer hochrangigen internationalen Veranstaltung zu behandeln. Daher befasst er sich in diesem Abschnitt mit zentralen Fragen der Finanzierung der globalen Umwelt- und Entwicklungspolitik.

Der Beirat hat einen beachtlichen Handlungsbedarf an globaler Umweltpolitik aufgezeigt. Dabei wurde deutlich, dass auch ein großer Handlungsspielraum für eine Umweltpolitik ohne Geld besteht. Eine solche Politik konzentriert sich vor allem auf Maßnahmen, die der Formulierung globaler Regelsysteme, der besseren Organisation vorhandener Einrichtungen, der Politikabstimmung oder dem Abbau von Vollzugsdefiziten dienen. Solche Schritte sind wichtig, sie werden aber nicht ausreichen. Insofern kommt der Frage der Mittelbeschaffung große Bedeutung zu. Bedauerlicherweise wird diese Frage häufig sehr vordergründig beantwortet und Geld für alle möglichen Zwecke angefordert. Manchmal kann man sich des Eindrucks nicht erwehren, als ob Geldbeschaffung alles sei.

Gerade die neuere Diskussion um die Reform internationaler Organisationen zeigt, dass man solchen Forderungen nach mehr Geld immer skeptischer gegenübersteht. Insbesondere die neuere ökonomische Theorie der Politik bzw. der Bürokratie hat darauf aufmerksam gemacht, dass nationale, vor allem aber auch internationale Behörden bzw. Einrichtungen, eine Neigung zur Expansion und Ineffizienz haben und durch hohe Irreversibilität gekennzeichnet sind (Roppel, 1979; Jackson, 1982; Frey und Kirchgässner, 1994; Kolan, 1996; Richter und Furubotn, 1996; Kuhlmann, 1998). Wichtige Erkenntnisse lieferte hierbei auch die Betrachtung der Bürokratie im Rahmen einer Principal-Agent-Beziehung. Eine solche Beziehung liegt vor, wenn ein Auftraggeber (etwa eine Staatengemeinschaft) – der sog. Principal – im Rahmen einer vertraglichen Vereinbarung einen Agenten – Behörde – beauftragt, eine Leistung zu erbringen, die dem Principal einen Nutzen stiftet. Stets besteht das Risiko, dass die Übertragung eines Handlungsspielraums vom Agenten für eigene Interessen genutzt wird. Dieses Risiko ist größer, je eher Behörden (Agenten) sich einer regelmäßigen (demokratischen) Kontrolle entziehen. Auch bei bestimmten Mittelzuweisungen können sie eine beachtliche Unabhängigkeit erreichen. Dies ist der Fall, wenn die Mittelaufbringung über zweckgebundene Abgaben erfolgt, die an Bemessungsgrundlagen (etwa Verkehrsbewegungen oder Massenströme) gebunden sind, die expandieren. Dann können Behörden bzw. Bürokratien „Eigenarten" entwickeln, die bei internationalen Bürokratien besonders ausgeprägt sind (Kuhlmann, 1998). Verwaltungsbeamte können hier ihren persönlichen Interessen stärker nachgehen als in nationalen Bürokratien. Dies erklärt, warum man Wünschen nach mehr Geld immer zurückhaltender begegnet und nach Möglichkeiten einer Effizienzsteigerung bzw. nach differenzierten Lösungen sucht.

Parallel zu den ernsthaften Anstrengungen, vorweg das 0,7%-Ziel zu erreichen, sind innovative Finanzierungsmechanismen zu entwickeln. Soweit es sich um öffentliche Mittel handelt (Kap. E 3.2), sind zunächst Lösungen zu entwickeln, die nicht – offen oder verdeckt – eine neue Steuer beinhalten, sondern beispielsweise als Gebühren für konkrete Umweltnutzung ausgestaltet sind. Darüber hinaus werden, um eine kontinuierliche Finanzierung globaler Umweltpolitik zu ermöglichen und um zugleich eine gewisse Unabhängigkeit von der Finanzierungsbereitschaft der Industrieländer zu schaffen, immer wieder Vorschläge zur Einführung sog. „innovativer Finanzierungsmechanismen" unterbreitet. Hierzu wird in Kap. E 3.2 eine Übersicht über derartige Geldquellen gegeben. Der Beirat konzentriert sich bei seinen Empfehlungen bzw. Prüfaufträgen darauf, Systeme zu entwickeln, die unter Umweltaspekten gute Anreize entfalten. In Kap. E 3.3 wird grundsätzlich diskutiert, welche Vorteile sich mit einer stärkeren Einbeziehung des Privatsektors in die Finanzierung des globalen Umweltschutzes erzielen lassen, und es werden Möglichkeiten aufgezeigt, durch die Einbindung privater Akteure zusätzliche finanzielle Mittel zu akquirieren. Gegenstand von Kap. E 3.4 ist die Effizienz der Mittelverwendung. Diese sog. Verwendungseffizienz von Finanzierungsinstitutionen bei der Vergabe öffentlicher Mittel ist zu analysieren, denn durch erhöhte Effizienz kann bei gegebenem Mittelvolumen der Zielerreichungsgrad erhöht werden. Damit kann auch die Bereitschaft gestärkt werden, zusätzliche Mittel bereitzustellen. Den Abschluss bilden Handlungs- und Forschungsempfehlungen im Bereich der Finanzierung der globalen Umweltpolitik (Kap. E 3.5).

E 3.2
Innovative Finanzierungsansätze

E 3.2.1
Einleitung

In Kap. E 3.1 hat der Beirat gezeigt, dass die Bewältigung der globalen Umweltkrise erhebliche finanzielle Ressourcen erfordert, die mit der wachsenden Bedeutung bestehender Probleme (Kap. B), aber auch mit dem Auftreten neuer Handlungsfelder weiter steigen wird. Trotz der Bemühungen um eine effizientere Nutzung der bereits fließenden Gelder (Kap. E 3.4) wird die internationale Gemeinschaft nicht umhin kommen, in den nächsten Dekaden weitere innovative Ansätze zu entwickeln, die auf die Aufbringung von Geldern für ein Umsteuern des globalen Entwicklungspfades hin zu mehr Nachhaltigkeit und Zukunftsfähigkeit abzielen.

Bereits die Brundtland-Kommission hat in ihrem Report „Our Common Future" Vorschläge für innovative, sog. „automatische Finanzierungsquellen" erarbeitet. Der Beirat hat sich im folgenden Abschnitt die Aufgabe gestellt, einige Vorschläge zur Finanzierung des globalen Umweltschutzes zu prüfen und mit eigenen Vorstellungen anzureichern. Viele mögen die hier diskutierten Vorschläge als weit reichend empfinden. In der Tat wird die internationale Politik, welche weiterhin mit den Gegebenheiten eines Systems dezentraler staatlicher Akteure zu arbeiten hat, einen langen Atem brauchen, um diese Vorschläge zu konkretisieren und umzusetzen. Gleichwohl sieht es der Beirat als seine Aufgabe an, hier konzeptionell weiter voranzuschreiten und der Politik erste Konzepte und Anregungen zur Erarbeitung innovativer Finanzierungsinstrumente zur Verfügung zu stellen.

Die direkte Zuweisung von Finanzmitteln aus dem nationalen Steueraufkommen stellt den dominierenden Finanzierungsmechanismus in der globalen Umweltpolitik dar (Kap. E 3.2.2). Bei der Diskussion und der Ableitung von Empfehlungen besitzt das Konzept der Nutzungsentgelte eine zentrale Rolle für den Beirat. Daher werden in Kap. E 3.3 einige Vorschläge für die Erhebung von Entgelten für die Nutzung globaler Gemeinschaftsgüter diskutiert. Anschließend wird noch die Möglichkeit vorgestellt und bewertet, Entgelte für Nutzungsverzichtserklärungen (Kap. E 3.2.4) sowie Versicherungs- und Kompensationslösungen für regionale Schäden infolge globaler Umweltveränderungen einzuführen (Kap. E 3.2.5). Zum Abschluss werden noch einige viel diskutierte Abgabenlösungen analysiert (Kap. E 3.2.6). Für das gesamte folgende Kapitel ist insofern zu betonen, dass weiterhin erheblicher *Forschungs- und Diskussionsbedarf* besteht. Der Beirat empfiehlt der Bundesregierung, die wissenschaftliche und politische Debatte entsprechend zu fördern und zu intensivieren.

E 3.2.2
Direkte Zuweisung von Finanzmitteln aus dem nationalen Steueraufkommen

Der Status quo der internationalen Umwelt- und Entwicklungsfinanzierung wurde in der wissenschaftlichen Literatur ausführlich beschrieben und auch vom Beirat in seinen bisherigen Gutachten bereits ausgewertet. Dabei wurde deutlich, dass die Finanzierung globaler Umweltpolitik in der Regel durch die direkte Zuweisung von Finanzmitteln aus dem nationalen Steueraufkommen erfolgt, wobei die Staaten die Kosten ihrer eigenen Umweltpolitik vorwiegend direkt aus ihrem eigenen Budget finanzieren. Grundsätzlich gilt dies für Industrie- wie für Entwicklungsländer. Zusätzlich erhalten die meisten Entwicklungsländer finanzielle Unterstützung für ihre Umweltpolitik durch die internationale Gemeinschaft, entweder im Weg der bilateralen Hilfe oder durch multilaterale Geber wie die Weltbank oder das UN-Entwicklungsprogramm (Kap. D 2 und Kap. D 3.3).

Der Schutz des Klimas, der Ozonschicht und der biologischen Vielfalt sind drei Sonderfälle: Hier haben sich die Industrieländer sowie (mit Blick auf die Ozonpolitik) auch einige Schwellenländer zur Übernahme der „*vollen vereinbarten Mehrkosten*" der Entwicklungsländer in diesen Politikbereichen verpflichtet. Dies bedeutet, dass die Kosten für Umweltschutzmaßnahmen, die Entwicklungsländer in diesen Handlungsfeldern planen und umsetzen, von der internationalen Gemeinschaft erstattet werden, abzüglich der Kosten, die für andere, rein nationale Interessen der Entwicklungsländer von Nutzen sind (beispielsweise abzüglich der Einnahmen aus dem Tourismus in Naturschutzgebieten). Die Definition der „Mehrkosten" in einem konkreten Umweltschutzprojekt ist jedoch nicht einfach und oft Gegenstand langwieriger politischer Verhandlungen. Außerdem besteht das Risiko, dass diese vertragliche Festlegung zur Durchsetzung einer Umlagefinanzierung schwer zu bewertender „Mehrkosten" zu einer „Kostensteigerung" anreizt und damit Ineffizienz produziert, die nicht im Sinn der Geldgeber ist.

Institutionell transferiert werden die Gelder in diesen drei Problemfeldern durch den Multilateralen Fonds zur Umsetzung des Montrealer Protokolls (Biermann, 1997) sowie durch die Globale Umweltfazilität der Weltbank, welche die Bank gemeinsam mit UNEP und UNDP verwaltet und die Umweltschutzprojekte zum Schutz internationaler Gewässer, der Ozonschicht (in Bezug auf osteuropäische Staaten und Russland) sowie des Bodens in Trockengebieten (soweit hierbei ein Bezug zu Klima und Biodiversität besteht) finanziert (Ehrmann, 1997; Fairman und Ross, 1996). In allen diesen Fällen erfolgt die Finanzierung direkt über die Staatshaushalte der jeweils verpflichteten Industrieländer, entweder entsprechend einem angepassten UN-Beitragsschlüssel (also vor allem abhängig von der jeweiligen Finanzkraft) oder auf der Basis von freiwilligen Zuweisungen (so vor allem bei der GEF).

Eine solche direkte Finanzierung über die Staatshaushalte hat eine Reihe wichtiger Vorteile. Hierdurch wird beispielsweise sichergestellt, dass die Finanzierung regelmäßiger Gegenstand der parlamentarischen Debatte bleibt und sich nicht in ineffizienter Weise verfestigt. Auch bewirkt die ständige Überprüfung des Finanzmechanismus durch die nationalen Parlamente der OECD-Staaten, dass die geldverteilende Behörde sich fortwährend der Unterstützung dieser Parlamente versichern muss. Dies hat sicher einen erheblichen Einfluss auf die Effizienz der Mittelvergabe.

Andererseits sind auch einige offenkundige Nachteile festzustellen: Besonders finanzstarke Geberländer gewinnen einen entscheidenden Einfluss auf die Mittelvergabe und die allgemeine Politik der geldverteilenden Behörde, was sich in der Personalpolitik, aber auch in bestimmten Grundsatzentscheidungen widerspiegeln kann. Gerade die Vereinten Nationen leiden z. B. an der mangelnden Beitragstreue einiger ihrer größten Mitgliedsländer und sind dadurch in besonderer Weise von diesen abhängig, was den Statuten der Organisation und vor allem ihren organisationsinternen Abstimmungsmechanismen wenig zuträglich ist. Ein weiteres Problem der faktisch freiwilligen Finanzierung der globalen Umweltpolitik sind die Anreize zum Trittbrettfahrerverhalten der Geberstaaten, die möglicherweise – gerade in Zeiten von Haushaltsengpässen – ihre Beiträge zurückhalten oder kürzen, im Vertrauen darauf, dass die globalen Aufgaben dennoch durch die Beiträge der anderen Staaten ausreichend finanziert werden. Die Theorie des kollektiven Handelns (Olson, 1965) zeigt, dass dieses individuell rationale Verhalten in einem dezentralen System zu einem kollektiv suboptimalen politischen Ergebnis führen kann. Ein weiterer Nachteil der Finanzierung über nationale Haushalte und Steuern ist zudem, dass deren Erbringung keinerlei Lenkungswirkungen für eine effizientere und schonendere Nutzung der natürlichen Umwelt hat.

Gleichwohl bleibt die direkte Finanzierung globaler Aufgaben über Zuweisungen aus den Staatshaushalten zurzeit das Mittel der ersten Wahl, und ihre Vorteile – insbesondere die regelmäßige Kontrolle durch die Parlamente und der Legitimierungsdruck für die geldverteilende Behörde – dürfen nicht unterbewertet werden. Deshalb empfiehlt der Beirat, diesen Weg grundsätzlich beizubehalten. Parallel hierzu muss aber – für bestimmte Aufgaben globaler Umweltpolitik, bei denen sich ein solches Vorgehen anbietet – verstärkt die Entwicklung und Einführung von neuartigen Finanzierungsmechanismen vorangetrieben werden. Es ist aber erneut darauf hinzuweisen, dass hier noch ein erheblicher Forschungs- und Prüfungsbedarf besteht. Nachfolgend sollen einige Vorschläge unterbreitet werden, die einer solchen Vertiefung bedürfen.

E 3.2.3
Konzepte zur Erhebung von Entgelten für die Nutzung globaler Gemeinschaftsgüter

E 3.2.3.1
Der Grundgedanke der Nutzungsentgelte

Der Beirat hat immer wieder hervorgehoben, welch positiven Beitrag eine Zuweisung von Eigentumsrechten an Umweltgütern – in Verbindung mit einem Haftungsrecht – für den Umweltschutz haben kann (WBGU, 1999a). In manchen Fällen jedoch ist ein solcher Weg kaum oder nur begrenzt gangbar. Angesprochen sind hier vor allem die globalen Gemeinschaftsgüter Meere und Erdatmosphäre. Es handelt sich um sog. Open-Access-Güter, bei denen, falls man nicht zu gemeinsam getragenen Regeln des „guten Umgangs" mit ihnen kommt, stets die Gefahr der Übernutzung besteht. Eine Zuteilung von Eigentumsrechten für Umweltzwecke scheidet schon alleine aufgrund der Diffusions- und Strömungsvorgänge zumeist aus. Diese Güter müssen von der internationalen Gemeinschaft quasi treuhänderisch verwaltet werden. Es handelt sich um globale Gemeinschaftsgüter, deren eigentumsrechtliche Implikationen geklärt werden müssen.

Bei Gütern mit klarer Zuordnung von Eigentumsrechten ist der Sachverhalt eindeutig. Dort muss für die Nutzung durch andere in der Regel ein Nutzungsentgelt entrichtet werden. Dies hat, wenn die Eigentümer langfristig denken, unter Umweltaspekten Vorteile. Insbesondere weckt dies das Interesse des Eigentümers am Erhalt der Funktionsfähigkeit seiner Ressourcenbestände. Dies führt zu Schutz- und Sanierungsaktivitäten beim Eigentümer zwecks Erhalt und Wiederherstellung der Leistungsfähigkeit einer Ressource und zeigt den Nutzern gleichzeitig die Knappheit eines Gutes oder einer Ressource an. Wichtig ist vor allem, dass es zu Entgelten kommt, die einen eindeutigen Zusammenhang zwischen dem Nutzen der Umweltgüter und den nutzungsbedingten Beeinträchtigungen erkennen lassen. Gehen die Belastungseffekte zurück oder ist die Leistungsfähigkeit der Ressource durch andere Maßnahmen sichergestellt, müssen auch die Entgelte zurückgehen. Nicht die „zwecklose" oder über allgemeine Umweltbelange definierte Einnahmeerzielung steht somit im Vordergrund, sondern eine klare Zweckbindung mit spezifischen Anreizwirkungen.

Aus der Sicht des Beirats erscheint es nahe liegend zu prüfen, inwieweit man das Instrument der Nutzungsentgelte auch auf die Weltmeere und die Erdatmosphäre einschließlich dem geostationären Orbit übertragen kann. Hierbei handelt es sich um allgemein zugängliche Güter, die trotz Schutzregelungen zunehmend geschädigt werden. In die Erdatmosphäre werden Stoffe (etwa Treibhausgase) eingetragen, der Orbit wird für Satelliten oder Weltraumstationen bzw. als Deponie genutzt, Fischbestände werden überfischt und Wasser bzw. Luft werden durch Schiffs- und Flugverkehr verschmutzt. Der Beirat verweist dabei auch auf neuere Entwicklungen im Bereich der Infrastrukturfinanzierung. Auch in diesen Fällen handelt es sich um Güter, etwa Straßen, die gemeinschaftlich genutzt werden. Hier lässt sich zunehmend die Neigung erkennen, den Erhalt und Ausbau von Kapitalgütern, die unter dem Aspekt der Nachhaltigkeit von Bedeutung sind, aus dem politischen Tagesgeschäft auszugliedern und einer Finanzierung zuzuführen, die sich mit interessanten Aufkommens- und Anreizwirkungen bzw. einer Langfristigkeit des Denkens verbindet. Ein typisches Beispiel sind die Bundesfernstraßen. Immer mehr Wissenschaftler empfehlen hier den Weg in eine juristische Verselbstständigung – etwa eine Bundesautobahngesellschaft – bei gleichzeitiger Erhebung von Nutzungsentgelten durch diesen neuen Eigentümer. Solche Nutzungsentgelte lassen sich auch hinsichtlich der Nutzungs- und Belastungsintensität sowie zeitlich und räumlich differenzieren. Damit möchte man eine stärkere Nutzungs- und Langfristorientierung durchsetzen.

Technisch sind die Möglichkeiten der Erfassung aller Transportbewegungen bzw. der Zurechnung von Kosten der Nutzung (Road Pricing) möglich. Lenkungs- und Finanzierungsaspekte lassen sich auf diese Weise verknüpfen. Durch die enge Anbindung der Nutzungsentgelte an bestimmte Verwendungen – den Erhalt der Funktionsfähigkeit dieser Gemeinschaftsgüter – werden zudem Kontrollprobleme gesenkt, da anstelle einer internationalen Behörde mit möglicherweise diffusem Handlungsauftrag eine Einrichtung mit fest umrissenen und durch fortwährende Rechnungslegungen überprüfbaren Aufträgen entsteht, die etwa durch Regionalisierungen auch einer wettbewerblichen Kontrolle zuzuführen ist. Dieser Gedanke der Erhebung von Nutzungsentgelten lässt sich durchaus auch auf globale Gemeinschaftsgüter übertragen.

Der Beirat betont hierbei mit Nachdruck, dass es sich bei solchen Entgelten nicht um eine Spielform der fast inflationär wachsenden Zahl von Vorschlägen für immer neue Umweltabgaben handelt. Vielmehr geht es um ein Konzept, das Elemente einer Zuweisung von „Eigentumsrechten" kennt, sich aber bei der Festlegung der Entgelte am Äquivalenzprinzip orientiert. Durch die Zuweisung von Eigentumsrechten werden aus Open-Access-Gütern Allmendegüter. Die auch bei letzteren vielfach anzutreffende Übernutzung bzw. Belastung (Verschmutzung) sollen verhindert werden. Gleichzeitig wird der Nutznießerkreis auch zum Kostenträgerkreis, wodurch die Effizienz der Ressourcenallokation deutlich erhöht werden kann. Mittels der erzielten Einnahmen sollen primär die Funktions- und Leistungsfähigkeit der globalen Gemeinschaftsgüter erhalten oder vielleicht auch verbessert werden. Die Einnahmen dienen somit nicht der Quersubventionierung anderer Aufgaben und dürfen nicht in den allgemeinen Haushalt fließen. Die Entgelte müssen Knappheitsphänomene verdeutlichen und sollen der Aufrechterhaltung der Leistungsfähigkeit eines spezifischen globalen Umweltgutes dienen. Sie müssen, falls diese Aufgabe erfüllt ist, auch wieder sinken können. Nachfolgend sollen einige Vorschläge, die in diese Richtung zielen, in Bezug auf den Luftraum, die Weltmeere und den Orbit diskutiert werden.

E 3.2.3.2
Nutzung des Luftraums

Der Luftraum ist völkerrechtlich zwar der Rechtshoheit der jeweiligen Staaten unterworfen, kann aber unter Wirkungsaspekten sowie teilweise politischen Überlegungen durchaus als eine gemeinsame Ressource aufgefasst werden. Über der Hohen See – welche ja einen Großteil der Erdoberfläche umfasst – ist der Luftraum auf alle Fälle keiner staatlichen Rechtshoheit unterworfen. Insofern ist es berechtigt, in Bezug auf dieses Medium von einem weitgehend globalen Gemeinschaftsgut zu sprechen. Zumindest wird die Weltgemeinschaft, wie der Treibhauseffekt zeigt, von spezifischen Belastungssituationen der Erdatmosphäre gemeinschaftlich getroffen. Der Luftraum bzw. die Erdatmosphäre stehen für Deponierungszwecke sowie als Medium für Transportzwecke zur Verfügung, deren zunehmende Knappheit Fragen nach einem effizienten Umgang mit dieser Knappheit und der Finanzierung erforderlicher Emissionsminderungsmaßnahmen aufwerfen.

Ausgangspunkt eines effizienten Umgangs mit den knappen Funktionen ist die Definition von Nutzungsrechten an der Erdatmosphäre. Die Erdatmosphäre kann als globales Gemeinschaftsgut verstanden werden, das treuhänderisch zu verwalten ist. Ein solcher treuhänderischer Verwalter kann Nutzungsrechte an Interessenten verkaufen. Das bekannteste Beispiel hierfür ist die intensiv diskutierte Zuweisung von Emissionsrechten in der Klimapolitik. Hier werden privat nutzbare Emissionsrechte erworben und wie Eigentumstitel behandelt. Grundsätzlich könnten diese in ihrem Gesamtumfang politisch vorher festgelegten Rechte per Versteigerung erworben werden. In diesem Fall ist angesichts der Vielzahl interessierter Nutzer von einem hohen Finanzvolumen bei der Treuhandstelle auszugehen. Zudem bietet eine solche Versteigerung aus ökonomischer Sicht die Gewähr, dass ausschließlich Effizienzkriterien über die Verteilung der verfügbaren Nutzungsrechte entscheiden, da nur die Meistbietenden zum Zug kämen. Der Beirat würde daher eine solche Versteigerung grundsätzlich begrüßen.

Da man jedoch von einer ausgeprägten bisherigen Nutzung ausgehen muss, würde ein solcher Weg bei den bisherigen Nutzern gewaltige Anpassungsprobleme auslösen. Zudem würden angesichts der wirtschaftlichen Disparitäten weltweit gravierende Verteilungseffekte ausgelöst. Der Beirat sieht daher eine Versteigerung von Nutzungsrechten an der Erdatmosphäre als politisch kaum durchsetzbar an. Statt dessen wird davon ausgegangen, dass jedem Land in einer ersten Runde eine bestimmte Menge von Deponierungsrechten zugestanden werden muss, wobei es jedem Land freigestellt ist, entweder überzählige Emissionsrechte zu verkaufen oder fehlende Emissionsrechte aufzukaufen. Ein solche Vorgehensweise hat den ökologischen Vorteil, dass angestrebte Mengenreduktionsziele sofort verwirklicht werden und die Knappheit des Deponierungsspielraums der Erdatmosphäre sofort preiswirksam wird. Die bislang quasi „kostenfreie" Nutzung der Atmosphäre als Senke für Treibhausgase wird damit umfassender in die einzelwirtschaftliche Kostenkalkulation eingehen und erwünschte Anpassungsreaktionen (einschließlich Innovationseffekte) auslösen. Zudem werden voraussichtlich angesichts der weltweiten Unterschiede bei den Emittentenstrukturen und den Emissionsminderungspotenzialen erhebliche Gelder in die kapitalarmen Regionen fließen, die in der Regel nur geringe Emissionen pro Kopf aufweisen.

Das politische Kernproblem eines solchen Emissionsrechtehandels bleibt mithin – neben den auch bei anderen Instrumenten relevanten technischen Fragen der Überprüfbarkeit und Umsetzung – die jeweilige Erstzuteilung von Emissionsrechten. Würde eine Zuteilung auf der Basis der Emissionen eines Landes pro Einwohner erfolgen, blieben sämtliche Entwicklungsländer auf lange Sicht Anbieter auf dem Markt mit der Folge eines nennenswerten Nord-Süd-Finanztransfers. Bei einer Zuteilung von Emissionsrechten auf der Basis der bestehenden Emissionen („grand-fathering") würden hingegen die Industrieländer von ihrem bereits erheblichen Emissionsniveau profitieren. Andererseits ist eine Zuweisung von Rechten nur aufgrund des Pro-Kopf-Kriteriums wegen der voraussichtlich großen finanziellen und wirtschaftlichen Implikationen wohl in den meisten Industrieländern nicht durchsetzbar. Des weiteren brächte ein solcher Zuteilungsmodus beachtliche Konsequenzen für den Welthandel mit sich und würde Widerstände gegen die Klimapolitik hervorrufen.

Zu beachten ist, dass dem internationalen Organisationssystem bei einem Verzicht auf eine Versteigerung der Nutzungsrechte bei der Erstzuteilung keine zusätzlichen Finanzmittel zufließen. Finanzströme werden in diesem Fall ausschließlich zwischen den handelnden Emittenten transferiert und gemäß der ökonomischen Rentabilität Emissionsminderungsmaßnahmen angeregt. Dieser Verzicht auf zusätzliche Finanzmittel ist für die Funktionsweise des Emissionsrechtehandels unschädlich, da lediglich ein „Clearing House" benötigt wird, um die Transaktionen durchzuführen und zu überwachen, was grundsätzlich auch von einer privaten Einrichtung des Banken- und Börsensystems übernommen werden kann. Die hierzu erforderlichen Finanzmittel sind ausgehend von US-amerikanischen Erfahrungen mit Zertifikatelösungen in der Luftreinhaltepolitik zu vernachlässigen (Hansjürgens, 1998). Die Definition und Erstzuteilung der Emissionsrechte würde in einem solchen System durch eine Vertragsstaatenkonferenz erfolgen.

Grundsätzlich ist es auch möglich, den erwünschten Reduktionseffekt über Steuern zu erreichen. Hierbei hofft man auf die Anreizwirkung steigender Preise. Die Erfahrungen zeigen jedoch, dass dieser Weg mit beachtlichen Problemen verbunden ist. Angesichts unsicherer und sich wandelnder Preiselastizitäten sind die Reduktionseffekte schwer prognostizierbar, die Integration in vorhandene Steuersysteme bereitet Probleme, zumeist setzt sich kurzfristig das Interesse an den fiskalischen Effekten durch, und die einzelnen Regierungen sind geneigt, ökologisch kontraproduktive Ausnahmen zu gewähren. Deshalb plädiert der Beirat in Anlehnung an frühere Stellungnahmen vor allem für die Einführung eines Systems handelbarer Emissionsrechte. Der Forschungsstand ist dort inzwischen soweit vorangeschritten, dass man in die Pilotphase eintreten sollte.

Wissenschaftlich und politisch umstritten ist die Beantwortung der Frage, inwieweit sich bezüglich der Nutzung der Erdatmosphäre als Transportweg die Erhebung eines Nutzungsentgelts anbietet. Der Flugverkehr trägt zwar bisher nur rund 3–4% zum Treibhauseffekt bei, dieser Wert kann sich jedoch wegen des großen Wachstumspotenzials der Branche bis 2050 vervierfachen. Die Emissionen sind zudem in 10.000 m Flughöhe vier Mal schädlicher als am Erdboden. Ein weiteres Problem besteht darin, dass die Emissionen internationaler Flüge bisher in keiner Emissionsbilanz der Staaten auftauchen. Es ließe sich aus diesen Gründen durchaus überlegen, diese Nutzung der Atmosphäre und des Luftraums mit einem Entgelt zu belegen.

Nach den aktuellen Daten der International Air Transport Association (IATA), deren Mitglieder bei Personenflügen rund 90% und bei den Frachtflügen rund 95% aller Flüge abdecken, wurden 1998 rund 20 Mrd. Flugkilometer zurückgelegt. Ein globales Nutzungsentgelt in Höhe von 10 Pfennig pro geflogenem Kilometer könnte daher Einnahmen in Höhe von rund 2 Mrd. DM erbringen. Ähnliche Berechnungen finden sich in der „Agenda for Peace" des ehemaligen UN-Generalsekretärs Boutros-Ghali.

Damit wird aber bereits deutlich, dass vielfach Besteuerungsvorschläge im Vordergrund stehen, die primär nur am Einnahme- und weniger am Lenkungseffekt interessiert sind. Der Beirat betont daher, dass Nutzungsentgelte für den Luftraum drei Voraussetzungen erfüllen müssen, um zu verhindern, dass eine ausschließliche Orientierung an der Maximierung verfügbarer Finanzmittel für eine internationale Organisation erfolgt:

– eine strikte Orientierung der Bemessungsgrundlage an den globalen Umweltfolgen des Luftverkehrs und eine Zweckbindung zu Gunsten der Verhinderung und Verringerung dieser Umweltschäden,
– eine internationale Koordination bei der Erhebung und Verwendung eines solchen Entgelts, um Umgehungsstrategien einzudämmen,
– die Beachtung der politischen Durchsetzbarkeit eines solchen Entgelts angesichts der gesellschaftlichen und volkswirtschaftlichen Bedeutung des Luftverkehrs.

Am besten werden diese Anforderungen noch bei einem System handelbarer Emissionsrechte erfüllt. So ist denkbar, dass Fluggesellschaften in Abhängigkeit von den spezifischen Emissionen ihrer Flugzeuge und den zurückgelegten Kilometern Emissionsrechte erwerben müssen bzw. diese Rechte auf der Basis eines Erstzuteilungssystems untereinander handeln.

Ein weiterer Vorschlag geht in Richtung einer weltweit abgestimmten Sonderabgabe auf den Kerosinverbrauch, was zunächst einen Wegfall der bestehenden Subventionierungen der Flugtreibstoffnutzung voraussetzt. Die so erzielbaren Finanzmittel erscheinen vor dem Hintergrund des drängenden umweltpolitischen Handlungsbedarfs besonders attraktiv, zumal die Wirkung auf die Flugpreise begrenzt werden kann. So müsste ein auf dem Flugbenzin und damit auf der CO_2-Emissionshöhe basierendes Nutzungsentgelt nicht automatisch zu höheren Flugpreisen führen, da der Anteil des Treibstoffs an den Betriebskosten einer Fluggesellschaft nur 10–25% ausmacht. Erwartet würde daraufhin eine Beschleunigung der technischen Entwicklung bei treibstoffsparenden Triebwerken, nicht jedoch notwendigerweise ein Rückgang der zurückgelegten Flugstrecken. Gerade der Grundstein für den internationalen Erfolg der Airbusindustrie wurde mit verbrauchsärmeren Maschinen gelegt, so dass diesem technischen Entwicklungssegment eine hohe Wettbewerbsbedeutung beizumessen ist. Allerdings muss auch hier verhindert werden, dass die Erhöhung der Treibstoffkosten zu einem „Selbstläufer" wird. Die Bemessungsgrundlage eines solchen Instruments müsste sich an der Entwicklung der CO_2-Emissionen des Flugverkehrs orientieren. Zugleich sollte das gesamte System in ein internationales Arrangement über die flexible Umsetzung des globalen Klimaschutzziels integriert werden. Die Sonderabgabe ist zweckgebunden in den einzelnen Ländern zu erheben und (zum Kauf von Emissionsrechten bzw. der Finanzierung von Emissionsminderungsmaßnahmen) zu verwenden, um auszuschließen, dass sich eine internationale Organisation mit einer solchen Abgabe eine (stetig wachsende) Einnahmequelle schafft.

Eine solche internationale Koordination scheiterte bislang vornehmlich am Widerstand einzelner Länder gegen ein solches, am Treibstoffverbrauch gekoppeltes Nutzungsentgelt. Innerhalb der internationalen Lufttransportgesellschaft IATA kommt der Widerstand vor allem von Entwicklungsländern, die um ihre Einnahmen aus dem Fremdenverkehr fürchten und auf ihre vergleichsweise veralteten Flugzeuge verweisen, die aufgrund des höheren Kerosinverbrauchs überproportional „bestraft" würden. Aber auch die USA, Japan, Kanada und andere Industrieländer (nicht jedoch Norwegen und die Schweiz) haben sich auf der UN-Sondergeneralversammlung fünf Jahre nach Rio 1997 gegen die weltweite Einführung von Nutzungsentgelten für den Luftverkehr ausgesprochen, die von der EU vorgeschlagen worden war.

Der Beirat warnt außerdem vor einem ausschließlich deutschen „Alleingang", da angesichts der zentralen Lage Deutschlands und der hierdurch entstehenden zusätzlichen finanziellen Belastung ein Ausweichen auf die Flughäfen im benachbarten Ausland zu erwarten wäre (Kap. C 3.6). Grenzen eines nationalen Vorgehens werden durch norwegische Erfahrungen bestätigt. Norwegen hatte im Januar 1999 eine annähernd aufkommensneutrale Kerosinabgabe in Höhe von 26% für internationale wie nationale Flüge eingeführt, um die wachsenden Emissionen des Flugverkehrs zu begrenzen. Im Gegenzug war die bereits bestehende Umweltabgabe für alle Flugpassagiere reduziert worden. Daraufhin hatte sich die British Airways unter Verweis auf bestehende bi- und multilaterale Vereinbarungen, die den Fluggesellschaften weltweit den Bezug von abgaben- und steuerfreiem Kerosin erlauben, geweigert, die neue Steuer zu zahlen. Auch andere Fluggesellschaften kündigten rechtliche Schritte an. Schon im März 1999 wurden die Kerosinabgabe rückwirkend ausgesetzt, die bisher erhobenen Gelder – mit Zinsen – an die Fluggesellschaften zurückgezahlt und die Abgabe für alle Flugpassagiere im Gegenzug wieder erhöht. Von dieser Rücknahme blieben lediglich innerstaatliche Flüge ausgenommen. Dieses Beispiel zeigt, dass nationale Alleingänge zwar möglich sind, dass die Bemühungen für die Einführung der Nutzungsentgelte jedoch auf der europäischen und internationalen Ebene gleichzeitig verstärkt werden müssen. Vielversprechender ist daher eine Vereinbarung auf der europäischen Ebene, um internationale Verkehrsverlagerungen zu verhindern und zugleich die wirtschaftliche und umweltpolitische Verträglichkeit eines an überprüfbare Bemessungsgrundlagen gekoppelten Nutzungsentgelts zu erproben.

Der Beirat empfiehlt deshalb der Bundesregierung, in einem ersten Schritt national bestehende steuerliche Begünstigungen des Flugverkehrs zu überprüfen. Mittelfristig sollte sie sich daraufhin für eine EU-weite Erhebung von Nutzungsentgelten für den Luftraum, wobei diese letztlich nichts anderes als der Erwerb von Emissionsrechten sein dürfen, einsetzen und im Rahmen der Vereinten Nationen auf deren Einführung drängen. Die enge Anbindung an einen Emissionsrechtehandel sieht der Beirat als eine conditio sine qua non an, um sich gegen die politischen Anreize zur Einführung einer (besonders ergiebigen) Umweltabgabe abzusichern.

E 3.2.3.3
Nutzung der Meere

Die Weltmeere sind ein Gemeinschaftsgut par excellence, selbst wenn durch das neuartige Regime der

Ausschließlichen Wirtschaftszonen seit den 70er Jahren in gewisser Weise Eigentumsrechte an Ressourcen zugewiesen bzw. angeeignet worden sind. Noch immer bleibt Handlungsbedarf. Folgende Nutzungen bedürfen hier einer Regelung (Kap. B 2.6):
- Nutzung der Ressourcen auf bzw. im Meeresboden,
- Nutzung der Fischbestände,
- Nutzung der Meere für Transporte bzw. die Einbringung von Stationen (etwa Bohrinseln),
- Nutzung für Deponierungszwecke.

In allen Fällen entsteht ein Finanzierungsproblem. Besonders relevant erscheint es bei der Bewältigung des Verschmutzungsproblems, welches zu einem überwiegenden Teil durch den Flusstransport von Stoffen in die Weltmeere verursacht wird. Dieses Problem kann nur über den Bau von Kläranlagen in den Einzugsgebieten der großen Flüsse und eine Anpassung von Produktionsverfahren und Produktstrukturen bewältigt werden. Dort, wo Industrienationen die Flussemissionen zu verantworten haben, ist davon auszugehen, dass die Anrainerstaaten über das notwendige technische Wissen verfügen und auch in der Lage sind, die Problemlösungen selbst zu finanzieren. Anders sieht es hingegen in den Entwicklungsländern aus, wo ein Technologie- und Finanztransfer notwendig ist. In diesen Fällen stellt sich einerseits die Frage, wie die erforderlichen Mittel zur Finanzierung der Maßnahmen zur Emissionsreduktion in den Entwicklungsländern aufzubringen sind. Andererseits geht es um die effiziente Verwendung der Mittel in den betreffenden Ländern.

Der Beirat plädiert im Hinblick auf die *Finanzierung* der angesprochenen Maßnahmen zu prüfen, bei welchen Formen der Meeresnutzung durch die Einführung von Nutzungsentgelten ein positiver Beitrag zur Verdeutlichung der zunehmenden Knappheit von Meeresfunktionen zu erzielen ist. Dies betrifft in besonderer Weise den *Tiefseebergbau,* dessen Bedeutung gegenwärtig zwar als gering einzuschätzen ist, allerdings zukünftig zunehmen wird (Kap. B 2.3). Er findet überwiegend innerhalb der Hohen See statt, für die keine nationalen Eigentumsrechte definiert sind (Kasten E 3.2-1). Im Rahmen der Verhandlungen über die Seerechtskonvention der Vereinten Nationen (UNCLOS) wurde seit Anfang der 70er Jahre erwogen, Finanzmittel für internationale Ziele aus den Nutzungsentgelten beim Tiefseebergbau zu mobilisieren (Wolf, 1991), wobei auch an eine Mittelbeschaffung für die UN gedacht wurde. Die 1994 in Kraft getretene UN-Seerechtskonvention hat zwar mit der Internationalen Meeresbodenbehörde eine neue Institution geschaffen, die den Tiefseebergbau überwachen soll. Von den anfänglichen Hoffnungen auf neue Finanzmittel für die UN blieb aber wenig übrig. Die Meeresbodenbehörde koordiniert die Aktivitäten privater Firmenkonsortien und erhebt lediglich geringe Nutzungsentgelte. Da aufgrund des relativen oder auch absoluten Preisverfalls bei vielen mineralischen Rohstoffen und der ungelösten technischen Probleme im Tiefseebergbau gegenwärtig ohnehin kaum Aktivitäten in diesem Bereich zu verzeichnen sind, haben sich die Hoffnungen auf neue und zusätzliche Finanzressourcen aus dieser Quelle vorerst zerschlagen. Problematisch ist bei diesen Überlegungen vor allem, dass sie als eine Steuer oder Abgabe zur Finanzierung der UN geplant waren. Damit trat das vom Beirat betonte Prinzip, Nutzen und Kosten des Erhalts eines globalen Umweltgutes in den Vordergrund zu stellen, in den Hintergrund.

Gäbe es Eigentum an Meeresböden, wären Kauf und Verkauf bzw. Verpachtung unter Gemeinwohlauflagen denkbar. Eine Einrichtung, die die Meere und damit auch ihre Bodenschätze treuhänderisch zu verwalten hat, könnte Areale unter Umweltauflagen verpachten. Angesichts des bisherigen Fehlens entsprechender Eigentumsrechte wären hier auch – im Gegensatz zur Nutzung der Erdatmosphäre – eine Erhebung von Pachtzinsen und damit Einnahmen für eine Treuhandstelle zu legitimieren. Um die Angemessenheit der Pachtzinsen zu gewährleisten, wäre eine Regulierungsbehörde sinnvoll, die Preisanträge der Meeresbehörde zu genehmigen und hierbei auch Umweltaspekte zu berücksichtigen hat. Die Einnahmen könnten für finanzielle Hilfestellungen bei Emissionsminderungsmaßnahmen (Stoffeinträge in Flüsse) von Entwicklungsländern, andere meeresbezogene Schutzmaßnahmen sowie für die Unterstützung der Meeresforschung verwendet werden. Entscheidend ist, dass der Zusammenhang zwischen Entgelthöhe und Meeres- bzw. Ressourcenschutz gewahrt bleibt und regelmäßig eine Art Kosten-Leistungs-Rechnung vorgelegt werden muss.

Ein sich verschärfendes Knappheitsproblem ist im Bereich des *Fischfangs* festzustellen (Kap. B 2.3). Hierbei handelt es sich um eine spezifische Nutzung der Meere, die eine erneuerbare Ressource betrifft. Neben der bereits an zahlreichen Orten gegebenen Überlastung der Regenerationskapazität der Fischbestände ist angesichts des fortwährenden Bevölkerungsdrucks und der Intensivierung der Nahrungsmittelerzeugung auf der Basis von Meeresprodukten von einem sich zukünftig noch verschärfenden Nutzungsdruck auszugehen. Hinzu tritt vielfach die Subventionierung der Fischerei, die eine Anpassung der Fangflotten verhindert.

Um dieser Gefahr der Übernutzung und Zerstörung entgegenzuwirken, schlägt der Beirat vor, Nutzungsrechte an den Fischbeständen zu definieren. Diese Nutzungsrechte – definiert über einzelne Fischarten und angepasst an ökosystemare Zusammenhänge – sind jährlich zu versteigern, wobei der

Kasten E 3.2-1

Die Nutzung genetischer Ressourcen der Hohen See

Der Zugang zu genetischen Ressourcen wird von der Biodiversitätskonvention international geregelt. Die genetischen Ressourcen sind demnach kein globales Gemeinschaftsgut, sondern unterliegen im Wesentlichen der Souveränität der Staaten, die sich auch auf den Bereich der 12-Seemeilenzone erstreckt. Die wissenschaftliche Meeresforschung in der 200-Seemeilenzone (der sog. ausschließlichen Wirtschaftszone) ist von der Seerechtskonvention international geregelt. Der Küstenstaat hat in der Praxis souveräne Rechte auf Erforschung und Ausbeutung natürlicher Ressourcen in diesem Bereich, was auch den Zugang zu genetischen Ressourcen einschließt. Die nationalen Gesetzgebungen beschränken sich aber meist auf terrestrische Ökosysteme und gehen oft nicht auf die rechtlichen Besonderheiten des Zugangs zu Küstengewässern ein.

Den Charakter eines globalen Gemeinschaftsgutes haben genetische Ressourcen demnach nur außerhalb der 200-Seemeilenzone. Hierbei sind die Bereiche der Wassersäule und des Tiefseebodens zu unterscheiden. Die Regelungen zur Wassersäule beziehen sich im Wesentlichen auf die Verhinderung von Übernutzung und Verschmutzung. Sie haben somit für den Zugang zu genetischen Ressourcen keine Bedeutung, da dies in der Regel nicht mit Umweltverschmutzung verbunden ist, keinen konsumierenden Charakter hat und es somit auch nicht zu Übernutzung kommen kann. Die Regeln zur Ausbeutung des Meeresbodens jenseits der Grenzen des Bereichs nationaler Hoheitsbefugnisse gelten nur für mineralische Ressourcen, die für den Tiefseebergbau von Bedeutung sein können. Die lebenden Ressourcen gehören nicht dazu und damit auch nicht ihre Nutzung als genetische Ressource.

Genetische Ressourcen auf hoher See sind demnach ein rechtlich ungeregeltes „global common good", somit frei zugänglich und können von jedem angeeignet werden. Diese Regelungslücke ist allerdings eine unwillentliche Auslassung, da der potenzielle Wert mariner genetischer Ressourcen während der 70er Jahre noch nicht offensichtlich war. Der Erhebung von Nutzungsentgelten für den Zugang zu genetischen Ressourcen der Hohen See steht somit im Prinzip nichts im Wege. Es gilt hier das gleiche Argument wie bei den anderen globalen Gütern: Wer aus der Nutzung Vorteile zieht, hier etwa in Form von Rechten an geistigem Eigentum, der sollte auch zum Erhalt der Ressourcen bzw. des Ökosystems beitragen. Die Seerechtskonvention soll laut Präambel zu einer gerechten und ausgewogenen internationalen Wirtschaftsordnung beitragen, die vor allem die besonderen Interessen und Bedürfnisse der Entwicklungsländer berücksichtigt. Zudem fordert sie, dass wissenschaftliche Meeresforschung in der Tiefsee dem „Wohl der gesamten Menschheit" dienen soll (Art. 143[1]), ohne dies allerdings genauer zu definieren. Auch die Biodiversitätskonvention fordert in Art. 5 ausdrücklich zur Zusammenarbeit „in Bezug auf Gebiete außerhalb der nationalen Hoheitsbereiche" auf.

Eine Zugangsordnung für hochseegenetische Ressourcen könnte also von der Staatengemeinschaft als Änderung der Seerechtskonvention oder als Protokoll zur Biodiversitätskonvention beschlossen werden. Die Änderung der Seerechtskonvention hätte den Vorteil, dass mit der Internationalen Meeresbodenbehörde bereits eine Institution existiert, die mit Organisation von Ressourcennutzung und Erhebung von Nutzungsentgelten betraut ist. Die Biodiversitätskonvention hingegen hat die größere fachliche Kompetenz, da sie den Zugang zu genetischen Ressourcen innerhalb der nationalen Hoheitsbereiche regelt und es hierfür bereits einen anerkannten Rechtsrahmen gibt.

Der Beirat warnt in diesem Zusammenhang allerdings vor überzogenen Erwartungen. Die Nutzung genetischer Ressourcen der Tiefsee ist nur mit einem enormen Aufwand an Technik und Know-how möglich, der derzeit nur wenigen Industrieländern bzw. multinationalen Unternehmen zur Verfügung steht und u. a. erhebliche Probleme beim Ursprungsnachweis der Ressourcen birgt. Der Aufwand für die Erschließung genetischer Ressourcen an Land oder in Küstengebieten ist erheblich geringer und gleichzeitig die biologische Vielfalt dieser Gebiete unvergleichlich größer. Allerdings ist die Tiefsee ein Habitat mit extremen Lebensbedingungen und ihre Organismen weisen daher ungewöhnliche und seltene Anpassungen sowie biochemische bzw. genetische Ausstattungen auf (extremophile Organismen, z. B in „Schwarzen Rauchern" oder Meereis). So können Enzyme, die an tiefseetypische extreme Temperaturen, Drücke oder chemische Bedingungen angepasst sind, für Forschung und Industrie von großer Bedeutung sein. Glücksgriffe in diesem Bereich – etwa ein Patent mit breiter industrieller Anwendung – können durchaus einen erheblichen wirtschaftlichen Wert darstellen. Ob die gezielte Suche nach extremophilen Tiefseeorganismen allerdings zu kommerziellen Erfolgen führt, ist unsicher. Daher ist die ökonomische Bedeutung dieses Marktes noch spekulativer Natur und letztlich nicht einschätzbar, zumal sich extremophile Organismen durchaus auch an leichter zugänglichen Orten finden (z. B. heiße vulkanische Quellen).

Die möglichen Erträge über Nutzungsentgelte, die derzeit noch visionären Charakter haben, müssen mit dem administrativen und finanziellen Aufwand abgewogen werden, der mit der Aushandlung eines internationalen Rechtsinstruments für hochseegenetische Ressourcen und den unüberschaubaren Problemen der Umsetzungskontrolle verbunden ist. Dieser Bereich sollte dennoch nicht aus den Augen verloren werden, denn die wissenschaftlichen und technologischen Rahmenbedingungen ändern sich schnell. Heute noch unlösbar scheinende Probleme können morgen bereits beherrschbar sein, so dass die o. a. Abwägung dann zu einem anderen Ergebnis kommen könnte. Daher kann die rechtzeitige Schaffung eines international anerkannten Rechtsstatus für diese Ressourcen, der die Erhaltung, nachhaltige Nutzung und Teilhabe dieses gemeinsamen Erbes der Menschheit zum Wohle der globalen Umwelt festschreibt, im – derzeit noch spekulativen – Fall eines „genetischen Goldrauschs" von großem Vorteil sein. Die Fortführung des ungeregelten Zustandes würde dann in der Praxis bedeuten, dass die Nutzung dieser Ressourcen nur finanz- und technologiekräftigen Industrieländern vorbehalten bliebe, was weder mit dem Geist der Biodiversitäts- noch der Seerechtskonvention vereinbar wäre. Eine „nachsorgende" Regelung nach erfolgter Manifestation konkreter wirtschaftlicher Interessen wäre sicherlich erheblich problematischer als eine „vorbeugende". Der Beirat empfiehlt daher, die verschiedenen Optionen der rechtlichen Regelung des Zugangs zu den genetischen Ressourcen der Hohen See zu prüfen und darauf aufbauend international die Initiative zu ergreifen. Die wissenschaftlichen Erkenntnisse über die genetischen Ressourcen der Hohen See und ihre Bewertung sind derzeit unzureichend, so dass der Beirat gleichzeitig zu einer Verstärkung der Forschungsanstrengungen auf diesem Gebiet rät.

Quellen: Glowka, 1995; CBD, 1996; Henne, 1998; ten Kate und Laird, 2000

Meistbietende den Zuschlag erhält. Auf diese Weise wird die Knappheit der Fischbestände auch in den Preisen sichtbar. Die zu erwartende Preiserhöhung hat eine nachfragedämpfende Wirkung. Ein Markt für Nutzungsrechte zeigt zugleich, dass die bisherige Subventionierung der nationalen Fischereiwirtschaft einen wettbewerbsverzerrenden Eingriff darstellt, der letztlich den Handel beeinflusst und von der WTO als diskriminierend zu unterbinden ist. Die Definition der Nutzungsrechte und Durchführung der Versteigerung verlangt den Aufbau einer speziell für den Schutz der Fischbestände zuständigen treuhänderischen Einrichtung. Sie sollte getrennt vom übrigen Meeresschutz arbeiten. Der Beirat empfiehlt der Bundesregierung, über die EU für die Durchsetzung eines solchen Konzepts einzutreten.

Die Einnahmen könnten dazu verwendet werden, die strukturellen Anpassungsprozesse der nationalen Fischfangkapazitäten an die neuen Preis- und Mengenkonstellationen zu flankieren, die notwendigen Kontrollsysteme zur Überwachung der Einhaltung der erworbenen Fangrechte aufzubauen und die Forschung zur beschleunigten Erneuerung gefährdeter Bestände zu unterstützen. Um Entwicklungsländern bei der Anpassung zu helfen, ist es auch denkbar, dass die Treuhandeinrichtung aus den eingenommenen Mitteln selbst Bestände (Fangrechte) erwirbt und diese zu Sonderkonditionen an bestimmte Länder weitergibt. Es muss nur gewährleistet sein, dass das maximal zulässige Fangkontingent nicht überschritten und die Bildung der Versteigerungspreise nicht manipuliert wird. Die Einnahmen müssen zweckgebunden bleiben und dürfen nicht für die finanzielle Unterstützung anderer Institutionen eingesetzt werden. Steuerlösungen scheiden aus, da hier der Manipulationsspielraum zu groß ist und wegen der dürftigen Kenntnisse über die Preiselastizitäten das angestrebte Schutzanliegen kaum oder nur sehr zeitverzögert durchgesetzt werden kann. Allerdings wird der zu erwartende politische Widerstand von Ländern mit großen Überseefischfangflotten (Japan, Russland, Spanien) ein nicht zu unterschätzendes Hindernis gegen jegliche Form der Erhebung von Nutzungsentgelten darstellen.

Meere trennen nicht nur, sie verbinden auch. Die menschliche Geschichte zeigt, dass Meere vor allem den zwischenstaatlichen Handel erleichterten und damit auch die wirtschaftliche Entwicklung von Anrainerstaaten und Hafenstädten begünstigten. Dieser *Seetransport* erfolgt aber, was die Nutzung des Transportweges betrifft, weitgehend kostenlos. Während die Nutzung anderer Transportwege (Straßen, Stromleitungen) in der Regel mit einer Wegegebühr verbunden ist bzw. dort die Erhebung eines streckenbezogenen Nutzungsentgelts (z. B. Road Pricing) immer mehr als Lösungsvorschlag zur Überwindung eines Erhaltungs-, Sanierungs-, Ausbau- und Überfüllungsproblems in der Vordergrund tritt, findet man kaum Vorschläge, ein solches Konzept auch auf die transportbezogene Nutzung der Weltmeere zu übertragen. Da ein Zusammenhang zwischen Nutzung und Verschmutzung besteht (Kap. B 2.3), betrachtet der Beirat Nutzungsentgelte, die Beanspruchung bzw. Belastung der Meere berücksichtigen, als verfolgenswerte Idee. Es muss aber ein Zusammenhang zwischen Nutzung und Belastung bzw. Sanierung gewahrt bleiben. Die Einnahmen aus solchen Entgelten sollten nicht für verschmutzungsunabhängige Zwecke eingesetzt werden.

Technisch wäre ein solches Nutzungsentgelt relativ leicht durchsetzbar, weil die Satellitentechnik heute weltweit die Identifizierung von Fahrzeugen und die Erfassung der von ihnen zurückgelegten Strecken erlaubt. Die Entgelte könnten weltweit dezentral über die Hafengebühren erhoben werden. Auch eine Differenzierung wäre möglich, die das Risiko- oder Belastungspotenzial einzelner Schiffe oder stationärer Anlagen berücksichtigt. Auf diese Weise werden zugleich Anreize geschaffen, die Verwendung veralteter Motoren und besonders gefährdender Schweröle einzugrenzen. Insgesamt stünden somit Finanzmittel durch Nutzungsentgelte aus einer Verpachtung von Meeresböden, einer jährlichen Versteigerung von Nutzungsrechten an Fischbeständen und einer strecken- und risikobezogenen Wegegebühr für den Seetransport zur Verfügung. Die Einnahmen aus der Versteigerung von Nutzungsrechten an Fischbeständen sind institutionell durch eine treuhänderische Verwaltung gesondert zu erheben und im Hinblick auf die Förderung des Strukturwandels im Fischereisektor und die Kontrolle der Einhaltung der Nutzungsrechte zu verwenden, um eine Vermischung mit anderen Aufträgen zu verhindern.

Demgegenüber sollten die sonstigen Einnahmen einer spezifischen *Verwendung* zugunsten der Wasserqualität der Meere dienen, nämlich der Finanzierung von Maßnahmen zur Minderung landgestützter Emissionen in die Meere in den Ländern, die hierzu weder wirtschaftlich noch institutionell in der Lage sind. Angesichts der derzeit geringen ökonomischen Attraktivität des Tiefseebergbaus betrifft dies vornehmlich das Nutzungsentgelt für den Seetransport. Die erhobenen Entgelte sind strikt als Sonderabgabe zweckgebunden einem zeitlich befristeten Fonds zuzuführen, der von der Weltbank verwaltet werden könnte. Der zeitlich begrenzte Auftrag bezieht sich ausschließlich auf die Durchführung von Emissionsminderungsprojekten in wirtschaftlich schwachen Ländern. Um Mitnahmeeffekte seitens der Entwicklungsländer zu verhindern, die aufgrund der zu erwartenden finanziellen Förderung ihre eigenen Investitionen in die Beseitigung landgestützter Emissionen verringern könnten, ist hier – wie bereits im Bereich des Klima-, Ozonschicht- und Biodiversitätsschutzes – eine Begrenzung der Förderung auf die „vollen vereinbarten Mehrkosten" durch das gemeinschaftliche Ziel des Meeresschutzes einzuführen. Angesichts der maximal jährlich realisierbaren Sanierungsinvestitionen in den bezuschussungswürdigen Ländern und der großen Anzahl jährlicher Schiffsbewegungen ist durchschnittlich von einer geringen Höhe der streckenbezogenen Nutzungsentgelte auszugehen, was daher die wirtschaftliche Belastung dieses Transportzweigs in Grenzen hält. Der Beirat sieht es bei der Verwendung der Finanzmittel als entscheidend an, dass

- die Erhebung der Nutzungsentgelte für den Seetransport und die Finanzierung von Emissionsminderungsmaßnahmen von vornherein zeitlich befristet werden,
- die Nutzungsentgelte ausschließlich zweckgebunden zugunsten der genannten Emissionsminderungsmaßnahmen eingesetzt werden,
- die Fondsverwaltung institutionell von der Entgelterhebung getrennt wird und gemäß der in Kap. E 3.4 genannten Voraussetzungen einer effizienten Mittelverwendung erfolgt.

Der Schutz der Meeresböden und der Schutz der Wasserqualität sind als gemeinsame Aufgaben zu verstehen, die von einer Treuhandstelle wahrgenommen werden können. Über die Berechnung der Entgelte ebenso wie über die Beendigung der Umverteilung von Nutzungsentgelten zugunsten von Emissionsminderungsprojekten sollte jedoch ausschließlich die Staatengemeinschaft entscheiden, um eine demokratische Kontrolle zu gewährleisten.

E 3.2.3.4
Nutzung des geostationären Orbits

Ein großes Interesse findet in der neueren Zeit die Nutzung des geostationären Orbits. Diese Nutzung nimmt rapide zu, die Zahl der Satelliten expandiert, aber auch der dort deponierte Schrott macht sich störend bemerkbar. Aus ökonomischer Sicht wird also ein Knappheitsphänomen sichtbar. Es wundert daher nicht, dass es zu einer Debatte über Nutzungsentgelte für die Stationierung von Telekommunikationssatelliten im geostationären Orbit, einem völkerrechtlichen Gemeinschaftsraum, kommen musste. Der Beirat ist der Auffassung, dass sich hier ein globaler Handlungsbedarf aufbaut, dem durchaus mittels des Instruments des Nutzungsentgelts Rechnung getragen werden kann.

Der Erdorbit wird vor allem als Laufbahn oder Standort bzw. Parkraum für Satelliten und Raumstationen genutzt. Zunehmend erhält er auch den Charakter einer Deponie, in der sich die Reste von Raketen, Satelliten oder Weltraumstationen tummeln bzw. in den auch sonstige Stoffe eingetragen werden. Erste Anzeichen einer Überfüllung werden sichtbar, vor allem die Deponierung von „Schrott" vielfältigster Art erweist sich als störend. Wäre der Orbit im Privatbesitz, würde der (fiktive) Eigentümer für diese eben skizzierten Nutzungsformen (steigende) Nutzungsentgelte verlangen, die die anwachsende Knappheit bzw. die Kosten der Bewältigung des Schrottproblems verdeutlichen würden. Da diese ökonomischen Signale fehlen, besteht die Gefahr der Übernutzung.

Entweder einigt man sich dann, wie dies bei klassischen Allmendegütern vielfach der Fall ist, auf Regeln einer angemessenen gemeinschaftlichen Nutzung, oder man übernimmt das Konzept der Nutzungsentgelte. Der erstgenannte Vorschlag ist mit dem Problem verbunden, dass die Ableitung solcher von der Staatengemeinschaft getragener Regeln schwierig und mit großem Zeitaufwand verbunden sein wird. Das Konzept eines Nutzungsentgelts überlässt den einzelnen Akteuren hingegen mehr Handlungsspielraum, auch eine raschere Anpassung der Entgelte an immer neue Problemstellungen ist möglich. Notwendig ist in diesem Fall die Einrichtung einer von der Staatengemeinschaft getragenen Orbitbehörde, die die Entgelte – begleitet von einer Regulierungsbehörde – festlegt. Kritische Werte, wie etwa maximal zulässige Immissionsstandards oder die Definition des maximalen „Orbit-Parkraumumfangs", sind durch die Staatengemeinschaft vorzugeben (Kap. E 1). Die Einnahmen stehen für die Finanzierung dieser Institutionen, die Beseitigung des Orbitschrotts oder auch die Orbitforschung zur Verfügung. Auf alle Fälle muss verhindert werden, dass sich ein Automatismus steigender Einnahmen einstellt und eingenommene Mittel anderen Zwecken zugeführt werden. Der Beirat plädiert daher für eine fortwährende Kontrolle der Entgeltfestsetzung durch die Einzelstaaten.

Überlegungen zur Einnahmeerzielung sind nicht neu. Typisch hierfür ist die Diskussion um die sog. Startsteuer, die die europäische Arianespace 1996 vorstellte. Damals ging man davon aus, dass bis 2003 weltweit etwa 20–25 größere zivile Erdbeobachtungs- und Telekommunikationssatelliten pro Jahr ins All transportiert werden (The Economist, 1.6.1996). Bei Kosten pro Start, die sich zwischen 50 Mio. US-$ für eine chinesische Rakete und 150 Mio. US-$ für die Ariane-5 bewegen, wäre bei einer Startsteuer in Höhe von 1% jährlich mit Einnahmen in Höhe von rund 20 Mio. US-$ zu rechnen gewesen. Vage sprach man auch von einem ökologischen Lenkungseffekt. Es blieb aber offen, was mit diesem gemeint war. Wollte man die Zahl der Raketenstarts mindern oder mittels der Gelder den Weltraumschrott beseitigen? Vieles deutet darauf hin, dass der Vorschlag eher auf eine Abgabe abzielte und primär an der Erzielung einer Einnahme interessiert war, die aber zunächst einmal viel zu gering gewesen wäre, um nur die wichtigsten Anliegen zu erfüllen.

Damit werden die Probleme dieses Vorschlags deutlich. Zwar wäre die Erhebung technisch vergleichsweise einfach durchzuführen, es fehlen jedoch Antworten auf Fragen nach der Aufbringung eines nennenswerten Finanzierungsvolumens und vor allem nach dem Nutzungszusammenhang der Entgelterhebung. Zur möglichen Belastung der Stratosphäre durch die Raketenemissionen lagen und liegen immer noch keine hinreichenden Forschungsergebnisse vor. Hinzu kommt, dass einige Satelliten gezielt für die Erdbeobachtung und die Ermittlung von Umweltdaten eingesetzt werden. Hier hätte eine solche Abgabe eine kontraproduktive Lenkungswirkung. Darüber hinaus ist die politische Durchsetzbarkeit gegenüber den Betreiberländern der Raketensysteme unsicher, da die Raumfahrttechnologie hier als „Zukunftsindustrie" mit großer wirtschaftlicher, technologischer und sicherheitsstrategischer Bedeutung gilt.

Diese Bedenken ließen sich mindern, wenn eine eindeutige Verknüpfung der Nutzungsentgelte an bestimmten Immissionsbelastungen oder dem verfügbaren Deponieraum im Orbit stattfindet. In diesen Fällen könnte ein System handelbarer Zertifikate aufgebaut werden, das drei wichtige Vorteile bietet. Erstens weist es durch seine enge Anbindung an die Knappheit des Orbits einen deutlicheren Lenkungseffekt auf. Zweitens lässt eine Versteigerung der Nutzungsrechte ein hohes Aufkommen finanzieller Mittel erwarten. Allerdings ist eine solche Versteigerung angesichts fehlender Akzeptanz seitens der Länder, die Raketensysteme betreiben, kaum durchzusetzen. Drittens könnte jedoch der Verzicht auf eine solche finanzielle Belastung dieser Länder bei gleichzeitiger Gewährleistung einer effizienten Verteilung des bestehenden Orbitraums die politischen Widerstände mindern. Der Beirat befürwortet daher eine Prüfung der Möglichkeiten, ein solches System mittelfristig aufzubauen.

E 3.2.4
Entgelte für Nutzungsverzichtserklärungen

Im Gegensatz zu den Weltmeeren, dem Orbit oder dem Luftraum sind die meisten Boden- und Süßwasserflächen eigentumsrechtlich privaten Akteuren oder Staaten zugeordnet. Den Eigentümern stehen diese Ressourcen zur vielfältigen Nutzung zur Verfügung, wobei sich in der Regel mehrere Nutzungsmöglichkeiten anbieten. Das Problem der Umweltpolitik besteht darin, dass ökologische Funktionen eine zu geringe Bewertung erfahren bzw. die Nutznießer und Kostenträger einer Schutzmaßnahme zeitlich und räumlich auseinander fallen.

Der Schutz der biologischen Vielfalt erfordert vielfach den Verzicht auf die Nutzung bestimmter Gebiete der Erdoberfläche, eine Frage, mit der sich der Beirat intensiv beschäftigt hat (WBGU, 2000). Problematisch ist hierbei jedoch, dass einige Staaten, die besonders viele Anteile an der weltweit schützenswerten biologischen Vielfalt haben, durch eine wirksame globale Umweltpolitik benachteiligt werden. Zudem sind die besonders biodiversitätsreichen Staaten häufig auch die ärmsten, so dass sie zum Schutz der biologischen Vielfalt nicht ohne Unterstützung beitragen können. Die Biodiversitätskonvention versucht, diesem Problem gerecht zu werden, indem den Entwicklungsländern die Übernahme der „vollen vereinbarten Mehrkosten" für sämtliche Maßnahmen zum Schutz der biologischen Vielfalt zugesichert werden, also derjenigen Kosten, die nach Abzug des globalen Nutzens für das Land selbst verbleiben. Auf die mit dieser Vereinbarung verbundenen Probleme und Risiken hat der Beirat bereits weiter oben hingewiesen. Trotzdem liegt dieser Kostenbeteiligung ein ökonomisch gerechtfertigter Gedanke zugrunde, lässt sie sich doch als internationale Entschädigung für einen entgangenen Nutzungsgewinn verstehen, welcher im globalen Gemeinschaftsinteresse ist.

Dieser Gedanke lässt sich weiter ausbauen, wobei das den Verschmutzungszertifikaten zugrunde liegende Prinzip aufgegriffen wird. Dort wird ein spezifisches Nutzungsrecht gekauft, in gleicher Weise lässt sich auch eine Nichtnutzungsverpflichtung kaufen. Das Problem des Schutzes erneuerbarer Ressourcen besteht nämlich darin, dass der Besitzer aufgrund der langen Regenerationszeiten, z. B. eines Waldbestands, häufig nicht mehr in den Genuss einer „Ernte" kommt und demzufolge vorhandene Bestände stärker nutzt als nachwachsen kann. Kosten und Nutzen einer Bestandserhaltung fallen zeitlich auseinander. Noch gravierender wird der Konflikt, wenn die Kosten und der Nutzen eines Bestandsschutzes räumlich divergieren. Hier liegt es nahe, dass die zeitlich und räumlich Begünstigten den Ressourceneigentümer für seine (heutige) Nichtnutzung honorieren. Sie erwerben sog. Verpflichtungsscheine, mit denen sich Eigentümer zur Nichtnutzung verpflichten. Im Grunde handelt es sich um ein Nichtnutzungsentgelt mit entsprechender Anreizwirkung.

Die Mittel können privat, aber auch staatlich aufgebracht werden. Hier besteht aber noch Forschungsbedarf. Zu klären wäre z. B., wie die Einhaltung der Verpflichtung gewährleistet werden kann, inwieweit sich erpresserische Verpflichtungsentgelte verhindern lassen, in welchen Bereichen ein Tausch von Verpflichtungsscheinen möglich ist, inwieweit sich eine Zersplitterung verhindern lässt usw. Wichtig ist aber auf alle Fälle, dass der „Kostenträger", hier definiert als Nichtnutzer eines Eigentumsrechts, die Entgelte erhält. Nur so entfaltet sich eine echte Anreizwirkung. Wenn die Entgelte bzw. die oben genannten „Mehrkosten" an Regierungen ausgezahlt werden, besteht die Gefahr, dass sie zur Begleichung anderer Anliegen verwendet werden.

Langfristig wäre zu überlegen, dieses Konzept auszubauen zu einem weltweiten System von Nutzungsverzichtsverpflichtungen (etwa für Regenwälder), die von Staaten oder regionalen Akteuren gezeichnet werden und von der internationalen Gemeinschaft entsprechend finanziell entgolten würden.

E 3.2.5
Versicherungen und Kompensationslösungen für regionale Schäden aufgrund globaler Umweltveränderungen

Viele Umweltprobleme haben Altlastencharakter. Sie entstanden zu einer Zeit, als die rechtlichen Rahmenbedingungen unangemessene Emissionen oder Nutzungsformen von Ressourcen noch erlaubten oder Informationen über bestimmte Emissions- oder Nutzungsrisiken fehlten. Des weiteren lassen sich nicht immer alle Umweltprobleme rechtzeitig erkennen bzw. beheben, und auch global ist zu befürchten, dass manche Umweltveränderungen nicht mehr aufgehalten, sondern durch entschlossenes Handeln lediglich gemindert und verlangsamt werden können. Der beginnende Klimawandel ist das bekannteste Beispiel dafür, dass künftig nicht nur Vermeidungs-, sondern auch Anpassungskosten eine Rolle spielen werden. In der innerstaatlichen Debatte wird diesem Problem mit Blick auf künftige Risiken in der Regel über das Instrument der Haftung (mit der dann regelmäßigen erforderlichen Versicherung) begegnet. Eine solche Regelung gestattet nicht nur einen Schadensausgleich, sondern entfaltet auch Vorsorge- bzw. Innovationseffekte. Um hohen Prämien zu entgehen, werden Substitutionsprozesse in die Wege geleitet oder möglicherweise sogar die Produktion eingestellt.

Wenn ein wirksames System von Haftungsansprüchen besteht, erhalten die Akteure einen Anreiz, das Risiko von Umweltschädigungen soweit wie möglich zu begrenzen, was in der Regel effizient und aufgrund des größeren Wissens der Akteure vor Ort über Gefahren auch besonders effektiv ist. Nach Risiko gestaffelte Versicherungsprämien üben entsprechende Lenkungswirkungen auf die dezentralen Akteure aus. In den Versicherungen wird zudem das Wissen über potenzielle Risiken, Vorsorgemaßnahmen und Strategien zur Anpassung an unvermeidbare Umweltveränderungen gebündelt (WBGU, 1999a).

Wie geht man aber mit jenen Problemen um, die echten Altlastencharakter haben? Die Verursacher solcher Altlasten sind häufig nicht identifizierbar oder juristisch greifbar. Aus internationaler Sicht fehlt außerdem bislang eine klare haftungsrechtliche Regelung. Folgt man den klassischen Prinzipien der Umweltpolitik, muss hier an die Stelle des Verursacherprinzips das Gemeinlastprinzip treten bzw. dieses Prinzip subsidiäre Anwendung finden. In gewisser Hinsicht käme auch ein internationales Solidarprinzip zur Geltung. Finanziert werden müssten die Sanierungs- bzw. Anpassungskosten (etwa Umsiedlung der von einem Anstieg des Meeresspiegels gefährdeten Bevölkerung) aus einem aus staatlichen Zuschüssen gespeisten Fonds. Da es vor allem die Industrienationen sind, die wohlstandsmäßig in der Vergangenheit von einem problematischen Umgang mit natürlichen Ressourcen profitierten, könnten die Einzahlungen sich an Wohlstandsindikatoren, am internationalen Handelsvolumen bzw. am speziellen Handelsvolumen mit den betroffenen Staaten orientieren. In manchen Fällen müsste auch eine spezifische Branchenverantwortung geprüft werden. Aber auch hier muss gewährleistet sein, dass die Mittel zweckgebunden bleiben.

Mittelfristig erscheint auch der Gedanke der Einrichtung eines allgemeinen Schadensfonds prüfenswert. Dahinter steht der Gedanke, dass es wahrscheinlich nie gelingen wird, Anpassungskosten globaler Aktivitäten zu vermeiden. Theoretisch kann man sich darum eine Art globale Zwangsversicherung für einen Restschadensausgleich global verursachter Umweltprobleme vorstellen. Es ist zu überlegen, hierfür ein Solidarmodell analog der Sozialversicherung aufzubauen. Bestandteil eines solchen Modells ist die Verpflichtung der Kollektivmitglieder (hier: der Staatengemeinschaft) zur gemeinsamen Einzahlung in einen Fonds, aus dessen Mittel bestimmte entstehende Schäden – etwa durch Klimaveränderungen und erforderliche Anpassungsmaßnahmen (z. B. Deichbauten, Aufräumarbeiten) – zu decken sind. Zur Staffelung der Beitragslast stehen verschiedene Verteilungsindikatoren – Emissionen, wirtschaftliche Leistungsfähigkeit usw. – zur Verfügung. Im Gegensatz zu einer ausschließlichen Umlagefinanzierung, wie sie die meisten europäischen Sozialversicherungen kennen, ist angesichts der Unsicherheit und Kalkulierbarkeit der Risiken durch Klimafolgen ein privatwirtschaftliches Risikomanagement dieses Fonds mit Kapitalanlagen in langfristigen Real- und Humankapitalinvestitionen zu Gunsten des Klimaschutzes sowie moderner Rückversicherungsstrategien durch Hedging-Portfolios denkbar (Hommel, 1998).

In diesem Zusammenhang ist das Instrument der Katastrophenbonds (catastrophe bonds; cat bonds) besonders hervorzuheben. Die durch Naturkatastrophen verursachten Schäden sind in den letzten Jahrzehnten stark angestiegen. So hat z. B. das Erdbeben von Kobe 1995 einen volkswirtschaftlichen Schaden von 100 Mrd. US-$ verursacht. Nur etwa 2–3% der Schäden waren versichert. Schäden dieser Größenordnung können nahezu nicht mehr über das traditionelle Versicherungs- und Rückversicherungsgeschäft abgesichert werden. Den geschätzten Eigenmitteln des weltweiten Versicherungsmarktes von 500 Mrd. US-$ steht allerdings eine Kapitalisierung der internationalen Finanzmärkte von ca. 40.000 Mrd. US-$ gegenüber. Die Grundidee von Katastrophenbonds besteht darin, Risiken in Gestalt von Naturkatastrophen vom klassischen Versicherungsbereich vermehrt auf die Finanzmärkte und deren Marktteilnehmer zu verteilen (Adler, 1999; Kunreuther und Linnerooth-Bayer, 1999).

Katastrophenbonds werden von Versicherungs- und Rückversicherungsunternehmen oder auch von Staaten auf den Kapitalmärkten emittiert und beziehen sich auf ein genau definiertes Umweltereignis. Beispielsweise bezieht sich der Katastrophen-Bond der Schweizerischen Versicherungsgesellschaft Winterthur auf den Schadensfall, dass mehr als 6.000 kaskoversicherte Motorfahrzeuge durch Hagel und Sturm beschädigt werden. Die Käufer von Katastrophenbonds erhalten eine über dem Marktniveau liegende Verzinsung. Dafür müssen sie auf Zinsen und u. U. auf Kapital verzichten, wenn ein Schaden eintritt. Auf diese Weise übernehmen sie einen Teil des Gesamtrisikos. Katastrophenbonds bewirken somit durch den Zufluss von neuem Risikokapital einen positiven Liquiditätseffekt für den Versicherungssektor, der mit einer Ausweitung der Deckungskapazität einhergeht. Es liegen bereits wissenschaftliche Untersuchungen vor, dieses Instrument für die Reduzierung von Überflutungsrisiken einzusetzen. Neben der Liquiditätswirkung ist es bei einer entsprechenden Ausgestaltung auch möglich, Katastrophenbonds mit anderen dezentralen Anreizinstrumenten zu koppeln, um z. B. Vorbeugungs- und Anpassungsmaßnahmen zu finanzieren (Kunreuther und Linnerooth-Bayer, 1999).

Der Beirat sieht in diesem Bereich ein wichtiges zukünftiges Forschungsfeld und empfiehlt der Bundesregierung, den Aufbau entsprechender Modelle auch für die Vorsorge und kurzfristige Bekämpfung anderer Katastrophenrisiken (z. B. die Flutkatastrophe in Mosambik) zu prüfen.

E 3.2.6
Weitere Finanzierungsmechanismen

In der internationalen Debatte werden eine Reihe weiterer Vorschläge diskutiert. Einige kann der Beirat hier nur kurz nennen, etwa den Vorschlag, den Datentransfer im Internet zu besteuern („Bit-Steuer"), der UN die Kreditaufnahme zu gewähren oder eine Zuteilung neuer Sonderzahlungsrechte durch den IWF für Ziele der Umwelt- und Entwicklungspolitik in Entwicklungsländern vorzunehmen (Jakobeit, 1999; hierzu auch E 2). Einige weitere Vorschläge rechtfertigen jedoch eine längere Analyse.

E 3.2.6.1
Devisen-Umsatzsteuer („Tobin-Steuer")

Sehr viel Raum in der Debatte gewinnt der Vorschlag einer Steuer auf Devisentransaktionen, die nach dem späteren US-amerikanischen Ökonomie-Nobelpreisträger James Tobin als „Tobin-Steuer" bekannt wurde (Tobin, 1974, 1978). Die Befürworter dieser Steuer wollen damit den spekulativen, grenzüberschreitenden Kapitalverkehr unattraktiver machen, die wirtschaftspolitische Handlungsfähigkeit der Staaten erweitern sowie neue und zusätzliche Finanzinstrumente für den globalen Ausgleich zwischen Nord und Süd sowie für die Finanzierung der globalen Umweltaufgaben mobilisieren (Ul Haq et al., 1996; Michalos, 1997; Felix, 1995, 1996; Kulessa, 1996; Menkhoff und Michaelis, 1995; Spahn, 1996; Stotsky, 1996; Tanzi, 1997; Jakobeit, 1997; Bündnis 90/Die Grünen, 1998; Huffschmid, 1999).

Wegen des in den letzten Jahren explosionsartig auf börsentäglich weltweit inzwischen rund 1.500 Mrd. US-$ (Stand: April 1998) gestiegenen Volumens dieser Devisentransaktionen erbrächte selbst eine minimale Steuer von nur 0,1% nach vorsichtiger Schätzung bereits über 170 Mrd. US $ pro Jahr für nationale und/oder globale Zwecke. Da die Tobin-Steuer national erhoben würde, bliebe es der Entscheidung der nationalen Parlamente überlassen, welchen Teil dieser Einnahmen sie für internationale Ziele zur Verfügung stellen würden. Die tatsächliche Erreichung des 0,7%-Ziels wäre für die Industrieländer keine Utopie mehr.

Ginge es nur nach der Finanzierungsfunktion, wäre die Tobin-Steuer positiv zu bewerten. Die zu erwartenden Einnahmen würden – entsprechenden politischen Willen in den Industrieländern vorausgesetzt – reichen, den neuen und zusätzlichen Finanzierungsbedarf der AGENDA 21 zu decken. Da die ökologische Lenkungsfunktion sowie die politische Realisierbarkeit dieser Steuer jedoch kaum vorhanden sind und ihre technische Durchsetzbarkeit umstritten bleibt, dürfte die Einführung der Tobin-Steuer zwar auch in den nächsten Jahren weiter diskutiert, aber dennoch kaum realisiert werden.

So ist die Steuer politisch gegen den Widerstand wichtiger Industrieländer nicht durchzusetzen, weil bei ihrer Teileinführung die Devisentransaktionsgeschäfte an diejenigen Börsenplätze verlagert würden, an denen die Tobin-Steuer nicht erhoben wird (Trittbrettfahrer). Insbesondere die USA lehnen jegliche Form einer neuen Besteuerung dieser Art als unzulässigen regulativen Eingriff in das freie Spiel der Marktkräfte ab. Auch die Verfechter der Steuer gestehen ein, dass ohne die Einbeziehung der acht wichtigsten Börsenplätze der Welt keine Aussicht auf Erfolg bestünde. Doch die technische Durchsetzbarkeit bliebe fraglich, selbst wenn die Tobin-Steuer an den acht wichtigsten Börsenplätzen erhoben würde. An den internationalen Finanzmärkten hat es in den letzten Jahren ein extrem hohes Innovationstempo gegeben, das zudem von den neuen globalen Informations- und Kommunikationsmöglichkeiten profitiert hat. Börsengeschäfte lassen sich heute weltweit im Internet 24 Stunden am Tag abwickeln. Damit würde sich die Abwicklung von Kapitalmarktgeschäften, die durch eine Tobin-Steuer verteuert würden, auf Finanzoasen oder Offshore-Finanzplätze verlagern. Selbst wenn eine neue Steuer auf bestimmte Arten von Devisentransaktionsgeschäften global erhoben würde (und die Art der Transaktion müsste in allen Staaten gesetzlich genau festgeschrieben werden), hat die Finanzwirtschaft in den letzten Jahren gezeigt, dass sie in der Lage ist, rasch neue Instrumente zu entwickeln, die nicht unter die Tobin-Steuer fallen würden und dennoch die Absicherungs- und Spekulationsfunktion für den Devisenhandel übernehmen könnten. Die Gesetzgeber könnten einem solchen Innovationstempo vermutlich kaum erfolgreich nachkommen.

Darüber hinaus bietet die Tobin-Steuer keine unmittelbare Anknüpfung an bestimmte umweltgefährdende Handlungen, sondern betont mit ihrer pauschalen Besteuerung aller Devisentransaktionen die Maximierung eines Finanzaufkommens. Der Beirat wendet sich aus den bereits genannten Gründen gegen eine solche Vorgehensweise im Bereich der Finanzierung und sieht eine Verengung der Debatte auf solche Finanzierungsinstrumente als eine Gefahr für die Erreichung des Ziels an, zu international konsensfähigen Vereinbarungen zu gelangen.

E 3.2.6.2
Umweltlotterien

Nachdem Umweltlotterien bereits regional und national (Niederlande) eingeführt wurden, bestünde für die Bundesregierung die Möglichkeit, zusätzlich zu anderen Finanzierungsmechanismen auch eine politische Initiative für die Einführung einer *europäischen Umweltlotterie* zu starten. Dabei stünde nicht die Finanzierungsfunktion im Vordergrund. Vielmehr könnte mit Hilfe einer solchen Umweltlotterie das Bewusstsein der Öffentlichkeit für die Umweltprobleme in den Entwicklungsländern gesteigert werden.

Die Erfahrungen mit Umweltlotterien in Niedersachsen, Schleswig-Holstein und Hamburg („Bingo-Lotterie") belegen, dass auf diesem Weg zumindest für die landesspezifischen Umweltprobleme zweckgebundene zusätzliche Finanzressourcen mobilisiert werden können. Im nationalen (ARGE-Lotterie-Arbeitsgemeinschaft Neue Bundeslotterie für Umwelt und Entwicklung) oder europäischen Rahmen (Eurovision oder nach dem Vorbild der niederländischen „Nationale Postcode Loterij") könnte eine solche Lotterie in Verbindung mit einer Fernsehsendung, die gezielt die Öffentlichkeit auf die gravierenden Umweltprobleme in den Entwicklungsländern hinweist, zusätzliche Ressourcen erschließen. Als innovatives Instrument der politischen Bildungsarbeit, die auf ein Massenpublikum ausgerichtet ist, gibt es in diesem Bereich zweifellos Spielraum für die Initiativen von Ministerien oder der Bundesregierung. Wenngleich das finanzielle Aufkommen solcher Lotterien schwer zu schätzen ist (zumal diese neue Lotterie mit einer Vielzahl bereits etablierter Landeslotterien konkurrieren würde), läge der Haupteffekt wahrscheinlich in der Steigerung des Bewusstseins und Aufmerksamkeit für die Thematik. Das wiederum böte Anknüpfungspunkte für die lokale und kommunale Arbeit zur Durchsetzung der AGENDA 21, wenn solche lokalen Initiativen in festen Partnerschaften mit Kommunen in den Entwicklungsländern zusammenarbeiten würden. Der Aufbau konkurrierender Lotterien mit alternativen Umwelt- und Entwicklungsprojekten sowie privaten und lokalen Partnern eröffnet zudem die Chance eines institutionellen Wettbewerbs, bei dem der Erfolg einer Lotterie zugleich einen Indikator für die Erfolgswahrscheinlichkeit der Projektarbeit bilden kann (Kap. E 3.4).

Aber es bleibt das Problem, dass das Mittelaufkommen zur Lösung globaler Umweltprobleme gering bleiben wird, die ökologischen Anreizeffekte sehr allgemeiner Natur sind und vor allem die stets geforderte Zweckbindung unterbleibt. Es geht letztlich nur um die Erschließung einer Finanzierungsquelle für sehr allgemein definierte Umweltzwecke.

E 3.3
Einbeziehung privater Akteure in die Finanzierung

Grundsätzlich erscheint eine Einbeziehung privater Akteure sinnvoll. Vieles spricht sogar für eine höhere Effizienz solcher Einrichtungen, wie auch aus den Ausführungen zu der Verwendungseffizienz finanzieller Mittel in Kap. E 3.4 erkennbar wird. Eine Privatisierung birgt grundsätzlich folgende Potenziale:
- mehr Kapazitäten zur *Wissensverarbeitung* durch eine größere Dezentralität, die damit auch kleinräumig bedeutsamen Chancen eines Wissenstransfers Rechnung tragen können (WBGU, 1996b),
- eine größere *Vielfalt* global relevanter Problemlösungen, da konkurrierende Lösungsansätze zunächst im Wettbewerb erprobt und im Hinblick auf ihren Lösungsbeitrag bewertet werden können,
- eine bessere *Kontrolle* der Mittelverwendung durch wettbewerbliche Strukturen und ein erhöhtes Eigeninteresse der Betroffenen,
- positive *Motivationseffekte*, da die Anonymität und eingeschränkte direkte Kontrolle staatlicher Finanzierungsprogramme verringert werden können.

Der Beirat sieht in der Aktivierung privater Initiativen die Chance, den Globalisierungsprozess und die damit ausgelösten Effizienzeffekte zu Gunsten der globalen Umwelt einzusetzen. Neue technische Möglichkeiten über moderne Informations- und Kommunikationstechnologien, aber auch das Zusammenwachsen globaler Märkte eröffnen neue Wege, über Regierungshandeln hinaus die „Zivilgesellschaft" als weltweit relevanten Akteur globaler Umweltpolitik wahrzunehmen. Zwei Wege stehen hierbei im Mittelpunkt. Erstens können private Akteure durch die Schaffung von Eigentums- und Haftungsrechten sowohl als Zahler von Nutzungsgebühren als auch als Betreiber weltweiter Umweltschutz- und Entwicklungsaufgaben verstärkt in die globale Umweltpolitik integriert werden. In Kap. E 3.2 wurden hierzu ausführlich Ansätze diskutiert. Zweitens geht es darum, die ohnehin vorhandene Zahlungs- und Handlungsbereitschaft privater Akteure auch ohne einzelstaatliche oder multilaterale Vereinbarungen zu mobilisieren. Der Beirat wendet sich in diesem Zusammenhang insbesondere gegen zwei populäre Missverständnisse, die gegen eine Stärkung privater Initiativen hervorgebracht werden:
- fehlende Bereitschaft und finanzielle Mittel,
- fehlende Durchsetzbarkeit gegen einen Globalisierungsprozess, der zu einer Erosion sozialer und ökologischer Standards führt.

Der Beirat hat bereits in seinem Biodiversitätsgutachten privaten Initiativen besondere Aufmerksamkeit geschenkt und hierbei, was die Mittelbeschaffung betrifft, die Bedeutung von Stiftungen hervorgehoben (WBGU, 2000). Bei solchen privaten Initiativen handelt es sich um eine Art „governance without government" (Rosenau und Czempiel, 1992). Unterstützt werden kann dieser Ansatz über ein kooperationsförderndes Umfeld (Contractual environment) sowie das Wecken von Interesse (Concern building). In früheren Gutachten sprach der Beirat auch von einem sog. *Motivationsansatz* (WBGU, 1999a).

Dieser Motivationsansatz baut auf der Überlegung auf, dass es für viele Anliegen im Rahmen globaler Umweltpolitik durchaus eine individuelle Zahlungsbereitschaft gibt, die mobilisiert und genutzt werden kann. Es ist hierbei darauf hinzuweisen, dass mit diesem Ansatz nicht eine Politik der selektiven Setzung ökonomischer Anreize – etwa über die Etablierung von staatlichen Finanzierungsfonds, aus denen Subventionen, Bürgschaften oder sonstige Zuschüsse gewährt werden – gemeint ist. Vielmehr wird auf die Schaffung von Voraussetzungen für die Etablierung vielfältiger und „spontaner" Lösungskonzepte auf privater Basis abgestellt. Gesucht wird eine institutionelle Vielfalt, die nicht Ausdruck bewusster staatlicher Intervention zur Verfolgung eines international abgestimmten Leitbildes einer globalen Umweltpolitik, sondern Ergebnis individueller, lokaler oder regionaler Schutzvorstellungen ist.

Letztlich handelt es sich hier um eine Art Club- oder Mäzenlösung, die eine immanent vorhandene Zahlungsbereitschaft privater Akteure für Umweltbelange zu mobilisieren vermag. Ähnliche Aktivitäten findet man auch im Bereich der Entwicklungszusammenarbeit (etwa Misereor oder Brot für die Welt). Sie sind wichtig, da sich Geld hier vielfach mit einem persönlichen Einsatz verbindet und zumeist auch sparsamer Mitteleinsatz garantiert ist. Außerdem dienen sie der Bewusstseinsbildung, da im geldgebenden Land Interesse am globalen Umweltschutz geweckt wird.

Ein besonderer Anreiz für solche privaten Initiativen entsteht, wenn die Finanzierung von Maßnahmen der Umwelt- und Entwicklungspolitik durch die Zahlungsbereitschaft privater Konsumenten erfolgen kann. Orientierungen zur Beurteilung entsprechender Produkte können durch Labelling- und Auditing-Informationen bereitgestellt werden. Die Konsumenten stimmen dann mit ihren Konsumentscheidungen über alternative institutionelle Systeme des Umweltschutzes in den Einzelstaaten ab. Umweltschutz ist Bestandteil eines *Wettbewerbs institutioneller Systeme* der Einzelstaaten (Streit, 1995;

Karl, 1998; Becker-Soest, 1998). Es ist somit durchaus auch ein „race to the top"-Wettbewerb denkbar, der unter bestimmten Voraussetzungen Beiträge zur Lösung globaler Umweltprobleme beisteuern kann. Die Grundüberlegung dieser Argumentation beruht auf der Feststellung, dass sich die Einhaltung von Schutzauflagen bzw. bestimmter (nicht unbedingt politisch gesetzter) Standards beim Umweltschutz für Produzenten nicht nur als Kostenfaktor erweist, sondern sich offensiv auch als Zusatznutzen betrachten lässt (Kap. E 2.2). Dieser Zusatznutzen kann Gewinn bringend vermarktet werden und vermag darum, umweltinnovative Prozesse zu entfalten. Diese Standards treten als Produkt- oder Standortmerkmale in Konkurrenz zu Produkten oder Standorten mit anderen Standards. Wettbewerb findet daher nicht nur zwischen Produkten, sondern auch zwischen Standards statt. Diese müssen keineswegs staatlich gesetzt werden, sondern können sich analog zu vielen ISO-Normen „spontan" herausbilden. Konsumenten oder Standortsuchende entscheiden bei ihrem Kauf damit zugleich über die Akzeptanz von Standards (Wegner, 1998; zu den Potenzialen von Labellingstrategien im Umweltschutz auch IWÖ und IFÖK, 1998; Karl und Orwat, 1999). Produzenten, die sich solchen Standards nicht unterwerfen, setzen sich der Gefahr aus, vom weltweiten Wettbewerb sanktioniert zu werden und wirtschaftliche Nachteile in Kauf nehmen zu müssen. Fällt dann noch das Risiko aus, durch Entscheidungen einer globalen Regulierungsinstanz einem problematischen Anpassungsdruck ausgesetzt zu sein, erhöht sich der Anreiz, auf globaler Ebene stets neue Standards als Wettbewerbselemente ins Spiel zu bringen bzw. eine ökologische Dynamik freier Märkte zur Entfaltung zu bringen (Knill, 1998). Es geht also nicht primär darum, über den Regulierungsweg zu verhindern, dass arme Länder reiche und umweltsensible Länder nach unten ziehen, sondern es gilt umgekehrt, Mechanismen ins Spiel zu bringen, die andere Länder veranlassen, sich den anspruchsvolleren Standards anzupassen (Vogel, 1997).

Der Beirat hat in seinen vorangegangenen Gutachten auf notwendige Reformen hingewiesen, um diesen Prozess der Aktivierung privater Akteure zu fördern (WBGU, 2000). Zu diesen Maßnahmen zählen Reformen des Stiftungsrechts über die in diesem Jahr beschlossene Reform hinaus, die Förderung von Umweltlabelling- und -auditingsystemen durch Öffentlichkeitsarbeit und eine kritische Prüfung der Wettbewerbswirkungen etablierter Labels und der Nachfragemacht großer Handelsunternehmen sowie Unterstützung durch Information und Öffentlichkeitsarbeit beim Aufbau internationaler Unternehmensnetzwerke und Vereinbarungen zum privaten Kapazitätsaufbau und Wissenstransfer.

Die Erfahrung zeigt aber, dass solchen privaten Engagements häufig nur eine Anstoßfunktion oder eine komplementäre Rolle zukommt. Angesichts der Größenordnung der zu bewältigenden Probleme benötigt man ein größeres Mittelaufkommen sowie eine konzentrierte Verwendung dieser Gelder. Dies verlangt zwangsläufig die Erschließung stärker fließender Geldquellen, wie sie in Kap. E 3.2 diskutiert wurden.

E 3.4
Die Effizienz der Mittelverwendung

E 3.4.1
Die Fragestellung

Das internationale Finanzierungssystem des globalen Umweltschutzes ist durch eine Vielzahl an Institutionen und Organisationen gekennzeichnet (Tab. E 3.4-1). Die einzelnen Institutionen weisen in ihrer primären Funktion einen unterschiedlichen Bezug zur globalen Umweltpolitik auf. Die Global Environment Facility (GEF) stellt Finanzmittel ausschließlich für den globalen Umweltschutz zur Verfügung. Beim UNDP und der Weltbank ist der Bezug zur globalen Umwelt vielfach indirekter, denn es steht die Finanzierung von Entwicklungsprojekten und -programmen im Vordergrund und nur ein Teil der Finanzmittel geht direkt in den Umweltschutz. Auch ist zu berücksichtigen, dass Ausgaben, die z. B. der Armutsbekämpfung dienen, ebenfalls einen wichtigen Beitrag zum globalen Umweltschutz leisten. Bei solchen multifunktionalen Finanzierungsinstitutionen kann der exakte Betrag an Finanzmitteln, der für den globalen Umweltschutz verteilt wird, nur durch eine Analyse der Einzelprojekte und -programme bestimmt werden. Eine solche Analyse ist allerdings sehr aufwändig. Daher sind hier nur Schätzgrößen angegeben. Noch schwieriger stellt sich eine Ermittlung des Finanzierungsvolumens dar, das von privaten Stiftungen für die globale Umwelt zur Verfügung gestellt wird. Deshalb wird in Tab. E 3.4-1 nur zu Vergleichszwecken das Stiftungsvolumen des Turner-Fonds (United Nations Foundation; UNF), der Finanzmittel für die Bereiche „Umwelt", „Frauen und Bevölkerung", „Gesundheit von Kindern" zur Verfügung stellt, und eines nationalen Umweltfonds aus Kolumbien („Corporacion Ecofondo") aufgeführt. Die Gesamtheit dieser Finanzierungsinstitutionen bilden das Spektrum an Institutionen, die hinsichtlich der Effizienz der Mittelverwendung zu überprüfen sind.

In der AGENDA 21 sind für die institutionelle Ausgestaltung globaler Umweltpolitik die Grundsätze

	Personal [Anzahl und Bezugsjahr]		Budget [Mio. US-$ Jahr⁻¹ und Bezugsjahr]		Verwaltete Mittel	
EINRICHTUNGEN MIT FINANZIERUNGSFUNKTION						
Weltbank	11.310	'00	719	'99	29.000	'99
GEF	65	'00	22,2	'00	500–700	'99
UNDP	5.300	'98	58,6	'00	2.000	'98
FAO	3.500	'00	367	'00	615	'00
UNESCO	1.076	'96	272,2	'00	405	'00
Ozonfonds	8	'00	3,9	'00	147	'00
UNCTAD	394	'00	50	'00	24	'00
UNEP	529	'00	4,7	'00	96,1	'00
EINRICHTUNGEN OHNE FINANZIERUNGSFUNKTION						
IMO	300	'00	29,5	'00		
WMO	246	'00	39,4	'00		
CSD	ca. 40	'00	k. A.			
CBD	47	'99	8,3	'99		
CITES	27	'00	5,15	'00		
UNCCD	39	'00	8,6	'00		
UNFCCC	79	'00	11,04	'00		
ZUM VERGLEICH						
Turner-Fonds (United Nations Foundation)					1.000 [1]	
Corporación Ecofondo (nationaler Umwelt- und Entwicklungsfonds, Kolumbien)					58,5	

[1] Für verschiedene globale Politikziele (Umwelt, Frauen und Bevölkerung, Gesundheit von Kindern).

Tabelle E 3.4-1
Überblick über internationale Finanzierungsinstitutionen mit Bezug zur globalen Umweltpolitik. k. A. = keine Angaben.
Quelle: WBGU

der „Universalität, Demokratie und Transparenz" formuliert. Unter dem Blickwinkel der Effizienz erscheint die undifferenzierte Übertragung dieser Grundsätze auf Finanzierungsfragen der globalen Umweltpolitik nicht empfehlenswert. Die universelle Beteiligung aller Staaten, dies zeigt die Erfahrung in vielen Gremien der UN, erschwert die Entscheidungsfindung. Aus Effizienzgründen ist es daher in vielen Fällen vorteilhaft, kleinere Entscheidungsgremien anzustreben (Ehrmann, 1997). Weiterhin ist ein professionelles Management der Vergabe von Finanzmitteln anzustreben, das nicht unnötig durch ineffiziente Verteilungskämpfe behindert wird. Andererseits ist allerdings auch der berechtigte Anspruch der Entwicklungsländer auf Mitspracherechte bei der Aufbringung und Verwendung von Finanzmitteln adäquat zu berücksichtigen.

Die Entwicklung eines Finanzierungssystems der globalen Umweltpolitik ist demnach durch einen grundlegenden Konflikt zwischen Gerechtigkeits- und Effizienzzielen gekennzeichnet. Dieser Konflikt kann durch institutionelle Reformen nicht völlig beseitigt werden. Es sind immer Kompromisse zu suchen, die beide Ziele angemessen berücksichtigen. Die Untersuchung des Konfliktes zwischen Verteilung und Effizienz hat zwar in der wissenschaftlichen Literatur durchaus einen festen Stellenwert (z. B. Okun, 1975; Zimmermann, 1996). Systematische Übertragungen von Gerechtigkeitstheorien (Rawls, 1975) auf die globale Umweltpolitik, verbunden mit einer Prüfung der Effizienzwirkungen, fehlen hingegen weitgehend (eine Ausnahme ist z. B. Helm und Simonis, 2000). An dieser Stelle können diese äußerst komplexen Probleme nicht umfassend diskutiert werden. Vielmehr ist in diesem Bereich ein erhebliches Forschungsdefizit festzustellen. Daher werden an dieser Stelle zwei Aspekte herausgegriffen, die eine zentrale Bedeutung für die Entwicklung eines Finanzierungssystems globaler Umweltpolitik, das sowohl Gerechtigkeits- als auch Effizienzziele ausgewogen berücksichtigt, besitzen:

1. Wie sehen die Abstimmungs- und Entscheidungsverfahren der internationalen Finanzinstitutionen aus, und welche Effizienz- und Verteilungswirkungen gehen mit ihnen einher? Dies soll am Beispiel der GEF diskutiert werden (Kap. E 3.4.2).
2. Über welche institutionelle Form wird eine verfügbare Milliarde DM mit dem höchsten Zielbeitrag (bezogen auf ein globales Umweltproblem) verteilt? Anders gewendet: Wie sollte die Bundesregierung, wenn es allein um diese Verwendungseffizienz ginge, die bereitgestellten Finanzmittel auf die verschiedenen Institutionen im Bereich der Finanzierung des globalen Umweltschutzes verteilen? Hierzu wird ein Determinantensystem vorgestellt, das Anhaltspunkte für die Entwicklung eines effizienten und verteilungsgerechten Finanzierungssystems liefert (Kap. E 3.4.3).

E 3.4.2
Die Rolle der Abstimmungs- und Entscheidungsverfahren am Beispiel der GEF

Äußerst lehrreich für die Ausgestaltung eines effizienten und verteilungsgerechten Finanzierungssystems der globalen Umweltpolitik ist die Betrachtung der Entwicklung der 1991 gegründeten GEF, die als die zentrale Institution für die Finanzierung des globalen Umweltschutzes anzusehen ist (WBGU, 1994). Die GEF ist seit ihrer Gründung Gegenstand zahlreicher Auseinandersetzungen zwischen Industrie- und Entwicklungsländern gewesen. Der Kern dieses Konfliktes dreht sich dabei um die Frage der Ausgestaltung der Abstimmungs- und Entscheidungsverfahren. Weil die GEF in gemeinsamer Trägerschaft von Weltbank, UNEP und UNDP geführt wird, ist ein entscheidender Grund für diesen Konflikt bereits im institutionellen Design der GEF angelegt. Sollen die Entscheidungen nach der Regel der UN-Organisationen getroffen werden („ein Land, eine Stimme") oder nach den Entscheidungsverfahren der Weltbankgruppe, bei denen die Länderstimmen nach Höhe der eingezahlten Finanzmittel gewichtet werden („ein Dollar, eine Stimme")?

Die Vorteile beider Verfahren liegen dabei auf der Hand: Während die Entscheidungsregel der UN-Organisationen den Mitgliedsländern eine gleichberechtigte Stellung garantiert und Verteilungsaspekte eine stärkere Rolle spielen, dominiert bei den Entscheidungsverfahren der Weltbankgruppe der Einfluss der finanzstarken Industrienationen. Aufgrund des dominanten Einflusses der Gebernationen ist von einer vergleichsweise hohen Effizienz der Weltbankgruppe auszugehen. Forderungen der Entwicklungsländer nach einer stärkeren Berücksichtigung von Verteilungszielen, die in vielen Fällen zu Lasten der Effizienz gehen könnten, werden durch die Stimmenmehrheit der Industrieländer abgewehrt bzw. abgeschwächt.

Naturgemäß ist eine solche Kurzcharakterisierung der beiden unterschiedlichen Entscheidungsverfahren noch undifferenziert. Nicht alle UN-Entscheidungen sind automatisch ineffizient und nicht alle Weltbankentscheidungen verteilungsungerecht. Vielmehr handelt es sich hier um Tendenzaussagen. Die jeweiligen Wirkungen der Entscheidungsverfahren sind in dieser Form zu vermuten.

Im Lauf der Gründungs- und Restrukturierungsphase der GEF wurde dieser grundlegende Konflikt durch die Entwicklung einer innovativen Lösung weitgehend aufgelöst. Dem Abstimmungsmodus der GEF liegt das System der „doppelten, gewichteten Mehrheit" (double weighted majority) zugrunde. Grundsätzlich müssen Entscheidungen im Rat der GEF im Konsens angenommen werden. Sind alle Bemühungen um einen Konsens erschöpft, besitzt jedes Mitglied des Rates das Recht, eine formale Abstimmung zu verlangen. Die weitere Abstimmung vollzieht sich dabei in zwei Stufen: In der ersten Runde hat jedes Mitglied eine Stimme („ein Land, eine Stimme"), und in der zweiten Runde wird die Stimme nach der Höhe des finanziellen Beitrags gewichtet („ein Dollar, eine Stimme"). Eine Entscheidung kommt zustande, wenn 60% der Länder zustimmen und diese Mehrheit zugleich 60% der Beiträge zum GEF-Fonds repräsentieren. Industrieländer und Entwicklungsländer können sich also gegenseitig nicht überstimmen (WBGU, 1996a; Ehrmann, 1997). Im Gegensatz dazu wird in den UN-Institutionen, wie erwähnt, nach der Mehrheit der Mitgliedstaaten entschieden, so dass Geberländer leicht überstimmt werden können. Aus diesem Grund wären, wenn die GEF nicht außerhalb des engeren UN-Systems geschaffen worden wäre, die Finanzmittel vermutlich nicht in dieser Höhe geflossen.

Eine ähnliche Flexibilisierung der Abstimmungsverfahren wurde auch im Rahmen der Entscheidungen über die Verwendung der Mittel aus dem sog. Ozonfonds eingeführt. Der Ozonfonds hat die Aufgabe, die Entwicklungsländer für die erhöhten Kosten zu entschädigen, die ihnen aus der Umstellung ihrer Industrien auf nicht ozonschichtzerstörende Stoffe und Verfahren infolge der Bestimmungen des Montrealer Protokolls entstehen. Das Management dieses Fonds obliegt einer Gruppe von Geber- und Nehmerländern in gleicher Anzahl. Eine Majorisierung einer Staatengruppe wird dadurch ausgeschlossen, dass, wenn eine Konsenslösung scheitert, mit einer Zwei-Drittel-Mehrheit entschieden wird, die zusätzlich die Mehrheit der Vertreter jeder der beiden Staatengruppen umfassen muss (Gehring 1990; Biermann, 1997).

Sowohl der Abstimmungsmodus der GEF als auch der des Ozonfonds stellen das Ergebnis eines pragmatischen Kompromisses dar. Die bisherigen Erfahrungen erlauben die Vermutung, dass es sich um erfolgreiche institutionelle Innovationen im Bereich der globalen Umweltpolitik handelt, die Vorbildfunktion für andere internationale Umweltvereinbarungen übernehmen können. Der Erfolg zeigt sich nicht zuletzt darin, dass die tatsächliche Abstimmung – jedenfalls bei der GEF – den Ausnahmefall darstellt und dass allein die Existenz dieses Abstimmungsverfahrens die wünschenswerte Konsenslösung fördert.

Bei einigen Konventionen konnte bis heute keine vollständige Geschäftsordnung verabschiedet werden, da es Konflikte um die Abstimmungsregeln für Entscheidungen über finanzielle Fragen gibt. So sind sowohl bei der UNCCD (Regel 47) als auch bei der

CBD (Regel 40) die Abstimmungsregeln für finanzielle Fragen bis heute nicht geregelt. Während die Entwicklungsländer für eine Zwei-Drittel-Mehrheitsregelung plädieren, fordern die OECD-Länder bei finanziellen Fragen einstimmige Entscheidungen. Um diesen seit Jahren andauernden Streit baldmöglichst zu beenden, empfiehlt der Beirat, an den Abstimmungsregeln der GEF und des Ozonfonds angelehnte Entscheidungsverfahren einzuführen.

Die Bewertung der GEF als bedeutendste Finanzinstitution globaler Umweltpolitik fällt zwar positiv aus. Die Gründe für diese Einschätzung liegen zum einen an der Nähe zur Weltbank, was eine professionelle Mittelverwendung erwarten lässt, und zum anderen in dem innovativen Entscheidungsverfahren. Dennoch kann nicht empfohlen werden, alle finanziellen Mittel, die im deutschen Bundeshaushalt für den globalen Umweltschutz vorgesehen sind, an die GEF zu vergeben. Hiergegen können einige Gründe angeführt werden. Von besonderer Bedeutung ist dabei, dass die konzentrierte Verfügbarkeit großer Geldmittel an einer Stelle immer leicht die Begehrlichkeit nach weiteren Mitteln fördert, ohne dass diese zusätzlichen Mittel für den Hauptzweck der Aufgabenerfüllung erforderlich wären. Im Vordergrund steht dabei die Gefahr, dass große Institutionen in besonderem Maß Bürokratisierungstendenzen unterliegen. Bei abnehmender Konkurrenz verschiedener Institutionen um öffentliche Mittel sind zudem nachlassende Effizienzbemühungen zu vermuten. So ist beispielsweise mitunter NRO in Entwicklungsländern der Vorzug zu geben, weil sie sich aufgrund der Kenntnisse über die lokalen Besonderheiten durch eine besondere Problemnähe auszeichnen. Ein solches Netzwerk an NRO ließe sich beispielsweise durch die Institutionen der deutschen Entwicklungszusammenarbeit (BMZ, GTZ, KfW) oder auch durch einen neu geschaffenen nationalen Umwelt- und Entwicklungsfonds (Kap. E 3.4.5) mit Finanzmitteln versorgen.

Vor diesem Hintergrund ist grundsätzlich zu überlegen, wie das zur Verfügung stehende Volumen an Finanzmitteln so aufgeteilt werden kann, dass der Beitrag zum globalen Umweltschutzziel möglichst groß ist. Das im Folgenden vorgestellte Determinantensystem soll Ansatzpunkte sowohl für die Aufteilung der Mittel als auch für mögliche institutionelle Veränderungen im Bereich des internationalen Finanzierungssystems liefern.

E 3.4.3
Ein Determinantensystem zur Beurteilung der Effizienz der Mittelverwendung

E 3.4.3.1
Zur Bedeutung einer Analyse der Verwendungseffizienz öffentlicher Mittel

Besitzt eine Organisation eine hohe Verwendungseffizienz, so bedeutet dies, dass sie mit den ihr zur Verfügung stehenden Mitteln einen hohen Beitrag zur Erreichung des globalen Umweltschutzziels leistet. Es geht hier nicht primär um eine möglichst effiziente Planung einzelner Umweltschutzprojekte. Mit Blick auf Finanzinstitutionen soll vielmehr analysiert werden, inwieweit eine Institution in der Lage ist, bei der Auswahl der zu finanzierenden Projekte diejenigen Vorhaben auszuwählen, die den höchsten Zielbeitrag leisten. Um dieses primäre Ziel einer Finanzinstitution zu erreichen, ist es notwendig, dass die für die Projektauswahl erforderlichen Mittel selbst möglichst effizient eingesetzt werden. Dazu gehört vorab, dass aus dem Budget einer Organisation möglichst wenig Mittel für Verwaltungskosten und möglichst viele Mittel für Projekte zur Verfügung stehen. Gelingt es einer Institution, eine hohe Verwendungseffizienz zu realisieren, dann gehen damit zwei Wirkungen einher:

1. Der Beitrag zum globalen Umweltschutzziel erhöht sich. Dies ergibt sich definitionsgemäß aus einer höheren Effizienz, die besagt, dass ein Ziel mit den geringstmöglichen Kosten erreicht wird. Die aufgrund der höheren Effizienz zusätzlich zur Verfügung stehenden Mittel können dann für weitere Projekte ausgegeben werden. Durch diese zusätzlich finanzierbaren Projekte wird insgesamt ein höherer Beitrag zum globalen Umweltschutzziel geleistet.

2. Neben diesem unmittelbaren Zusammenhang ist auch die indirekte Wirkung einer hohen Verwendungseffizienz auf die Geberländer von Bedeutung. So kann das Wissen um eine hohe Effizienz der aufgebrachten Mittel wesentlich deren Neigung erhöhen, mehr Finanzmittel zur Verfügung zu stellen. Angesichts der nachlassenden Neigung der Industrieländer, Finanzmittel für die globale Umwelt- und Entwicklungspolitik bereitzustellen, gewinnt dieser Zusammenhang zunehmend an Bedeutung.

Eng mit der Effizienz ist der Effektivitätsbegriff verbunden. Eine Institution arbeitet dann effektiv, wenn sie das vorgegebene umweltpolitische Ziel erreicht. Kostenbetrachtungen finden bei einem engen Effektivitätsverständnis keine Berücksichtigung. Im Vordergrund der folgenden Überlegungen steht die Verwendungseffizienz, auch wenn an einigen Stellen auf die Effektivität Bezug genommen wird. Die Effizienz der Verwendung von Finanzmitteln durch die internationalen Finanzinstitutionen wird in der Literatur nahezu überhaupt nicht systematisch behandelt. Aufgrund der Neuartigkeit der Fragestellung können keine empirisch überprüften Aussagen gemacht werden. Ziel ist es vielmehr, eine erste grobe Strukturierung von Determinanten zu entwickeln, die als Basis für die Ableitung von Hypothesen über die Verwendungseffizienz von Finanzierungsinstitutionen im globalen Umweltschutz dienen können. Eine empirische Überprüfung müsste dann Gegenstand späterer Forschung sein (Zimmermann und Pahl, 2000).

E 3.4.3.2
Die Determinanten im einzelnen

Der Grundgedanke eines Determinantensystems zur Bestimmung der Verwendungseffizienz internationaler Finanzinstitutionen liegt darin, dass die Effizienz einer solchen Finanzierungsinstitution von einer größeren Zahl sehr unterschiedlicher Einflüsse geprägt wird. Unter „Effizienz" werden zwei Ansätze parallel betrachtet:
- Nur begrenzt wird der enge Effizienzbegriff etwa der Kosten-Nutzen-Analyse zugrunde gelegt, demzufolge die ermittelten Kosten dem gemessenen bzw. abgeschätzten Nutzen (Vorteile, Zielerreichungsgrade usw.) gegenübergestellt werden. Dieser Ansatz hat enge Grenzen, weil zwar die Kosten meist relativ leicht erfasst werden können. Der Bestimmung von Nutzengrößen auf der Nutzen- oder Leistungsseite sind jedoch enge Grenzen gezogen.
- Der zweite Ansatz ist prozeduraler Art. Es wird nach einer Organisation gesucht, die – mit Anreizen, klaren Vorgaben, Entscheidungsspielräumen usw. – so ausgestaltet ist, dass effiziente Ergebnisse zu erwarten sind. Dieser Ansatz steht im Folgenden im Vordergrund.

Die denkbaren Determinanten, die auf eine so umrissene Effizienz vermutlich einwirken, sind sehr zahlreich. Sie werden hier zu einer begrenzten Zahl von Determinanten zusammengefasst. Von diesen sind einige auf jede Art von Finanzinstitution anwendbar und daher vorweg zu prüfen. Sie sind in besonderer Weise geeignet, Finanzinstitutionen miteinander zu vergleichen.

Eine zweite Gruppe ist spezifisch für den jeweiligen Aufgabenbereich und die dort zu lösenden Probleme; folglich stehen hier die globalen Umweltprobleme im Vordergrund. Schließlich scheint auch die Art der Maßnahmen, die in den Planungs- und Entscheidungsbereich der Institution fallen, einen Einfluss auf die Effizienz auszuüben.

Die erarbeiteten Determinanten werden hier zunächst einzeln kurz erläutert. Dabei wird die Argumentation nicht jeweils bis zur Effizienzprüfung fortgeführt. Vielmehr werden anschließend (Kap. E 3.4.4) beispielhaft Hypothesen zu diesen Determinanten in ihrem Bezug zur Effizienz abgeleitet. Weiterführende Überlegungen, die insbesondere in einer Ergänzung dieser Liste und einer tieferen Untergliederung der vorgestellten Determinanten münden, und eine empirische Überprüfung wären dann Gegenstand späterer Forschungsaktivitäten. Insbesondere bietet es sich an, die langjährigen Erfahrungen aus dem Bereich der Effizienz- und Effektivitätsanalyse von Entwicklungshilfezahlungen für die entsprechende Analyse der finanziellen Unterstützungszahlungen in der globalen Umweltpolitik zu nutzen (Fairman und Ross, 1996).

MERKMALE VON FINANZINSTITUTIONEN ALS DETERMINANTEN
Determinante 1: Öffentliche versus private Institutionen. In der globalen Umweltpolitik können öffentliche und private Institutionen als Akteure unterschieden werden. Großen öffentlichen Organisationen wie denen des UN-Systems wird vielfach eine höhere Ineffizienz zugeschrieben. Nationale Umwelt- und Entwicklungsfonds könnten hierzu ein Gegengewicht bilden (Kap. E 3.4.5). Diese Fonds unterstützen insbesondere – meist auf lokaler Ebene tätige – private Gruppen, NRO usw., die oft effizienter und effektiver arbeiten als von staatlichen Organisationen initiierte Projekte.
Determinante 2: Multifunktionale versus monofunktionale Institutionen. Finanzierungsinstitutionen können auf ein einzelnes Umweltproblem zugeschnitten sein (Ozonfonds) oder für mehrere globale Umweltprobleme verantwortlich sein (GEF). Die Konzentration auf ein eng abgegrenztes Umweltproblem (z. B. Ozonverdünnung in der Stratosphäre; siehe auch Determinante 6) ermöglicht einem konventionsspezifischen Fonds den schnellen Aufbau eines auf das Umweltproblem bezogenen Wissenspotenzials. Multifunktionale Finanzinstitutionen wie die GEF zeichnen sich ihrerseits durch einen guten Überblick über das Spektrum an globalen Umweltproblemen aus und können intern Querverbindungen zwischen Konventionen herstellen (siehe auch Determinante 6). Eine Finanzierungsinstitution für das Klimaproblem muss also mehr Querschnittswissen und -politik einsetzen als ein Ozonfonds. Ein dem Umweltproblem nicht angepasstes Design der Institution, beispielsweise eine unzureichende Verknüpfung der Finanzinstitution mit den betreffenden Um-

weltkonventionen, ist der Effizienz dann sehr abträglich.

Ein Rückschluss von einer dieser beiden Determinanten, die sich auf den Typ einer Finanzierungsinstitution beziehen, auf die Effizienz ist meist nicht direkt möglich. Vielmehr ist bei konkreten Anwendungsfällen der jeweilige Einzelfall zu prüfen. In jedem Fall muss ein Abgleich mit den nachfolgenden Determinanten erfolgen.

Determinante 3: Interne Organisation. Hinsichtlich der internen Organisation ist zwischen einer professionellen Aufgabenwahrnehmung, die den Anforderungen der „Klienten" entspricht und die ein auf die richtige Aufgabenerfüllung ausgerichtetes Ethos entwickelt, einerseits und einer bürokratischen Organisation, die durch langwierige und umständliche Entscheidungsprozesse gekennzeichnet ist, andererseits zu unterscheiden (Mayntz, 1997). Ältere Institutionen sind ceteris paribus oft bürokratischer und müssen daher gelegentlich reorganisiert werden. Anhaltspunkte für eine Effizienzprüfung von Finanzierungsinstitutionen lassen sich aus der Prüfung der internen Organisationsstrukturen gewinnen. Beispielsweise kann untersucht werden, ob interne Revisionsprozeduren zur Prüfung einer effizienten Aufgabenerfüllung durchgeführt werden. Die Existenz einer internen Revision dürfte die angesprochene Effizienz prozeduraler Art erheblich vergrößern. Des weiteren übt die Art des Budgetverfahrens einen erheblichen Einfluss auf die Effizienz der Mittelverwendung aus. Die UN-Organisationen haben zwar bereits das am Ausgabeobjekt anknüpfende Budget („object-of-expenditure budget") weitgehend durch ein Programmbudget („programme budgeting") ersetzt. Ein ergebnisorientiertes Haushaltsverfahren, das den Blick verstärkt auf die Erzielung von Resultaten richtet und hierbei Leistungsindikatoren einsetzt, verspricht jedoch eine verbesserte interne und externe Effizienzkontrolle (siehe auch Determinante 4). Die Bemühungen zur Einführung des sog. „results-based budgeting", das auch ein wichtiger Bestandteil der Reformpläne des UN-Generalsekretärs Kofi Annan ist, sollten daher aus Effizienzgründen fortgesetzt werden (Mizutani et al., 2000).

Determinante 4: Externe Steuerung der Institutionen. Unter diese Determinante fallen viele Einzelaspekte, die die Verwendungseffizienz beeinflussen können. Von besonderer Bedeutung ist die institutionalisierte Effizienzkontrolle, die intern vorgeschrieben sein sollte (siehe auch Determinante 3) oder extern durchzuführen ist. Die interne sollte entsprechend einer strengen internen Revision im Privatunternehmen erfolgen. Für die externe Kontrolle könnte eine dem US-amerikanischen „Office of Inspector General" angelehnte Organisation eingerichtet werden, die die entsprechenden Finanzierungsinstitutionen überprüft. Des weiteren sind die Art der Abstimmungsverfahren (z. B. Einstimmigkeitsregel, doppelt gewichtete Mehrheitsentscheidungen wie bei der GEF und dem Ozonfonds; Kap. E 3.4.3) und die Vergabekriterien („terms of reference") von Bedeutung. Bei den Vergabekriterien wiederum ist wichtig, ob sie in der Konvention festgelegt sind oder ob sie erheblichen Interpretationsspielräumen seitens der Finanzierungsinstitution unterliegen. Weiterhin ist zu prüfen, inwieweit die einer Institution zur Verfügung stehenden Mittel zweckgebunden verteilt werden oder ob die Verteilung der Mittel überwiegend dem eigenen Ermessensspielraum unterliegt. Beide Formen haben Vor- und Nachteile, die am jeweiligen Einzelfall zu ermitteln sind.

Determinante 5: Möglichkeit zur Einflussnahme auf die Governance-Strukturen im Empfängerland. Es ist ein allgemein bekannter Tatbestand aus dem Bereich der Entwicklungszusammenarbeit, dass viele finanzielle Mittel aufgrund schlechter Governance-Strukturen im Empfängerland (z. B. Korruption, Bau von Prestigeobjekten) nur einen geringen oder keinen Beitrag zur Erreichung des zugrunde liegenden Ziels geleistet haben (World Bank, 1998). Institutionen wie der IWF und die Weltbank weisen mit Blick auf diese Determinante Vorzüge auf, weil sie auf die Herstellung einer guten institutionellen Infrastruktur hinwirken können. Neuere Studien zeigen allerdings, dass der Erfolg einer Einflussnahme auf die Governance-Strukturen von den jeweiligen institutionellen Rahmenbedingungen abhängig sind (Seymour und Dubash, 2000). Daher ist immer der Einzelfall zu prüfen. Vielfach bieten sich dezentrale Ansätze unter direkter Beteiligung lokaler Akteure als Alternative zur Weltbank und zum IWF an, um entsprechende Governance Strukturen aufzubauen und als wichtige Voraussetzung für institutionelle Reformen das Interesse der lokalen Bevölkerung am (globalen) Umweltschutz zu stärken (Keohane, 1996).

MERKMALE VON GLOBALEN UMWELTPROBLEMEN ALS DETERMINANTEN

Determinante 6: Der Querschnittscharakter eines globalen Umweltproblems. Mit dem Querschnittscharakter ist gemeint, dass ein globales Umweltproblem lediglich einen eng zugeschnittenen Umweltbereich tangieren oder aber mehrere Umweltbereiche betreffen kann. Ersteres trifft beispielsweise auf das Problem des stratosphärischen Ozonabbaus oder auf den Schutz der Meere vor Tankerunfällen zu. Das Treibhausproblem und der Schutz der biologischen Vielfalt hingegen berühren viele Umweltbereiche gleichzeitig; so ist die Problematik der Anrechnung von Senken als CO_2-Speicher und die Verknüpfung mit dem Schutz biologischer Vielfalt vom Beirat ausführlich in einem Sondergutachten diskutiert worden (WBGU, 1998b).

Determinante 7: Umfang der Vermeidungsbetroffenheit. Ein globales Umweltproblem besitzt definitionsgemäß einen globalen Betroffenen- bzw. Nutzenkreis. Dennoch kann unterschieden werden zwischen globalen Umweltproblemen, bei denen die Vermeidungsaktivitäten nur einen kleinen Kreis an betroffenen Akteuren tangieren, und solchen, bei denen der Kreis der Vermeidungsbetroffenen sehr breit ist. Während z. B. eine Bodenschutzpolitik Landnutzungsmöglichkeiten entscheidend mitbestimmt und somit beträchtliche Auswirkungen für die lokale Bevölkerung hat, ist der Kreis der von Vermeidungsaktivitäten Betroffenen beim Schutz der stratosphärischen Ozonschicht in Gestalt der FCKW-produzierenden Unternehmen wesentlich enger. Auch hier ist der richtige Zuschnitt der Institution eine Voraussetzung für eine effiziente Aufgabenerfüllung. Die von der GEF finanzierten Projekte werden z. B. in diesem Zusammenhang gelegentlich dahingehend kritisiert, dass sie nur unzureichend mit den Institutionen und gesellschaftlichen Gruppen vor Ort, also mit den von der umweltpolitischen Maßnahme Betroffenen, zusammenarbeiten (Horta, 1998).

ART DER UMWELTSCHUTZMASSNAHME
Determinante 8: Art der Umweltschutzmaßnahme. Als achte Determinante ist schließlich die Art der vorgesehenen bzw. erforderlichen Umweltschutzmaßnahme anzusehen, denn sie spielt eine wichtige Rolle dabei, welche Institution hinsichtlich einer effizienten Aufgabenerfüllung besser geeignet ist als andere. So ist es ein bedeutender Unterschied, ob es sich um die Finanzierung von konkreten Projekten, die Entwicklung einer langfristigen Umweltschutzstrategie (z. B. die Umstellung des Energiemixes einer Volkswirtschaft) oder die Verteilung von Informationen handelt.

E 3.4.4
Beispielhafte Ableitung von Hypothesen und Empfehlungen zu den Determinanten

Aufgrund der Vielzahl der aufgeführten Determinanten und der dadurch möglichen Kombinationen von Einflüssen kann an dieser Stelle nicht eine vollständige Auswertung der einzelnen Determinanten erfolgen. Diese stellen einen ersten Versuch dar, Vermutungen über die Verwendungseffizienz von Finanzierungsinstitutionen und empirisch überprüfbare Hypothesen aufzustellen. An dieser Stelle kann nur exemplarisch ausgeführt werden, welche politisch bedeutsamen Aussagen sich aus einer solchen umfassenden Konzeption ableiten lassen.

Ein wichtiger Anhaltspunkt für die Beurteilung der Effizienz einer Finanzierungsinstitution ist die interne Organisation (Determinante 3). Die Existenz von internen Revisionsprozeduren und das Budgetverfahren üben einen starken Einfluss auf die Effizienz der Aktivitäten einer Institution aus. Des weiteren ist hier auch die Transparenz der Mittelverwendung anzuführen. Die mangelnde Transparenz der Mittelverwendung durch die Sekretariate einzelner Konventionen ist ein Problem, das bei vielen Geberstaaten zunehmend auf Unmut stößt. Beispielsweise wurden die Generalsekretäre der CBD und der UNCCD wiederholt dazu aufgefordert, den Vertragsstaaten mehr und präzisere Informationen über die Mittelverwendung zukommen zu lassen, anstatt eine nur wenige Seiten umfassende bzw. nur schwer durchschaubare Gesamtbilanz vorzulegen. Daher sollte nach Ansicht des Beirats Teil der Reformanstrengungen der UN eine Verbesserung des Finanz-Berichtswesens der Sekretariate sein. Unterstützt werden könnte diese Reform durch das 1995 eingerichtete Office of Internal Oversight Services (OIOS), das dem UN-Generalsekretär bei internen Revisionen zuarbeitet.

Bei der Betrachtung der Determinante der Multifunktionalität einer Institution (Determinante 2) ist zunächst zu vermuten, dass eine Institution, die mit vielen Aufgaben betraut ist, eine geringe Effizienz aufweist. Es sind eine Vielzahl von unterschiedlichen Umweltschutzmaßnahmen zu finanzieren. Das hierfür erforderliche Wissen lässt sich zwar über entsprechende Fachabteilungen aufbauen. Dies kann jedoch zu sehr großen Institutionen führen, denen aufgrund der Bürokratisierungstendenzen vielfach eine geringere Effizienz zugesprochen wird als kleineren Institutionen (Determinante 1). Das Gegenteil zu einer solchen multifunktionalen Institution sind konventionsspezifische Fonds wie der Ozonfonds (Determinante 2). Bei konventionsspezifischen Fonds ist zu vermuten, dass durch die Konzentration auf ein exakt zugeschnittenes Umweltproblem sich ein großes Wissenspotenzial schneller und effektiver aufbauen lässt (Determinanten 2 und 6). Die Problemnähe eines solchen konventionsspezifischen Fonds dürfte sich als sehr günstig für eine möglichst hohe Effizienz erweisen.

Dennoch wäre es verfehlt, grundsätzlich konventionsspezifische Fondslösungen zu bevorzugen. Zum einen müssen alle Determinanten berücksichtigt werden, und zum anderen ist insbesondere eine Gegenüberstellung mit dem zugrunde liegenden Umweltproblem vorzunehmen. Dies soll in einigen wenigen Punkten am Beispiel der GEF erläutert werden:

1. Die Arbeit der GEF als multifunktionale Institution ist insgesamt durchaus als effizient zu bewerten. Ein wesentlicher Grund liegt in der Anbindung an die Weltbank, die über ein gut ausgebildetes Evaluations- und Monitoringsystem verfügt (Determinanten 3 und 4). Die daraus resultierende Professionalität stellt wiederum eine wichtige Voraussetzung für die Geberländer dar, Mittel bereitzustellen, da sie aufgrund ihres Einflusses auf die Verwendung der Mittel zumindest innerhalb eines gewissen Rahmens mitbestimmen können (Sharma, 1996).
2. Des weiteren ist die GEF auch die richtige Adresse für die Entwicklung von Strategien für globale Umweltprobleme wie das Klimaproblem, die eine internationale Kooperation voraussetzen (Determinante 8). Dies gilt auch für den Schutz der Biodiversität. Viele Maßnahmen in der Biodiversitätspolitik sind allerdings in enger Kooperation mit den betroffenen Bevölkerungsteilen vor Ort zu entwickeln und zu implementieren. Demnach sollten in die Planung und – was hier im Vordergrund steht – bei der Finanzierung stärker kleinere, lokal arbeitende Institutionen, u.a. auch NRO, einbezogen werden.
3. Die GEF ist insbesondere für den Klimaschutz und die biologische Vielfalt zuständig. Diese globalen Umweltprobleme besitzen einen hohen Querschnittscharakter, und der Kreis der Vermeidungsbetroffenen ist sehr breit (Determinanten 6 und 7). Somit ist ein Gesamtüberblick über die Verbindung der zugrunde liegenden Umweltprobleme erforderlich. Dies spricht für eine Finanzierungszuständigkeit der GEF für beide Konventionen.

Trotz der durchaus positiven Bewertung sollte die GEF nicht die einzige Institution zur Verteilung von Finanzmitteln sein. So zeigen einige Studien (Keohane, 1996), dass es der GEF – und auch dem Ozonfonds – bisher nicht umfassend gelungen ist, auf lokaler Ebene das Interesse am (globalen) Umweltschutz zu wecken (Determinante 5).

Erfahrungen in der Entwicklungspolitik zeigen in diesem Zusammenhang, dass durch innovative Wege der Leistungsbereitstellung, wie Partizipation der lokalen Bevölkerung und Dezentralisierung der Entscheidungsfindung, die Effizienz der Entwicklungshilfezahlungen wesentlich gesteigert werden kann (OECD/DAC, 1997; Umana, 1997; World Bank, 1998). Solche Wege sollten auch vermehrt in der Finanzierung der globalen Umweltpolitik beschritten werden. Hierzu bieten sich u. a. nationale Umwelt- und Entwicklungsfonds an. Daher sollen im folgenden Kapitel diese Fonds kurz vorgestellt werden und – auch unter Rückgriff auf das vorgestellte Determinantensystem – geprüft werden, inwieweit sich diese Fonds als zweite bedeutende Säule für die Finanzierung des (globalen) Umweltschutzes neben der GEF eignen.

E 3.4.5
Effizienzanalyse nichtkommerzieller nationaler Umwelt- und Entwicklungsfonds

Nationale Umwelt- und Entwicklungsfonds (Trust Funds for the Environment) sind als Weiterentwicklung der Debt-for-Nature Swaps zu Beginn der 90er Jahre entstanden (Resor und Spergel, 1992; Sand, 1994; Rubin et al., 1994; Danish, 1995a, 1996; CSD, 1996; Meyer, 1997). Diese Fonds werden im betreffenden Entwicklungsland verwaltet und übernehmen die Funktion einer Finanzierungsquelle vor Ort. Sie stellen Finanzmittel für Organisationen oder Individuen bereit, die die Durchführung von Umwelt- oder Entwicklungsprojekten planen. Eine Besonderheit stellt die Integration der zivilgesellschaftlichen Strukturen in den betreffenden Entwicklungsländern in die Entscheidungsmechanismen der Fonds dar.

Bisher gibt es diese innovativen Finanzinstrumente in mehr als 30 Ländern. Knapp 1 Mrd. US-$ sind insgesamt in diese Fonds geflossen. Umwelt- und Entwicklungsfonds sind nicht zuletzt daraus entstanden, dass die Erfahrungen aus den letzten fünf Jahrzehnten der Entwicklungszusammenarbeit nicht unbedingt ein Fortschreiben der bisherigen Instrumente nahe legen. Wenn Finanzressourcen von den politischen Machteliten in den noch nicht hinreichend demokratisch konsolidierten bzw. den weiterhin diktatorischen Regierungssystemen des Südens usurpiert und fehlgeleitet werden können (z. B. für Waffenkäufe), dann würden neue und zusätzliche Mittel die Grundprobleme nicht nur nicht lösen, sondern weiter verschärfen.

Als die ersten Rentenpapiere, die im Rahmen der Debt-for-Nature Swaps von nationalen Regierungen im Schuldentausch aufgelegt worden waren, ihrem Endfälligkeitsdatum Ende der 80er bzw. Anfang der 90er Jahre immer näher kamen, stellte sich die Frage, was sinnvollerweise mit dem Grundkapital dieser Papiere zu geschehen hätte. Statt nur an eine einzelne NRO zu fallen, die von dem plötzlichen Mittelzufluss leicht überfordert werden könnte, bot es sich an, eine neue nationale Institution bzw. Stiftung zu schaffen, die, unabhängig von der Regierung unter

Einschluss einer möglichst breiten zivilgesellschaftlichen Beteiligung und mit der Möglichkeit, auch die Geber an der Entscheidungsfindung über die Mittelvergabe zu beteiligen, diese Mittel verwalten sollte. Für die internationalen Umwelt-NRO stand dabei vor allem das Ziel im Vordergrund, eine unabhängige, langfristige und gesicherte Finanzierung von Naturschutzmaßnahmen zu erreichen, um das Problem der laufenden Kosten der bisherigen Projektpolitik zu minimieren. Gerade im Bereich von Projekten zum Erhalt der Artenvielfalt übersteigt der laufend zu sichernde Bedarf an Finanzmitteln häufig die begrenzte Dauer von Projektzyklen der traditionellen Entwicklungszusammenarbeit.

Zudem konnten mit den Fonds über eine entsprechende Ausgestaltung der Verfügungsgewalt über die neuen Finanzmittel die zivilgesellschaftlichen Strukturen im Empfängerland gestärkt werden (Determinante 5). Die Fonds erwiesen sich vielfach als weniger korruptionsanfällig und setzten daher die Mittel effizienter und zielgenauer ein als die staatlichen Stellen der Empfängerländer bei der traditionellen Projektarbeit. Um Repräsentativität zu gewährleisten, sprachen sich die Umwelt-NRO dafür aus, dass in den Entscheidungsgremien nationaler Umweltfonds möglichst alle repräsentativen nationalen und lokalen Umwelt-NRO, die nationalen Regierungen sowie Regierungsvertreter der Gebernationen und internationale NRO Sitz und Stimme haben.

Inzwischen unterstützen auch die Weltbank, das UNDP sowie die Regierungen der USA, der Schweiz, Kanadas, Norwegens und der Niederlande die Einrichtung von nationalen Umwelt- und Entwicklungsfonds, indem sie technische Unterstützung leisten oder laufende Budgetmittel gewähren (Wahl, 1997).

Abhängig von der gewählten Rechtsform der Fonds, die nach angelsächsischem Recht als „Trust Funds" oder nach deutschem Recht als „Stiftungen" firmieren, gehen die Mittel der Geber bzw. die Mittel aus nationalen Umweltsteuern und -abgaben an einen zentralen Vermögensfonds, in dem sie entweder langfristig gebunden bleiben und die Projektfinanzierung nur aus den laufenden Erträgen erfolgt (revolving fund), oder sie werden sofort bzw. über bestimmte Zeiträume für bestimmte Maßnahmen zum Schutz der Umwelt investiert (depleting fund). Die Fonds zum Erhalt der Artenvielfalt werden dabei meist als revolvierende Fonds geführt, deren Stiftungsvermögen von professionellen Managern auf dem internationalen Kapitalmarkt nach vorab bestimmten Kriterien angelegt wird. Ziel ist die Bereitstellung von laufenden Erträgen für eine möglichst langfristig angelegte Projektarbeit. Dabei mögen auf den ersten Blick die hohen Opportunitätskosten eines revolvierenden Fonds verwundern. Da es aber auch in anderen Bereichen zahlreiche Beispiele für eine zu geringe Absorptionsfähigkeit für neue Projektmittel gibt, kann diese rechtliche Konstruktion der Fonds durchaus überzeugen. Wo ein starker Mittelzufluss mehr zerstört als damit aufgebaut und entwickelt wird, ist ein revolvierender Fonds vermutlich die richtige Lösung. Diese Flexibilität, die sich nach den Bedingungen vor Ort richtet, ist sicher eine der zentralen Stärken des Instruments.

Die bisherigen nationalen Umwelt- und Entwicklungsfonds weisen kein einheitliches Design auf. Sie lassen eine große Bandbreite in der Rechtsform, der Mittelaufbringung und -verwendung, den Entscheidungsstrukturen, der Aufgabenstellung und der Arbeitsweise erkennen. Gleichzeitig lassen sich jedoch drei zentrale Gemeinsamkeiten benennen (Danish, 1996). Erstens können die Fonds aus einer Vielzahl von nationalen und internationalen Finanzquellen gespeist werden, und zwar sowohl öffentlichen wie privaten. Zweitens sind in ihren Entscheidungsinstanzen in der Regel die zivilgesellschaftlichen Kräfte des Empfängerlandes in großer Breite vertreten, und drittens zeichnen sie sich dadurch aus, dass sie ihre Zuschüsse auch in kleinem Umfang an eine Vielzahl von lokalen Empfängern vergeben können.

Umfassende vergleichende Studien über die bisherige Arbeit der nationalen Umwelt- und Entwicklungsfonds liegen noch nicht vor. Gleichwohl lässt sich bereits jetzt das Potenzial der Fonds evaluieren. Diese weisen vielfach eine höhere ökonomische Effizienz auf, weil sie Transaktionskosten sparen und opportunistische Strukturen, wie sie häufiger bei umweltrelevanten Nord-Süd-Transfers anzutreffen sind, umgehen (Meyer, 1997). Zudem können Umweltfonds auf das zugrunde liegende Umweltproblem zugeschnitten werden, was die umweltpolitische Effektivität erhöht (Determinanten 6 und 7). Mit solchen Fonds lassen sich Formen der „Good Governance" einüben und zivilgesellschaftliche Strukturen stärken (Determinante 5; Jakobeit, 2000). Dies dürfte durch das damit einhergehende „capacity building" die Verwendungseffizienz insbesondere in einer langfristigen Perspektive stärken.

Allerdings sind Fonds und NRO auch keine Wundermittel. Auch sie müssen mit Blick auf die vorgestellten Determinanten bewertet werden. Beispielsweise sind die Transparenz der Entscheidungsstrukturen eines Umweltfonds und die Einbindung in ein externes Monitoringsystem zu prüfen (Determinanten 3 und 4; Meyer, 1997). Man darf nicht übersehen, dass solche Fonds als Non-Profit-Organisationen keinem der beiden großen Kontrollmechanismen „Markt" (mit dem Konkurs als Sanktion) und „Staat" (mit der Abwahl als Sanktion) unterliegen und daher besonders guter interner oder externer

Kontrollmechanismen bedürfen, nicht zuletzt auch, um innovativ zu bleiben (Zimmermann, 1999).

Studien haben zudem gezeigt, dass eine Abhängigkeit von einer einzigen Finanzierungsquelle die Effizienz eines Fonds beträchtlich vermindern kann (Edwards und Hulme, 1996). Zu prüfen ist weiterhin, inwieweit sich die Mitwirkungsrechte für lokale NRO auf die traditionelle bilaterale Entwicklungszusammenarbeit auswirkt, die sich auf die Regierungszusammenarbeit stützt. Die größere Flexibilität, geringere Bürokratisierung, die Förderung kleinerer Projekte auf lokaler Ebene und die Partizipation der zivilgesellschaftlichen Strukturen sind jedoch bedeutende Vorteile von Umweltfonds. Des Weiteren ist positiv hervorzuheben, dass die Bildung des Fondskapitals durch eine Vielzahl von Quellen erfolgen kann. So können international vereinbarte Zuschüsse von Mitgliedsländern wie bei der GEF, direkte bilaterale Entwicklungszusammenarbeit, Debt-for-Nature-Swaps, private Stiftungen (Kap. E 3.3) oder der Erlös aus spezifischen Umweltnutzungsrechten das Fondskapital bilden (WBGU, 2000).

Aufgrund der angeführten Vorteile empfiehlt der Beirat, die Effizienz und Effektivität nationaler Umwelt- und Entwicklungsfonds anhand des vorgestellten Determinantensystems zu prüfen. Bei einer positiven Prüfung bietet es sich z. B. an, Finanzmittel, die bei einer umfassenden Entschuldungsinitiative für die ärmsten Entwicklungsländer, wie sie auf dem Weltwirtschaftsgipfel in Köln im Juni 1999 diskutiert wurde, frei werden, zumindest in Teilen an ausgewählte Umwelt- und Entwicklungsfonds zu vergeben. Dies könnte z. B. bei einem Teilverzicht auf Schuldentilgung in der Form geschehen, dass die Restschuldverpflichtung in solche Fonds einfließt. Hiermit geht zum einen der Vorteil einher, dass die Schuldentilgung in der Landeswährung vorgenommen werden kann, und zum anderen kann aus umweltpolitischer Sicht eine größere Wirkung erzielt werden als bei einer unkonditionierten Erlassung von Schulden.

E 3.5
Fazit

Die Herstellung eines effizienten und effektiven Finanzierungssystems der globalen Umwelt- und Entwicklungspolitik zählt zu den notwendigsten und zugleich schwierigsten Aufgaben einer Reform des internationalen Institutionengefüges. Der Beirat hat in diesem Kapitel eine Vielzahl an institutionellen Reformvorschlägen auf der Einnahme- und der Ausgabenseite vorgestellt und diskutiert. Bei einer isolierten Betrachtung der Empfehlungen des Beirats zur Finanzierung der globalen Umweltpolitik muten viele Vorschläge auf den ersten Blick utopisch an. Die Empfehlungen sollten darum unbedingt im Kontext einer umfassenden Reform des Institutionengefüges der globalen Umweltpolitik gesehen werden. Die institutionellen und organisatorischen Defizite der derzeitigen Strukturen lassen es beispielsweise fraglich erscheinen, ob sich selbst bei einer Erhöhung der finanziellen Mittel auf 1% des BSP die gewünschten – und bei einer optimierten institutionellen Struktur auch erzielbaren – Effektivitätsgewinne in der globalen Umweltpolitik einstellen. Der Beirat entwickelt in Kap. F eine umfassende Vision zur Neugestaltung der institutionellen und organisatorischen Struktur der globalen Umweltpolitik in Form einer Earth Alliance. Eingebettet in die Erläuterung der Strukturvision des Beirats werden die wesentlichen Handlungsempfehlungen zur Finanzierung in Kap. F 4.3 wiedergegeben.

Reformansätze und Vision einer Neustrukturierung: Die Earth Alliance

F

Ein Beitrag für die Rio+10-Konferenz   F 1

Zwei Jahre vor der Folgekonferenz zum Weltgipfel der Vereinten Nationen zu Umwelt und Entwicklung (UNCED) von 1992 („Rio+10-Konferenz") legt der Beirat seine Vorschläge zur Neustrukturierung der Institutionen globaler Umweltpolitik vor. Dabei stehen handlungsorientierte Vorschläge im Vordergrund. Die Analyse der drängendsten globalen Umweltprobleme acht Jahre nach der Rio-Konferenz hat gezeigt, dass trotz der großen Zahl von etwa 900 bi- oder multilateralen Umweltverträgen im globalen Umweltschutz weiter erheblicher Handlungsbedarf besteht (Kap. B). Kernstück der Empfehlungen ist die Strukturvision des Beirats für die globale Umweltpolitik in Form einer *Earth Alliance*. Diese erscheint zwar nicht kurzfristig realisierbar, langfristig wird jedoch empfohlen, diese Strukturvision als Leitbild für die Reform der globalen Umweltpolitik zu nutzen. Erste Schritte sind in Richtung dieser Vision einzuleiten und sollten einer ständigen Prüfung ihrer Effizienz und Effektivität unterliegen.

Die Vision des Beirats zur Reform des internationalen Institutionen- und Organisationengerüsts im Umweltbereich in Form einer *Earth Alliance* (Abb. F 1-1) baut auf den bestehenden Strukturen auf und entwickelt diese, wo es nötig erscheint, weiter. Die *Earth Alliance* gliedert sich in drei übergreifende Bereiche, die informative, kommunikative, koordinierende und finanzielle Vernetzungen aufweisen. Erstens schlägt der Beirat zur besseren Bewertung von Umweltproblemen die Einrichtung einer unabhängigen Instanz vor, die auf besonders risikoreiche Entwicklungen (früh-)warnend hinweisen soll. Diese klein zu haltende Instanz (10–15 Mitglieder plus Sekretariat) sollte gegenüber den teilweise noch einzurichtenden wissenschaftlichen Beratungsgremien der Vertragsstaatenkonferenzen ein Vorschlagsrecht haben und bei Bedarf an die Öffentlichkeit gehen können (*Earth Assessment*). Ausführlich begründet wurde diese Empfehlung in Kap. E 1.

Zweitens empfiehlt der Beirat Änderungen des organisatorischen Kerns der internationalen Umweltpolitik (*Earth Organization*). Im Zentrum steht dabei die stufenweise Einrichtung einer *Internationalen Umweltorganisation*, die im Vorfeld der Rio+10-Konferenz in der Diskussion steht. Hierunter ist die Koordinations- und Kooperationsfunktion eines gestärkten UNEP zu verstehen, bei dem die Sekretariate der internationalen Umweltkonventionen und deren (teilweise noch einzurichtende) wissenschaftliche Beratungsgremien enger vernetzt werden sollen. Deren mögliche Struktur wurde detailliert in Kap. E 2 skizziert.

Neben Rechtssicherheit und guter Regierungsführung sind ausreichende finanzielle Ressourcen notwendig, um den wachsenden globalen Herausforderungen gerecht zu werden. Den notwendigen Finanzmitteln für den Schutz globaler Umweltgüter steht allerdings eine seit Jahren nachlassende Bereitschaft der Industrieländer, entsprechende Finanzmittel bereitzustellen, gegenüber. So sind die öffentlichen Leistungen Deutschlands in der Entwicklungszusammenarbeit im Zeitraum von 1990–1998 von 0,42% auf 0,26% des BSP zurückgegangen (Kap. E 3). Neben einer Umkehr dieser Trends empfiehlt der Beirat, vermehrt innovative Wege in der Finanzierung globaler Umweltpolitik zu beschreiten. Daher schließen sich in einem dritten Teil Empfehlungen zur Finanzierung dieser Politik an. Solche neuen Möglichkeiten des *Earth Funding* wurden in Kap. E 3 dargestellt.

178 F **Reformansätze und Vision einer Neustrukturierung: Die Earth Alliance**

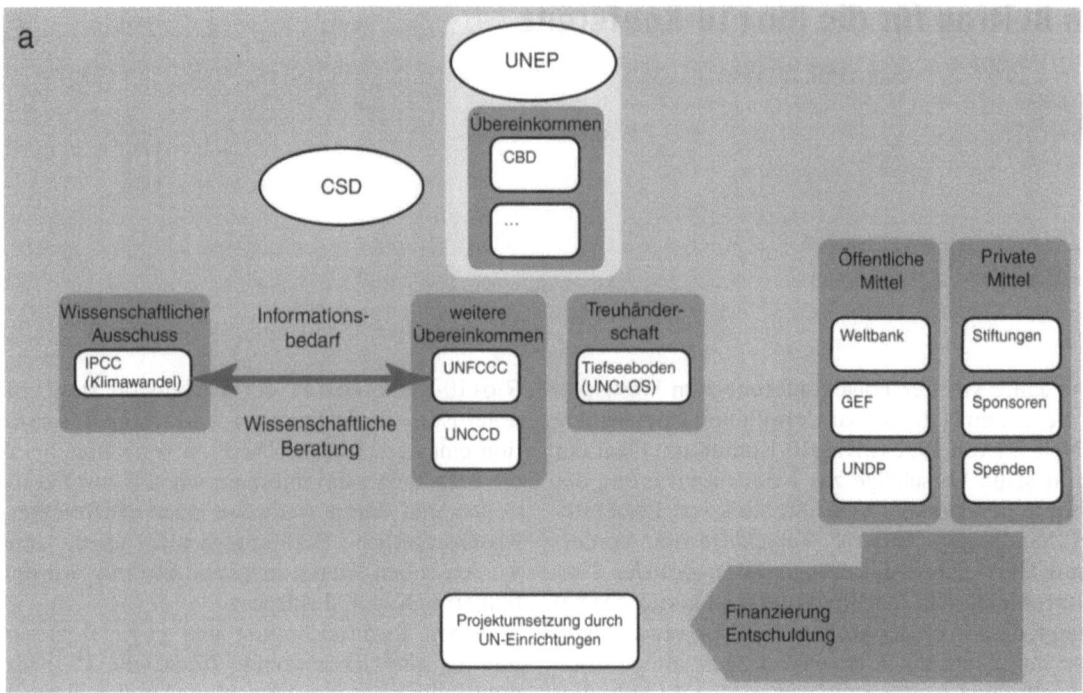

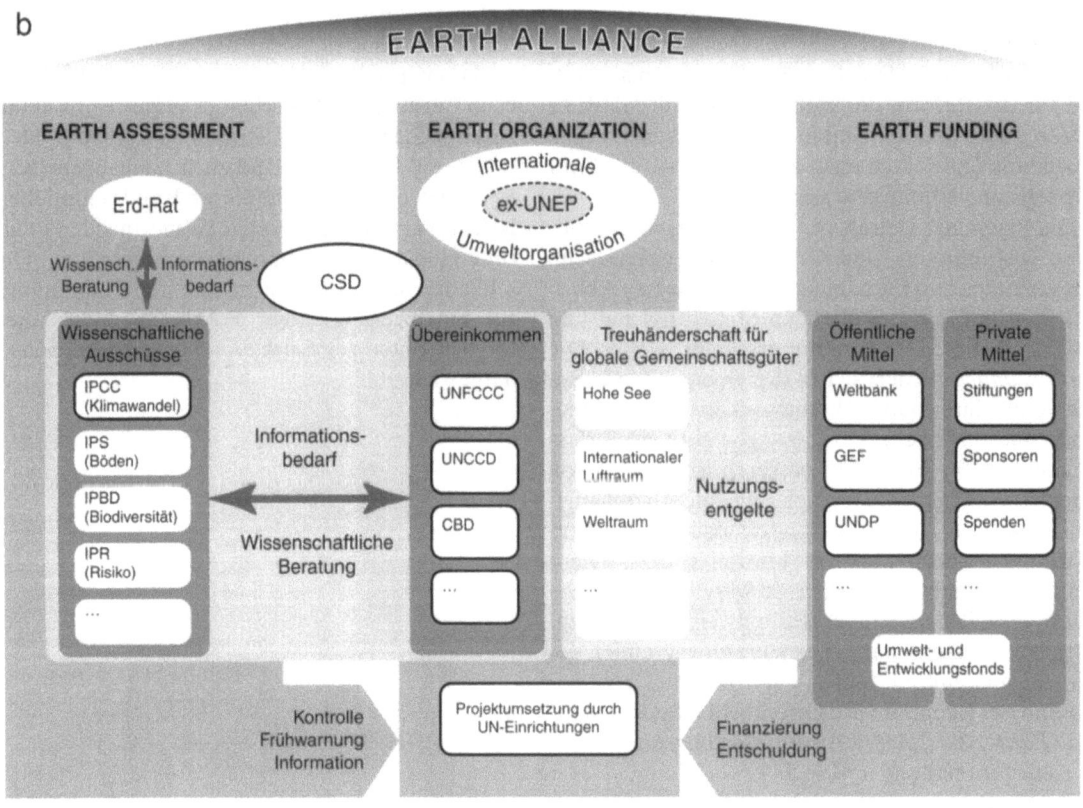

Abbildung F 1-1
Vision des Beirats zur Reform des internationalen Institutionen- und Organisationengerüsts im Umweltbereich.
Quelle: WBGU

Earth Assessment: Ethische Autorität und wissenschaftliche Kompetenz bei der Bewertung von Umweltproblemen

F 2.1
Einrichtung eines Erd-Rates

In seiner Vision einer strukturellen Neuordnung der globalen Umwelt- und Entwicklungspolitik sieht der Beirat die Notwendigkeit für eine unabhängige Instanz mit überragender ethischer und intellektueller Autorität zur Erkennung und Bewertung von Risiken des Globalen Wandels. Er empfiehlt der Bundesregierung, die Gründung einer *Earth Commission* zu prüfen und den Vereinten Nationen einen entsprechenden Vorschlag zu unterbreiten. Die *Earth Commission* sollte das für den Umweltschutz und die Wahrung der Rechte und Interessen zukünftiger Generationen notwendige Langfristdenken gewährleisten sowie Impulse für Forschung und politisches Handeln geben. Insbesondere solche Themen, die trotz ihrer existenziellen Bedeutung vernachlässigt werden, könnten von ihr öffentlichkeitswirksam auf die internationale Agenda gebracht werden.

Die durch die UN-Generalversammlung zu berufende *Earth Commission* sollte mit 10–15 Persönlichkeiten von höchster moralischer Autorität besetzt sein, die in der Weltöffentlichkeit Gehör finden, etwa nach dem Modell der Brandt- oder der Brundtland-Kommissionen. Eine solche Kommission würde gewissermaßen die globalisierte Form des deutschen „Rates für nachhaltige Entwicklung" darstellen. Unterstützt werden könnte die *Earth Commission* bei Bedarf durch die Zuarbeit wissenschaftlicher Panels (Kap. E 1.3). Der *Earth Commission* könnten Vorschlagsrechte für zu behandelnde wissenschaftliche Fragen durch die Panels eingeräumt werden. Diese Umweltanalysen würden von der *Earth Commission* aufbereitet und dahingehend bewertet, ob eine „Warnung" an die Weltöffentlichkeit und die Vereinten Nationen über drohende, möglicherweise irreversible Umweltveränderungen ausgesprochen werden sollte.

Damit die Funktion der Frühwarnung ausreichend Gewicht und politisches Mandat besitzt, sollte der *Earth Commission* bei der Generalversammlung der Vereinten Nationen ein Recht zur Anhörung eingeräumt werden bzw. zum Anstoß von Initiativen zur Bewältigung von Problemen bzw. Fehlentwicklungen des Globalen Wandels. Sie sollte zu regelmäßigen Berichten an den UN-Generalsekretär verpflichtet werden, in denen die globale Umweltsituation bewertet wird.

F 2.2
Stärkung wissenschaftlicher Politikberatung

Die *Earth Commission* sollte zusammen mit den wissenschaftlichen Panels insbesondere vier Aufgabenschwerpunkte wahrnehmen:
- *Zusammenschau*: Sie sollte den bestmöglichen Nutzen aus den bestehenden Monitoringsystemen ziehen, um den jeweiligen Zustand des Systems Erde zu charakterisieren. Ebenso sollte bei Bedarf Monitoring aufgebaut werden.
- *Früherkennung und Frühwarnung*: Sie sollte auf der Basis wissenschaftlicher Daten und Erkenntnisse die Weltöffentlichkeit und insbesondere die Vereinten Nationen vor drohenden und potenziell irreversiblen globalen Umweltschädigungen warnen.
- *Identifizierung von Leitplanken*: Sie sollte „Leitplanken" für die internationale Umweltpolitik identifizieren, um die noch akzeptablen Übergangsbereiche und die inakzeptablen Zustände aufzeigen.
- *Rechenschaftspflicht*: Sie sollte dem Generalsekretär der Vereinten Nationen einen jährlichen Rechenschaftsbericht vorlegen, in dem die wichtigsten Umweltprobleme und -entwicklungen nach dem neuesten Stand der Kenntnisse bewertet werden.

Im Hinblick auf den UNCED-Folgeprozess besteht Handlungsbedarf in folgenden Bereichen:
- Es fehlt ein abgestimmter Beitrag der wissenschaftlichen Gemeinschaft zu den Problemen des Globalen Wandels. Für einzelne Umweltbereiche (z. B. biologische Vielfalt und Böden) sind die Erkenntnisse über Zustand, Degradationsdynamik und mögliche Folgewirkungen noch sehr lücken-

haft bzw. fehlen vollständig (Kap. B).
- Es fehlt eine Instanz, die sich übergreifend mit den zentralen Themen des Globalen Wandels und der Bestimmung von „Sicherheitsstreifen" oder Leitplanken befasst, um die internationale Gemeinschaft möglichst früh über bedrohliche Entwicklungen der Umwelt zu informieren. Leitplanken, die die Grenzen absoluter Nichtnachhaltigkeit aufzeigen, würden eine wissenschaftlich begründete Grundlage für die Ermittlung von Reduktions- oder Schutzzielen einzelner Umweltregime bilden.
- Für die Umsetzung wissenschaftlicher Forschungsergebnisse in politikrelevante Handlungsoptionen fehlt häufig die Integration disziplinärer Ansätze und Sichtweisen.
- Für die Information der Öffentlichkeit bedarf es einer Struktur, die vorhandenes „Risikowissen" bündelt und zugänglich macht.

Mit der vorhandenen Struktur, bei der lediglich die Klimarahmenkonvention über ein unabhängiges wissenschaftliches Beratungsgremium verfügt, lassen sich die skizzierten Aufgaben nicht bewältigen. Aus den Erfahrungen des IPCC empfiehlt der Beirat, für die Beratung und Begleitung, etwa der internationalen Boden- und Biodiversitätspolitik, vergleichbare wissenschaftliche Gremien oder Panels einzurichten. In einem *Zwischenstaatlichen Ausschuss über biologische Vielfalt* (Intergovernmental Panel on Biological Diversity – IPBD) (WBGU, 2000) oder einem *Zwischenstaatlichen Ausschuss über Böden* (Intergovernmental Panel on Soils – IPS) ließen sich anerkannte Wissenschaftler zusammenführen, die kontinuierlich und unabhängig arbeiten und wissenschaftliche Politikberatung leisten könnten. Darüber hinaus könnte ein *Ausschuss für Risikobewertung* (Risk Assessment Panel – RAP) dazu dienen, als Netzwerkknoten die verschiedenen nationalen Risikoerfassungen und -bewertungen systematisch zusammenzutragen und globale Risiken zu identifizieren. Dieser Ausschuss sollte weniger auf eine Analyse einmal erkannter Umweltprobleme als vielmehr auf die frühzeitige Identifikation von neuartigen, erst ansatzweise identifizierbarer Risiken des Globalen Wandels ausgerichtet sein (WBGU, 1999a). Die Beiträge dieser Ausschüsse würden den Vertragsstaaten sowie allen interessierten Akteuren wissenschaftliche Politikberatung zu aktuellen Fragen und Problemen aus dem politischen Prozess bieten. Die wissenschaftlichen Ergebnisse dieser Ausschüsse würden auch von der vom Beirat vorgeschlagenen *Earth Commission* genutzt.

Auch auf der Ebene der Europäischen Union fehlt es an einer koordinierten wissenschaftlichen Politikberatung. Daher sollte den bestehenden nationalen Umwelt- und Nachhaltigkeitsräten in der Europäischen Union die Möglichkeit gegeben werden, mit gemeinsamen Gutachten die Umwelt- und Entwicklungspolitik Brüssels beratend zu begleiten. Insbesondere die Vorbereitungen zur Rio+10-Konferenz würden sich aus der Sicht des Beirats hierzu anbieten. In der Verhandlungspraxis des UNCED-Folgeprozesses spricht die Europäische Union schon lange mit gemeinsamer Stimme. Daher ist es an der Zeit, eine Struktur zu schaffen, die eine EU-weite Kooperation der nationalen Gremien zur wissenschaftlichen Politikberatung ermöglicht bzw. einen wissenschaftlichen Rat auf EU-Ebene, in dem Mitglieder nationaler Beratungsgremien vertreten sind.

F 2.3
CSD als Diskussionsforum

Im *Earth Assessment* würde der Kommission für nachhaltige Entwicklung (CSD) eine wichtige Bindeglied- und Dialogfunktion im Meinungsbildungsprozess zwischen *Earth Commission* sowie den Staaten, den UN-Organen, der Wissenschaft und den Nichtregierungsorganisationen einnehmen. In dieser Neupositionierung könnte nach Ansicht des Beirats eines der zukünftigen Aufgabenfelder der CSD liegen. Der *Earth Commission* könnte auch gegenüber der CSD ein Vorschlagsrecht für die zu behandelnden Themen eingeräumt werden, die aus wissenschaftlicher Sicht besonders prekär sind, bisher aber nicht die nötige politische Aufmerksamkeit erlangt haben. Zudem könnte die CSD das Diskussionsforum für die Berichte der *Earth Commission* werden. Hierfür wäre die CSD besonders geeignet, da sie das zwischenstaatliche Forum im UN-Verbund ist, auf dem Fragen zur Nachhaltigkeit über alle Sektoren hinweg angesprochen werden. Die CSD ist das zentrale Forum für Fragen von Umwelt *und* Entwicklung. Neben dieser integrativen Rolle erfüllt die CSD eine wichtige Unterstützungsfunktion in der internationalen Umwelt- und Entwicklungspolitik, da sie den für die politischen Entscheidungen nötigen konsens- und normbildenden Verarbeitungsprozess innerhalb der Staatengemeinschaft initiiert. Diese sehr wichtige Funktion gilt es auch zukünftig beizubehalten und in dem vom Beirat vorgeschlagenen System der Bewertung von Risiken des Globalen Wandels zu integrieren.

Earth Organization: Integration globaler Umweltpolitik

F 3.1
Wege zur Schaffung einer Internationalen Umweltorganisation

F 3.1.1
Einleitung

Wegen des häufig konstatierten Mangels an Koordination und Wirkungskraft globaler Umweltpolitik wurde in den letzten Jahren der Ruf nach einer umfassenden Umgestaltung des internationalen Institutionen- und Organisationengefüges laut. Diese Debatte wurde durch den Vorschlag der Regierungschefs Brasiliens, Singapurs, Südafrikas und Deutschlands von 1997 verstärkt, eine internationale Umweltorganisation zu gründen, die als Unterorganisation der UN aus UNEP heraus entwickelt werden sollte. Im Jahr 2000 haben sich auch Frankreichs Premierminister Lionel Jospin und die französische Umweltministerin Dominique Voynet für einen solchen Vorschlag ausgesprochen. Ebenso sah das 1. internationale Umweltministerforum in Malmö organisatorischen Reformbedarf.

Deshalb wird das Thema auf der Rio+10-Konferenz im Jahr 2002 zweifellos eine wichtige Rolle spielen (Kap. E 2). Wie dringend nicht nur eine Reform, sondern auch eine Stärkung des UNEP notwendig sind, verdeutlicht ein vergleichender Blick auf die Mitarbeiterzahlen: Das weltweit agierende UNEP verfügt nur über rund 530 Mitarbeiter. Dagegen ist die Mitarbeiterzahl des deutschen Umweltbundesamtes (UBA) knapp doppelt so hoch (1999: 1.032), während die Mitarbeiterzahl der US-amerikanischen Umweltagentur (EPA) gar das 35fache (1999: 18.807) des UNEP beträgt. Der Handlungsbedarf ist nach Ansicht des Beirats offensichtlich.

Allerdings muss deutlich gemacht werden, was bei einer Neustrukturierung globaler Umweltinstitutionen unbedingt beachtet werden sollte:
- Die Bedenken der Entwicklungsländer sollten berücksichtigt werden. Letztlich haben die bisherigen Debatten gezeigt, dass insbesondere diese Länder Vorbehalte gegenüber der Gründung einer Internationalen Umweltorganisation haben. Es ist sicherzustellen, dass alle Initiativen in diesem Themenfeld multilateral, gemeinsam von Industrie- und Entwicklungsländern, getragen werden. Der Beirat empfiehlt der Bundesregierung deshalb nachdrücklich, sich hierfür gezielt um Koalitionen mit wichtigen Entwicklungsländern zu bemühen, um die Akzeptanz einer politischen Initiative von vornherein sicherzustellen.
- Um die Akzeptanz von Reformvorschlägen für die Entwicklungsländer zu erhöhen, sollten Entscheidungsverfahren erwogen werden, die Nord und Süd eine gleichberechtigte Stellung einräumen – etwa nach dem Muster der nord-süd-paritätischen Entscheidungsverfahren des Montrealer Protokolls, des Ozonfonds oder der GEF (Kap. C). Dies könnte sicherstellen, dass Entscheidungen zu Strategie und Programm möglichst allen Interessen gerecht werden.
- Es sollte sichergestellt werden, dass eine Reform nicht zur Gründung einer neuen Behörde mit eigener *Projektdurchführungskompetenz* führt. Projektarbeit vor Ort sollte weiterhin vom UNDP (Kap. D 3.3), der Weltbank (Kap. D 2), der FAO, der UNIDO und vergleichbaren Akteuren vorgenommen werden.
- Durch eine organisatorische Neustrukturierung sollten keine weiteren Finanzierungsorganisationen neben UNDP, der Weltbank oder der GEF geschaffen werden.

Diese Rahmenbedingungen sollten bei der Diskussion um eine Reform des internationalen Organisationensystems der globalen Umweltpolitik im Vorfeld der Rio+10-Konferenz berücksichtigt werden. Dazu sind die Initiative der Bundesregierung von 1997 wie auch die Erklärung der umweltpolitischen Sprecherin der SPD-Bundestagsfraktion von 1999 eine gute Grundlage.

F 3.1.2
Drei Stufen zur Reform

Aufbauend auf dieser Problemanalyse empfiehlt der Beirat drei Stufen einer organisatorischen Reform des UN-Systems (Kap. E 2). Jede Stufe sollte dabei gesondert geprüft werden. Dieses Modell soll keine zwangsläufige Abfolge von Stufen sein, die mit Notwendigkeit auf die letzte Stufe hin streben. Vielmehr ist zu erwarten, dass schon der Übergang von einer Stufe in die nächste erhebliche Verbesserungen in der globalen Umweltpolitik erbringt. Erst wenn dieses nicht der Fall sein sollte, ist der Übergang auf die nächsthöhere Stufe zu prüfen.

STUFE 1: KOOPERATION VERBESSERN
In der ersten Stufe geht es um eine verbesserte Kooperation der verschiedenen Organisationen und Programme, die weiterhin eine Zusammenarbeit gleichberechtigter Partner sein sollte. Dabei werden die Funktionen der CSD, der GEF, der verschiedenen Konventionssekretariate und Vertragsstaatenkonferenzen sowie die umweltpolitischen Abteilungen und Programme der einzelnen Sonderorganisationen nicht berührt. Gegebenenfalls könnte diese Stärkung durch die Aufwertung des UNEP zu einer internationalen Organisation innerhalb des Systems der Vereinten Nationen erfolgen. Eine solche Aufwertung würde auf dieser Stufe neben einer entsprechenden finanziellen und personellen Stärkung vor allem die Aufwertung des Umweltthemas innerhalb der „Familie" der UN-Sonderorganisationen bedeuten. Diese Aufwertung von UNEP zu einer Internationalen Umweltorganisation könnte sich entweder orientieren am Beispiel der Weltgesundheitsorganisation – also einer UN-Sonderorganisation mit eigenem Budget und eigener Mitgliedschaft – oder am Beispiel der UN-Konferenz über Handel und Entwicklung (UNCTAD), einer UN-internen Körperschaft, die von der UN-Generalversammlung zur Zusammenarbeit bei der internationalen Handelspolitik eingerichtet worden ist.

Einer UN-Sonderorganisation für Umweltfragen könnte die Kompetenz zugestanden werden, mit Mehrheitsentscheidungen bestimmte Standards zu beschließen, die alle Mitglieder binden würden. Die Vollversammlung einer solchen Internationalen Umweltorganisation könnte ferner Verträge aushandeln und beschließen, die dann innerhalb der Organisation zur Zeichnung aufgelegt werden könnten. Dieses ginge deutlich über die Vollmachten etwa des UNEP-Verwaltungsrates hinaus.

STUFE 2: DACHORGANISATION MIT EIGENSTÄNDIGEN AUSSCHÜSSEN EINRICHTEN
Sollte die beschriebene verbesserte Kooperation der internationalen Organisationen und Programme nicht reichen, die erkannten Defizite zu beheben, wäre die Stärkung des Umweltschutzes durch eine verbesserte Koordination der einzelnen Akteure anzustreben. Eine solche Koordination würde in gewisser Weise eine begrenzte Hierarchisierung im Organisationengefüge erforderlich machen. Sollte eine solche Stufe mittelfristig notwendig werden, könnte nach dem Modell der Welthandelsorganisation (WTO) verfahren werden. Dort wurden das Sekretariat des Allgemeinen Zoll- und Handelsabkommens (GATT) zu einer eigenständigen internationalen Organisation aufgewertet und zugleich zahlreiche multilaterale und plurilaterale Handelsabkommen unter das „Dach" des Rahmenvertrags zur Gründung der WTO gebracht. Dadurch haben alle Handelsabkommen dasselbe Sekretariat (nämlich die WTO), was eine ineffiziente Zersplitterung in viele administrative Einheiten verhindert. Ferner unterliegen die Handelsabkommen dem gleichen Streitschlichtungssystem. Dennoch bleibt ein gewisser Dezentralismus im Entscheidungssystem gewahrt, weil die spezifischen Beschlüsse für die zentralen Handelsabkommen in gesonderten Konferenzen erfolgen, welche als „Ausschüsse" der WTO-Ministerkonferenz angegliedert sind. Analog ließe sich mittelfristig überlegen, auch die verschiedenen Vertragsstaatenkonferenzen im Umweltschutz einem gemeinsamen Rahmenübereinkommen zur Gründung einer Internationalen Umweltorganisation zu unterwerfen und sie dann, wie in der WTO, als gesonderte und in hohem Maße selbständige Ausschüsse der Ministerkonferenz fortbestehen zu lassen. Die Gründung einer solchen Organisation wird von den Entwicklungs- und Industrieländern wohl nur dann akzeptiert werden, wenn beide Seiten für die Weiterentwicklung der Organisation effektive Mitspracherechte erhalten. Hierfür böte sich die Übernahme des nord-süd-paritätischen Entscheidungsverfahrens des Montrealer Protokolls an.

STUFE 3: ZENTRALISIERUNG UND UNTERORDNUNG UNTER EINE ORGANISATION?
Es ist zu früh zu urteilen, ob die Stufen 1 oder 2 genügen werden, der wachsenden globalen Umwelt- und Entwicklungskrise zu begegnen. Dennoch möchte der Beirat auch langfristig Hinweise geben, wie auf das Scheitern der Stufen 1 und 2 mit weiteren Institutionalisierungsschritten reagiert werden könnte. Vorliegenden Vorschlägen ist das Ziel gemeinsam, die internationale Umweltpolitik stärker zu zentralisieren und zu hierarchisieren. Entscheidungsprozesse sollen beschleunigt werden, indem das Konsens-

prinzip überwunden bzw. repräsentativ besetzte, kleinere Entscheidungsgremien – etwa ein Umweltsicherheitsrat – eingeführt werden und Minderheiten so ihre Blockademacht verlieren. Die Einhaltung internationaler Umweltstandards wäre als Folge einer solchen Hierarchisierung mit Hilfe von Zwangsmaßnahmen, aber möglicherweise auch erhöhter finanzieller und technischer Hilfestellung zu gewährleisten.

Mittelfristig wird eine Souveränität einschränkende Hierarchisierung sicherlich auf erheblichen Widerstand stoßen, in Nord wie in Süd. Dies gilt beispielsweise für solche Vorschläge, die auf die Gründung eines Umweltsicherheitsrates oder eines Internationalen Umweltgerichtshofs mit bindender Rechtsprechung hinzielen. Zumindest ersteres erforderte zudem eine Änderung der Charta der Vereinten Nationen, welche die Ratifikation durch zwei Drittel der UN-Mitglieder sowie von China, Frankreich, Großbritannien, Russland und den Vereinigten Staaten erfordert. Weitreichende Souveränitätseinschränkungen scheinen bei einem solchen Quorum zurzeit ausgeschlossen.

Über diese Stufen hinaus empfiehlt der Beirat für die Neustrukturierung der Earth Organization den langfristigen Aufbau von Treuhandbehörden für die globalen Gemeinschaftsgüter Luft, Meere, geostationärer Orbit und Antarktis (Kap. E 3) sowie die Stärkung der bestehenden projektdurchführenden Organisationen, wie etwa des UNDP (Kap. D 3.3).

F 3.1.3
Konkrete Umsetzung einer Strukturreform

Insgesamt hält der Beirat die Aufwertung des UNEP hin zu einer nicht Souveränität einschränkenden Internationalen Umweltorganisation als zusätzliches Element einer horizontal organisierten globalen Governance-Struktur für einen derzeit Erfolg versprechenden Weg. Ein organisatorisches Zentrum für eine dezentrale internationale Nachhaltigkeitsstrategie, das in seiner Form den Interessen der meisten Staaten gerecht wird, erscheint notwendig. Wie das Politikfeld „Umweltschutz" innerhalb der Nationalstaaten in den 70er und 80er Jahren durch die Einführung eigenständiger Umweltministerien institutionell gestärkt wurde, so sollte es jetzt auch auf globaler Ebene durch eine eigenständige Sonderorganisation bzw. eine UN-interne Körperschaft organisatorisch gestärkt werden, um Partikularinteressen einzelner Programme und Organisationen zu minimieren und Doppelarbeit, Überschneidungen und Inkonsistenzen zu begrenzen. Im Wesentlichen sollte die neue Organisation die internationale Umweltpolitik wieder zusammenführen, Kapazitäten in den Entwicklungsländern durch den Transfer von Wissen und Technologie aufbauen, zur besseren Umsetzung der Übereinkünfte beitragen sowie das Umfeld zur Aushandlung neuer Institutionen kooperationsfördernder gestalten. Gerade letzteres ist bei dem derzeit feststellbaren Vertrauensverlust der Entwicklungsländer in die Handlungsbereitschaft der Industrieländer besonders wichtig.

Ob mittelfristig weitere Schritte erforderlich werden, lässt sich zurzeit kaum abschätzen. Sollte eine verbesserte Kooperation der internationalen Organisationen und Programme einschließlich der Gründung einer neuen UN-Sonderorganisation für Umweltfragen nach dem Muster der WHO bzw. der UNCTAD nicht ausreichen, die erkannten Defizite zu beheben, wäre die Stärkung des Umweltschutzes nach dem Modell der Welthandelsorganisation (WTO) zu erwägen, also die Integration der spezifischen Umweltabkommen und deren Vertragsstaatenkonferenzen unter ein gemeinsames Rahmenübereinkommen zur Gründung einer Internationalen Umweltorganisation. Dabei würden die Umweltabkommen und deren Vertragsstaatenkonferenzen dann wie in der WTO als gesonderte und in erheblichem Maße selbständige Ausschüsse der Ministerkonferenz fortbestehen.

Im Sinne der Präferenz des Beirats für das Subsidiaritätsprinzip sollte jedoch zunächst der erste Schritt angestrebt werden, bevor auf der Basis einer sorgfältigen Effektivitätsanalyse weitere Schritte unternommen werden sollten. Nur so ist das Vertrauen der Entwicklungsländer hinsichtlich einer Reform des UN-Systems im Umweltbereich zu erlangen. Denn trotz aller Diskussion um die Gründung einer Internationalen Umweltorganisation darf nicht vergessen werden, dass die globale Umweltkrise mehr ist als ein Problem des Umweltschutzes – es handelt sich um eine globale Umwelt- *und* Entwicklungskrise, die Anstrengungen und neue globale Politikansätze auch im Bereich der „traditionellen" Entwicklungszusammenarbeit erfordern (Kap. D). Eine Rücknahme der drastischen Kürzungen der Bundesregierung im Bereich der öffentlichen Entwicklungsfinanzierung wäre ein wichtiger Beitrag auch für die Förderung einer effektiven und global akzeptablen Umweltpolitik.

F 3.2
Sektoraler Handlungsbedarf bei Umweltregimen

Die Analyse der institutionellen Regelungen der drängendsten globalen Umweltprobleme hat gezeigt, dass die Staatengemeinschaft sich auch sektoral einem erheblichen Handlungsbedarf gegenübersieht (Kap. C). Dazu hat der Beirat einige „Gebote guten Regimedesigns" ermittelt, die auch auf andere Regime und neue Konfliktfelder übertragen werden könnten (Kap. C).

ANLIEGEN DER RAHMENVERTRÄGE DURCH PROTOKOLLE VORANTREIBEN

In der Praxis hat sich verstärkt der Ansatz durchgesetzt, zunächst nur eher allgemeine Rahmenverträge zu vereinbaren und die konkrete Ausgestaltung weiteren Verhandlungsrunden zu überlassen, deren Ergebnisse dann als Protokoll die Konvention weiter ausgestalten und verschärfen (Kap. C 3). Der Beirat befürwortet diesen Ansatz, da es so gelingen kann, einen Großteil der Staatengemeinschaft, einschließlich der eher zögerlichen Staaten, in den weiteren Verhandlungsprozess einzubinden. Er weist jedoch angesichts der Verschärfung globaler Umweltprobleme nachdrücklich darauf hin, dass vom Abschluss einer Konvention bis hin zur lokalen Bewältigung der Probleme eine sehr große Zeitspanne liegt und deshalb die einer Rahmenkonvention folgenden Protokollverhandlungen zügig abgeschlossen werden müssen.

ABSTIMMUNGSVERFAHREN BEI BEDARF FLEXIBILISIEREN

Ein entscheidender Faktor für die flexible Weiterentwicklung von Regimen sind die Abstimmungsverfahren. Eine Verzögerung dringend notwendiger Vereinbarungen findet immer wieder dadurch statt, dass die Änderungen oder Bereicherungen von Protokollen oder Anhängen von allen beteiligten Staaten explizit angenommen werden müssen. Die Beispiele des Ozon- und des MARPOL-Regimes zeigen aber auch, dass die Einigung auf flexiblere Abstimmungsverfahren möglich ist (Kap. C 3). Der Beirat regt daher an, auf eine Relativierung des Konsensprinzips in internationalen Verhandlungen hinzuwirken, besonders wenn es um den Schutz unwiederbringlicher Umweltgüter oder um die Abwehr von Gefahren geht. Dies betrifft vor allem das Verfahren der schweigenden Zustimmung (Kap. C 3). Bei der Modifikation von Protokollen oder Anhängen, die nicht die Aushandlung völlig neuer Felder betrifft, sollte generell die Einführung von qualifizierten, nord-südparitätischen Mehrheitsentscheidungen gefördert werden, da sie wegen des geringen Souveränitätsverlusts am ehesten konsensfähig sind.

Darüber hinaus sollte, etwa bei Entscheidungen über das Erbe der Menschheit, eine Relativierung des formalen Prinzips „Ein Land, eine Stimme" zugunsten einer Stimmverteilung in Anlehnung an einen Grundsatz „Ein Mensch, eine Stimme" geprüft werden. Ansätze für die Berücksichtigung der Bevölkerungszahl bei der Zuteilung von Stimmrechten gibt es beispielsweise im Europäischen Gemeinschaftsrecht und bei parlamentarischen Versammlungen internationaler Organisationen, die allerdings keine Entscheidungsmacht haben. Eine Berücksichtigung auch der Bevölkerungszahl bei Abstimmungen innerhalb von internationalen Organisationen oder Konferenzen trüge – neben dem herkömmlichen Prinzip „Ein Land, eine Stimme" und dem Abstellen auf finanzielle Beiträge (wie im Rahmen der Bretton-Woods-Institutionen „Ein Dollar, eine Stimme") – der zunehmenden Integration des Einzelnen in die Völkerrechtsordnung und der Relativierung der staatlichen Souveränität Rechnung.

RECHTE ZUR INFORMATIONSBESCHAFFUNG STÄRKEN UND MIT BERICHTSWESEN KOPPELN

Neben der Einführung flexiblerer Abstimmungsverfahren kann auch die institutionelle Ausgestaltung der internationalen Erfüllungskontrolle für den Erfolg eines Regimes einen wesentlichen Beitrag leisten und sollte daher entsprechend konsequent organisiert sein. Die bisherigen Erfahrungen zeigen, dass die Berichtspflicht über die Aktivitäten der Mitgliedstaaten zur Umsetzung ihrer Pflichten eine unerlässliche Voraussetzung für eine internationale Erfüllungskontrolle darstellt (Kap. C 4). Der Beirat rät jedoch zu einer faktischen und rechtlichen Aufbereitung, eingehenden Bewertung und Zusammenfassung der zahl- und umfangreichen Berichte durch die Sekretariate, um ihre Verwertbarkeit auf den Vertragsstaatenkonferenzen zu fördern. Bei Bedarf sollten auch weitergehende Rechte zur Informationsbeschaffung geschaffen werden, wie z. B. die im Ozonregime oder auch im Washingtoner Artenschutzabkommen vorgesehenen Rückfragen und Ad-hoc-Untersuchungen vor Ort durch internationale Gremien.

FLEXIBLE REAKTIONSMÖGLICHKEITEN BEI UMSETZUNGSSCHWIERIGKEITEN

Die Erkenntnisse aus Fallstudien zeigen, dass kooperative Lösungen bei Umsetzungsschwierigkeiten einzelner Umweltregime sehr wirksam sein können, da durch die partnerschaftliche Wirkung die internationalen Beziehungen und damit auch die Transparenz gestärkt werden (Kap. C 4). Garantierte, an keine Voraussetzungen geknüpfte Instrumente zur Erfüllungshilfe können allerdings die Motivation, aus eigener Kraft die Pflichten zu erfüllen, auch untergraben. Zudem haben in einigen Fällen konzertierte Sanktionen zu einer raschen Behebung der Umsetzungsdefizite beigetragen (Beispiel Washingtoner Artenschutzabkommen; WBGU, 2000). Der Beirat lehnt aus diesen Gründen eine einseitige Ausrichtung auf konfrontative oder nichtkonfrontative Maßnahmen ab und empfiehlt, zur Reaktion auf Umsetzungsschwierigkeiten und Nichterfüllung flexible Möglichkeiten vorzusehen, um im Einzelfall den

Gründen für die Umsetzungsschwierigkeiten angepasste Entscheidungen zu ermöglichen.

Nichtregierungsorganisationen als Partner im Umweltschutz einbinden

Nichtregierungsorganisationen (NRO) dienen als wertvolle Kontaktstelle von der lokalen bis zur internationalen Ebene und stellen die Anhörung gesellschaftlicher Belange sicher. Insbesondere hat sich die Mitwirkung von Umweltverbänden bei der Aufbereitung von Informationen und bei der Umsetzung von Übereinkünften bewährt (Kap. C 4). Der Beirat unterstützt daher Ansätze, NRO über Anhörungs- und Mitwirkungsrechte verstärkt bei der Entscheidungsfindung sowie der Umsetzung von Umweltregimen zu berücksichtigen. Durch Beteiligungsrechte zivilgesellschaftlicher Akteure, wie z. B. bei der Desertifikationskonvention, kann ein Lernprozess für demokratisches Handeln angestoßen werden, der eine wichtige Funktion bei der Förderung „guter Regierungsführung" erfüllt (Kap. C 4.3). Bei der Aushandlung zukünftiger Umweltregime sollten solche partizipatorischen Elemente mit gesellschaftlicher Hebelwirkung integriert bzw. bestehende Regime entsprechend nachgebessert werden. Direkte Mitspracherechte und Entscheidungskompetenzen von NRO sind allerdings wegen der fehlenden demokratischen Legitimation kritisch zu prüfen. In den meisten Fällen ist ihre Mitwirkung auf die Anhörung und Implementierung zu beschränken.

Nichtstaatliche Zusammenarbeit: Faire Systeme der Umweltkennzeichnung sicherstellen

Eine zusätzliche Aktivität internationaler nichtstaatlicher Zusammenarbeit zum Umweltschutz stellen die weltweiten Initiativen zur Zertifizierung von Produkten dar. Ob die internationale unternehmerische Zusammenarbeit oder Initiativen der Zertifizierung zu einer langfristigen und nachhaltigen Nutzung globaler Ressourcen einen Beitrag leisten können, bleibt offen. Der Beirat sieht darin aber auf jeden Fall ein Anreizsystem, das neben der internationalen Zusammenarbeit der Staaten nicht vernachlässigt werden darf. Eine Möglichkeit der Steuerung von Umweltkennzeichen wäre eine Akkreditierung durch die *Earth Commission* (Kap. E 1), die hierfür gegebenenfalls Kriterien entwickeln könnte.

F 4 Earth Funding: Finanzierung globaler Umweltpolitik

Die Finanzierung globaler Umweltpolitik stellt sowohl aufgrund der Größenordnung der erforderlichen Mittel als auch angesichts der damit verbundenen weltweiten Verteilungskonflikte zwischen Nettozahlern und Nettoempfängern zu den schwierigsten, aber notwendigsten Aufgaben einer Reform des internationalen Institutionengefüges. Die Brisanz dieser Thematik wird angesichts des in den OECD-Ländern stetig sinkenden BSP-Anteils für Leistungen zur Entwicklungszusammenarbeit bei zunehmendem Finanzbedarf und fortwährender Kritik dieser Länder an ineffizienten und wenig effektiven Strukturen internationaler Organisationen beim Einsatz finanzieller Mittel deutlich. An zahlreichen Stellen dieses Gutachtens wird gezeigt, dass sich der Finanzbedarf einer globalen Umwelt- und Entwicklungspolitik angesichts der Zusammenhänge zwischen wirtschaftlicher und gesellschaftlicher Entwicklung und den Veränderungen der globalen Umwelt nicht nur auf die international vereinbarte und im UNCED-Folgeprozess bestätigte Zielsetzung eines BSP-Anteils für Entwicklungszusammenarbeit von 0,7% beschränkt, sondern deutlich darüber hinausgeht. Der Beirat bekräftigt daher seine Empfehlung, langfristig eine Erhöhung dieses Anteils auf 1% des BSP anzustreben.

Der Beirat warnt jedoch davor, diese Empfehlung losgelöst von der Frage der Finanzierungsquellen und der Mittelverwendung zu betrachten. Gerade die neueste Diskussion um die Reform internationaler Organisationen zeigt, dass man solchen Forderungen nach mehr Geld immer skeptischer gegenübersteht. Ökonomische Analysen politischer und bürokratischer Verfahren weisen nach, dass in internationalen Einrichtungen Ineffizienz, Neigung zur fortwährenden Expansion des Budgets und ein hohes Beharrungsvermögen trotz Wegfalls ursprünglicher Aufgaben existieren. Für die Finanzierung der globalen Umwelt- und Entwicklungspolitik bedeutet dies, dass
– Geberländer wenig Anreize erhalten, ihre Ausgaben für globale Umwelt- und Entwicklungsprojekte zu erhöhen,
– selbst wenn es zu einer Erhöhung des verfügbaren Mittelvolumens käme, fraglich ist, ob die zusätzlichen Mittel auch die erwünschten Impulse zu Gunsten der globalen Umwelt- und Entwicklungspolitik auslösen.

In der im Folgenden dargestellten Strukturvision zur Finanzierung der globalen Umweltpolitik werden drei Reformansätze dargestellt, die neben einer möglichen Erhöhung der verfügbaren Mittel vor allem eine Steigerung der Effizienz des Mitteleinsatzes erwarten lassen (Kap. E 3). Diese drei Ansätze beziehen sich auf eine Reorganisation der internen und externen Kontrollstrukturen in multilateralen Einrichtungen, die Erhebung von Nutzungsentgelten für globale Gemeinschaftsgüter und die Intensivierung der Einbindung einzelstaatlicher und privater Finanzierungsmechanismen in den Gesamtkontext der Finanzierung globaler Aufgaben.

F 4.1
Steigerung der Effizienz multilateraler Organisationen

Grundsätzlich geht der Beirat davon aus, dass auch zukünftig die direkte Finanzierung globaler Aufgaben durch Zuweisungen aus den Staatshaushalten das vorrangige Instrument im Bereich globaler Umwelt- und Entwicklungspolitik bilden wird. Dieses Vorgehen bietet nicht zuletzt die Vorteile einer unmittelbaren und regelmäßigen Kontrolle durch demokratische Einrichtungen auf nationaler Ebene und eines fortwährenden Zwangs der geldverteilenden Behörde, sich gegenüber diesen Einrichtungen zu rechtfertigen. Zahlreiche internationale Organisationen sind angesichts eines intransparenten und wenig effizienten Umgangs mit finanziellen Mitteln in das Blickfeld nationaler Parlamente in den OECD-Ländern geraten, die Bereitschaft zur finanziellen Unterstützung gerade der UN-Organisationen nimmt ab. Umgekehrt weisen UN-Organisationen in den meisten Entwicklungsländern infolge der positiven Erfahrungen mit dem Leistungen der UN zum Kapazitätsaufbau und den Abstimmungsverfahren, die jedem Land ungeachtet seiner wirtschaftlichen

Stärke eine Stimme zuweisen, eine hohe Akzeptanz auf.

Der Beirat hat sich in Kap. E 3 ausführlich mit Bestimmungsfaktoren und Voraussetzungen eines effizienten Mitteleinsatzes in multilateralen Organisationen auseinander gesetzt (Kap. E 3.4.3). Die Darstellung zeigte, dass es kein idealtypisches institutionelles Design für einen effizienten Einsatz gibt, das bei allen Umweltproblemen in gleicher Weise anzuwenden wäre. Allerdings findet sich bei bestehenden multilateralen Organisationen Reformbedarf, der eine Prüfung im Einzelfall erfordert, inwieweit
- der Mitteleinsatz auf ein eng abgegrenztes Umweltproblem konzentriert werden kann oder vielfältigen Wirkungsverflechtungen mit anderen Umweltproblemen Rechnung zu tragen ist,
- innerhalb der Organisation durch Revisionsvorgänge Anreize zur Steigerung der Effizienz bei der Aufgabenerfüllung ausgelöst werden,
- die externe Steuerung durch zusätzliche Kontrollinstanzen und veränderte Abstimmungsverfahren verbessert werden kann,
- Effizienzdefizite im Empfängerland durch einen Kapazitätsaufbau unter Einbindung lokaler Initiativen überwunden werden können,
- der zeitlichen, strukturellen und räumlichen Dimension des erforderlichen Anpassungsprozesses zur Bewältigung des jeweiligen globalen Umweltproblems Rechnung getragen wird und
- die Organisation der Mittelverwendung an die Art der erforderlichen Umweltschutzmaßnahmen (von konkreten Projekten bis hin zu umfassenden volkswirtschaftlichen Strukturreformen) angepasst wird.

Die Vision eines *Earth Funding* enthält daher eine Fortführung der Finanzierung globaler Umweltschutz- und Entwicklungsprojekte durch die bestehende Vielfalt multilateraler Organisationen. Insbesondere gilt es, auf den positiven Erfahrungen mit Reformen innerhalb der Weltbank und der GEF aufzubauen. Allerdings empfiehlt der Beirat, den aufgezeigten Reformbedarf in den einzelnen Organisationen aufzugreifen, um sowohl die Bereitschaft zur Erhöhung der nationalen Zuweisungen zu steigern als auch die Wirkungen der eingesetzten Finanzmittel zu erhöhen.

F 4.2
Entgelte für die Nutzung globaler Gemeinschaftsgüter

Entscheidend für einen sorgsamen Umgang mit natürlichen Ressourcen ist vielfach die Verkopplung mit den Preismechanismen privater Märkte. Durch Preise wird Knappheit signalisiert, die die Bereitschaft zum sorgsamen Umgang mit den – auf diese Weise „wert"vollen – Ressourcen erhöht. Dieser Mechanismus stößt bei fehlenden Eigentumsrechten an Grenzen. Zahlreiche Umweltgüter wie z. B. der internationale Luftraum, die Hohe See oder der Orbit stellen aufgrund des unbeschränkten Zugangs zu ihrer Nutzung (open access) weltweite Gemeinschaftsgüter dar, d. h. ohne eine gemeinschaftliche, weltweite treuhänderische Verwaltung dieser Güter würden sie angesichts fehlender Möglichkeiten zur Erhebung von Preisen für die exklusive Nutzung überbeansprucht.

Für die Finanzierung globaler Umwelt- und Entwicklungspolitik bietet eine solche treuhänderische Verwaltung die Chance, durch ein System von Nutzungsentgelten einerseits die Knappheit der verfügbaren Umweltressourcen zu verdeutlichen und damit Anreize zu schaffen, die Effizienz von Umweltnutzungen zu erhöhen, und andererseits finanzielle Mittel zu erhalten, die gezielt dem Schutz globaler Gemeinschaftsgüter zufließen (Kap. E 3.2.3). Im System des *Earth Funding* bildet die Erhebung von Nutzungsentgelten für globale Gemeinschaftsgüter ein wichtiges Element, um unabhängiger von Zuweisungen durch Staatshaushalte Aufgaben der globalen Umwelt- und Entwicklungspolitik finanzieren zu können. Der Beirat weist in diesem Zusammenhang auf drei Aspekte hin, die für das Verständnis und die Ausgestaltung solcher Entgelte unabdingbar sind:

- Die Entgelte dienen einem eindeutigen Zweck, der unmittelbar an die Verfügbarkeit der globalen Gemeinschaftsgüter anknüpft. Es handelt sich daher um keine allgemeine Umweltabgabe.
- Die Entscheidung über Art, Höhe und Verwendung der Nutzungsentgelte ist an den Besonderheiten jedes einzelnen globalen Gemeinschaftsguts zu orientieren. Vielfach kann auf bereits bestehende (multilaterale oder private) Organisationen zurückgegriffen werden. Zudem kann sich bei bestimmten Gemeinschaftsgütern die Erzielung zusätzlicher Einnahmen auch als nicht realisierbar erweisen, jedoch können auch in diesen Fällen durch die Verteilung und den Handel einzelner Nutzungs- bzw. Emissionsrechte Effizienzimpulse erzielt werden.
- Die Treuhandeinrichtung ist einer fortwährenden Kontrolle und Sanktionierung durch die Einzelstaaten bzw. von ihnen eingesetzter Regulierungsinstanzen zu unterwerfen.

Der Beirat sieht das Instrument der Nutzungsentgelte daher als sinnvollen Schritt zur Ergänzung des bestehenden multilateralen Finanzierungsinstrumentariums an, der durch seine Zweckbindung und unmittelbare Nutzungsorientierung vor allem die Intransparenz der bisherigen Mittelerhebung und -verwendung vermeidet.

F 4.3
Vernetzung mit nationalen und privaten Finanzierungsinstrumenten

In diesem Gutachten wurde bereits mehrfach auf die wachsende Bedeutung des privaten Sektors und innovativer Finanzierungsinstrumente auf lokaler und nationaler Ebene hingewiesen sowie Effizienzpotenziale und Voraussetzungen einer verstärkten Aktivierung privater Akteure und eines Ausbaus nichtkommerzieller nationaler Umwelt- und Entwicklungsfonds diskutiert (Kap. E 3.4.5). In seiner Vision eines *Earth Funding* (Kap. E 3) sieht der Beirat dieses dezentrale Element als einen wichtigen Faktor an, um

- den Kenntnissen von Akteuren über die Verhältnisse vor Ort und über die entsprechenden Handlungserfordernisse und -möglichkeiten im Einzelfall Rechnung tragen zu können,
- die Effizienzvorteile einer dezentraleren und damit überschaubareren Struktur und eines erhöhten Drucks durch Wettbewerbsprozesse auf privater Ebene und zwischen Standorten zu Gunsten der globalen Umwelt- und Entwicklungspolitik zu nutzen,
- intrinsische Motivationen durch einen direkteren Zugang zu Projekten der globalen Umwelt- und Entwicklungspolitik zu erhöhen.

Der Beirat empfiehlt die Schaffung geeigneter institutioneller Rahmenbedingungen zur Aktivierung des privaten Sektors und einer Stärkung nationaler nichtkommerzieller Fonds, z. B. in Verbindung mit der weltweiten Entschuldungsinitiative, die im Rahmen des Weltwirtschaftsgipfels 1999 diskutiert wurde (Kap. E 3.2 und E 3.4.5). Im Gegensatz zu den ersten beiden Reformbereichen – Reorganisation multilateraler Einrichtungen und Einführung von Nutzungsentgelten für globale Gemeinschaftsgüter – handelt es sich bei diesen Elementen nicht um Maßnahmen, die weltweit konzertiert zu ergreifen sind, sondern als Folge der Veränderungen institutioneller Rahmenbedingungen auf nationaler (ggf. bilateraler) Ebene entstehen. Das System des *Earth Funding* erfordert in diesem Bereich geradezu den Wettbewerb vielfältiger einzelner innovativer Finanzierungslösungen, deren jeweiliger Effizienzbeitrag auch darüber entscheidet, inwieweit es zu Nachahmungen in anderen Ländern, Sektoren oder Problemfeldern kommt. Der Beirat empfiehlt daher zu prüfen, inwieweit über die genannten Handlungsempfehlungen hinaus institutionelle Anreize entwickelt werden können, um auch international den Wettbewerb um innovative Beiträge zur Finanzierung globaler Umwelt- und Entwicklungsprojekte zu forcieren.

Insgesamt setzt sich die Vision eines *Earth Funding* zusammen aus der Weiterentwicklung bestehender Organisationsformen und der Entwicklung innovativer Finanzierungsinstrumente (vor allem Nutzungsentgelte für globale Gemeinschaftsgüter). Der Beirat sieht dieses Zusammenwirken zugleich als Chance, um durch erste Reformschritte auch die Bereitschaft zu den heute noch vergleichsweise utopisch erscheinenden Finanzierungsvereinbarungen bei einzelnen globalen Gemeinschaftsgütern zu gelangen. Allerdings betont er hierbei die Notwendigkeit, weniger den Aspekt der Einnahmenerzielung im Auge zu haben als vielmehr des effizienten Umgangs mit verfügbaren finanziellen Mitteln.

F 4.4
Momentum der Rio+10-Konferenz nutzen

Nach Ansicht des Beirats sollte diese Vision als Leitbild für die dringend notwendige Reform der globalen Umweltpolitik genutzt werden. Insbesondere sollte die Folgekonferenz des Erdgipfels von Rio de Janeiro (Rio+10-Konferenz) im Jahr 2002 zum Anlass genommen werden, Elemente dieser Strukturreform auf den Weg zu bringen. Bereits 1997 hat sich die deutsche Bundesregierung für die Einrichtung einer internationalen Umweltorganisation ausgesprochen, Frankreichs Staatspräsident Jacques Chiraq folgte ein Jahr später diesem Vorschlag. Im Juni 2000 kündigte der französische Premierminister Lionel Jospin an, während der EU-Präsidentschaft Frankreichs die Debatte um eine internationale Umweltorganisation wieder aufzugreifen. Auch die internationale Umweltministerkonferenz in Malmö hob den organisatorischen Reformbedarf der globalen Umweltpolitik hervor. Dieses günstige politische Klima sollte nach Ansicht des Beirats für eine Initiative, z. B. der EU, genutzt werden. Das vorliegende Gutachten versteht sich als Anregung hierzu.

Literatur G

Abed, G. T. (1998): Fiscal reforms in low-income countries: experiences under IMF-supported programs. Washington, D. C.: International Monetary Fund (IMF).

Adler, U. (1999): Catastrophe bonds – Securitisation von Naturkatastrophenrisiken und Beurteilung der Attraktivität dieser Instrumente für die Investoren. München. Diplomarbeit. Unveröffentlichtes Manuskript.

Agarwal, A. und Narain, S. (1991): Global warming in an unequal world. A case of environmental colonialism. Neu-Delhi: Centre for Science and Environment.

Agarwal, A., Narain, S. und Sharma, A. (1999): Green politics. New Delhi: Center for Science and Development (CSE).

Agrawala, S. (1997): Explaining the evolution of the IPCC structure and process. ENRP Discussion Paper E-97-05. Cambridge, Ma.: John F. Kennedy School of Government, Harvard University.

Altemöller, F. (1998): Handel und Umwelt im Recht der Welthandelsorganisation WTO. Umweltrelevante Streitfälle in der Spruchpraxis zu Artikel III und XX GATT. Frankfurt/M.: Lang.

Anderson, S. und Cavanaugh, J. (1996): The top 200: the rise of global corporate power. Washington, D. C.: Institute for Policy Studies.

Ariyoshi, A., Habermeier, K., Laurens, B., Otker-Robe, I., Canales-Kriljenko, J. I. und Kirilenko, A. (2000): Country experiences with the use and liberalization of capital controls. Washington, D. C.: International Monetary Fund (IMF).

Ayensu, E., van Claasen, D. R., Collins, M., Dearing, A., Fresco, L., Gadgil, M., Citay, H., Glaser, C., Juma, C., Krebs, J., Lenton, R., Lubchenco, J., McNeely, J. A., Mooney, H. A., Pinstrup-Andersen, P., Ramos, M., Raven, P., Reid, W. V., Samper, C., Sarukhán, J., Schei, P., Tundisi, J. G., Watson, R. T., Guanhua, X. und Zakri, A. H. (1999): International ecosystem assessment. Science (286), 685–686.

Baker, B. (1993): Protection, not protectionism: Multilateral environmental agreements and the GATT. Vanderbilt Journal of Transnational Law 26, 437–468.

Barbault, R. und Sastrapradja, S. (1995): Generation, maintenance, and loss of biodiversity. In: Heywood, V. H. und Watson, R. T. (Hrsg.): Global biodiversity assessment. Cambridge, New York: Cambridge University Press, 193–274.

Barrett, S. (1992): Free-rider deterrence in a global warming convention. In: OECD – Organisation for Economic Co-operation and Development (Hrsg.): Convention on Climate Change. Economic Aspects of Negotiations. Paris: OECD, 73–97.

Barrett, S. (1997a): Towards a theory of international environmental cooperation. In: Carraro, C. und Siniscalco, D. (Hrsg.): New directions in the theory of the environment. Cambridge, New York: Cambridge University Press, 239–280.

Barrett, S. (1997b): Heterogenous international agreements. In: Carraro, C. (Hrsg.): International environmental negotiations: Strategic policy issues. Cheltenham: Elgar, 9–25.

Becker-Soest, D. (1998): Institutionelle Vielfalt zur Begrenzung von Unsicherheit. Ansatzpunkte zur Bewahrung biologischer Vielfalt in einer liberalen Wettbewerbsgesellschaft. Marburg: Metropolis.

Beckert, E. und Breuer, G. (1991): Öffentliches Seerecht. Berlin, New York: de Gruyter.

Beerling, D. J. (1999): Long-term responses of boreal vegetation to global change: An experimental and modelling investigation. Global Change Biology 5, 55–74.

Beisheim, M., Dreher, S., Walter, G., Zangl, B. und Zürn, M. (1999): Im Zeitalter der Globalisierung? Thesen und Daten zur gesellschaftlichen und politischen Denationalisierung. Baden-Baden: Nomos.

Bender, D. (1998): Globalisierung: Risiken oder Chancen für eine nachhaltige Weltgesellschaft? Ordnungspolitische Grundlagen wohlstands- und entwicklungsfördernder weltwirtschaftlicher Strukturen. In: Klemmer, P., Becker-Soest, D. und Wink, R. (Hrsg.): Liberale Bausteine einer zukunftsfähigen Gesellschaft. Baden-Baden: Nomos, 245–263.

Benedick, R. E. (1998): Ozone diplomacy. New directions in safeguarding the planet. Cambridge, Ma.: Harvard University Press.

Beyerlin, U. (2000): Umweltvölkerrecht. München: Beck.

BfA – Bundesamt für Fischerei (1999): Jahresbericht 1998. Hamburg: BfA.

Bichsel, A. (1996): NGOs as agents of public accountability and democratization in intergovernmental forums. In: Lafferty, W. und Meadowcroft, J. (Hrsg.): Democracy and the environment. Problems and prospects. Cheltenham: Elgar, 234–256.

Biermann, F. (1994): Internationale Meeresumweltpolitik. Auf dem Weg zu einem Umweltregime für die Ozeane? Frankfurt/M.: Lang.

Biermann, F. (1997): Financing environmental policies in the South. Experiences from the Multilateral Ozone Fund. International Environmental Affairs 9 (3), 179–218.

Biermann, F. (1998a): Land in sight for marine environmentalists? A review of the United Nations Convention on the Law of the Sea and the Washington Programme of Action. Revue de Droit International, de Sciences Diplomatiques et Politiques (The International Law Review) 76 (1), 35–65.

Biermann, F. (1998b): Weltumweltpolitik zwischen Nord und Süd. Die neue Verhandlungsmacht der Entwicklungsländer. Baden-Baden: Nomos.

Biermann, F. (1999): Big science, small impacts – in the South? The influence of international environmental information institutions on policy-making in India. ENRP Discussion Paper E-99-12. Cambridge, MA: Harvard University.

Biermann, F. (2000a): Regionalismus oder Globalismus in der Meeresumweltpolitik? Eine Fallstudie zum Mittelmeerschutzprogramm der Vereinten Nationen. Zeitschrift für Umweltpolitik und Umweltrecht 23: 1, 99–117.

Biermann, F. (2000b): Mehrseitige Umweltabkommen im GATT/WTO-Recht. Archiv des Völkerrechts XXXVIII (4) (im Druck).

Biermann, F. und Simonis, U. E. (2000): Institutionelle Reform der Weltumweltpolitik? Zur politischen Debatte um die Gründung einer „Weltumweltorganisation". Zeitschrift für Internationale Beziehungen 7 (1), 163–183.

Biermann, F. und Wank, C. (2000): Die „POP-Konvention". Das neue Chemikalien-Regime der Vereinten Nationen. Zeitschrift für angewandte Umweltforschung 13 (1–2), 139–154.

Birnie, P. W. und Boyle, A. E. (1992): International law and the environment. Oxford: Clarendon Press.

BLK – Bund-Länder-Kommission für Bildungsplanung und Forschungsförderung (1998): Bildung für eine nachhaltige Entwicklung – Orientierungsrahmen. Materialien zur Bildungsplanung und zur Forschungsförderung. Bonn: BLK.

BLK – Bund-Länder-Kommission für Bildungsplanung und Forschungsförderung (2000): BLK-Programm „21" – Das Leben im 21. Jahrhundert gestalten lernen. Berlin: Zentrale Koordinierungsstelle der Freien Universität.

Bloch, F. (1997): Non-cooperative models of coalition formation in games with spillovers. In: Carraro, C. und Siniscalco, D. (Hrsg.): New directions in the theory of the environment. Cambridge, New York: Cambridge University Press, 311–352.

Block, A., Dehio, J., Lienenkamp, R., Reusswig, F. und Siebe, T. (1997): Das Kleine-Tiger-Syndrom. Wirtschaftliche Aufholprozesse und Umweltdegradation. Zeitschrift für Angewandte Umweltforschung 10 (4), 513.

BMZ – Bundesministerium für wirtschaftliche Zusammenarbeit und Entwicklung (1997): Rio-Konferenz Umwelt und Entwicklung – 5 Jahre danach. BMZ aktuell 079, 1–11.

BMZ – Bundesministerium für wirtschaftliche Zusammenarbeit und Entwicklung (1998): Fischerei und Aquakultur. BMZ aktuell 88, 1–15.

BMZ – Bundesministerium für wirtschaftliche Zusammenarbeit und Entwicklung (2000): Globalisierung und Entwicklungszusammenarbeit. BMZ aktuell 108, 1–19.

Bodansky, D. (1993): The United Nations Framework on Climate Change: A commentary. Yale Journal of International Law 18, 451–558.

Botteon, M. und Carraro, C. (1997): Burden-sharing and coalition stability in environmental negotiations with asymmetric countries. In: Carraro, C. (Hrsg.): International environmental negotiations: Strategic policy issues. Cheltenham: Elgar, 26–55.

Botteon, M. und Carraro, C. (1998): Strategies for environmental negotiations: issue linkage with heterogenous countries. In: Hanley, N. und Folmer, H. (Hrsg.): Game theory and the global environment. Cheltenham: Elgar, 180–200.

Breitmeier, H. (1996): Wie entstehen globale Umweltregime? Der Konfliktaustrag zum Schutz der Ozonschicht und des globalen Klimas. Opladen: Leske und Budrich.

Bright, C. (1998): Life out of bounds. Bioinvasion in a borderless world. New York, London: Norton.

Brown, L. R., Renner, M. und Halwei, B. (1999): Vital Signs 1999. The environmental trends that are shaping our future. New York, London: Norton.

Bryant, D., Burke, L., McManus, W. und Spalding, M. (1998): Reefs at risk. A map-based indicator of threats to the world's coral reefs. Washington, D. C.: World Resources Institute (WRI).

Bryant, D., Nielsen, D. und Tangley, L. (1997): The last frontier forests: ecosystems and economies on the edge. Washington, D. C.: World Resources Institute (WRI).

BUA – GDCh-Beratergremium für umweltrelevante Altstoffe der Gesellschaft Deutscher Chemiker (2000): Internet-Datei: http://www.gdch.de/projekte/bua.htm.

Bündnis 90/Die Grünen (Hrsg.) (1998): Die Re-Regulierung der Finanzmärkte. Die Tobinsteuer als Schlüsselelement einer globalen Strukturpolitik. Dokumentation einer Anhörung vom 28. November 1997 in Bonn. Bonn: Bündnis 90/Die Grünen.

caf/Agenda-Transfer (1999): Lokale Agenda 21 – Anregungen zum Handeln. Beispiele aus der Praxis. Wuppertal: Backhaus.

Calamari, D., Bacci, E., Focardi, S., Gaggi, C., Morosini, M. und Vighi, M. (1991): Role of plant biomass in the global environmental partitioning of chlorinated hydrocarbons. Environmental Science and Technology 25, 1489–1495.

Camerer, C., Johnson, E. J., Sen, S. und Rymon, T. (1993): Cognition and framing in sequential bargaining for gains and losses. In: Binmore, K., Kirman, A. und Tani, P. (Hrsg.): Frontiers of game theory. Cambridge, London: MIT Press, 27–47.

Cassel-Gintz, M. und Petschel-Held, G. (2000): GIS-based assessment of the threat to world forests by patterns of non-sustainable civilisation nature interaction. Journal of Environmental Management (im Druck).

CBD – Convention on Biological Diversity (1995): Access to genetic resources and benefit-sharing: legislation, administrative and policy information. UN-Dokument UNEP/ CBD/ COP/2/13. Internet-Datei ftp://ftp.biodiv.org/COPandEX-COP/COP2/English/COP-2-13e.pdf. Montreal: Sekretariat der Biodiversitätskonvention.

CBD – Convention on Biological Diversity (1996): Bioprospecting of genetic resources of the deep-sea bed. UN-Dokument UNEP/CBD/SBSTTA/2/15. Internet-Datei: ftp://ftp.biodiv.org/ SBSTTA/SBSTTA2/English/sb215.pdf. Montreal: Sekretariat der Biodiversitätskonvention.

CBD – Convention on Biological Diversity (2000): Decision V/3. Progress report on the implementation of the programme of work on marine and coastal biological diversity (implementation of decision IV/5). Internet-Datei: http://www.biodiv.org/Decisions/COP5/html/ COP-5-Dec-03-e.htm. Montreal: Sekretariat der Biodiversitätskonvention.

Chambers, W. B. (Hrsg.) (1998): Global climate governance: Inter-linkages between the Kyoto Protocol and other multilateral regimes. Tokyo: United Nations University, Institute of Advanced Studies.

Chang, S. W. (1997): Getting a green trade barrier: eco-labelling and the WTO agreement on technical barriers to trade. Journal of World Trade 31, 137–159.

Chatterjee, K. (1995): Implications of Montreal Protocol. With particular reference to India and other developing countries. Atmospheric Environment 29 (16), 1883–1903.

Chittka, J. (1996): Das umweltpolitische Verursacherprinzip im GATT-WTO-Rahmen: Chancen und Risiken einer Institutionalisierung aus der Sicht der neuen politischen Ökonomie. Baden-Baden: Nomos.

Chossudovsky, M. (1998): The globalization of poverty. Impacts of IMF and World Bank reforms. London: Zed Books.

CONCAWE – The Oil Companies' European Organization for Environment, Health and Safety (1997): Disposal of used engine oils. CONCAWE Review 6/1. Internet-Datei: http://www.concawe.be.

Corbett, J. J., Fischbeck, P. S. und Pandis, S. N. (1999): Global nitrogen and sulphur emissions inventories for oceangoing ships. Journal of Geophysical Research 104 (D3), 3457–3470.

Corell, E. (1999): The negotiable desert. Expert knowledge in the negotiations of the Convention to Combat Desertification. Linköping: Department of Water and Environmental Studies.

Cornia, G. A., Jolly, R. und Stewart, F. (Hrsg.) (1989): Adjustment with a human face. Oxford, New York: Oxford University Press.

Cosgrove, W. J. und Rijsberman, F. R. (2000): World water vision: making water everybody's business. World Water Council. London: Earthscan.

Costanza, R., d'Arge, R., Degroot, R., Farber, S., Grasso, M., Hannon, B., Limburg, K., Naeem, S., Oneill, R. V., Paruelo, J., Raskin, R. G., Sutton, P. und Vandenbelt, M. (1997): The value of the world's ecosystem services and natural capital. Nature 387, 253–260.

CSD – Commission on Sustainable Development (1996): Report of the Third Expert Group Meeting on Financial Issues of Agenda 21. 6–8 February, 1996. Manila, New York: CSD.

Dahl, T. E. (1990): Wetland losses in the United States 1780s to 1980s. Washington, D. C.: U.S. Department of the Interior, Fish and Wildlife Service.

Daly, H. und Goodland, R. (1994): An ecological-economic assessment of deregulation of international commerce under GATT. Part I and II. Population and Environment 15, 395–427 und 477–503.

Danish, K. W. (1995a): The promise of national environmental funds in developing countries. International Environmental Affairs 7 (2), 150–175.

Danish, K. W. (1995b): International environmental law and the „Bottom-Up" approach: a review of the desertification convention. IJGLS (3), ohne Seitenangabe.

Danish, K. W. (1996): National environmental funds. In: Werksman, J. (Hrsg.): Greening international institutions. London: Earthscan, 163–177.

Davidson, A. T., Marchant, H. J. und de la Mare, W. K. (1996): Natural UVB exposure changes the species composition of Antarctic phytoplankton in mixed culture. Aquatic Microbial Ecology 10, 299–305.

Dejeant-Pons, M. (1987): Les conventions du programme des Nations Unies pour l'environnement relatives aux mers régionales. Annuaire Français de Droit International 33, 688–718.

EC – European Commission DG XII (2000): Severe stratospheric ozone depletion in the Arctic. Press release. Internet-Datei: http://europa.eu.int/comm/research/press/2000/pr0504en.html.Brüssel: EU-Kommission.

Edwards, M. E. und Hulme, D. (1996): Too close to comfort. The impact of official aid on nongovernmental organizations. World Development 24 (6), 961–973.

Ehrmann, M. (1997): Die Globale Umweltfazilität (GEF). Zeitschrift für ausländisches öffentliches Recht und Völkerrecht 57 (2/3), 565–614.

Ehrmann, M. (1998): Erfüllungskontrolle im Umweltvölkerrecht. Heidelberg. Dissertation.

Endres, A. (1997): Negotiating a climate convention – The role of prices and quantities. International Review of Law and Economics 17, 147–156.

Endres, A. und Finus, M. (2000): Ansätze zur Herbeiführung von Verhandlungslösungen im Bereich Globaler Umweltpolitik. Externes Gutachten für den WBGU. Unveröffentlichtes Manuskript.

Endres, A. und Ohl, C. (2000): Das Kooperationsverhalten der Staaten bei der Begrenzung globaler Umweltrisiken: Zur Integration stochastischer und strategischer Unsicherheitsaspekte. Schweizerische Zeitschrift für Volkswirtschaft und Statistik (im Druck).

Enquete-Kommission „Schutz der Erdatmosphäre" (Hrsg.) (1990): Schutz der Erde. Eine Bestandsaufnahme mit Vorschlägen zu einer neuen Energiepolitik. Bonn: Economica.

Esty, D. C. (1994a): Greening the GATT: Trade, environment and the future. Harlow Essex: Longman.

Esty, D. C. (1994b): The case for a global environmental organization. Washington, D. C.: Institute for International Economics.

Esty, D. C. (1996): Stepping up to the global environmental challenge. Fordham Environmental Law Journal 7 (1), 103–113.

Europäische Umweltagentur (European Environment Agency) (1999): Environment in the European Union at the turn of the century. Environmental Assessment Report 2. Luxemburg: Europäische Umweltagentur.

EU – Europäische Union (2000): Die Umwelt Europas: Orientierung für die Zukunft. Gesamtbewertung des Programms der Europäischen Gemeinschaft für Umweltpolitik und Maßnahmen im Hinblick auf eine dauerhafte und umweltgerechte Entwicklung. Brüssel: Europäische Kommission.

Fairman, D. und Ross, M. (1996): Old fads, new lessons: learning from economic development assistance. In: Keohane, R. O. und Levy, M. A. (Hrsg.): Institutions for environmental aid: pitfalls and promise. Cambridge, London: MIT Press, 29–51.

Falkenmark, M. und Wildstrand, C. (1992): Population and water resources: a delicate balance. Washington, D. C.: Population Reference Bureau.

FAO – Food and Agriculture Organization (1996): State of the world's plant genetic resources. Rom: FAO.

FAO – Food and Agriculture Organization (Hrsg.) (1997): The state of world fisheries and aquaculture 1996. Rom: FAO Fisheries Department.

FAO – Food and Agriculture Organization (Hrsg.) (1999): The state of the world's forests. Rom: FAO.

FAO – Food and Agriculture Organization (2000): FAO: what it is, what it does. Internet-Datei: http://www.fao.org/UN-FAO/WHATITIS.HTM.

Felix, D. (1995): Financial globalization versus free trade: the case for the Tobin Tax. UNCTAD Discussion Paper No. 108. Genf: UNCTAD.

Felix, D. (1996): Warum brauchen wir die Tobin-Tax? Informationsbrief Weltwirtschaft und Entwicklung (7/8), 2–3.

Finlayson, M. und Moser, M. (1991): Wetlands. Oxford: Facts on File Limited.

Finus, M. (2000): Game theory and international environmental cooperation. Cheltenham: Elgar.

Finus, M. und Rundshagen, M. (1998): Toward a positive theory of coalition formation and endogenous instrumental choice in global pollution control. Public Choice 96, 145–186.

Fischer, S. (1999): On the need for an international lender of last resort. Journal of Economic Perspectives 13 (4), 85–104.

Fischer, S. (2000): Statement to the International Financial Institution Advisory Commission. Internet-Datei: http://phantom-x.gsia.cmu.edu/IFIAC/USMIMFDV.html.

French, H. F. (1995): Partnership for the planet. An environmental agenda for the United Nations. Washington, D. C.: WorldWatch Institute.

Frenkel, M. (1999): Der Internationale Währungsfonds – Nothelfer oder Krisenverursacher? List Forum für Wirtschafts- und Finanzpolitik 25 (4), 382–400.

Frenkel, M. und Menkhoff, L. (2000): Welchem Rezept folgt Meltzers IWF-Diät? Wirtschaftsdienst 80 (4), 218–224.

Frey, B. S. und Bohnet, I. (1996): Tragik der Allmende. Einsicht, Perversion und Überwindung. In: Diekmann, A. und Jaeger, C. (Hrsg.): Umweltsoziologie. Sonderheft der Kölner Zeitschrift für Soziologie und Sozialpsychologie. Opladen: Westdeutscher Verlag, 292–307.

Frey, B. S. und Kirchgässner, G. (1994): Demokratische Wirtschaftspolitik. Theorie und Anwendung. München: Vahlen.

Fues, T. (1997): Rio plus 10. Der deutsche Beitrag zu einer globalen Strategie für nachhaltige Entwicklung. Bonn: Stiftung Entwicklung und Frieden (SEF).

GEF – Global Environment Facility (2000): Introduction to the GEF. Internet-Datei: http://www.gefweb.org/intro/gefintro.pdf.

Gehring, T. (1990): Das internationale Regime zum Schutz der Ozonschicht. Europa-Archiv 23, 703–712.

GESAMP – Joint Group of Experts on the Scientific Aspects of Marine Pollution (1990): The state of the marine environment. Oxford: Blackwell.

Giesel, K. D., de Haan, G. und Rode, H. (2000): Evaluation der außerschulischen Umweltbildung in Deutschland. Einblicke in die Ergebnisse der großen empirischen Studie im Auftrag der Deutschen Bundesstiftung Umwelt. Paper 00/161. Berlin: Forschungsgruppe Umweltbildung.

Gleick, P. H. (1998): The world's water. The biannual report on freshwater resources. Washington, D. C.: Island Press.

Glowka, L. (1995): The deepest of ironies: genetic resources, marine scientific research and the international deep sea-bed area. A paper distributed at the first meeting of the SBSTTA of the CBD. Gland: The World Conservation Union (IUCN).

Glowka, L., Burhenne-Guilmin, F. und Synge, H. (1994): A guide to the Convention on Biological Diversity. Environmental Policy and Law Paper 30. Gland: The World Conservation Union (IUCN).

Goldberg, E. D. (1986): TBT, an environmental dilemma. Environment 28, 17–44.

Graedel, T. E. und Crutzen, P. J. (1994): Chemie der Atmosphäre. Bedeutung für Klima und Umwelt. Heidelberg, Berlin, Oxford: Spektrum.

Graßl, H. (1999): Wetterwende. Vision: Globaler Klimaschutz. Frankfurt/M., New-York: Campus.

Greene, O. (1992): Ozone depletion: implementing and strengthening the Montreal Protocol. Verification Report 1992. Yearbook on arms control and environmental agreements.

Greenpeace (1999): Dauergift TBT (Tributylzinn). Hormone im Meer. Hamburg: Greenpeace Deutschland.

Grieser, J., Staeger, T. und Schönwiese, C.-D. (2000): Forschungsbericht: Statistische Analysen zur Früherkennung globaler und regionaler Klimaänderungen aufgrund des anthropogenen Treibhauseffektes. Berlin: Umweltbundesamt (UBA).

Gündling, L. (1983): Die 200-Meilen-Wirtschaftszone. Entstehung eines neuen Regimes des Meeresvölkerrechts. Berlin, Heidelberg, New York: Springer.

Haas, P. M. (1993): Protecting the Baltic and North Seas. In: Haas, P. M., Keohane, R. O. und Levy, M. A. (Hrsg.): Institutions for the Earth. Sources of effective international environmental protection. Cambridge, London: MIT Press, 133–181.

Haas, P. M., Keohane, R. O. und Levy, M. A. (Hrsg.) (1993): Institutions for the Earth. Sources of effective international environmental protection. Cambridge, London: MIT Press.

Haber, W., Held, M. und Schneider, M. (Hrsg.) (1999): Nachhaltiger Umgang mit Böden – Initiative für eine internationale Bodenkonvention. München: Süddeutsche Zeitung.

Hammer, K. (1998): Agrarbiodiversität und pflanzengenetische Ressourcen. Schriften zu genetischen Ressourcen. Band 10. Bonn: Zentralstelle für Agrardokumentation und -information (ZADI).

Hansen, G. und Chipperfield, M. (1998): Ozone depletion at the edge of the Arctic polar vortex. Journal of Geophysical Research (eingereicht).

Hansen, J., Sato, M. und Ruedy, R. (1997): Radiative forcing and climate response. Journal of Geophysical Research 102, 6831–6864.

Hansjürgens, B. (1998): Wie erfolgreich ist das neue Schwefeldioxid-Zertifikatesystem in den USA? Erste Erfahrungen und Lehren für die Zukunft. Zeitschrift für Umweltpolitik und Umweltrecht 21, 1–32.

Hardin, G. (1968): The tragedy of the commons. Science 162 (3859), 1243–1248.

Hargrave, T., Helme, N., Kerr, S. und Denne, T. (1999): Defining Kyoto Protocol non-compliance procedures and mechanisms. Leiden: Leiden Center for Clean Air Policy.

Heister, J. (1997): Der internationale CO_2-Vertrag. Strategien zur Stabilisierung multilateraler Kooperation zwischen souveränen Staaten. Tübingen: Mohr.

Helm, C. (1995): Sind Freihandel und Umweltschutz vereinbar? Ökologischer Reformbedarf des GATT/WTO-Regimes. Berlin: Edition Sigma.

Helm, C. und Simonis, U. E. (2000): Distributive justice in international environmental policy. Theoretical foundation and exemplary formulation. Paper FS II 00-404. Berlin: WZB.

Henne, G. (1998): Genetische Vielfalt als Ressource. Die Regelung ihrer Nutzung. Baden-Baden: Nomos.

Heywood, V. H. (1997): Information needs in biodiversity assessments: from genes to ecosystems. In: Hawksworth, D. L., Kirk, P. M. und Dextre Clarke, S. (Hrsg.): Biodiversity information: needs and options. Wallingford, New York: CAB International, 5–20.

Hoegh-Guldberg, O. (1999): Climate change, coral bleaching and the future of the world's coral reefs. Amsterdam: Greenpeace International.

Hoel, M. (1991): Global environmental problems: the effects of unilateral actions taken by one country. Journal of Environmental Economics and Management 20, 55–70.

Hoel, M. und Schneider, K. (1997): Incentives to participate in an international environmental agreement. Environmental and Resource Economics 9, 153–170.

Hoering, U. (1999): Zum Beispiel: IWF und Weltbank. Göttingen: Lamuv.

Hörmann, G. und Chmielewski, M. (1998): Auswirkungen auf Landwirtschaft und Forstwirtschaft. In: Graßl, H., Lozan, J. L. und Hupfer, P. (Hrsg): Warnsignal Klima. Das Klima des 21. Jahrhunderts. Hamburg: Wissenschaftliche Auswertungen, 325–333.

Hohmann, H. (1989): Meeresumweltschutz als globale und regionale Aufgabe. Die Anstrengungen von UNEP, IMO und ECE. Vereinte Nationen (2), 53–61.

Hommel, U. (1998): Katastrophenoptionen. Ein neues Instrument für das Management von Versicherungsrisiken. WiSt – Wirtschaftswissenschaftliches Studium 27, 211–214.

Horta, K. (1998): In focus: Global Environmental Facility. Foreign Policy in Focus 3 (39). Internet-Datei: http://www.igc.org/infocus/briefs/vol3/v3n39glob.html.

Huffschmid, J. (1999): Politische Ökonomie der Finanzmärkte. Hamburg: VSA.

Hüfner, K. (1997): Die Vereinten Nationen und ihre Sonderorganisationen. Teil 3 A: Vereinte Nationen – Friedensoperationen – Spezialorgane. Bonn: Deutsche Gesellschaft für die Vereinten Nationen (DGVN).

Hulme, M. (1992): Rainfall changes in Africa (1931–1960 to 1961–1990). International Journal of Climatology 12, 658–690.

Hurlbut, D. (1993): Beyond the Montreal Protocol: impact on nonparty states and lessons for future environmental regimes. Colorado Journal of International Environmental Law and Policy 4 (1), 344–368.

Hydrates (2000): Hydrates Home Page. Internet-Datei: http://www.hydrates.org.

ICLEI – Internationaler Rat für Kommunale Umweltinitiativen (1997): Local government implementation of Agenda 21. Toronto: ICLEI.

ICLEI – Internationaler Rat für Kommunale Umweltinitiativen (2000): Auswertung der Agenda 21: Lokale Agenda 21. Externes Gutachten für den WBGU. Unveröffentlichtes Manuskript.

IFIAC – International Financial Institution Advisory Commission (2000): Report to the US-Congress. Internet-Datei: http://phantom-x.gsia.cmu.edu/IFIAC/USMRPTDV.html.

IMF – International Monetary Fund (1999): World economic outlook. A survey by the staff of the IMF. Washington, D. C.: IMF.

IMO – International Maritime Organization (2000): Focus on IMO. Internet-Datei: http://www.imo.org/imo/focus/2000/basics.pdf.

IPCC – Intergovernmental Panel on Climate Change (1995): Climate change 1994. Radiative forcing of climate change and an evaluation of the IPCC IS92 emission scenarios. Cambridge, New York: Cambridge University Press.

IPCC – Intergovernmental Panel on Climate Change (1996a): Climate change 1995. The science of climate change. Cambridge, New York: Cambridge University Press.

IPCC – Intergovernmental Panel on Climate Change (1996b): Climate change 1995. Impacts, adaptations and mitigation of climate change. Scientific-technical analyses. Cambridge, New York: Cambridge University Press.

IPCC – Intergovernmental Panel on Climate Change (1998): The regional impacts of climate change. An assessment of vulnerability. Cambridge, New York: Cambridge University Press.

IPCC – Intergovernmental Panel on Climate Change (1999): Aviation and the global atmosphere. Special Report of IPCC Working Group I and III. Cambridge, New York: Cambridge University Press.

IPCC – Intergovernmental Panel on Climate Change (2000): Land use, land-use change, and forestry. Summary for policymakers. Genf: IPCC.

IWÖ – Institut für Wirtschaft und Ökologie und IFÖK – Institut für Organisationskommunikation (Hrsg.) (1998): Institutionelle Reformen für eine Politik der Nachhaltigkeit. Berlin, Heidelberg, New York: Springer.

Jackson, P. M. (1982): The political economy of bureaucracy. Oxford: Allen.

Jakobeit, C. (1997): Die Realisierungschancen der Tobin-Steuer. Die Neue Gesellschaft/Frankfurter Hefte 44 (5), 447–450.

Jakobeit, C. (1999): Innovative Finanzierungsinstrumente zur Förderung einer nachhaltigen Umwelt- und Entwicklungspolitik in Entwicklungsländern. Berlin: Umweltbundesamt (UBA).

Jakobeit, C. (2000): Innovative Finanzierungsmechanismen zur Finanzierung globaler Umweltaufgaben: Analyse und Handlungsempfehlungen. Externes Gutachten für den WBGU. Unveröffentlichtes Manuskript.

Johannessen, O. M., Shalina, E. V. und Miles, M. W. (1999): Satellite evidence for an arctic sea ice cover in transformation. Science 3 (286), 1937–1939.

Jolly, A. (1999): The fifth step. New Scientist Magazine 164 (2218), 78.

Jones, P. D., New, M., Parker, D. E., Martin, S. und Rigor, I. G. (1999): Surface air temperature and its changes over the past 150 years. Reviews of Geophysics 37 (2), 173–199.

Jung, W. (1999): Expert advice in global environmental decision-making. How close should science and policy get? ENRP Discussion Paper. Cambridge, Ma.: John F. Kennedy School of Government, Harvard University.

Karl, H. (1998): Ökologie, individuelle Freiheit und wirtschaftliches Wachstum: Umweltpolitik in der Marktwirtschaft. In: Cassel, D. (Hrsg.): 50 Jahre Soziale Marktwirtschaft. Ordnungstheoretische Grundlagen, Realisierungsprobleme und Zukunftsperspektiven einer wirtschaftspolitischen Konzeption. Stuttgart: Lucius und Lucius, 452–579.

Karl, H. und Orwat, C. (1999): Economic aspects of environmental labelling. In: Folmer, H. und Tietenberg, T. (Hrsg.): The international yearbook of environmental and resource economics 1999/2000. A survey of current issues. Cheltenham: Elgar, 107–170.

Karl, H. und Ranné, O. (1997): Öko-Dumping. Ein stichhaltiges Argument für ökologische Ausgleichzölle? WiSt-Wirtschaftswissenschaftliches Studium 26, 284–289.

Kaube, J. und Schelkle, W. (17.07.2000): Von schweren Folgen einer leichten Wirtschaft. Gespräch mit dem amerikanischen Wirtschaftswissenschaftler Paul Krugman. Frankfurter Allgemeine Zeitung (163), 49.

Keohane, R. O. (1996): Analyzing the effectiveness of international environmental institutions. In: Keohane, R. O. und Levy, M. A. (Hrsg.): Institutions for environmental aid – pitfalls and promise. Cambridge, London: MIT Press, 3–27.

Khan, S. R. (1999): Do World Bank and IMF policies work? Basingstoke: Macmillan.

Kho, B.-C. und Stulz, R. M. (1999): Banks, the IMF, and the Asian crisis. Cambridge, Ma.: National Bureau of Economic Research.

Killick, T. (1995): IMF programmes in developing countries: design and impact. London: Routledge.

Kindt, J. W. und Menefee, S. P. (1989): The vexing problem of ozone depletion in international environmental law and policy. Texas International Law Journal 24 (2), 261–293.

Kirchner, J. W. und Weil, A. (2000): Delayed biological recovery from extinctions throughout the fossil record. Nature 404, 177–180.

Kirk-Davidoff, D. B., Hintsa, E. J., Anderson, J. G. und Keith, D. W. (1999): The effect of climate change on ozone depletion through changes in stratospheric water vapour. Nature 402 (25. November), 399–401.

Klemmer, P. (1999): Handel und Umwelt – Ein Milleniumsproblem. Zeitschrift für angewandte Umweltforschung 12, 449–455.

Klemmer, P. und Wink, R. (1998): Internationale Umweltpolitik – von weltweiten Umweltkonflikten zur gemeinsamen Problemlösung. In: Klemmer, P., Becker-Soest, D. und Wink, R. (Hrsg.): Liberale Bausteine einer zukunftsfähigen Gesellschaft. Baden-Baden: Nomos, 393–407.

Klemmer, P., Becker-Soest, D. und Wink, R. (2000): Environmental economics in the age of global change. In: UNESCO – United Nations Educational, Scientific and Cultural Organization (Hrsg.): Encyclopedia of life support systems. Forerunner Volume. Paris: UNESCO (im Druck).

Klingebiel, S. (1999): Verläßliche Finanzierung als unverzichtbares Reformelement – Perspektiven für die Entwicklungszusammenarbeit der Vereinten Nationen und das UNDP. Vereinte Nationen (1), 7–11.

Klohn, W. E. und Appelgren, B. G. (1998): Challenges in the field of water resources management in agriculture. Internet-Datei. http://www.fao.org/WAICENT/FAOINFO/AGRICULT/AGL/AGLW/webpub/ath_kln/ATH_KLN1.html.

Knill, C. (1998): Politikinnovation mit Hindernissen: Die Entwicklung und Implementation von EMAS auf EU-Ebene. Ökologisches Wirtschaften (3), 23–25.

Knorr, A. (1997): Umweltschutz, nachhaltige Entwicklung und Freihandel: WTO und NAFTA im Vergleich. Stuttgart: Lucius und Lucius.

Kohl, H. (1997): Speech by Dr. Helmut Kohl, Chancellor of the Federal Republic of Germany, at the Special Session of the General Assembly of the United Nations. Press Release, New York, 23. Juni.

Kolan, I. (1996): Normative Wirtschaftswissenschaft: theoretische Fundierung und praktische Anwendung am Beispiel der Gesundheitspolitik. Sinzheim: Pro-Universitate.

König, D. (1997): Abfallentsorgung auf See. Die Londoner Konvention von 1972. In: Gehring, T. und Oberthür, S. (Hrsg.): Internationale Umweltregime. Umweltschutz durch Verhandlungen und Verträge. Opladen: Leske und Budrich, 117–131.

Korn, H., Stadler, J. und Stolpe, G. (1998): Internationale Übereinkommen, Programme und Organisationen im Naturschutz. Übersicht. Bonn: Bundesamt für Naturschutz (BfN).

Kuckartz, U. (2000): Umweltbewusstsein in Deutschland 2000 – Ergebnisse einer repräsentativen Umfrage. Berlin: Bundesministerium für Umwelt, Naturschutz und Reaktorsicherheit (BMU) und Umweltbundesamt (UBA).

Kuhlmann, I. (1998): Globale Umweltprobleme und die Rolle der Weltbank: eine institutionenökonomische Analyse. Hagen: ISL-Verlag.

Kulessa, M. E. (1996): Die Tobinsteuer zwischen Lenkungs- und Finanzierungsfunktion. Wirtschaftsdienst 76 (2), 95–104.

Kunreuther, H. C. und Linnerooth-Bayer, J. (1999): The financial management of catastrophic flood risks in emerging economy countries. Paper presented at the Conference on Global Change and Catastrophic Risk Management, 6.–9. Juni. Laxenburg, Österreich: IIASA.

Kürzinger, E. (1997): Handeln statt Verhandeln?! – Die drei Umweltkonventionen fünf Jahre nach Rio. entwicklung und ländlicher Raum 4, 16–21.

Lammel, G. und Pahl, T. (1998): How to assess, prevent and manage risks from persistent chemicals in the environment. Global Environmental Change (eingereicht).

Langhammer, R. J. (2000a): Der Internationale Währungsfonds vor der Neuausrichtung. Handelsblatt (4./5.2.), 2.

Langhammer, R. J. (2000b): Die Welthandelsorganisation WTO nach Seattle. Vom Erfolgsfall zum Sorgenkind. WiSt – Wirtschaftswissenschaftliches Studium 29, 61.

Leirer, W. (1998): Rechtliche Grundlagen des Verhältnisses internationaler Umweltschutzabkommen zum GATT. Augsburg. Dissertation.

Levy, M. A. (1993): European acid rain. The power of tote-board diplomacy. In: Haas, P. M., Keohane, R. O. und Levy, M. A. (Hrsg.) (1993): Institutions for the Earth. Sources of effective international environmental protection. Cambridge, London: MIT Press, 75–132.

Lloyd's Register (1999): World fleet statistics. Annual report compiled from LR's maritime information databases. Internet-Datei: http://www.lr.org/.

Loske, R. (1996): Klimapolitik. Im Spannungsfeld von Kurzzeitinteressen und Langzeiterfordernissen. Marburg: Metropolis.

Lozán, J. L., Graßl, H. und Hupfer, P. (1998): Warnsignal Klima. Mehr Klimaschutz – weniger Risiken für die Zukunft. Hamburg: Eigenverlag in Kooperation mit GEO.

Lüdecke, M., Kropp, J. und Reusswig, F. (1999): Global analysis and distribution of unbalanced urbanization processes: The Favela Syndrome. Environmental Management (eingereicht).

Luhmann, H.-J. (1996): Rachel Carson und Sherwood F. Rowland. Zu den biographischen Wurzeln der Entdeckung von Umweltproblemen. In: Altner, G., Mettler-von Meibom, B., Simonis, U. E. und von Weizsäcker, E. U. (Hrsg.): Jahrbuch Ökologie 1997. München: Beck, 217–242.

Mäler, K. G. (1990): International environmental problems. Oxford Review of Economic Policy 6, 80–108.

Markham, A. (1998): Potential impacts of climate change on tropical forest ecosystems. Climatic Change 39, 141–143.

MARPOL (1973): International Convention for the Prevention of Pollution from Ships, London, 2.11.1973. In Kraft in der Fassung des Protokolls von 1978 am 2.10.1983. BGBl. 1982 II, 2.

May, R. M. und Tregonning, K. (1998): Global conservation and UK government policy. In: Mace, G. M., Balmford, A. und Ginsberg, J. R. (Hrsg.): Conservation in a changing world. Cambridge, New York: Cambridge University Press, 287–301.

Mazur, J. (2000): Labor's new internationalism. Foreign Affairs 79 (1), 30.

Mayntz, R. (1997): Soziologie der öffentlichen Verwaltung. Heidelberg: Müller.

McCay, B. und Jentoft, S. (1996): Unvertrautes Gelände: Gemeineigentum unter der sozialwissenschaftlichen Lupe. In: Diekmann, A. und Jaeger, C. (Hrsg.): Umweltsoziologie. Sonderheft der Kölner Zeitschrift für Soziologie und Sozialpsychologie. Opladen: Westdeutscher Verlag, 272–291.

McCully, P. (1996): Silenced rivers. The ecology and politics of large dams. London: Zed Books.

McGuire, A. D., Melillo, J. M. und Joyce, L. A. (1995): The role of nitrogen in the response of forest net primary production to elevated atmospheric carbon dioxide. Annual Review of Ecology and Systematics 26, 473–503.

Menkhoff, L. und Michaelis, J. (1995): Ist die Tobin-Steuer tatsächlich „tot"? Jahrbuch für Wirtschaftswissenschaften 46, 34–54.

Meyer, C. A. (1997): Public-nonprofit partnerships and North-South green finance. Journal of Environment and Development 6 (2), 123–146.

Michalos, A. C. (1997): Good taxes: the case for taxing foreign currency exchange and other financial transactions. Toronto, Oxford: Dundrun Press.

Mikesell, R. F. und Williams, L. (1992): International banks and the environment: from growth to sustainability. An unfinished agenda. San Francisco: Sierra Club Books.

Mitchell, R. B. (1994): Regime design matters. Intentional oil pollution and treaty compliance. International Organization 48 (3), 425–458.

Mizutani, T., Müller, J. und Münch, W. (2000): Ergebnisorientiertes Haushalten. Erste Erfahrungen mit einem neuen Budgetverfahren im Verband der Vereinten Nationen. Vereinte Nationen. Zeitschrift für die Vereinten Nationen und ihre Sonderorganisationen 48 (2), 59–64.

Moncayo von Hase, G. M. (1999): Umweltschutz im internationalen und regionalen Freihandel. Untersuchung des Verhältnisses von Freihandel und Umweltschutz im GATT/WTO, in der EG und im MERCOSUR am Beispiel grenzüberschreitender Abfallverbringung. Frankfurt/M.: Lang.

Munn, R. E., Whyte, A. und Timmermann, P. (Hrsg.) (2000): Emerging environmental issues for the 21st century. Nairobi: UNEP und SCOPE.

Murray, E. A. und Mahon, J. F. (1993): Strategic alliances. Gateway to the new Europe? Long Range Planning 26 (4), 102–111.

Myers, N., Mittermeier, R. A., Mittermeier, C. G., da Fonseca, G. A. B. und Kent, J. (2000): Biodiversity hotspots for conservation priorities. Nature 403, 853–858.

NASA – National Aeronautics and Space Administration (1999): TOMS (Total Ozone Mapping Spectrometer). Internet-Datei: http://toms.gsfc.nasa.gov/.

Naylor, R. L., Goldburg, R. J., Primavera, J. H., Kautsky, N., Beveridge, M. C. M., Clay, J., Folke, C., Lubchenco, J., Mooney, H. und Troell, M. (2000): Effect of aquaculture on world fish supplies. Nature 405 (Juni), 1017–1024.

Neilson, R. P. und Drapek, R. J. (1998): Potentially complex biosphere responses to transient global warming. Global Change Biology 4, 505–521.

Nicholson, S. E. (1994): Variability of African rainfall on interannual and decadal time scales. In: Matinson, D. (Hrsg.): Natural climate variability on decade-to-century time scales. Washington, D. C.: National Academy of Sciences.

Nollkaemper, A. (1996): Balancing the protection of marine ecosystems with economic benefits from land-based activities. The quest for international legal barriers. Ocean Development and International Law 27, 153–179.

Nua – Internet Consulting and Development Company (2000): Nua Internet Surveys: Internet demographics, statistics and trends. Internet-Datei: http://www.nua.ie/about/index.html#nua_internet_surveys.

O'Neal Taylor, C. (1997): The limits of economic power: Section 301 and the World Trade Organization Dispute Settlement System. Vanderbilt Journal of Transnational Law 30, 209–348.

Oberthür, S. (1993): Politik im Treibhaus. Die Entstehung des internationalen Klimaschutzregimes. Berlin, Heidelberg, New York: Springer.

Oberthür, S. (1997): Umweltschutz durch internationale Regime. Interessen, Verhandlungsprozesse, Wirkungen. Opladen: Leske und Budrich.

Oberthür, S. (1999a): Linkages between the Montreal and Kyoto Protocols. Paper presented at the International Conference on Synergies and Coordination between Multilateral Environmental Agreements, 14.–16. July 1999. Tokio: United Nations University (UNU).

Oberthür, S. (1999b): Reformmöglichkeiten des Institutionengefüges internationaler Umweltpolitik. Sollen wir eine „Weltumweltorganisation" wollen? Externes Gutachten für den WBGU. Unveröffentlichtes Manuskript.

Oberthür, S. und Ott, H. E. (1999): The Kyoto Protocol. International climate policy for the 21st century. Berlin, Heidelberg, New York: Springer.

OECD – Organization for Economic Co-operation and Development/DAC – Development Assistance Committee (1997): Final report of the ad hoc group on participatory development and good governance. Teil 1. Paris: OECD.

OECD – Organization for Economic Co-operation and Development (1998): Ensuring compliance with a global climate change agreement. (Dokument ENV/EPOC(98)5/REV1). Paris: OECD.

OECD – Organization for Economic Co-operation and Development (1999): Responding to non-compliance under the climate change regime. (Dokument ENV/EPOC(99)21/FINAL). Paris: OECD.

OECD – Organization for Economic Co-operation and Development (2000): Geographical distribution of financial flows to aid recipients. Paris: OECD.

Okun, A. M. (1975): Equality and efficiency. The big tradeoff. Washington, D. C.: Brookings Institutions.

Oldeman, R. (1999): Bodenmonitoring – Index eines nachhaltigen Umgangs mit Böden. In: Haber, W., Held, M. und Schneider, M. (Hrsg.): Nachhaltiger Umgang mit Böden – Initiative für eine internationale Bodenkonvention. München: Verlag Süddeutsche Zeitung, 67–80.

Olson, M. (1965): The logic of collective action. Public goods and theory of groups. Cambridge, Ma.: Harvard University Press.

Ott, H. (1998): Umweltregime im Völkerrecht. Eine Untersuchung über neue Formen internationaler institutionalisierter Kooperation am Beispiel der Verträge zum Schutz der Ozonschicht und zur Kontrolle grenzüberschreitender Abfallverringerung. Baden-Baden: Nomos.

Oxfam Policy Department (1995): A case for reform. Fifty years of the IMF and World Bank. Oxford, New York: Oxford University Press.

Palmer, G. (1992): New ways to make international environmental law. American Journal of International Law 86, 259–283.

Parson, E. A. (1993): Protecting the ozone layer. In: Haas, P. M., Keohane, R. O. und Levy, M. A. (Hrsg.): Institutions for the Earth. Sources of effective international environmental protection. Cambridge, London: MIT Press, 27–73.

Peterson, M. J. (1992): Whalers, cetologists, environmentalists, and the international management of whaling. International Organization 46 (1), 147–186.

Peterson, M. J. (1993): International fisheries management. In: Haas, P. M., Keohane, R. O. und Levy, M. A. (Hrsg.): Institutions for the Earth. Sources of effective international environmental protection. Cambridge, London: MIT Press, 249–305.

Peterson, A. G., Ball, J. T., Luo, Y., Field, C. B., Reich, P. B., Curtis, P. S., Griffin, K. L., Gunderson, C. A., Norby, R. J., Tissue, D. T., Forstreuter, M., Rey, A. und Vogel, C. S. (1999): The photosynthesis-leaf nitrogen relationship at ambient and elevated atmospheric carbon dioxide: A meta-analysis. Global Change Biology 5 (3), 331–346.

Petschel-Held, G., Block, A., Cassel-Gintz, M., Lüdeke, M. K. B., Kropp, J., Moldenhauer, O., Reusswig, F. und Schellnhuber, H. J. (1999): Syndromes of global change: a qualitative modelling approach to assist global environmental management. Environmental Modelling and Assessment 4 (Special Issue on Earth System Analysis), 295–314.

Pies, I. (1994): Zum Verhältnis von Spieltheorie und konstitutioneller Ökonomik. Ein Kommentar. Homo Oeconomicus 11, 47–69.

Pietschmann, M. (1999): Marine Ressourcen. Der Griff nach Neptuns Schätzen. Ozean und Tiefsee. Geo Wissen 24, 82–89.

Pilardeaux, B. (1998): Bodenschutz international auf dem Vormarsch? In: Altner, G., Mettler-von Meibom, B., Simonis, U. E. und von Weizsäcker, E. U. (Hrsg.): Jahrbuch Ökologie 1999. München: Beck, 143–150.

Pilardeaux, B. (1999): Desertifikationskonvention – Auf dem Weg zu einem globalen Bodenschutzabkommen? In: Altner, G., Mettler-von Meibom, B., Simonis, U. E. und von Weizsäcker, E. U. (Hrsg.): Jahrbuch Ökologie 2000. München: Beck, 146–150.

Pilardeaux, B. (2000a): Verhandlungsrunde der verpaßten Chancen? 3. Vertragsstaatenkonferenz der Desertifikationskonvention (UNCCD) in Recife (Brasilien) vom 15.–26.11.1999. Nord-Süd aktuell XIII (4), 707–710.

Pilardeaux, B. (2000b): The Green Revolution Syndrome: socio-economic and ecological side-effects of anagrarian development strategy. In: Suilleabhain, M. O. und Stuher, E. A. (Hrsg.): Research on cases and theories: sustainable development. München: Hampp.

Rahmstorf, S. (2000): The thermohaline ocean circulation. A system with dangerous thresholds? An editorial commitment. Climatic Change (im Druck).

Rajan, M. G. (1997): Global environmental politics. India and the North-South politics of global environmental issues. Delhi, Calcutta, Chennai: Oxford University Press.

Rawls, J. (1975): A theory of justice. Oxford: Clarendon Press.

Rechkemmer, A. (1997): Neue Wege der Implementation von Konventionen der Vereinten Nationen durch Kooperation mit der internationalen Zivilgesellschaft am Beispiel der Konvention zur Bekämpfung der Desertifikation. München: Sozialwissenschaftliche Fakultät. Magisterarbeit. Unveröffentlichtes Manuskript.

Renn, O. und Finson, R. (1991): The Great Lakes Clean-Up Program: a role model for international cooperation? Florenz: European University Institute.

Resor, J. und Spergel, B. (1992): Conservation trust funds. Examples from Guatemala, Bhutan, and the Philippines. Washington, D. C.: World Wildlife Fund (WWF).

Rich, B. (1994): Mortgaging the Earth: The World Bank, environmental impoverishment and the crisis of development. Boston: Beacon.

Richter, R. und Furubotn, E. (1998): Neue Institutionenökonomik. Eine Einführung. Tübingen: Mohr.

Roeckner, E., Bengtsson, L., Feichter, J., Lelieveld, J. und Rodhe, H. (1998): Transient climate change simulations with a coupled atmosphere-ocean GCM including the tropospheric sulfur cycle. Hamburg: Max-Planck-Institut für Meteorologie (MPI).

Roppel, U. (1979): Ökonomische Theorie der Bürokratie. Beiträge zu einer Theorie des Angebotsverhaltens staatlicher Bürokratien in Demokratien. Freiburg: Haufe.

Rosenau, J. N. und Czempiel, E. O. (Hrsg.) (1992): Governance without government. Order and change in world politics. Cambridge, New York: Cambridge University Press.

Rubin, S. M., Shatz, J. und Deegan, C. (1994): International conservation finance. Using debt swaps and trust funds to foster conservation of biodiversity. The Journal of Social, Political and Economic Studies 19 (1), 21–43.

Rudischhauser, W. (1997): Die Reform der Vereinten Nationen, ein aussichtsloses Unterfangen? Nord Süd Aktuell (1), 132–138.

Runge, C. F. (mit Ortalo-Magné, F. und van de Kamp, P.) (1994): Free trade, protected environment. Balancing trade liberalization and environmental interests. Oxford, New York: Oxford University Press.

Sala, O. E., Chapin III, F. S., Armesto, J. J., Berlow, E, Bloomfield, J., Dirzo, R., Huber-Sanwald, E., Huenneke, L. F., Jackson, R. B., Kinzig, A., Leemans, R, Lodge, D. M., Mooney, H. A., Oesterheld, M., Poff, L. N., Sykes, M. T., Walker, B. H., Walker, M. und Wall, D. H. (2000): Global biodiversity scenarios for the year 2100. Science 287, 770–774.

Sand, P. H. (1990): Lessons learned in global environmental governance. Washington, D.C.: World Resources Institute (WRI).

Sand, P. H. (1994): Trusts for the Earth: new financial mechanisms for international environmental protection. The Josephine Onoh Memorial Lecture 21 February 1994. Hull: University of Hull.

Sandlund, O. T., Schei, P. J. und Viken, A. (Hrsg.) (1996): Proceedings of the Norway/UN Conference on Alien Species. The Trondheim Conferences on Biodiversity. Trondheim: Directorate for Nature Management und Norwegian Institute for Nature Research.

Schellnhuber, H.-J. (1999): Earth system analysis and the second Copernican revolution. Invited article for the „Supplement to Nature" 402 (6761), 2 December 1999: Impacts of foreseeable science.

Schellnhuber, H.-J. und Pilardeaux, B. (1999): Den Globalen Wandel durch globale Strukturpolitik gestalten. Aus Politik und Zeitgeschichte (Beilage der Wochenzeitung „Das Parlament") B (52–53), 3–11.

Schmidheiny, S. (1992): Kurswechsel. Globale unternehmerische Perspektiven für Entwicklung und Umwelt. München: Artemis und Winkler.

Schmidt, H. (2000): Problemlösungsorientierte Außenpolitik in der Weltgesellschaft. Ein Vergleich der politischen Netzwerke der Klimaaußenpolitik zwischen der Bundesrepublik Deutschland, den Niederlanden, Großbritannien und den USA. Darmstadt. Dissertation.

Schmidt, H. und Take, I. (1997): Demokratischer und besser? Der Beitrag von Nichtregierungsorganisationen zur Demokratisierung internationaler Politik und zur Lösung globaler Probleme. Aus Politik und Zeitgeschichte B 43/97, 12–20.

Sebenius, J. K. (1983): Adding and subtracting issues and parties. International Organization 37 (1), 281–316.

Seymour, F. J. und Dubash, N. K. (2000): The right conditions. The World Bank, structural adjustment, and forest policy reform. Washington, D. C.: World Resources Institute (WRI).

Sharma, S. D. (1996): Building effective international regimes: the case of the Global Environment Facility. Journal of Environment and Development 5 (1), 73–86.

Shindell, D. T., Rind, D. und Lonergan, P. (1998): Increased polar stratospheric ozone losses and delayed eventual recovery owing to increasing greenhouse-gas concentrations. Nature 392 (6676), 589–592.

Siebert, H. (1998): The future of the IMF. How to prevent the next global financial crisis. Kiel: Institut für Weltwirtschaft.

Skjærseth, J. B. (1993): The „Effectiveness" of the Mediterranean Action Plan. International Environmental Affairs 5 (4), 313–334.

Smith, R. C., Prezelin, B. B., Baker, K. S., Bidigare, R. R., Boucher, N. P., Coley, T., Karentz, D., MacIntyre, S., Matlick, H. A., Menzies, D., Ondrusek, M., Wan, Z. und Waters, K. J. (1992): Ozone depletion: ultraviolet radiation and phytoplankton biology in Antarctic waters. Science 255, 952–959.

Sollis, P. (1996): Partner in development? The State, NGOs, and the UN. In: Weiss, T. G. und Gordenker, L. (Hrsg.): NGOs, the United Nations, and global governance. Boulder: Lynne Rienner, 189–207.

Spahn, P. B. (1996): Die Tobin-Steuer und die Stabilität der Wechselkurse. Finanzierung und Entwicklung 33 (2), 24–27.

Spalding, M. D., Blasco, F. und Field, C. D. (1997): The global distribution of Mangroves. In: The International Society for Mangrove Ecosystems (Hrsg.): World Mangrove Atlas. Okinawa, Japan: The International Society for Mangrove Ecosystems, 23–24.

Speth, J. G. (1998): Interview mit Jens Martens, Bad Honnef, Juli 1998. Internet-Datei: http://bicc.uni-bonn.de/sef/publications/news/no4/speth.html.

SRU – Sachverständigenrat für Umweltfragen (2000): Schritte ins nächste Jahrtausend. Umweltgutachten 2000. Wiesbaden: SRU.

Statistisches Bundesamt (Hrsg.) (1998): Statistisches Jahrbuch 1998 für die Bundesrepublik Deutschland und für das Ausland. CD-ROM. Wiesbaden: Statistisches Bundesamt.

Stiglitz, J. (19.04.2000): Der ungebetene Rat eines Insiders an den IWF. Die Zeit (16), 30.

Stotsky, J. G. (1996): Warum eine zweistufige Tobin-Steuer nicht funktioniert. Finanzierung und Entwicklung 33 (2), 28–29.

Streit, M. E. (1995): Dimensionen des Wettbewerbs – Systemwandel aus ordnungsökonomischer Sicht. Zeitschrift für Wirtschaftspolitik 44, 113–134.

Suplie, J. (1995): Streit auf Noahs Arche. Zur Genese der Biodiversitätskonvention. WZB-Paper FS II 95-406. Berlin: Wissenschaftszentrum Berlin (WZB).

Take, I. (1998): NGOs – Protagonisten der Weltgesellschaft. Strategien und Ebenen ihrer Einflußnahme auf die Internationalen Beziehungen. In: Calließ, J. (Hrsg.): Barfuß auf dem diplomatischen Parkett. Die Nichtregierungsorganisationen in der Weltpolitik. Loccumer Protokolle 9/97, 330–359.

Take, I. (1999): Enthierarchisierung politischer Steuerungsmuster mittels transnationale Allianzen. Beitrag zur Tagung „Der Wandel der Beziehung zwischen Staatenwelt und Gesellschaftswelt" am 15.–16.10.1999, TU Darmstadt, Institut für Politikwissenschaft. Darmstadt. Unveröffentlichtes Manuskript.

Tanzi, V. (1997): Kapitalmarktglobalisierung und Steuerverfall. Entwicklung und Zusammenarbeit 38 (2), 36–39.

ten Kate, K. und Laird, S. A. (2000): The commercial use of biodiversity. Access to genetic resources and benefit-sharing. London: Earthscan.

Tevini, M. (Hrsg.) (1993): UV-B radiation and ozone depletion: effects on humans, animals, plants, microorganisms and materials. Boca Raton: Lewis Publishers.

TISC – Tutzing Initiative for a Soil Convention (1998): Böden als Lebensgrundlage erhalten. Schriftenreihe zur Politischen Ökologie. Band 5. Tutzing: Evangelische Akademie.

Tobin, J. (1974): The new economics one decade older. The Eliot Janeway Lectures on Historical Economics in Honour of Joseph Schumpeter, 1972. Princeton, NJ: Princeton University Press.

Tobin, J. (1978): A proposal for international monetary reform. Eastern Economic Journal 4 (3–4), 153–159.

Tügel, H. (1999): Meeresverschmutzung. Endstation Ozean. Ozean und Tiefsee. Geo Wissen 24, 121–124.

Ul Haq, M., Kaul, I. und Grunberg, I. (Hrsg.) (1996): The Tobin Tax: coping with financial volatility. Oxford, New York: Oxford University Press.

Umana, A. (1997): Financing sustainable development: a Rio+5 assessment of Agenda 21 and its Implementation. Internet-Datei: http://www.ecouncil.ac.cr/rio/focus/report/englisch/incae.html.

UNCHS – United Nations Centre for Human Settlements (1996): Habitat. An urbanizing world. Global report on human settlements. Genf, New York: UNCHS.

UN-CSD – United Nations Commission on Sustainable Development (1998): Report on the Sixth Session (22 December 1997 and 20 April – 1 May 1998). Economic and Social Council, Official Records, Supplement No. 9. New York: UN.

UNCTAD – United Nations Conference on Trade and Development (1995): World Investment Report 1995. New York, Genf: UN.

UNCTAD – United Nations Conference on Trade and Development (1999): Trade and Development Report. Genf: UNCTAD.

UNDP – United Nations Development Programme (1998): Human Development Report 1998. Annual report. Genf: UNDP.

UN-ECOSOC – United Nations Department of Economic and Social Affairs. Division for Sustainable Development (1998): Sustainable development. Success stories. New York: UN.

UNEP – United Nations Environment Programme (2000): Global environment outlook 2000. UNEP's millenium report on the environment. London: Earthscan.

UNEP/WMO Information Unit on Climate Change (1993): United Nations Framework Convention on Climate Change. Toronto: UNEP/WMO Information Unit on Climate Change (IUCC).

UNESCO – United Nations Educational, Scientific and Cultural Organization (2000): Approved Programme and Budget 2000–2001. Document 30 C/5. Paris: UNESCO.

Unser, G. (Hrsg.) (1997): Die UNO. Aufgaben und Strukturen der Vereinten Nationen. Nördlingen: Beck/dtv.

van der Wurff, R. (1997): International climate change politics. Interests and perceptions. Amsterdam: Elsevier.

van Lynden, G. W. J. und Oldeman, L. R. (1997): The assessment of the status of human-induced soil degradation in South and Southeast Asia. Wageningen: International Soil Science Reference and Information Centre (ISRIC).

Vasquez, I. (1999): The International Monetary Fund: challenges and contradictions. Paper presented to the International Financial Institution Advisory Commission. Internet-Datei: http://phantom-x.gsia.cmu.edu/IFIAC/USMIMFDV.html.

Vavilov, N. I. (1926): Geographical regularities in the distribution of the genes of cultivated plants. Bulletin of Applied Botany 17 (3), 411–428.

Victor, D. G. (1998): The operation and effectiveness of the Montreal Protocol's non-compliance procedure. In: Victor, D. G., Raustiala, K. und Skolnikoff, E. B. (Hrsg.): The implementation and effectiveness of international environmental commitments. Theory and practice. Cambridge, London: MIT Press, 137–176.

Victor, D. G., Raustiala, K. und Skolnikoff, E. B. (Hrsg.) (1998): The implementation and effectiveness of international environmental commitments. Theory and practice. Cambridge, New York: Cambridge University Press.

Vogel, D. (1997): Barriers or benefits? Regulation in transatlantic trade. Washington, D. C.: Brookings.

von Prittwitz, V. (Hrsg.) (2000): Institutionelle Arrangements. Zukunftsfähigkeit durch innovative Verfahrenskombination? Opladen: Leske und Budrich (im Druck).

von Weizsäcker, E. U. (1997): Erdpolitik. Ökologische Realpolitik als Antwort auf die Globalisierung. Darmstadt: Primus.

Wahl, P. (1997): Nichtkommerzielle Umwelt- und Entwicklungsfonds. Innovative Finanzierung von Umwelt und Entwicklung und Stärkung der Zivilgesellschaft. WEED-Hintergrundpapier. Bonn: WEED.

Waibel, A. E., Peter, T., Carslaw, K. S., Oelhaf, H., Wetzel, G., Crutzen, P. J., Pöschl, U., Tsias, A., Reimer, E. und Fischer, H. (1999): Arctic ozone loss due to denitrification. Science 283, 2064–2069.

Wallace, J. M. (1999): What science can and cannot tell us about greenhouse warming. Bridges 7 (1/2), 1–16.

Waltz, K. N. (1959): Man, the state, and war. A theoretical analysis. New York, NY: Columbia University Press.

Waltz, K. N. (1979): Theory of international politics. Reading, Ma.: Addison-Wesley.

WBCSD – World Business Council for Sustainable Development (1998): Annual Review 1998. Understanding sustainable development, innovating to find solutions, communicating the message. Genf: WBCSD.

WBCSD – World Business Council for Sustainable Development (1999): Annual Review 1999. Innovation, experimentation, adaptation. Genf: WBCSD.

WBGU – Wissenschaftlicher Beirat der Bundesregierung Globale Umweltveränderungen (1993): Welt im Wandel: Grundstruktur globaler Mensch-Umwelt-Beziehungen. Jahresgutachten 1993. Bonn: Economica.

WBGU – Wissenschaftlicher Beirat der Bundesregierung Globale Umweltveränderungen (1994): Welt im Wandel: Die Gefährdung der Böden. Jahresgutachten 1994. Bonn: Economica.

WBGU – Wissenschaftlicher Beirat der Bundesregierung Globale Umweltveränderungen (1995): Szenario zur Ableitung globaler CO_2-Reduktionsziele und Umsetzungsstrategien. Stellungnahme zur 1. Vertragsstaatenkonferenz der Klimarahmenkonvention in Berlin. Bremerhaven: WBGU.

WBGU – Wissenschaftlicher Beirat der Bundesregierung Globale Umweltveränderungen (1996a): Welt im Wandel: Wege zur Lösung globaler Umweltprobleme. Jahresgutachten 1995. Berlin, Heidelberg, New York: Springer.

WBGU – Wissenschaftlicher Beirat der Bundesregierung Globale Umweltveränderungen (1996b): Welt im Wandel: Herausforderung für die deutsche Wissenschaft. Jahresgutachten 1996. Berlin, Heidelberg, New York: Springer.

WBGU – Wissenschaftlicher Beirat der Bundesregierung Globale Umweltveränderungen (1998a): Welt im Wandel: Wege zu einem nachhaltigen Umgang mit Süßwasser. Jahresgutachten 1997. Berlin, Heidelberg, New York: Springer.

WBGU – Wissenschaftlicher Beirat der Bundesregierung Globale Umweltveränderungen (1998b): Die Anrechnung biologischer Quellen und Senken im Kyoto-Protokoll: Fortschritt oder Rückschlag für den globalen Umweltschutz? Sondergutachten 1998. Bremerhaven: WBGU.

WBGU – Wissenschaftlicher Beirat der Bundesregierung Globale Umweltveränderungen (1999a): Welt im Wandel: Strategien zur Bewältigung globaler Umweltrisiken. Jahresgutachten 1998. Berlin, Heidelberg, New York: Springer.

WBGU – Wissenschaftlicher Beirat der Bundesregierung Globale Umweltveränderungen (1999b): Welt im Wandel: Umwelt und Ethik. Sondergutachten 1999. Marburg: Metropolis.

WBGU – Wissenschaftlicher Beirat der Bundesregierung Globale Umweltveränderungen (2000): Welt im Wandel: Erhaltung und nachhaltige Nutzung der Biosphäre. Jahresgutachten 1999. Berlin, Heidelberg, New York: Springer.

WCD – World Commission on Dams (1999): Interim Report. Internet-Datei: http://www.dams.org/. Kapstadt: WCD-Sekretariat.

Wegner, G. (1998): Wettbewerb als politisches Kommunikations- und Wahlhandlungsproblem. Jahrbuch für Neue Politische Ökonomie 17, 281–308.

West, N. E., Stark, J. M., Johnson, D. W., Abrams, M. M., Wright, Heggem, J. R. D. und Peck, S. (1994): Effects of climate change on the edaphic features of arid and semi-arid lands of western North America. Arid Soil Research and Rehabilitation 8, 307–351.

WHO – World Health Organization (1999): World Health Report 1999. Genf: WHO.

Wink, R. (2000): Allokationseffizienz als Anliegen intergenerationeller Investitionsentscheidungen. Institutionenökonomische Überlegungen am Beispiel gentechnischer Verfahren. Habilitationsschrift. Bochum. Unveröffentlichtes Manuskript.

Wiser, G. und Goldberg, D. (1999): The Compliance Fund: a new tool for achieving compliance under the Kyoto Protocol. Center for International Environmental Law. Internet-Datei: http://www.ciel.org/ComplianceFund.pdf

WMO – World Meteorological Organization, UNEP – United Nations Environment Programme, NOAA – National Oceanic and Atmospheric Administration, NASA – National Aeronautics and Space Administration und EC European Commission (1998): Scientific assessment of ozone depletion: 1998. Band I und II. Global Ozone Research and Monitoring Project, Report Nr. 44. Genf: WMO.

Wolf, K. D. (1991): Internationale Regime zur Verteilung globaler Ressourcen. Eine vergleichende Analyse der Grundlagen ihrer Entstehung am Beispiel der Regelung des Zugangs zur wirtschaftlichen Nutzung des Meeresbodens, des geostationären Orbits, der Antarktis und zu Wissenschaft und Technologie. Baden-Baden: Nomos.

World Bank (1998): Assessing aid. What works, what doesn't, and why? Oxford, New York: Oxford University Press.

World Bank (1999): Environment matters at the World Bank. Annual Review. Washington, D. C.: World Bank.

World Bank (2000a): Assessing globalization. This series of World Bank Briefing Papers, April 2000. PREM Economic Policy Group and Development Economics Group. Internet-Datei: http://www.worldbank.org/html/extdr/pb/globalization/.

World Bank (2000b): World Development Report 1978–1996 with World Development Indicators. CD-ROM. Washington, D. C.: World Bank.

World Bank (2000c): Entering the 21st century. World Development Report 1999/2000. Oxford, New York: Oxford University Press.

WRI – World Resources Institute (Hrsg.) (2000): World Resources 2000–2001. People and ecosystems. The fraying web of life. Washington, D. C.: WRI.

WTO – World Trade Organization (1998): United States – Import prohibition of certain shrimp and shrimp products. Report of the Panel, 15. Mai 1998, WT/DS58/R, United States – Import prohibition of certain shrimp and shrimp products. Report of the Appellate Body, 12. Oktober 1998, WT/DS58/AB/R. Genf: WTO.

WTO – World Trade Organization (1999): Trade and environment report of the secretariat. Genf: WTO.

Young, O. R. (1994): International governance. Protecting the environment in a stateless society. Ithaca, London: Cornell University Press.

Young, O. R. (Hrsg.) (1997): Global governance. Drawing insights from the environmental experience. Cambridge, London: MIT Press.

Young, O. R., Agrawal, A., King, L. A., Sand, P. H., Underdal, A. und Wasson, M. (1999): Institutional Dimensions of Global Environmental Change (IDGEC). Science Plan. Bonn: IHDP Sekretariat.

Zaelke, D. und Cameron, J. (1990): Global warming and climate change. An overview of the international legal process. American University Journal of International Law and Policy 5, 249–290.

Zehnder, A. J. B., Schertenleib, R. und Jaeger, C. (1997): Herausforderung Wasser. EAWAG-Jahresbericht 1997. Dubendorf, Schweiz: Eidgenössische Anstalt für Wasserversorgung, Abwasserreinigung und Gewässerschutz (EAWAG).

Zimmermann, H. (1996): Wohlfahrtsstaat zwischen Wachstum und Verteilung. München: Vahlen.

Zimmermann, H. (1999): Innovation in nonprofit organizations. Annals of Public and Cooperative Economics 70 (4), 589–619.

Zimmermann, H. und Pahl, T. (2000): Efficiency of international financing institutions. Determinants of efficiency and the example of global environmental policy. Marburg. Unveröffentlichtes Manuskript.

Zonis, M. (2000): Digitising globalisation. Worldlink – The Magazine of the World Economic Forum (Juli-August). Internet-Datei: http://www.worldlink.co.uk/stories/storyReader$297.

Zook, M. A. (2000): Old hierarchies or new networks of centrality? The global geography of the Internet content market. Acc. in a forthcoming special issue of the American Behavioral Scientist entitled Mapping the Global World.

Zürn, M. (1997): „Positives Regieren" jenseits des Nationalstaates. Zur Implementation internationaler Umweltregime. Zeitschrift für Internationale Beziehungen 4 (1), 41–68.

Zürn, M. (1998): Regieren jenseits des Nationalstaates. Globalisierung und Denationalisierung als Chance. Frankfurt/M.: Suhrkamp.

Glossar   H

AGENDA 21 ist das rechtlich nicht bindende Aktionsprogramm für eine nachhaltige Entwicklung, das 1992 auf der ➥ Konferenz der Vereinten Nationen zu Umwelt und Entwicklung beschlossen wurde. Die AGENDA 21 umfasst 40 Kapitel.

Agenda setting bezeichnet das Hineinbringen eines Themas in die öffentliche oder politische Debatte.

Allgemeines Zoll- und Handelsabkommen (GATT) wurde 1947 abgeschlossen. Ziel ist die Förderung des freien Welthandels unter Nutzung komparativer Kostenvorteile. Die GATT-Regeln verlangen Meistbegünstigung gegenüber allen Vertragspartnern, die rechtliche Gleichbehandlung von in- und ausländischen Gütern, das Verbot von Mengenbeschränkungen, Dumping und Exporthemmnissen sowie das Prinzip der Gegenseitigkeit beim Abbau von Handelsbeschränkungen. Aus dem GATT ging 1986 die ➥ Welthandelsorganisation (WTO) hervor.

Brundtland-Bericht wurde 1987 von der World Commission on Environment and Development unter Leitung der norwegischen Ministerpräsidentin Gro Harlem Brundtland vorgelegt. Der Bericht „Our Common Future" betonte die wechselseitige Abhängigkeit von Umwelt und Entwicklung und führte den Begriff der ➥ nachhaltigen Entwicklung (sustainable development) ein.

Biodiversitätskonvention (CBD) (oder „Übereinkommen über die biologische Vielfalt") ist das zentrale und maßgebliche internationale Regelwerk für die Biosphäre. Sie wurde 1992 auf der ➥ UN-Konferenz über Umwelt und Entwicklung gezeichnet und trat 1993 in Kraft. Die Vertragsstaaten der CBD verpflichten sich zur Erhaltung der biologischen Vielfalt, zu einer nachhaltigen Nutzung ihrer Bestandteile und zu einem ausgewogenen Ausgleich für die sich aus der Nutzung genetischer Ressourcen ergebenden Vorteile. Im Januar 2000 wurde das „Protokoll von Cartagena über biologische Sicherheit" verabschiedet.

Debt swaps bezeichnen den „Tausch" von Schuldentiteln (in der Regel der Entwicklungsländer) gegen Leistungen, etwa einer bestimmten Umweltpolitik (debt for nature swaps) oder einer bestimmten Ernährungssicherungspolitik (debt for food security swaps). In welcher Form die Transaktionen erfolgen, hängt von der Art der Schulden ab. Bei Schulden gegenüber ausländischen Banken eröffnen beispielsweise die *debt for nature swaps* Möglichkeiten, gleichzeitig Erfolge gegen die Schuldenkrise und für den Umweltschutz zu erzielen.

Desertifikationskonvention (UNCCD) (oder „Übereinkommen der Vereinten Nationen zur Bekämpfung der Wüstenbildung in den von Dürre und/oder Wüstenbildung schwer betroffenen Ländern, insbesondere in Afrika") dient dem Schutz der Böden in Trockengebieten und der Bekämpfung von Dürrefolgen. Die UNCCD wurde 1992 auf der ➥ UNCED-Konferenz beschlossen und trat 1996 in Kraft. Die UNCCD deckt, da sie sich auf aride, semiaride und subhumide Gebiete beschränkt, nur einen Teil der globalen Bodenzerstörung ab. Sie entstand unter dem Eindruck der großen Dürren im Sahel und dem gescheiterten Aktionsplan zur Desertifikationsbekämpfung von 1977. Dadurch hat die UNCCD einen ausdrücklichen Armutsbezug und setzt sich in dieser Hinsicht von den beiden anderen Rio-Konventionen zu Klima und biologischer Vielfalt ab.

ECOSOC ➥ Wirtschafts- und Sozialrat der UN

Entwicklungsprogramm der Vereinten Nationen (UNDP) wurde 1965 gegründet und ist das zentrale Finanzierungs-, Koordinierungs- und Steuerungsgremium für die operativen entwicklungspolitischen Aufgaben der Vereinten Nationen. In 132 Ländern ist UNDP mit einem Regionalbüro vertreten. Die thematischen Schwerpunkte des Programms liegen in den Bereichen Armutsbekämpfung, Geschlechterfragen, gute Regierungsführung und Umweltschutz.

Global governance ist ein in Politik wie Politikwissenschaft zunehmend gebrauchter Begriff, für den es gleichwohl noch keine abschließende und einvernehmliche Definition gibt; teils wird der Begriff normativ, teils analytisch gebraucht. Oft wird mit global governance die These umschrieben, dass die starke Zunahme internationaler Institutionen in den letzten Jahrzehnten zu einer neuen Qualität geführt hat, die über das traditionelle Verständnis einer Politik zwischen Staaten hinausgeht. Global governance ist jedenfalls nicht gleichzusetzen mit einer Form von Weltregierung. Es gibt – mit jeweils anderer Konnotation – mehrere deutsche Entsprechungen des Begriffs: Weltordnungspolitik oder globale Strukturpolitik.

Globale Gemeinschaftsgüter sind Umweltgüter wie die Hohe See, die Erdatmosphäre oder der Orbit, die allgemein zugänglich sind und für die keine Eigentums- oder besonderen Souveränitätsrechte bestehen.

Globale Umweltfazilität (GEF) ist ein multilateraler Finanzierungsmechanismus, der 1991 gegründet wurde. Die GEF wird gemeinsam betrieben von ➥ UNDP, ➥ UNEP und der ➥ Weltbank. Sie stellt Entwicklungsländern und den Transformationsländern Osteuropas Gelder in Form von Zuschüssen oder stark verbilligten Krediten für Projekte und Maßnahmen zur Verfügung, die dem globalen Umweltschutz dienen. Schwerpunkte sind Klimaschutz, Erhalt der Artenvielfalt, Schutz der Ozonschicht und Schutz internationaler Gewässer.

Maßnahmen zum Schutz der Böden in Trockengebieten und der Wälder werden ebenfalls unterstützt, wenn sie Bezug zu einem der vier Schwerpunkte haben.

Globaler Wandel bezeichnet die Verschränkung von globalen Umweltveränderungen, ökonomischer Globalisierung, kultureller Transformation und einem wachsenden Nord-Süd-Gefälle.

Globales Beziehungsgeflecht bezeichnet im ➡ Syndromkonzept ein qualitatives Netzwerk aus den ➡ Trends des Globalen Wandels und ihren Wechselwirkungen. Das ➡ Globale Beziehungsgeflecht bietet eine hochaggregierte, auf einzelne Phänomene bezogene Systembeschreibung des ➡ Globalen Wandels.

Gruppe der 77 und China (G-77 and China) ist ein 1964 gegründeter lockerer Zusammenschluss von inzwischen 132 Entwicklungsländern (1999). Die G-77 und China treten auf internationalen Verhandlungen oft als gemeinsame Interessengruppe auf.

Institutionen sind gemeinschaftliche Einrichtungen, mit denen gesellschaftliche Akteure ihre Beziehungen regeln. Sie reichen von dem Gewaltverbot der Vereinten Nationen bis zur Institution der Ehe. In der internationalen Politik werden die zentralen Institutionen dabei als „internationale Regime" bezeichnet, womit Regelwerke von gemeinsamen Grundsätzen, Normen und Entscheidungsverfahren zwischen internationalen Akteuren (meist: Staaten) gefasst werden. Beispielsweise ist das Klimaregime eine Institution, die das Verhalten seiner Parteien mit Blick auf den Klimaschutz regelt und ihnen gewisse Pflichten auferlegt.

Internationale Regime sind Regelwerke von impliziten oder expliziten Prinzipien, Normen und Entscheidungsprozessen, in denen die Erwartungen von Akteuren – meist von Staaten – in einem Bereich der internationalen Beziehungen zusammenlaufen. Die ➡ Klimarahmenkonvention ist z. B. ein solches Regime.

Internationaler Währungsfonds (IWF) wurde 1945 im Gefolge des Abkommens von Bretton Woods (1944) geschaffen, um Finanzierungsmittel zur Sicherung der Funktionsweise des bereits seit nahezu drei Jahrzehnten abgelösten Systems stabiler Wechselkurse zur Verfügung zu stellen. Die Staaten zahlen als Mitglieder des IWF einen Beitrag in Form von Sonderziehungsrechten, die für zinsgünstige und teilweise nur begrenzt rückzahlbare Kredite und Darlehen zur Überwindung kurzfristiger Liquiditätsengpässe bzw. zur Unterstützung struktureller Finanzreformen eingesetzt werden.

Kernprobleme des Globalen Wandels sind im ➡ Syndromkonzept die zentralen Phänomene des ➡ Globalen Wandels. Sie erscheinen dort entweder als besonders herausragende Trends des Globalen Wandels, wie etwa der anthropogene Klimawandel, oder sie bestehen aus mehreren zusammenhängenden Trends. Ein solcher „Megatrend" ist beispielsweise das Kernproblem „Bodendegradation", das sich aus mehreren Trends wie Erosion, Versalzung, Kontamination usw. zusammensetzt.

Klimarahmenkonvention (UNFCCC) (oder „Rahmenübereinkommen über Klimaänderungen") wurde 1992 beschlossen und trat 1994 in Kraft. Das Hauptziel der Konvention ist die Stabilisierung der Treibhausgaskonzentrationen in der Atmosphäre auf einem Niveau, das eine gefährliche anthropogene Störung des Klimasystems verhindert. Ein solches Niveau sollte innerhalb eines Zeitraums erreicht werden, in dem sich die Ökosysteme auf natürliche Weise den Klimaänderungen anpassen können, die Nahrungsmittelerzeugung nicht bedroht wird und die wirtschaftliche Entwicklung auf nachhaltige Weise fortgeführt werden kann. Im 1997 verabschiedeten Kioto-Protokoll wurden verbindliche Reduzierungen der Treibhausgasemissionen vereinbart.

Kommission für Nachhaltige Entwicklung (CSD) ist eine Kommission des ➡ ECOSOC und wurde 1992 als zentrales Forum für den Rio-Folgeprozess eingesetzt. Sie überwacht und unterstützt die Umsetzung der ➡ AGENDA 21. An der jährlich tagenden CSD nehmen neben Regierungen und internationalen Organisationen auch mehr als 1.000 Nichtregierungsorganisationen teil.

Konferenz der UN zu Handel und Entwicklung („Welthandelskonferenz", UNCTAD) ist seit 1964 ein ständiges Organ der Generalversammlung und dieser unmittelbar verantwortlich. Ziele und Aufgaben der UNCTAD sind die Förderung des internationalen Handels, die Festlegung von Grundsätzen für die internationalen Handelsbeziehungen und der Abschluss rechtsverbindlicher Handelsvereinbarungen. Im Mittelpunkt stehen die Beziehungen zwischen Handel, wirtschaftlicher Entwicklung und internationaler Wirtschaftshilfe. UNCTAD wirkte maßgeblich bei der Diskussion um einer neue Weltwirtschaftsordnung in den 70er Jahren mit.

Konvention bezeichnet im nichtjuristischen Sprachgebrauch oft einen völkerrechtlichen Vertrag von besonderer Bedeutung oder Reichweite. Das Wiener Übereinkommen über das Recht der Verträge unterscheidet jedoch nicht zwischen verschiedenen Formen von Verträgen und gewährt „Konventionen" keinen Sonderstatus. In der deutschen juristischen Fachsprache wird der englische Begriff „convention" in der Regel mit dem Begriff „Übereinkommen" übersetzt.

Leitplanken grenzen im ➥ Syndromkonzept den Entwicklungsraum des Mensch-Umwelt-Systems von den Bereichen ab, die unerwünschte oder gar katastrophale Entwicklungen repräsentieren und die daher vermieden werden müssen. Nachhaltige Entwicklungspfade verlaufen innerhalb des durch diese Leitplanken definierten Gebiets.

Mehrkosten oder Zusatzkosten (incremental costs) sind Kosten, die Staaten bei der Umsetzung von Umweltschutzmaßnahmen zusätzlich zu ihren regulären Ausgaben ausschließlich im *globalen* Interesse entstehen (z. B. Klimaschutz). Die Industrieländer haben sich in den Verträgen zu Ozon, Klima und Biodiversität zur Erstattung der vollen vereinbarten Mehrkosten der Entwicklungsländer bei der Umsetzung dieser Verträge verpflichtet. Zur Umsetzung dienen der Montrealer Ozonfonds und die ➥ GEF.

Nachhaltige Entwicklung (oder „zukunftsfähige Entwicklung", „dauerhaft-umweltverträgliche Entwicklung", „sustainable development") wird meist als ein umwelt- und entwicklungspolitisches Konzept verstanden, das durch den ➥ Brundtland-Bericht formuliert und auf der ➥ UN-Konferenz über Umwelt und Entwicklung 1992 in Rio de Janeiro weiterentwickelt wurde. Demokratische Entscheidungs- und Umsetzungsprozesse sollen dabei eine ökologisch, ökonomisch und sozial dauerhafte Entwicklung fördern und die Bedürfnisse zukünftiger Generationen berücksichtigen.

Official Development Assistance (ODA) umfasst alle Mittelzuflüsse von staatlichen Stellen an Entwicklungsländer und multilaterale Organisationen für die Verbesserung von Lebensbedingungen.

Organisationen sind administrative Einheiten mit eigenem Budget, Personalbestand und Briefkopf. Das Klimasekretariat in Bonn gleicht einer kleinen internationalen Organisation, während das Klimaregime eine ➥ Institution ist.

Rio+10-Konferenz ist die Folgekonferenz zehn Jahre nach der ➥ UNCED im Jahr 2002. Hier wird eine erste Bilanz über die bisherigen Wirkungen der Vereinbarungen gezogen werden. Auch institutionelle Reformen globaler Umwelt- und Entwicklungspolitik stehen auf der Tagesordnung.

Sonderorganisationen der Vereinten Nationen sind das Ergebnis der funktionalen Spezialisierung innerhalb des UN-Systems, mit der „Organisation der Vereinten Nationen" (UNO) als Zentrum inmitten einer Gruppe von unabhängigen UN-Sonderorganisationen für besondere Politikbereiche, wie etwa für Ernährung und Landwirtschaft (FAO, seit 1945), Bildung, Wissenschaft und Kultur (UNESCO, seit 1945), Gesundheit (WHO, 1946), Luftverkehr (ICAO, 1944) oder Meteorologie (WMO, 1947). Die meisten Sonderorganisationen sind nahezu zeitgleich mit der UNO gegründet worden, weil die Regierungen damals befürchteten, dass die Überfülle von Aufgaben die UNO überfordern würde. Gleichwohl sind alle UN-Sonderorganisationen eng mit der UN verbunden, insbesondere mit dessen ➥ ECOSOC.

Syndrome des Globalen Wandels bezeichnen Muster von krisenhaften Beziehungen zwischen Mensch und Umwelt in einem abgesteckten Raum. Es sind charakteristische, global relevante Konstellationen natürlicher und anthropogener Trends des Globalen Wandels sowie der Wechselwirkungen zwischen ihnen. Jedes Syndrom ist, in Analogie zur Medizin, ein „globales Krankheitsbild"; es stellt einen anthropogenen Ursache-Wirkungs-Komplex mit spezifischen Umweltbelastungen dar und bildet somit ein eigenständiges Muster der Umweltdegradation. Syndrome greifen über einzelne Sektoren wie Wirtschaft, Biosphäre oder Bevölkerung hinaus, aber auch über einzelne Umweltmedien wie Boden, Wasser oder Luft. Syndrome haben immer einen direkten oder indirekten räumlichen Bezug zu Naturressourcen. Ein Syndrom lässt sich in der Regel in mehreren Regionen der Welt unterschiedlich stark ausgeprägt identifizieren. In einer Region können mehrere Syndrome gleichzeitig auftreten.

Syndromkonzept ist ein vom Beirat entwickeltes wissenschaftliches Konzept zur transdisziplinären Beschreibung und Analyse des ➥ Globalen Wandels. Wesentliche Elemente des Syndromkonzepts sind neben den Syndromen das ➥ Globale Beziehungsgeflecht, bestehend aus ➥ Trends und ihren Wechselwirkungen, und die ➥ Leitplanken.

Trends des Globalen Wandels sind im Syndromkonzept Phänomene in Gesellschaft und Natur, die für den ➥ Globalen Wandel relevant sind und ihn charakterisieren. Es handelt sich dabei um veränderliche oder prozesshafte Größen, die qualitativ bestimmbar sind, wie etwa die Trends „Bevölkerungswachstum", „verstärkter Treibhauseffekt", „wachsendes Umweltbewusstsein" oder „medizinischer Fortschritt".

Umweltprogramm der Vereinten Nationen (UNEP) wurde 1972 durch einen Beschluss der UN-Umweltkonferenz in Stockholm gegründet. Ziele sind die Unterstützung nationaler Aktivitäten und regionaler Zusammenarbeit im Umwelt- und Naturschutz sowie die Entwicklung, Bewertung und Überwachung des internationalen Umwelt- und Naturschutzrechts. Aktivitäten des UNEP sind die

Beherbergung und Koordination verschiedener Konventionssekretariate, die Erstellung von Datenbanken und Umweltlageberichten (Global Environment Outlook – GEO), die Beratung von Regierungen sowie die Finanzierung von Weiterbildungs- und Regionalprogrammen.

UN-Konferenz über Umwelt und Entwicklung oder „Erdgipfel" (UNCED) fand 1992 in Rio de Janeiro statt und war nach Stockholm 1972 die 2. Weltumweltkonferenz. Auf der UNCED wurde die ➥ AGENDA 21 verabschiedet.

Verfahren der „schweigenden Zustimmung" werden als Abstimmungsverfahren z. B. beim Montrealer Protokoll für Anlagen zum Protokoll oder deren Änderung angewendet. Sie erlangen durch Zwei-Drittel-Mehrheitsbeschluss auch für Staaten, die nicht zugestimmt haben, Bindungswirkung. Letztere haben allerdings die Möglichkeit der ausdrücklichen, schriftlichen Ablehnung innerhalb einer Frist (tacit-acceptance-Verfahren). Änderungen des Protokolls insgesamt bedürfen jeweils der Ratifikation, um Bindungswirkung zu entfalten.

Weltbank-Gruppe ist eine internationale Organisation, die mit den Vereinten Nationen durch Sonderabkommen lose verknüpft ist. Die Weltbank wurde 1944 gegründet und ist heute die größte Finanzquelle der Entwicklungsunterstützung. Die Bank hat zum Ziel, in den Entwicklungsländern die Armut zu verringern. Sie gewährt Darlehen und leistet politische Beratung, technische Unterstützung sowie zunehmend Dienste für den Wissensaustausch. Die Weltbankgruppe besteht aus fünf eng miteinander verbundenen Institutionen. Die Mittelvergabe konzentriert sich auf Gesundheit und Ausbildung, Umweltschutz, Unterstützung privater Wirtschaftsentwicklung, Verstärkung der Fähigkeit von Regierungen zu effizienten und transparenten Dienstleistungen, Unterstützung von Reformen zur Erreichung stabiler Wirtschaftsverhältnisse sowie soziale Entwicklung und Armutsbekämpfung.

Welthandelsorganisation (WTO) entstand 1986 im Rahmen der Uruguay-Runde des ➥ Allgemeinen Zoll- und Handelsabkommens (GATT). Ihr Ziel ist eine weltweite Handelsliberalisierung durch Prinzipien wie die Meistbegünstigung, die Inländerbehandlung, das Verbot mengenmäßiger Beschränkungen und generell die Verhinderung einer Diskriminierung von Handelspartnern. Seit dem gescheiterten Versuch der Europäischen Union in Seattle 1999, eine „Millenniumsrunde" ins Leben zu rufen, wird verstärkt die Beachtung umweltpolitischer Standards durch die WTO gefordert.

Wissenschaftliche Ausschüsse und Nebenorgane der Vertragsstaatenkonferenzen haben die Aufgabe, auf spezifische Anfragen der Vertragsstaatenkonferenz wissenschaftliche Expertisen anzuregen und auszuwerten. Die Ergebnisse dieser Expertisen müssen daraufhin in Beschlussvorlagen gebündelt werden. Für die ➥ Klimarahmenkonvention gibt es das Nebenorgan für wissenschaftliche und technologische Beratung (SBSTA), für die ➥ Desertifikationskonvention den Ausschuss für Wissenschaft und Technologie (CST) und für die ➥ Biodiversitätskonvention das Nebenorgan für wissenschaftliche, technische und technologische Beratung (SBSTTA). Diese sind als nachgeordnete, weisungsgebundene Gremien der Vertragsstaatenkonferenz eng in deren Arbeitsprogramm eingebunden.

Wirtschafts- und Sozialrat der UN (ECOSOC) ist eines der sechs Hauptorgane der UN mit der Aufgabe, die wirtschafts- und sozialpolitischen UN-Aktivitäten zu koordinieren und Berichte über die soziale Lage der Welt vorzulegen.

Zwischenstaatlicher Ausschuss über Klimaänderungen (IPCC) wurde 1988 gegründet und ist einer der einflussreichsten internationalen Wissenschaftsinstitutionen für die Klimapolitik. Das IPCC legte 1990 einen Konventionsentwurf als Grundlage der Verhandlungen zum Klimaschutz vor und veröffentlicht in regelmäßigen Abständen Statusberichte zum globalen Klimawandel.

Zwischenstaatliches Wälderforum (IFF) wurde 1997 von der Sondergeneralversammlung der Vereinten Nationen eingesetzt, um die Elemente für einen völkerrechtsverbindlichen Wälderschutz zu erarbeiten.

**Der Wissenschaftliche Beirat der
Bundesregierung Globale
Umweltveränderungen**

Der Beirat

Der Wissenschaftliche Beirat der Bundesregierung Globale Umweltveränderungen (WBGU) wurde 1992 von der Bundesregierung als unabhängiges Beratergremium eingerichtet und verfügt über eine Geschäftsstelle am Alfred-Wegener-Institut für Polar- und Meeresforschung in Bremerhaven*. Der Beirat ist direkt der Bundesregierung zugeordnet und wird im 2-Jahres-Rhythmus abwechselnd vom Bundesministerium für Bildung, Wissenschaft, Forschung und Technologie (BMBF) und vom Bundesministerium für Umwelt, Naturschutz und Reaktorsicherheit (BMU) federführend betreut. Außerdem begleitet ein Interministerieller Ausschuss (IMA) aus allen Ministerien und dem Bundeskanzleramt die Arbeit des Beirats.

Einmal jährlich übergibt das Expertengremium dem Bundeskabinett ein Gutachten mit Handlungs- und Forschungsempfehlungen zur Bewältigung globaler Umwelt- und Entwicklungsprobleme. In Sondergutachten nimmt der Beirat auch zu aktuellen Anlässen Stellung, wie beispielsweise den Klimakonferenzen in Berlin 1995 oder Kioto 1997.

Die Hauptaufgabe des interdisziplinär besetzten Beirats ist es, wissenschaftliche Erkenntnisse aus allen Bereichen des Globalen Wandels auszuwerten und daraus politische Handlungsempfehlungen für eine nachhaltige Entwicklung abzuleiten. Aufgabe des Beirats ist es,
- globale Umwelt- und Entwicklungsprobleme zu analysieren und darüber zu berichten,
- nationale und internationale Forschungen auf dem Gebiet des Globalen Wandels auszuwerten,
- auf neue Problemfelder frühzeitig hinzuweisen,
- Forschungsdefizite aufzuzeigen,
- Impulse für die interdisziplinäre und anwendungsorientierte Forschung zum Globalen Wandel zu geben,
- nationale und internationale Politik zur Umsetzung einer nachhaltigen Entwicklung zu beobachten und zu bewerten sowie
- Handlungs- und Forschungsempfehlungen für Politik und Öffentlichkeit zu erarbeiten und zu verbreiten.

Beiratsmitglieder

Prof. Dr. Hans-Joachim Schellnhuber, Potsdam (Vorsitzender)
Prof. Dr. Dr. Juliane Kokott, St. Gallen (Stellvertretende Vorsitzende)
Prof. Dr. Friedrich O. Beese, Göttingen
Prof. Dr. Klaus Fraedrich, Hamburg
Prof. Dr. Paul Klemmer, Essen
Prof. Dr. Lenelis Kruse-Graumann, Hagen
Prof. Dr. Christine Neumann, Göttingen
Prof. Dr. Ortwin Renn, Stuttgart
Prof. Dr. Ernst-Detlef Schulze, Jena
Prof. Dr. Max Tilzer, Konstanz
Prof. Dr. Paul Velsinger, Dortmund
Prof. Dr. Horst Zimmermann, Marburg

Assistentinnen und Assistenten der Beiratsmitglieder

Dr. Arthur Block, Potsdam
Dr. Astrid Bracher, Bremerhaven
Dipl.-Geogr. Gerald Busch, Göttingen
Dipl.-Psych. Swantje Eigner, Hagen
Referendar-jur. Cosima Erben, Heidelberg
Dipl.-Ing. Mark Fleischhauer, Dortmund
Dr. Dirk Hilmes, Göttingen
Andreas Klinke, M.A., Stuttgart
Dipl.-Geogr. Jacques Léonardi, Hamburg
Dipl.-Volksw. Thilo Pahl, Marburg
Dipl.-Geoökol. Christiane Ploetz, Bayreuth
Referendar-jur. Kaija Seiler, Heidelberg
Dr. Rüdiger Wink, Bochum

Geschäftsstelle des Wissenschaftlichen Beirats, Bremerhaven*

Prof. Dr. Meinhard Schulz-Baldes (Geschäftsführer)
Dr. Carsten Loose (Stellvertretender Geschäftsführer)
Dr. Frank Biermann, LL.M.
Dr. Georg Heiss
Vesna Karic-Fazlic
Ursula Liebert
Dr. Benno Pilardeaux
Martina Schneider-Kremer, M.A.

---

* Geschäftsstelle WBGU
Alfred-Wegener-Institut für Polar- und Meeresforschung
Postfach 12 01 61
D-27515 Bremerhaven
Tel. 0471-4831-1723
Fax: 0471-4831-1218
Email: wbgu@wbgu.de
Internet: http://www.WBGU.de/

Gemeinsamer Erlaß zur Errichtung des Wissenschaftlichen Beirats Globale Umweltveränderungen (8. April 1992)

§ 1

Zur periodischen Begutachtung der globalen Umweltveränderungen und ihrer Folgen und zur Erleichterung der Urteilsbildung bei allen umweltpolitisch verantwortlichen Instanzen sowie in der Öffentlichkeit wird ein wissenschaftlicher Beirat „Globale Umweltveränderungen" bei der Bundesregierung gebildet.

§ 2

(1) Der Beirat legt der Bundesregierung jährlich zum 1. Juni ein Gutachten vor, in dem zur Lage der globalen Umweltveränderungen und ihrer Folgen eine aktualisierte Situationsbeschreibung gegeben, Art und Umfang möglicher Veränderungen dargestellt und eine Analyse der neuesten Forschungsergebnisse vorgenommen werden. Darüberhinaus sollen Hinweise zur Vermeidung von Fehlentwicklungen und deren Beseitigung gegeben werden. Das Gutachten wird vom Beirat veröffentlicht.

(2) Der Beirat gibt während der Abfassung seiner Gutachten der Bundesregierung Gelegenheit, zu wesentlichen sich aus diesem Auftrag ergebenden Fragen Stellung zu nehmen.

(3) Die Bundesregierung kann den Beirat mit der Erstattung von Sondergutachten und Stellungnahmen beauftragen.

§ 3

(1) Der Beirat besteht aus bis zu zwölf Mitgliedern, die über besondere Kenntnisse und Erfahrung im Hinblick auf die Aufgaben des Beirats verfügen müssen.

(2) Die Mitglieder des Beirats werden gemeinsam von den federführenden Bundesminister für Forschung und Technologie und Bundesminister für Umwelt, Naturschutz und Reaktorsicherheit im Einvernehmen mit den beteiligten Ressorts für die Dauer von vier Jahren berufen. Wiederberufung ist möglich.

(3) Die Mitglieder können jederzeit schriftlich ihr Ausscheiden aus dem Beirat erklären.

(4) Scheidet ein Mitglied vorzeitig aus, so wird ein neues Mitglied für die Dauer der Amtszeit des ausgeschiedenen Mitglieds berufen.

§ 4

(1) Der Beirat ist nur an den durch diesen Erlaß begründeten Auftrag gebunden und in seiner Tätigkeit unabhängig.

(2) Die Mitglieder des Beirats dürfen weder der Regierung noch einer gesetzgebenden Körperschaft des Bundes oder eines Landes noch dem öffentlichen Dienst des Bundes, eines Landes oder einer sonstigen juristischen Person des Öffentlichen Rechts, es sei denn als Hochschullehrer oder als Mitarbeiter eines wissenschaftlichen Instituts, angehören. Sie dürfen ferner nicht Repräsentant eines Wirtschaftsverbandes oder einer Organisation der Arbeitgeber oder Arbeitnehmer sein, oder zu diesen in einem ständigen Dienst- oder Geschäftbesorgungsverhältnis stehen. Sie dürfen auch nicht während des letzten Jahres vor der Berufung zum Mitglied des Beirats eine derartige Stellung innegehabt haben.

§ 5

(1) Der Beirat wählt in geheimer Wahl aus seiner Mitte einen Vorsitzenden und einen stellvertretenden Vorsitzenden für die Dauer von vier Jahren. Wiederwahl ist möglich.

(2) Der Beirat gibt sich eine Geschäftsordnung. Sie bedarf der Genehmigung der beiden federführenden Bundesministerien.

(3) Vertritt eine Minderheit bei der Abfassung der Gutachten zu einzelnen Fragen eine abweichende Auffassung, so hat sie die Möglichkeit, diese in den Gutachten zum Ausdruck zu bringen.

§ 6

Der Beirat wird bei der Durchführung seiner Arbeit von einer Geschäftsstelle unterstützt, die zunächst bei dem Alfred-Wegener-Institut (AWI) in Bremerhaven angesiedelt wird.

§ 7

Die Mitglieder des Beirats und die Angehörigen der Geschäftsstelle sind zur Verschwiegenheit über die Beratung und die vom Beirat als vertraulich bezeichneten Beratungsunterlagen verpflichtet. Die Pflicht zur Verschwiegenheit bezieht sich auch auf Informationen, die dem Beirat gegeben und als vertraulich bezeichnet werden.

§ 8

(1) Die Mitglieder des Beirats erhalten eine pauschale Entschädigung sowie Ersatz ihrer Reisekosten. Die Höhe der Entschädigung wird von den beiden federführenden Bundesministerien im Einvernehmen mit dem Bundesminister der Finanzen festgesetzt.

(2) Die Kosten des Beirats und seiner Geschäftsstelle tragen die beiden federführenden Bundesministerien anteilig je zur Hälfte.

Dr. Heinz Riesenhuber
Bundesminister für Forschung und Technologie

Prof. Dr. Klaus Töpfer
Bundesminister für Umwelt, Naturschutz und Reaktorsicherheit

Anlage zum Mandat des Beirats

ERLÄUTERUNG ZUR AUFGABENSTELLUNG DES BEIRATS GEMÄSS § 2 ABS. 1

Zu den Aufgaben des Beirats gehören:
1. Zusammenfassende, kontinuierliche Berichterstattung von aktuellen und akuten Problemen im Bereich der globalen Umweltveränderungen und ihrer Folgen, z.B. auf den Gebieten Klimaveränderungen, Ozonabbau, Tropenwälder und sensible terrestrische Ökosysteme, aquatische Ökosysteme und Kryosphäre, Artenvielfalt, sozioökonomische Folgen globaler Umweltveränderungen.
In die Betrachtung sind die natürlichen und die anthropogenen Ursachen (Industrialisierung, Landwirtschaft, Übervölkerung, Verstädterung etc.) einzubeziehen, wobei insbesondere die Rückkopplungseffekte zu berücksichtigen sind (zur Vermeidung von unerwünschten Reaktionen auf durchgeführte Maßnahmen).
2. Beobachtung und Bewertung der nationalen und internationalen Forschungsaktivitäten auf dem Gebiet der globalen Umweltveränderungen (insbesondere Meßprogramme, Datennutzung und -management etc.).
3. Aufzeigen von Forschungsdefiziten und Koordinierungsbedarf.
4. Hinweise zur Vermeidung von Fehlentwicklungen und deren Beseitigung.

Bei der Berichterstattung des Beirats sind auch ethische Aspekte der globalen Umweltveränderungen zu berücksichtigen.

Index

INDEX

A

Abstimmungsverfahren 73, 83, 87, 141, 167, 170, 181, 184
Afrika 24, 54, 59, 80, 84, 108
AGENDA 21 65, 79, 107, 108, 127-128, 148, 163, 166
 – LOKALE AGENDA 21 73, 105
Agenda setting 73, 75, 89
Akteure 21, 40, 50, 73, 78, 83, 88, 91, 140, 144, 145, 150, 161, 164, 169, 185
Aktionsplan; s. Aktionsprogramme
Aktionsprogramme 42, 45, 66, 79, 85, 96, 101, 103
Allgemeines Zoll- und Handelsabkommen (GATT) 114, 118, 144
Alliance of Small Island States (AOSIS); s. Allianz kleiner Inselstaaten
Allianz kleiner Inselstaaten (AOSIS) 78
Anreizsysteme; s. Ökonomische Anreize
ARGE-Arbeitsgemeinschaft Neue Bundeslotterie für Umwelt und Entwicklung 163
Armut 43, 46, 55, 60, 67, 114
Armutsbekämpfung 65, 101, 127
Asien 42, 44, 54, 124, 126
Association of South East Asian Nations (ASEAN); s. Bündnis südostasiatischer Staaten
Ausgleichszahlungen 41
Ausschließliche Wirtschaftszonen (EEZ) 86, 115, 156, 157
Ausschuss für Risikobewertung (RAP) 135, 180
Ausschuss für Wissenschaft und Technologie der Desertifikationskonvention (CST) 66, 135

B

Beratung; s. Politikberatung
Berichtsverfahren; s. auch Erfüllungskontrolle 36
Bevölkerungswachstum 55, 61
Bildung 50, 105-108
 – Bewusstseinsbildung 105-109, 164
Bildungspolitik 73, 105
Biodiversität; s. biologische Vielfalt
Biodiversitätskonvention; s. Übereinkommen über die biologische Vielfalt (CBD)
Biodiversitätsverlust 37-38, 51, 56, 87, 93
Biologische Vielfalt 37-38, 41-42, 58, 86, 157
Biosphärenschutzpolitik 73, 136
Böden 42, 44, 46, 78, 79, 80, 98
 – Degradation 42, 59, 79
Bodenkonvention; s. Übereinkommen der Vereinten Nationen zur Bekämpfung der Wüstenbildung in den von Dürre und/oder Wüstenbildung schwer betroffenen Ländern, insbesondere in Afrika (UNCCD)
Bodenschutz 59, 69, 78, 102
Bodenschutzpolitik 73, 79, 98
Brundtland-Kommission 76, 133, 150, 179
Bruttoinlandsprodukt (BIP) 13
Bruttosozialprodukt (BSP) 98
Bundesministerium für Umwelt, Naturschutz und Reaktorsicherheit (BMU) 79
Bundesministerium für wirtschaftliche Zusammenarbeit und Entwicklung (BMZ) 168
Bündnis südostasiatischer Staaten (ASEAN) 7
Büro der Vereinten Nationen zur Bekämpfung von Wüstenbildung und Dürre (UNSO) 127
Büro der Vereinten Nationen für Projektdienste (UNOPS) 128

C

Centers for Disease Control and Prevention (CDC) 50
Chemikalien 28-30
Clean Development Mechanism (CDM); s. Mechanismus für eine umweltverträgliche Entwicklung
Clearing House Mechanism (CHM); s. Clearing-House-Mechanismus
Clearing-House-Mechanismus (CHM) 42, 65
Co-ordinating Committee on the Ozone Layer (CCOL); s. Koordinierungsausschuss für die Ozonschicht
Commission on Sustainable Development (CSD); s. Kommission für nachhaltige Entwicklung
Committee on Science and Technology (CST); s. Ausschuss für Wissenschaft und Technologie der Desertifikationskonvention
Conference of the Parties (COP); s. Vertragsstaatenkonferenzen
Convention on Biological Diversity (CBD); s. Übereinkommen über die biologische Vielfalt
Convention on International Trade in Endangered Species of Wild Fauna and Flora (CITES); s. Washingtoner Artenschutzübereinkommen

D

Desertifikation; s. auch Böden 24, 42, 59, 66
Desertifikationskonvention; s. Übereinkommen der Vereinten Nationen zur Bekämpfung der Wüstenbildung in den von Dürre und/oder Wüstenbildung schwer betroffenen Ländern, insbesondere in Afrika (UNCCD)
Determinantensystem 167-169, 174
Disparitäten 46, 51, 153
Dürren; s. auch Desertifikation 42, 58-59, 79-80

E

Earth Alliance 18, 174, 177
 – Earth Assessment 18, 134, 136, 177
 – Earth Funding 18, 177, 187
 – Earth Organization 18, 177, 183
Earth Commission; s. Erd-Rat
Economic and Social Council (ECOSOC); s. Wirtschafts- und Sozialrat der Vereinten Nationen
Economic Commission of Europe (ECE); s. Wirtschaftskommission für Europa
Emissionen 24-25, 51, 84, 154

– CO$_2$-Emissionen 76, 155
– Emissionsminderung 25
– Emissionsrechte; s. Nutzungsrechte
Entscheidungsverfahren; s. Abstimmungsverfahren
Entwaldung 37, 43, 56
Entwicklungsländer 24, 27, 32, 43, 45, 49, 55, 61, 67, 70, 74-80, 83, 85, 87, 89, 93, 101, 115-116, 121, 123, 127-128, 134, 140-141, 144-145, 148, 151, 156, 167, 183
Entwicklungspolitik 134, 136, 141, 148, 172, 179, 186-187
Entwicklungsprogramm der Vereinten Nationen (UNDP) 65, 123, 127-128, 145
Entwicklungszusammenarbeit 27, 44, 49, 97, 127, 147-148, 168, 173, 177, 186
Environmental Protection Agency (EPA); s. US-amerikanische Umweltagentur
Erd-Rat 133, 136-137, 179-180, 185
Erdgipfel; s. Konferenz über Umwelt und Entwicklung der Vereinten Nationen (UNCED)
Erdpolitik 16
Erdsystemanalyse 57
Erdsystemmanagement 63
Erfüllungskontrolle 26, 42, 49, 65, 83, 93-94, 96, 98-103, 117, 119, 124, 150, 162, 165, 173, 184, 187
  – Umsetzung 42, 45, 61, 73, 86-91, 95-97, 100, 105, 140, 148
Ernährung; s. auch Hunger 32, 36, 40, 43, 47
Ernährungs- und Landwirtschaftsorganisation der Vereinten Nationen (FAO) 35, 63, 86
Europa 42, 79, 107, 108
Europäische Gesellschaft für Bodenschutz (ESSC) 79
Europäische Umwelträte (EEAC)136
Europäische Union 86, 99, 115-116, 136, 180
European Environmental Advisory Councils (EEAC); s. Europäische Umwelträte
European Society for Soil Conservation (ESSC) 79
European Union (EU); s. Europäische Union
Exclusive Economic Zones (EEZ); s. Ausschließliche Wirtschaftszonen
Experten; s. auch Panels 22, 35, 65, 83, 94-99, 102-103, 143

F

Finanzierung; s. auch Earth Alliance - Earth Funding 50, 65, 96, 121, 127-128, 138, 148, 152, 156, 186
  – Finanzierungsmechanismen 49, 65, 93, 124, 150, 162
  – Finanzierungsorgane 64, 67, 165, 169, 171, 181
  – Finanzierungspolitik 121
  – Mittelausstattung 121, 124, 127-128, 150
  – Transparenz 171
  – Verwendungseffizienz 128, 150, 164, 166, 169, 173
  – Volle vereinbarte Mehrkosten 41, 87, 148, 151, 158
Fischfang 15, 32-33, 156, 157
Flugverkehr 152-155
Fluorchlorkohlenwasserstoffe (FCKW); s. auch Treibhausgase 28-29, 51, 66, 74-75, 101
Fonds 91, 125, 161, 169, 171, 173, 188

– CO$_2$-Fonds; s. Prototype Carbon Fund (PCF)
– Entwicklungsfonds 168, 172, 174
– Erfüllungs-Fonds 100
– Multilaterale Fonds 69-70, 83, 151
– Ozonfonds 127, 167, 169
– Prototype Carbon Fund (PCF) 122
– Schadensfonds 161
– Turner-Fonds 165
– Umweltfonds 165, 173-174
– Vermögensfonds 173
– Versicherungsfonds 27
– Wasserfonds 49
Food and Agriculture Organization (FAO); s. Ernährungs- und Landwirtschaftsorganisation der Vereinten Nationen
Forest Stewardship Council (FSC); s. Waldbewirtschaftungsrat
Forschung 51, 53, 61, 75, 82, 88, 92, 107, 110, 133-134
Forstpolitik; s. Wälderpolitik
Früherkennung 124, 134, 179
Frühwarnung 49, 133, 179

G

General Agreement on Tariffs and Trade (GATT); s. Allgemeines Zoll- und Handelsabkommen
Genetisch veränderte Organismen (GMOs) 116
Genetische Ressourcen; s. auch Ressourcen 37, 40, 86, 159
Geostationärer Orbit 152, 158
Gesellschaft für Technische Zusammenarbeit (GTZ) 168
Global and National Soil and Terrain Digital Database Program (SOTER) 44, 98
Global Environment Facility (GEF); s. Globale Umweltfazilität
Global governance 16, 147, 183
Global Soil Degradation Database (GLASOD); s. Globale Datenbank zur Bodendegradation
Globale Datenbank zur Bodendegradation (GLASOD) 44, 78, 80, 98
Globale Strategie 49
Globale Umweltfazilität (GEF) 65, 69, 98, 122, 139, 165, 167, 172
Globale Umweltpolitik; s. Umweltpolitik
Globaler Mechanismus 97
Globalisierung; s. auch Partikularisierung 15, 21, 88, 113, 124
G-77, s. auch Entwicklungsländer 26, 145
Gute Regierungsführung (good governance) 127, 173
Güter 29, 75, 117, 148, 152, 157, 187
  – Allmendegüter 153, 158
  – Gemeinschaftsgüter (Common-Access-Güter) 51, 53-54, 86, 152, 183

H
Haftung 99, 119, 161
Handel 41, 65-66, 92, 113, 116-117
- Freihandel 113, 118
- Handelsbeschränkungen 118
- Handelsliberalisierung 114
- Handelsschranken 114, 116
Handels- und Entwicklungskonferenz der Vereinten Nationen (UNCTAD) 65, 139, 142
Hunger; s. auch Ernährung 80

I
Indikatoren 42, 44, 51, 87, 102, 105, 135, 143
Industrieländer 25, 29, 44, 47, 61, 74, 76, 79, 87, 97, 116, 123, 140, 144, 148, 154, 163, 168, 186
Institutionelle Regelungen 25-26, 29, 35, 40, 49, 53, 61, 73, 84, 183
- Nichteinhaltung 99-100, 103
- Regelungsbedarf 33, 35, 78, 87
- Regelverletzungen 36, 104, 117
Institutionelles Design 38, 75, 79, 82, 84, 87, 93, 95, 187
Institutionen 17, 68, 73-74, 78, 89, 105, 109, 146, 165, 168, 169-171
- Hierarchisierung 144, 146, 182
- Reform 17, 174, 177, 186
- Zentralisierung 146, 182
Intergovernmental Forum on Forests (IFF); s. Zwischenstaatliches Wälderforum der Vereinten Nationen
Intergovernmental Organisations (IGO); s. Zwischenstaatliche Organisationen
Intergovernmental Panel on Biological Diversity (IPBD); s. Zwischenstaatlicher Ausschuss über Biologische Vielfalt
Intergovernmental Panel on Climate Change (IPCC); s. Zwischenstaatlicher Ausschuss über Klimaänderungen
Intergovernmental Panel on Soils (IPS); s. Zwischenstaatlicher Ausschuss über Böden
International Air Transport Association (IATA); s. Internationale Lufttransportgesellschaft
International Bank for Reconstruction and Development (IBRD); s. Internationale Bank für Wiederaufbau und Entwicklung
International Centre for Settlement of Investment Disputes (ICSID); s. Internationales Zentrum zur Beilegung von Investitionsstreitigkeiten
International Convention for the Prevention if Pollution of the Sea by Oil (OILPOL); s. Internationales Übereinkommen zur Verhütung der Verschmutzung der See durch Öl
International Convention for the Prevention of Pollution from Ships (MARPOL); s. Internationales Übereinkommen zur Verhütung der Meeresverschmutzung durch Schiffe
International Council of Scientific Unions (ICSU); s. Internationaler Rat wissenschaftlicher Vereinigungen

International Development Association (IDA); s. Internationale Entwicklungsorganisation
International Finance Corporation (IFC); s. Internationale Finanzkorporation
International Financial Institution Advisory Commission (IFIAC); 123, 125-126
International Fund for Agricultural Development (IFAD); s. Internationaler Fonds für landwirtschaftliche Entwicklung
International Joint Commission (IJC); s. Internationale Gemeinsame Kommission
International Labour Organization (ILO); s. Internationale Arbeitsorganisation
International Maritime Organization (IMO); s. Internationale Seeschifffahrtsorganisation
International Soil Conservation Organization (ISCO) 79-80
International Soil Science and Reference Centre (ISRIC); s. Internationales Bodenreferenz- und Informationszentrum
International Strategy for Disaster Reduction (ISDR); s. Internationale Strategie zur Katastrophenvorbeugung
International Undertaking on PlantInformationszentrum(IUPGR); s. Internationale Verpflichtung über pflanzengenetische Ressourcen für die Ernährung und Landwirtschaft
International Union on Soil Sciences (IUSS); s. Internationale Bodenkundliche Union
Internationale Arbeitsorganisation (ILO) 99, 140, 142
Internationale Bank für Wiederaufbau und Entwicklung (IBRD) 68, 121, 124
Internationale Beziehungen 65, 76, 88, 103, 147, 184
Internationale Bodenkundliche Union (IUSS) 80
Internationale Entwicklungsorganisation (IDA) 68, 121
Internationale Finanzkorporation (IFC) 68, 121
Internationale Gemeinsame Kommission (IJC) 96
Internationale Lufttransportgesellschaft (IATA) 154-155
Internationale Seeschifffahrtsorganisation (IMO) 63, 85-86, 140
Internationale Strategie zur Katastropenvorbeugung (ISDR) 27
Internationale Umweltorganisation; s. auch Earth Organization 138, 141-142, 144, 181, 188
Internationale VerpfliKatastrophenvorbeugungngenetische Ressourcen für die Ernährung und Landwirtschaft (IUPGR) 40
Internationale Zusammenarbeit; s. Internationale Beziehungen
Internationaler Fonds für landwirtschaftliche Entwicklung (IFAD) 97
Internationaler Rat wissenschaftlicher Vereinigungen (ICSU) 63, 78-79
Internationaler Währungsfonds (IWF) 123-126, 170
Internationales Bodenreferenz- und Informationszentrum (ISRIC) 44, 79-80

Internationales Übereinkommen zur Verhütung der Meeresverschmutzung durch Schiffe (MARPOL) 36, 84
Internationales Übereinkommen zur Verhütung der Verschmutzung der See durch Öl (OILPOL) 85
Internationales Zentrum zur Beilegung von Investitionsstreitigkeiten (ICSID) 68

K

Kapazitätsaufbau 165, 186-187
Katastrophenbonds; *s. auch* Versicherungen 162
Klimapolitik 25, 76-78, 80, 92, 103, 139, 154
Klimarahmenkonvention; *s.* Rahmenübereinkommen der Vereinten Nationen über Klimaänderungen (UNFCCC)
Klimawandel 24, 28, 38, 43, 46, 56-60, 161
Kommission für nachhaltige Entwicklung (CSD) 65, 105, 136-137, 140, 143, 180
Konferenz über Umwelt und Entwicklung der Vereinten Nationen (UNCED) 65, 76, 79-80, 86, 106, 136, 140, 177, 188
Konsensprinzip; *s. auch* Abstimmungsverfahren 138, 146, 148, 182, 184
Kontrollmechanismen; *s.* Erfüllungskontrolle
Konventionen; *s.* Übereinkommen
Konventionssekretariate 65, 139-140, 142, 182
Koordinierungsausschuss für die Ozonschicht (CCOL) 75
Kritikalitätsanalyse 58

L

Labelling 36, 40, 92, 116, 164-165
Landnutzung 27, 40, 54, 171
Landnutzungsänderungen 37, 54, 57
Landwirtschaft 24, 33, 38, 40, 43, 46-47, 50, 116
Lebensstile 25, 38, 47, 55, 105
Leitplanken 44, 49, 51, 98, 102, 118, 134
Lenkungseffekt 154, 160
Luftraum 153, 154-155, 187

M

Man and the Biosphere Programme (MAB); *s.* UNESCO-Programm „Der Mensch und die Biosphäre"
Mechanismus für eine umweltverträgliche Entwicklung (CDM) 77, 97, 140
Meeresspiegelanstieg 56, 78, 161
Meeresumweltpolitik 84-85
Mehrheitsbeschlüsse; *s. auch* Abstimmungsverfahren 83
Mehrkosten (incremental costs); *s.* Volle vereinbarte Mehrkosten
Meltzer-Kommission; *s.* International Financial Institution Advisory Commission (IFIAC)
Mitspracherechte 128, 148, 166, 182, 185
Mittelausstattung; *s.* Finanzierung
Modelle 24, 51, 56, 90-91, 162
Monitoring; *s. auch* Erfüllungskontrolle 35, 49, 61, 92, 134

Montrealer Protokoll 30, 60, 66, 69-70, 75, 82-83, 93, 101, 122
Multilateral Investment Guarantee Agency (MIGA); *s.* Multilaterale Investitions-Garantie-Agentur
Multilaterale Investitionsgarantie-Agentur (MIGA) 68, 121
Multinationale Unternehmen 88

N

Nachhaltige Entwicklung 55, 65, 88, 105-107, 127, 143
Nachhaltigkeitspolitik 103, 105
Nachhaltigkeitsrat; *s.* Rat für nachhaltige Entwicklung
Nachhaltigkeitsstrategie 108, 147, 183
National Aeronautics and Space Administration (NASA) 28, 74
Nationalberichte; *s. auch* Erfüllungskontrolle 42, 87, 97
Naturschutz 41, 65, 87, 173
Nebenorgan für wissenschaftliche und technologische Beratung (SBSTA) 135-136
Nebenorgan für wissenschaftliche, technische und technologische Beratung (SBSTTA) 65, 135
Nebenorgan zur Umsetzung (SBI) 65, 136
Netzwerke 88, 107, 109, 134
Nichtregierungsorganisationen (NRO) 85, 88, 100, 123, 143, 145, 185
Nord-Süd-Problem 75
Nordamerikanisches Freihandelsabkommen (NAFTA) 118
North American Free Trade Agreement (NAFTA); *s.* Nordamerikanisches Freihandelsabkommen
Nutzungsentgelte; *s. auch* Finanzierung 150, 152, 154-158, 159, 187
Nutzungsrechte 27, 99, 153-154, 156

O

Office of Internal Oversight Services (OIOS) 171
Official Development Assistance (ODA); *s.* Offizielle Entwicklungshilfezahlungen
Offizielle Entwicklungshilfezahlungen (ODA) 149, 169, 172
Ökoimperialismus 146
Ökonomische Anreize 27, 40, 50, 61, 101, 125, 151, 164
Organisation der Vereinten Nationen für Erziehung, Wissenschaft und Kultur (UNESCO) 63, 105-106
Organisation der Vereinten Nationen für industrielle Entwicklung (UNIDO) 70, 101, 141, 144
Organisationen 63, 73-76, 79-80, 85, 89, 139-140, 149, 165, 173, 184, 186, 187
Organisation Erdöl exportierender Länder (OPEC) 77
Organisation für wirtschaftliche Zusammenarbeit und Entwicklung (OECD) 46, 99, 144, 191
– OECD-Länder; *s.* Industrieländer

Organization for Economic Co-operation and Development (OECD); *s.* Organisation für wirtschaftliche Zusammenarbeit und Entwicklung
Organization of Petroleum Exporting Countries (OPEC); *s.* Organisation Erdöl exportierender Länder
Ozeane; *s.* Weltmeere
Ozonkonvention; *s.* Montrealer Protokoll
Ozonloch; *s.* Klimawandel

P

Panels; *s. auch* Experten 133-136, 179-180
Partikularisierung; *s. auch* Globalisierung 16
Persistent organic pollutants (POPs); *s.* Persistente organische Schadstoffe
Persistente organische Schadstoffe (POPs) 28-29, 84, 140
 – "Schmutziges Dutzend" (dirty dozen) 29
 – POP-Konvention 29
Politikberatung 42, 53, 58, 65, 73, 90, 94, 133-136, 179-180
 – Beratungsbedarf 44, 98, 135
Programme 63, 96, 109, 127, 139, 182
Protokolle; *s. auch* Übereinkommen 82, 93, 184

R

Rahmenübereinkommen der Vereinten Nationen über Klimaänderungen (UNFCCC) 26, 58, 66, 76, 98, 135
Rat für Nachhaltige Entwicklung 108, 136
Rechenschaftspflicht; *s.* auch Erfüllungskontrolle 134
Regime; *s. auch* Übereinkommen 17, 44, 51, 53, 61, 73, 82, 85, 93-94, 102-103, 138, 146, 184
 – GATT/WTO-Regime 114, 119
 – MARPOL-Regime 85, 93, 184
 – OILPOL-Regime 84
 – Saurer-Regen-Regime 35
 – Umsetzung 44, 93, 98, 103, 128, 184
Regionalmeerprogramm 33, 84-85
Rio-Konferenz; *s.* Konferenz über Umwelt und Entwicklung der Vereinten Nationen (UNCED)
 – Rio+10-Konferenz 103, 136, 138, 177, 181, 188
Risiken des globalen Wandels 29, 31, 38, 50, 133, 137, 162, 179-180
Risk Assessment Panel (RAP); *s.* Ausschuss für Risikobewertung

S

Sanktionen; *s. auch* Erfüllungskontrolle 36, 90-91, 100, 103, 184
Schlichtungsverfahren 115
Schulden 38, 49, 174
 – Debt-for-Nature Swaps 172, 174
 – Entschuldungsinitiative 174, 188
 – Schuldenerlass 149
 – Schuldentausch 172
Schutzgebiete 35, 37, 41

Seerechtskonvention der Vereinten Nationen (UNCLOS) 156-157
Selbsthilfekapazität; *s. auch* Entwicklungszuammenarbeit 27, 35, 50
Sondergeneralversammlung; *s.* Vereinte Nationen
Sonderziehungsrechte (SZR) 124
Souveränitätsprinzip 138, 147
Sozialstandards 116, 119
Spezialorgane; *s.* Vereinte Nationen
Spieltheorie 73, 89-90, 92
Staatengemeinschaft 65, 80, 118, 137, 159, 183-184
Steuern 152, 154
Stiftungen 164-165, 173
Strukturanpassungsprogramme; *s. auch* Entwicklungszusammenarbeit 121-125
Subsidiary Body on Implementation (SBI); *s.* Nebenorgan zur Umsetzung
Subsidiary Body on Scientific and Technological Advice (SBSTA); *s.* Nebenorgan für wissenschaftliche und technologische Beratung
Subsidiary Body on Scientific Technical and Technological Advice (SBSTTA); *s.* Nebenorgan für wissenschaftliche, technische und technologische Beratung
Subventionen; *s. auch* Ökonomische Anreize 41, 114, 119, 124
Süßwasser 46-47, 50, 53, 109
Süßwasserverknappung 46, 56, 144
Sustainable Development; *s.* Nachhaltige Entwicklung
Syndrome des globalen Wandels 21-22, 33, 47, 54
Syndromkonzept des WBGU 21

T

Technologietransfer; *s. auch* Wissenstransfer 35, 65, 87, 100, 117
The World Conservation Union (IUCN) 80
Tiefseebergbau 32, 156-157
Tobin-Steuer; *s. auch* Steuern 162-163
„Töpfer Task Force" 143
Tourismus 22, 41, 151
Treibhausgase 24, 28, 51, 57, 60, 77, 89, 98, 153
Trends des globalen Wandels 21, 49, 177
Trittbrettfahrer 151, 163

U

Übereinkommen 25, 65, 85, 88, 91, 93, 101, 105, 142-143, 148, 168
Übereinkommen der Vereinten Nationen zur Bekämpfung der Wüstenbildung in den von Dürre und/oder Wüstenbildung betroffenen Ländern, insbesondere in Afrika (UNCCD) 44, 66, 79-80, 96-98, 102, 136
Übereinkommen über die biologische Vielfalt (CBD) 40-41, 65, 86, 88, 116, 157, 160
Umsetzung; *s.* Erfüllungskontrolle
Umweltabgaben 150, 153, 173

Umweltbildung; s. Bildung
Umweltbundesamt (UBA) 140, 181
Umweltlotterien 163
Umweltministerforum 143, 181
Umweltpolitik 55, 73, 84, 88, 115, 121, 124, 135, 138-139, 145, 148, 166, 174, 182, 188
- Koordinierungsbedarf 139
Umweltprobleme 21, 32, 42, 50, 53-54, 60-61, 80, 89-90, 136-137, 142, 144, 161, 170, 172
Umweltprogramm der Vereinten Nationen (UNEP) 65, 75, 78, 84-85, 123, 129, 140, 142-143, 181
Umweltqualitätsnormen 119
Umweltregime; s. Regime
Umweltsicherheitsrat 146, 183
Umweltstandards 88, 113-114, 117, 120, 129, 146, 183
Umweltverbände 83, 86, 88, 99, 101, 185
Umweltverträglichkeitsprüfung 122-123
Umweltvölkerrecht 74-75, 79, 101
UN Commission on Sustainable Development (CSD); s. Kommission für nachhaltige Entwicklung
UNESCO-Programm „Der Mensch und Biosphäre" (MAB) 63, 40
United Nations (UN); s. Vereinte Nationen
United Nations Conference on Environment and Development (UNCED); s. Konferenz über Umwelt und Entwicklung der Vereinten Nationen
United Nations Conference on Trade and Development (UNCTAD); s. Handels- und Entwicklungskonferenz der Vereinten Nationen
United Nations Convention on the Law of the Sea (UNCLOS); s. Seerechtskonvention der Vereinten Nationen
United Nations Convention to Combat Desertification in Countries Experiencing Serious Drought and/or Desertification, Particularly in Africa (UNCCD); s. Übereinkommen der Vereinten Nationen zur Bekämpfung der Wüstenbildung in den von Dürre und/oder Wüstenbildung betroffenen Ländern, insbesondere in Afrika
United Nations Development Programme (UNDP); s. Entwicklungsprogramm der Vereinten Nationen
United Nations Educational, Scientific and Cultural Organization (UNESCO); s. Organisation der Vereinten Nationen für Erziehung, Wissenschaft und Kultur
United Nations Environment Programme (UNEP); s. Umweltprogramm der Vereinten Nationen
United Nations Framework Convention on Climate Change (UNFCCC); s. Rahmenübereinkommen der Vereinten Nationen über Klimaänderungen
United Nations Industrial Development Organization (UNIDO); s. Organisation der Vereinten Nationen für industrielle Entwicklung
United Nations Office for Project Services (UNOPS); s. Büro der Vereinten Nationen für Projektdienste
United Nations Office to Combat Desertification and Drought (UNSO); s. Büro der Vereinten Nationen zur Bekämpfung von Wüstenbildung und Dürre
US-amerikanische Umweltagentur (EPA) 96, 140, 181
USA 68, 74, 76, 95, 115, 163

V

Vereinte Nationen (UN) 63
- Generalversammlung 63, 133
- Sondergeneralversammlung 138, 155
- Sonderorganisationen 63, 138-140, 182
- Spezialorgane 63-64
- Vollversammlung 76, 78, 140-143
Verhandlungen 27, 58, 61, 75, 77, 87-92, 116, 135, 138, 144-145, 184
Vernetzung; s. auch Netzwerke 58, 90, 109, 139, 177, 188
Verpflichtungsperiode 98-99, 104
Versicherungen 27, 161-162
Verträge; s. Übereinkommen
Vertragsstaaten 26, 76, 82-83, 86-87, 91, 100-101, 135, 171
Vertragsstaatenkonferenzen 79, 87, 97, 136, 142-144, 182
Vetorecht; s. auch Abstimmungsverfahren 42, 144
Volle vereinbarte Mehrkosten; s. Finanzierung
Vollversammlung; s. Vereinte Nationen
Vollzugskontrolle; s. auch Erfüllungskontrolle 61
Vorverhandlungen; s. auch Agenda setting 74

W

Waldbewirtschaftungsrat (FSC) 88-89
Wälder 24-25, 37, 41, 56, 77, 139
Wälderpolitik 122, 127, 139
- Wälderprotokoll 27, 41, 86
Washingtoner Artenschutzabkommen (CITES) 41, 66, 115
Weltbank 67-69, 121-123, 128, 167
- „Ergrünung" 121, 123
Weltbodencharta 79
Weltgesundheitsorganisation (WHO) 49-50, 140
Welthandelsorganisation (WTO) 113-118, 144
Weltkommission für Umwelt und Entwicklung; s. Brundtland-Kommission
Weltmeere 24, 31-33, 46, 84, 152, 155, 156
- Degradation 33
Weltnaturschutzvereinigung (IUCN) 79-80
Weltorganisation für Meteorologie (WMO) 60, 63, 76, 78, 140
Weltwassercharta 49
Wirtschafts- und Sozialrat der Vereinten Nationen (ECOSOC) 63, 136, 140
Wirtschaftskommission für Europa (ECE) 30
Wissenstransfer; s. auch Technologietransfer 28, 134, 164-165
Wissensvermittlung; s. Wissenstransfer
World Business Council for Sustainable Development (WBCSD) 88

World Health Organization (WHO); *s.* Weltgesundheitsorganisation
World Meteorological Organization (WMO); *s.* Weltorganisation für Meteorologie
World Trade Organization (WTO); *s.* Welthandelsorganisation
World Wide Fund for Nature (WWF) 79

Z

Zentrum für Umweltrecht 80
Zertifikate 85, 89, 145, 154, 160
Zivilgesellschaft; *s. auch* Akteure 66, 88, 94, 143, 164, 173
Zwischenstaatliche Organisationen (IGO) 65, 99
Zwischenstaatlicher Ausschuss über biologische Vielfalt (IPBD) 58, 87, 135, 180
Zwischenstaatlicher Ausschuss über Böden (IPS) 44, 97, 135, 180
Zwischenstaatlicher Ausschuss über Klimaänderungen (IPCC) 58-59, 63, 76, 78, 133-135
Zwischenstaatliches Wälderforum der Vereinten Nationen (IFF) 79

If you have any concerns about our products,
you can contact us on
ProductSafety@springernature.com

In case Publisher is established outside the EU,
the EU authorized representative is:
**Springer Nature Customer Service Center GmbH
Europaplatz 3, 69115 Heidelberg, Germany**

Printed by Libri Plureos GmbH
in Hamburg, Germany